土木与建筑类专业新工科系列教材

总主编　晏致涛

建设工程计价

JIANSHE GONGCHENG JIJIA

主　编　赵　爽　刘新权

副主编　刘亚丽　王锋宪　冯　伟

重庆大学出版社

内容提要

本书全面系统地介绍了建设工程计价的基本原理、基本方法及其在建设工程中的应用。全书共 12 章，主要内容包括绪论、工程造价的构成、建设工程定额、建设工程工程量清单、工程量计算规范与规则、投资估算、设计概算、施工图预算的编制与计价、施工预算、合同价款管理、工程结算与竣工决算、工程造价信息及信息化管理。书中附有大量的图表、例题以及案例，以便读者更好地理解和掌握相关内容。另外，书中每章介绍都有本章总结框架图和课后习题，以便读者学习巩固和实践应用。

本书可作为高等学校工程造价、工程管理和土木工程等专业教学用书，也可供建设工程技术人员参考使用。

图书在版编目(CIP)数据

建设工程计价/赵爽，刘新权主编. --重庆：重庆大学出版社，2024.6

土木与建筑类专业新工科系列教材

ISBN 978-7-5689-4441-0

Ⅰ.①建… Ⅱ.①赵… ②刘… Ⅲ.①建筑工程—工程造价—高等学校—教材 Ⅳ.①TU723.3

中国国家版本馆 CIP 数据核字(2024)第 073755 号

建设工程计价

主 编 赵 爽 刘新权

策划编辑：刘颖果

责任编辑：文 鹏 版式设计：刘颖果

责任校对：谢 芳 责任印制：赵 晟

*

重庆大学出版社出版发行

出版人：陈晓阳

社址：重庆市沙坪坝区大学城西路 21 号

邮编：401331

电话：(023) 88617190 88617185(中小学)

传真：(023) 88617186 88617166

网址：http://www.cqup.com.cn

邮箱：fxk@cqup.com.cn (营销中心)

全国新华书店经销

重庆亘鑫印务有限公司印刷

*

开本：787mm×1092mm 1/16 印张：22.5 字数：577 千

2024 年 6 月第 1 版 2024 年 6 月第 1 次印刷

印数：1—2 000

ISBN 978-7-5689-4441-0 定价：59.00 元

前　言

目前,我国是世界上建设工程投资最大、项目最多的国家,工程计价对合理配置资源、有效节省投资、又快又好地支撑国民经济基础性发展起着至关重要的作用。随着我国建筑行业规范化和标准化推行,要求工程建设管理水平提高和建设市场完善。建设工程计价直接影响工程建设的各个方面,它不仅是工程建设管理的核心,而且是工程投资和造价管理的对象。另外,对于工程计价从业人员,熟悉相关法规、掌握相关操作技能、了解相关先进理念,既是形势所迫,也是职责所在。

建设工程计价是工程造价、工程管理以及土木工程等专业的一门基础课程,其中也包含一级建造师、造价工程师、咨询工程师等建筑类职执业资格考试所要求的一部分知识点。本书编写遵循《高等学校工程造价本科指导性专业规范》的精神和原则,根据全国普通高校工程造价协作组提出的培养目标和培养方案,依据国家和地方最新规范、最新动态及相关案例,结合作者多年从事工程造价教学和工程项目咨询实践的经验编写,同时也考虑了与相关执业资格考试的适当对接,为学生奠定一个较强的专业基础,并有助于学生执业应用技能的后期提升。本教材为响应党中央对高校立德树人的要求,在教材中增加了与工程造价课程有关的思政元素,为与后续建筑工程计量与计价课程教学相匹配,教材知识点和案例均与后续课程形成良好的互补与前后呼应关系。主编及参编人员包含企业一线工作人员和管理人员,使得教材内容更贴近企业生产实际,对学生的指导性更强。本教材增加了较多我国建筑业的著名工程案例,通过案例讲解,有助于培养同学们的情感价值观以及树立同学们的民族自豪感。

本书是由重庆科技大学、天健工程咨询(重庆)有限公司、华中农业大学、昆明理工大学共同编写的"校企合作"教材。本书由重庆科技大学赵爽老师、天健工程咨询(重庆)有限公司刘新权高级工程师任主编,华中农业大学刘亚丽、昆明理工大学王锋宪、天健工程咨询(重庆)有限公司冯伟任副主编。全书分为12章,重庆科技大学赵爽执笔第一、二、三章,华中农业大学刘亚丽执笔第四、五章,昆明理工大学王锋宪执笔第六、七章,天健工程咨询(重庆)有限公司刘新权执笔第八、九、十章,天健工程咨询(重庆)有限公司冯伟执笔第十一、十二章。全书由赵爽统稿,由重庆大学叶贵教授主审。

在编写过程中查阅和检索了许多工程造价和合同方面的信息、资料,参考了有关专家、学者的著作和论文,在此,表示衷心的感谢!由于建设工程计价的内容、理论和方法需要在工程实践中不断地丰富和完善,但作者水平有限,难免由疏忽、遗漏不当之处,敬请读者及专家予以指正。

编　者

2024年3月

本书编写参考的规范和标准：

1.《建设工程工程量清单计价规范》(GB 50500—2013)；

2.《房屋建筑与装饰工程工程量计算规范》(GB 50854—2013)；

3.《建筑工程建筑面积计算规范》(GB/T 50353—2013)；

4.《通用安装工程工程量计算规范》(GB 50856—2013)；

5.《房产测量规范》(GB/T 17986—2000)；

6.《重庆市建设工程工程量计算规则》(CQJLGZ—2013)；

7.《重庆市建设工程费用定额》(CQFYDE—2018)；

8.《重庆市房屋建筑与装饰工程计算定额》(CQJZZSDE—2018)；

9.《工业基础类平台规范》(GB/T 25507—2010)；

10.《建设工程人工材料设备机械数据标准》(GB/T 50851—2013)

11.《建设工程造价指标指数分类与测算标准》(GB/T 51290—2018)；

12.《建筑工程信息模型应用统一标准》(GB/T 51212—2016)；

13.《绿色建筑设计评价 P-BIM 软件功能与信息交换标准》(T/CECS CECS-CBIMU 13—2017)。

目　录

第1章 绪论

【本章导读】

内容与要求：本章主要讲述工程造价的含义、原理以及特点，工程计价的内容，工程造价相关理论，工程造价管理与发展模式。通过本章学习，要求熟悉建设工程项目计价的内容，掌握工程造价的含义，熟悉工程造价的计价特征。

重点：工程造价的特点。

国家体育场（鸟巢）位于北京奥林匹克公园中心区南部，为2008年北京奥运会的主体育场，占地20.4万 m^2，建筑面积25.8万 m^2，可容纳观众9.1万人；举行了奥运会、残奥会开闭幕式，田径比赛及足球比赛决赛；奥运会后成为北京市民参与体育活动及享受体育娱乐的大型专业场所，并成为地标性的体育建筑和奥运遗产。该项目于2003年12月24日开工建设，2008年3月完工。

国家体育场

国家体育场在国际设计竞赛招标文件中规定的建安造价(土建和设备安装)限额40亿元,"鸟巢"方案建安造价为38.9亿元。国家体育场公司后来上报的可行性研究报告中,建安造价是26.7亿元,而国家发改委批复的工程总投资为31.3亿元。经过设计联合体的大量优化工作,"鸟巢"的建造安装造价在方案深化设计阶段降到27.3亿,初步设计阶段继续降至约26亿元。最终完工工程造价为22.67亿元。

从国家体育场的立项决策到可行性研究再到建设过程直至运营的整个过程中,工程造价起到了什么作用?本章将帮你了解工程造价的基本概念以及工程造价的发展模式。

1.1 工程造价的含义、原理以及特点

1.1.1 工程造价的含义

所谓工程造价,是指建设工程的建造价格。中国建设工程造价管理协会学术委员会对"工程造价"一词赋予了一词双义,明确了两种不同的含义:其一,从业主的角度来讲,工程造价是指建设项目的预期或实际全部开支的全部建设费用,即项目投资额或项目建设成本;其二,从承包商的角度来讲,工程造价是指建筑承包企业作为市场供给主体出售商品和劳务的价格总和,即工程的承发包价格。

1.1.2 工程造价的原理

工程造价原理包含了工程分部组合计价原理及建设项目类比估算计价原理。

1)工程分部组合计价原理

工程计价的基本原理是对项目进行分解和价格的组成。

$$\text{建筑安装工程造价} = \sum[\text{基本构成单元工程量} \times \text{工程单价}] \tag{1.1}$$

式(1.1)中包含工程造价分部组合计价的三大要素:基本构成单元、工程计量、工程计价。

(1)基本构成单元的划分

按照国家规定,工程建设项目有大、中、小型之分。凡是按照一个总体设计进行建设的各个单项工程总体,即是一个建设项目。在建设项目中,凡是具有独立的设计文件、竣工后可以独立发挥生产能力或工程效益的工程,为单项工程,可将它理解为具有独立存在意义的完整的工程项目。各单项工程又可分解为各个能独立施工的单位工程。

考虑到组成单位工程的各部分是由不同工种、材料及工具等完成的,又可把单位工程进一步分解为分部工程;然后还可以按照不同的施工方法、规格等,把分部工程更细致地分解为分项工程。

将建设项目细分至最基本的构造单元,找到适合的计量单位及当时当地的单价,就可以采取一定的计价方法进行分项组合汇总,计算出某工程的工程总造价。总而言之,建设项目的计价过程就是分解与组合,是一种从上而下的分部组合计价方法。

(2)工程计量

工程计量包含工程项目的划分和工程量的计算。

①基本构成单元的确定，即划分建设项目。编制工程概算预算时，主要是按工程定额进行项目的划分；编制工程量清单时，主要是按照工程量清单计量范围规定的清单项目进行划分。

②工程量的计算就是按照建设项目的划分和工程量计算规则，就施工图设计文件和施工组织设计对分项工程实物量进行计算。工程实物量是计价的基础，不同的计价依据有不同的计算规则。目前，工程量计算规则包括两大类，即：

a. 定额计算规则。定额工程量是根据预算定额工程量计算规则计算的工程量，受施工方法、环境、地质等影响，一般包括实体工程中的实际用量和损耗量。

b. 工程量清单计算规则。清单工程量是根据工程量清单计量规范规定计算工程量，不考虑施工方法和加工余量，是指实体工程的净量。

(3)工程计价

工程计价包含工程单价的确定和工程总价的计算。

①工程单价是指完成单位工程基本构成单元的工程量所需的基本费用。按单价的综合程度可以将工程单价划分为工料单价和综合单价。

a. 工料单价也称直接工程费单价。只包括人工费、材料费和施工机具使用费，是各种人工消耗量、各种材料消耗量、各类机械台班消耗量与其相应单价的乘积。

住建部发布的《关于做好建筑业营改增建设工程计价依据调整准备工作的通知》(建办标〔2016〕4号)指出建筑业要实施增值税。增值税是价外税。因此，工程造价中的人工费、材料费、施工机具使用费、企业管理费、利润和规费等各项费用均以不包含增值税可抵扣进项税额的价格来计算，因此工料单价也为不含税价格，用下式表示：

$$\text{工料单价} = \sum[\text{人材机消耗量} \times \text{人材机单价}] \tag{1.2}$$

b. 综合单价除了包括人工费、材料费、施工机具使用费外，还包括企业管理费、利润和风险因素。综合单价根据国家、地区、行业定额或企业定额消耗量和相应生产要素的不包括增值税可抵扣进项税额后的市场价格来确定。

②工程总价是指经过规定的程序或办法逐级汇总的相应工程造价。根据采用单价的不同，总价的计算程序有所不同。

a. 采用工料单价时，在工料单价确定后，乘以相应定额项目工程量并汇总，得出相应工程的人工费、材料费、施工机具使用费，再按照相应的取费程序计算管理费、利润、规费等费用，汇总后形成相应的税前工程造价，然后再按9%计取增值税销项税额，得到工程造价=税前工程造价×(1+9%)。

建设工程概预算的编制采用的工程单价是工料单价。

b. 采用综合单价时，在综合单价确定后，乘以相应项目工程量，经汇总即可得出分部分项工程费，再按相应的办法计取措施项目费、其他项目费、规费，汇总后得出相应的不含税工程造价，再按9%计取增值税销项税额，得到工程造价=税前工程造价×(1+9%)。

工程量清单计价模式下，招标控制价、投标报价的编制采用的工程单价是综合单价。

2)建设项目类比估算计价原理

在建设项目前期，由于设计深度不足或项目资料不齐全，无法采用分部组合计价时，可采用类比估算计价。

(1)利用函数关系对拟建项目的造价进行类比匡算

当一个建设项目还没有具体的图样和工程量清单时,需要利用产出函数对建设项目投资进行匡算。

投资的匡算常常基于某个表明设计能力或者形体尺寸的变量,比如建筑面积、高速公路的长度、工厂的生产能力等。这种类比估计方法下,尤其要注意规模对造价的影响。项目的成本并不总是和规模大小呈线性关系,因此要选择适合的产出函数,寻找规模和经济有关的经济数据。

利用基于经验的成本函数估计成本时,需要一些统计技术,这些技术将建造或运营某设施与系统的一些重要特征或属性联系起来。数理统计推理的目的是找到最合适的参数值或者常数,用于在假定的成本函数中进行成本估计。

(2)利用单位成本估计法进行类比估计

如果一个建设项目的设计方案已经确定,常用的是一种单位成本估算法。首先是将项目分解成多个层次,将某工作分解成许多项任务,当然,每项任务都是为建设服务的。一旦这些任务确定,并有了工作量的估算,用单价与每项任务的量相乘就可以得出每项任务的成本,从而得出每项工作的成本。当然,必须对在工程量清单表格中项目每个组成部分进行估算,才能计算出总的造价。

(3)利用混合成本分配估算法进行类比估计

在建设项目中,将混合成本分配到各种要素的原则经常应用于成本估算。由于难以在每一个要素和其相关的成本之间建立一种因果联系,因此混合成本通常按比例分配到各种要素的基本费用中。例如,通常是将建设单位管理费、土地征用费、勘察设计费等按比例进行分配。

1.1.3 工程计价的特点

1)计价的单件性

建设工程是按照特定使用者的专门用途、在指定地点逐个建造的。每项建筑工程为适应不同使用要求,其面积和体积、造型和结构、装修与设备的标准及数量都会有所不同,而且特定地点的气候、地质、水文、地形等自然条件及当地政治、经济、风俗习惯等因素也必然使建筑产品实物形态千差万别。这就使得工程造价具有了单件性的特点。

2)计价的多次性

任何一项建设工程项目从立项到交付使用,都有一个较长的建设时期。在此期间,存在着许多影响工程造价的因素,如人工、材料、机械设备价格的变化以及设计变更等情况的出现都会导致工程造价的变动。为节约投资、获得最大的经济效益,要求在工程建设的各个阶段依据一定的计价顺序、计价资料和计价方法分别计算各个阶段的工程造价。

3)计价的组合性

工程造价包括从立项到竣工所支出的全部费用,组成内容十分复杂。只有把建设工程分解成能够计算造价的基本组成要素,再逐步汇总,才能准确计算出整个工程的造价。

4)计价方法的多样性

工程造价的多次计价有各不相同的计价依据,而每次计价对价格精准度的要求也各不相同,这就决定了其计价方法的多样性。

例如,投资估算方法有设备系数法、生产能力指数估算法等,概预算方法有单价法和实物法等。不同方法有不同的适用条件,计价时应根据具体情况加以选择。

5)计价依据的复杂性

工程造价的影响因素较多,决定了工程计价依据的复杂性。计价依据主要可以分为以下7类:

①设备和工程量计算依据。包括项目建议书、可行性研究报告、设计文件等。

②人工、材料、机械等实物消耗量计算依据。包括投资估算指标、概算定额、预算定额等。

③工程单价计算依据。包括人工单价、材料价格、材料运杂费、机械台班费等。

④设备单价计算依据。包括设备原价、设备运杂费、进口设备关税等。

⑤措施费、间接费和工程建设其他费用计算依据。主要是相关的费用定额和指标。

⑥政府规定的税、费。

⑦物价指数和工程造价指数。

1.2 工程计价的内容

我国全过程工程计价就是在项目建设程序的各个阶段,采用科学的计算方法和切合实际的计价依据,按照一定的计价模式,合理确定估算、概算、预算、招标控制价、投标报价、合同价格、结算、决算等各种形式的工程造价。

1)投资估算

在项目建议书及可行性研究阶段,对工程造价所做的测算称为投资估算。建设项目投资估算对工程总造价起控制作用。建设项目的投资估算是项目决策的重要依据之一,可行性研究报告一经批准,其投资估算应作为工程造价的最高限额,不得任意突破。此外,一般以此估算作为编制设计文件的重要依据。

根据《关于控制建设工程造价的若干规定》(计标〔1988〕30号)的规定,各主管部门应根据国家的统一规定,结合专业特点,对投资估算的准确度、可行性研究报告的深度和投资估算的编制办法做出具体明确的规定。目前,大部分省市或国务院工业部门都编制有投资估算指标,供编制投资估算使用。投资估算一般由项目建设单位(业主)编制。

2)设计概算

项目经过决策阶段后在初步设计、技术设计阶段(针对一些大型复杂的工程项目设立该阶段)所预计和核定的工程造价称为设计概算。设计概算是设计文件不可分割的组成部分。初步设计、技术简单项目的设计方案均应有概算,技术设计应有修正概算。在计划经济时期,设计概算经审查批准后,不能随意突破,它既是控制建设投资的依据,也是建设银行办理工程拨款或贷款的依据。进入20世纪90年代以后,设计概算的某些功能被淡化,而投资控制的功能则在设计概算被用作招标标底编制的依据中得到体现。目前,随着工程计价依据和计价模式的改革以及无标底招标方式的推行,设计概算作为招标标底编制依据的功能也将随之消失。设计概算由设计单位编制。

3)施工图预算

施工图预算是在施工图设计完成后,施工开始,根据施工和相关资料、文件、规定等所确定的工程项目的造价。过去对于实行招标、投标的工程来说,施工图预算是确定标底的基础。自从《建设工程工程量清单计价规范》(GB 50500—2003)开始实施以来,施工图预算作为确定标底的基础的作用也不复存在。施工图预算一般由建设单位或施工单位编制。

4)招标控制价

工程招标控制价是业主掌握工程造价、控制工程投资的基础数据。业主以此为依据测评各投标单位工程报价的准确与否。在实施工程量清单报价的工程造价计价模式下,投标人自主报价,经评审低价中标。招标控制价的编制应以《建设工程工程量清单计价规范》、消耗量定额、招标文件的商务条款、工程设计文件,有关工程施工质量验收规范、施工组织设计及施工方案,施工现场地质、水文、气象以及地上情况的有关资料,招标期间建筑安装材料、工程设备及劳动力市场的市场价格,由招标方采购的材料、设备的到货及工期计划等为依据。

5)投标报价

工程量清单模式下投标报价的编制由投标人组织完成,作为投标文件的重要组成部分。工程量清单计价格式由下列内容组成:封面,扉页,总说明,建设项目投标报价汇总表,单项工程投标报价汇总表,单位工程投标报价汇总表,分部分项工程量和单价措施项目清单与计价表,总价措施项目清单与计价表,其他项目清单与计价表,规费、税金项目计价表,综合单价分析表,综合单价调整表。

6)合同价格

根据《中华人民共和国民法典》《建设工程施工合同(示范文本)》以及住房和城乡建设部的有关规定,依据招标文件,招、投标双方签订施工合同。合同的类型划分为三种:固定价格合同、可调价格合同和成本加酬金合同。

7)竣工结算

工程竣工结算是指施工企业按照合同规定的内容全部完成所承包的工程,经验收合格并符合合同要求之后,向发包单位进行的最终工程价款结算。结算双方应按照合同价款及合同价款调整内容以及索赔事项进行工程竣工结算。竣工结算由承包人编制,发包人审核后予以支付。通过竣工结算,承包人实现了全部工程合同价款收入,工程成本得以补偿。在进行内部成本核算的基础上,可以考核实际的工程费用是降低还是超支,预期利润是否得以实现。

8)竣工决算

竣工验收的同时,要编制竣工决算。它是反映竣工项目的建设成果和项目财务收支情况的文件。竣工决算可用来正确地核定新增固定资产的价值,及时办理账务及财产移动,考核建设项目成本,分析投资效果,并为今后积累已完工程资料。从造价的角度考查,竣工决算是反映工程项目的实际造价和建成交付使用的固定资产及流动资产的详细情况。通过竣工决算所显示的完成一个工程项目所实际花费的费用,就是该建设工程的实际造价。竣工决算由项目建设单位(业主)编制。

1.3　工程造价相关理论

1.3.1　工程价格理论

价格是商品价值的货币表现形式，是物化在产品中的社会必要劳动和剩余劳动的货币表现。商品生产中社会必要劳动时间消耗越多，商品的价值量就越大；反之，商品的价值量就越小。由此可见，商品价值构成与商品价格形成有着内在联系。商品价值的构成如图1.1所示。

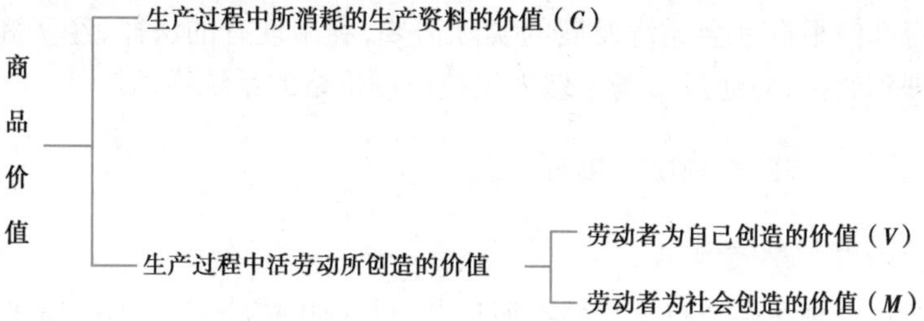

图1.1　商品价值的构成

1.3.2　工程成本理论

就成本而言，生产领域的成本属于生产成本，商品流通领域的成本属于流通成本。形成商品成本是指商品在生产和流通过程中所消耗的各项费用总和，它具有补偿价值的性质。

1.3.3　其他理论

1）供求理论

商品供求情况对价格的影响是由价格的变动对生产的调节来实现的。

如果某商品的供给量大于需求量，就会使得市场上多余的该商品难以出售，这时根据市场的需求只能降价销售；反之，如果在供不应求的情况下，整个市场就会出现缺货，甚至出现一物难求的现象，最终导致价格高于其实际价值量进行售卖。但是，商品价格下降，生产者就会减少供应量，商品价格上升，生产者又会增加供应量，从而使得市场需求趋于平衡。

2）货币对价格形成的影响

价格是商品价值的货币表现形式。货币影响价格变动的因素包括：一是商品的价值量；二是货币的价值量。因此，在商品价值量不变的情况下，货币价值增加，价格就会下降，反之则价格上升。

1.4　工程造价管理与发展模式

1.4.1　工程造价管理的含义

和工程造价一样，工程造价管理同样有两种含义，一是指建设工程投资费用管理，二是指建设工程价格管理。

1)建设工程投资费用管理

建设工程投资费用管理是指为了实现工程项目投资的预期目标,预测、确定和监控工程项目各阶段工程造价及其变动的系统活动。建设工程投资费用管理属于投资管理范畴,它既涵盖微观层次的项目投资费用管理,也涵盖宏观层次的投资费用管理。

2)建设工程价格管理

建设工程价格管理属于价格管理范畴。在市场经济条件下,价格管理分为微观和宏观两个层次。微观层次上,建设工程价格管理是指生产企业在掌握市场价格信息的基础上,为实现管理目标而进行的成本控制、计价、定价和竞价的系统活动。而在宏观层次上,建设工程价格管理是指政府部门根据社会经济发展的实际需要,利用现有的法律、经济和行政手段对工程价格进行管理和调控,并通过市场管理来规范市场价格的系统活动。

1.4.2　我国工程造价管理的发展模式

1)工程造价管理体制的建立与发展

我国工程造价管理早在唐代就已经有所记载。据《辑古篡经》等书中描述,我国唐代将夯筑城台的用工定额称之为功。但其发展缓慢,直到新中国成立前也未将这方面的经验和资料上升到理论高度,缺乏相关理论作为指导。

在20世纪50年代,我国面临着大规模的恢复重建工作,特别是第一个五年计划后,为用好有限的建设资金,我国沿用当时苏联的基本建设概预算定额管理制度,并颁布了我国第一部预算定额——《建筑工程预算定额》,其特点是“三性一静”,即定额的统一性、综合性、指令性及工、料、机价格为静态,其特点为国家定价,这在当时高度集中的计划经济体制下是合适的,并起到过一定的积极作用。

20世纪50年代后期,我国工程造价管理发展进入低潮期。这一时期国家取消了工程造价管理机构,对我国工程造价管理的发展造成了不利的影响,导致这一时期建筑投资市场混乱无序。

随着1978年我国改革开放以及市场经济的建立,建筑业作为城市改革的突破口,率先进行管理体制改革,推行了大量以市场为取向的改革措施。

1983年,国家计划委员会颁布《基本建设设计工作管理暂行办法》,提出应进一步改进和发展工程概预算制度,各省、市应建立地方工程造价管理机构。同年8月,我国成立基本建设标准定额局,主要负责编制各地区的工程定额。

1988年,标准定额司成立,各省市、各部委分别建立了定额管理站。全国颁布了一系列推动概预算管理和定额管理发展的文件,并颁布了几十项预算定额、概算定额、估算指标。同年,国家计划委员会颁发《关于控制建设工程造价的若干规定》,强调发展全过程动态造价管理,加强政府相关职能部门的监督作用。

2)工程造价管理体制改革

随着我国建筑市场的逐步建立与完善,原有的工程造价管理体制已不能适应市场经济发展的需求,迫切需要改革原有造价管理体制。

于是,2003年国家颁布国家标准《建设工程工程量清单计价规范》(GB 50500—2003),在全国范围内推广实施工程量清单计价方法。该规范的颁布实施,是我国工程造价管理工作面向工程建设市场、进行工程造价管理改革的一个新的里程碑，实现了从传统的定额计价到工程量清单计价的重大转变。

2008年原国家建设部又在总结经验的基础上，进一步补充，颁布了《建设工程工程量清单计价规范》（GB 50500—2008）。

为适应建筑业的发展，2013年7月1日，住房和城乡建设部颁布《建设工程工程量清单计价规范》（GB 50500—2013），在08计价规范的基础上对规范专业重新划分，由原基础上的六个专业调整为九个专业；增加措施项目清单的综合计价等更适应现代建筑行业的计价方式。

3）工程造价管理体制未来发展趋势

2020年7月，《住房和城乡建设部办公厅关于印发工程造价改革工作方案的通知》（建办标〔2020〕38号）发布，先行进行工程造价改革试点，按照工程造价市场化原则，充分发挥市场在资源配置中的决定性作用，推行清单计量、市场询价、自主报价、竞争定价的工程计价方式，完善工程造价市场形成机制，优化编制概算定额、估算指标，取消最高投标限价按定额计价的规定；统一信息发布标准，建立市场价格信息发布平台，实施动态监管；强化建设单位造价管控责任，严格施工合同履约管理，规范建筑市场秩序，为工程造价行业发展指明了方向。

（1）改进工程计量和计价规则

坚持从国情出发，借鉴国际通行做法，修订工程量计算规范，统一工程项目划分、特征描述、计量规则和计算口径。修订工程量清单计价规范，统一工程费用组成和计价规则。通过建立更加科学合理的计量和计价规则，增强我国企业市场询价和竞争谈判能力，提升企业国际竞争力，促进企业“走出去”。

（2）完善工程计价依据发布机制

加快转变政府职能，优化概算定额、估算指标编制发布和动态管理，取消最高投标限价按定额计价的规定，逐步停止发布预算定额。搭建市场价格信息发布平台，统一信息发布标准和规则，鼓励企事业单位通过信息平台发布各自的人工、材料、机械台班市场价格信息，供市场主体选择。加强市场价格信息发布行为监管，严格落实信息发布单位主体责任。

（3）加强工程造价数据积累

加快建立国有资金投资的工程造价数据库，按地区、工程类型、建筑结构等分类发布人工、材料、项目等造价指标指数，利用大数据、人工智能等信息化技术为概预算编制提供依据。加快推进工程总承包和全过程工程咨询，综合运用造价指标指数和市场价格信息，控制设计限额、建造标准、合同价格，确保工程投资效益得到有效发挥。

（4）强化建设单位造价管控责任

引导建设单位根据工程造价数据库、造价指标指数和市场价格信息等编制和确定最高投标限价，按照现行招标投标有关规定，在满足设计要求和保证工程质量前提下，充分发挥市场竞争机制，提高投资效益。

（5）严格施工合同履约管理

加强工程施工合同履约和价款支付监管，引导发承包双方严格按照合同约定开展工程款支付和结算，全面推行施工过程价款结算和支付，探索工程造价纠纷的多元化解决途径和方法，进一步规范建筑市场秩序，防止工程建设领域腐败和农民工工资拖欠。

本章总结框图

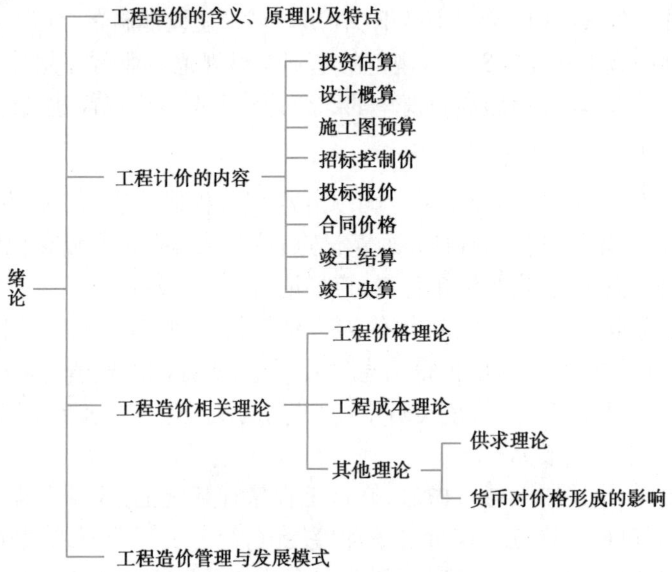

思考题

1. 查阅相关资料，了解我国工程计量定额体系与工程量清单计价体系的关系与区别。

2. 查阅相关资料，了解我国工程计价从实施政府定价到政府指导价直至市场调节价的改革发展历程。

3. 查阅相关资料，掌握建设项目全过程的建设程序，并简要论述全过程各个阶段工程计价的作用以及它们的区别与联系。

4. 查阅相关资料，阐述全过程计价各个阶段所选用计价标准、计价方法及计价文件的编制流程。

第2章 工程造价的构成

【本章导读】

内容与要求：本章主要讲述我国建设工程造价的构成、工程造价的费用组成与费用计算等内容。通过本章学习，要求熟悉建设项目总投资及其构成；掌握设备及工器具购置费、建筑安装工程费的构成与计算方法；掌握预备费、建设期贷款利息的组成和计算方法；了解工程建设其他费用的构成。

重点：建设项目工程造价的构成。

难点：建筑安装工程费的构成及计算。

三峡大坝，位于湖北省宜昌市夷陵区三斗坪镇三峡坝区三峡大坝旅游区内，地处长江干流西陵峡河段，三峡水库东端，控制流域面积约100万 km^2，始建于1994年，集防洪、发电、航运、水资源利用等为一体，是三峡水电站的主体工程、三峡大坝旅游区的核心景观、当今世界上最大的水利枢纽建筑之一。

三峡大坝

1994 年经国家批准的三峡工程初步设计静态总概算为 900.9 亿元(1993 年 5 月价格水平),其中枢纽工程 500.9 亿元,水库淹没处理及移民安置 400 亿元。1993 年根据当时拟定的工程资金来源、利息水平和物价上涨的预测,估算计入物价上涨及施工期贷款利息的总投资约为 2 039 亿元。项目的论证决策过程就是投资测算越来越精确的过程,从投资估算到批准的初步设计概算,三峡工程的投资控制目标得以确定。

三峡工程的总投资包括静态投资和动态投资两部分。静态投资主要由建设方案和现场条件决定;动态投资则主要由外界环境制约的因素决定。静态投资与动态投资之间是正相关的。静态投资越高,则价差调整越多,筹资成本也越高。在工程建设过程中,以 500.9 亿元的初步设计概算作为控制枢纽工程静态投资的最高限额,通过优化设计、规范招标投标、严格合同管理等措施对静态投资实施控制;以总额控制、总体包干的方式将移民安置费包干给重庆市和湖北省;通过多渠道、多途径降低融资成本以及分年度测算审批价差的方式控制动态投资。

三峡工程的总造价包括了大坝、电站、通航建筑物(双线五级船闸和垂直升船机等)的建安工程费、(大型)设备购置费、设计监理及移民等其他费用、国家开发银行贷款利息等。

人们在感叹三峡工程浩大的同时也一定会对大型工程投资形成感到疑惑,本章将帮你了解工程投资构成和工程造价的关系,以及工程造价各项费用的构成和计算。

2.1 建设项目工程造价的构成

根据 1.1 节,工程造价分为广义上和狭义上的工程造价,即固定资产投资和承发包价格。

2.1.1 广义工程造价

我国现行的建设项目投资由固定资产投资和流动资产投资两部分组成。建设项目投资中的固定资产投资与建设项目中的工程造价在量上相等。工程造价的构成依据工程项目建设中各类费用支出或花费的性质、用途等来确定,是通过费用划分和汇集而形成的工程造价的费用分解结构。

根据国家发改委和建设部审定发行的《建设项目经济评价方法与参数》(第三版)的规定,固定资产投资包括工程费用、工程建设其他费用、预备费以及建设期贷款利息四个部分。工程费用是指直接构成固定实体的各种费用,具体可分为建设安装工程费和设备及工器具购置费;工程建设其他费用是指根据国家有关规定在投资中支付,并列入建设项目总造价或单项工程造价的费用;预备费是指为了保证工程项目的顺利实施,避免难以预料的情况下造成投资不足而预先安排的一笔费用,其中包括基本预备费和涨价预备费。

根据财务部和国家税务总局印发的《关于全面推开营业税改征增值税试点的通知》(财税〔2016〕36 号),建筑业自 2016 年 5 月 1 日起实行营业税改征增值税。建设项目总投资中包含的增值税是指国家税法规定的应计入的增值税销项税额。增值税是价外税,因此,增值税销项税额应以工程费用、工程建设其他费用、预备费等(不包括增值税可抵扣进项税额的费用)作为基础,按工程费、工程建设其他费和预备费的费率分别进行计取。

建设项目总投资及工程造价具体构成内容如图 2.1 所示。

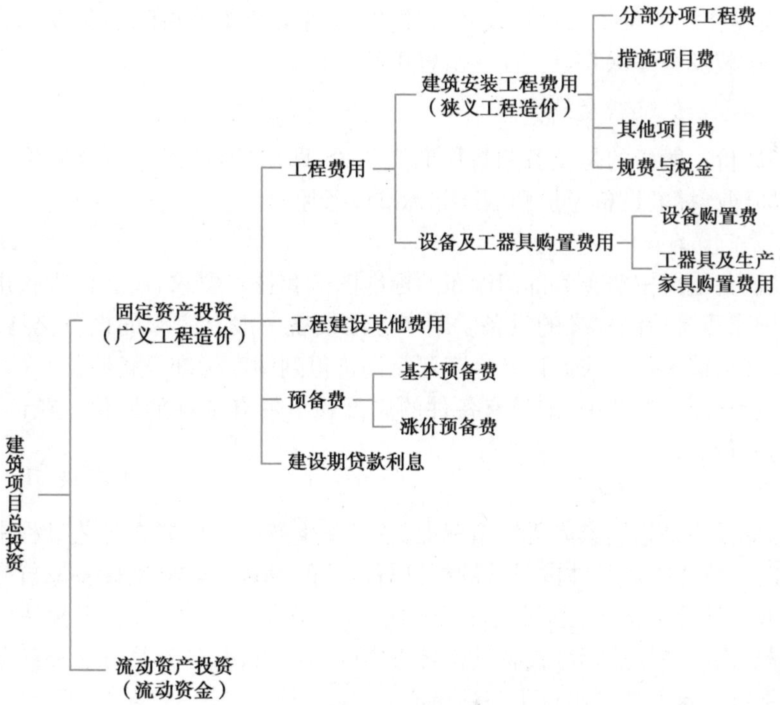

图 2.1　建设项目总投资

2.1.2　狭义工程造价

狭义上的工程造价是以承包商为主体，属于价格管理范畴，目标是利润最大化。它是指上述项目的工程费用所需的人工费、材料费、施工机具使用费、企业管理费、利润、规费、税金。其计算公式如下：

工程造价 = 人工费 + 材料费 + 施工机具使用费 + 企业管理费 + 利润 + 规费 + 税金

在数值上，狭义工程造价与建筑安装工程费用相等。在项目固定资产投资（即广义工程造价）中，建筑安装工程费用往往能占六到七成，因此建筑安装工程费用（狭义工程造价）在固定资产投资（广义工程造价）中处于非常重要的地位。

2.2　设备及工器具购置费用的构成及计算

设备及工器具购置费用由设备购置费和工器具及生产家具购置费组成。它是固定资产投资中的积极部分。在生产性工程建设中，设备及工器具购置费用占建设工程费用的比重增大，意味着生产技术的进步和资本有机构成的提高。

2.2.1　设备购置费的构成及计算

设备购置费是指为建设项目购置或自制的达到固定资产标准的各种国产或进口设备、工具、器具的购置费用。它由设备原价和设备运杂费用构成，其计算公式为：

设备购置费 = 设备原价 + 设备运杂费　　(2.1)

式中，设备原价是指国产设备或进口设备的原价；设备运杂费是指除设备以外的关于设备采购、运输、途中包装及仓库保管等方面支出费用的总和。

1）国产设备原价的构成及计算

国产设备原价一般指的是设备制造厂的交货价，即出厂价，或订货合同价。国产设备原价分为两种，即国产标准设备原价和国产非标准设备原价。

（1）国产标准设备原价

国产标准设备是指按照主管部门颁布的标准图纸和技术要求，由我国设备生产厂家批量生产的、符合国家质量检测标准的设备。国产标准设备一般有完善的设备交易市场，因此可通过查询相关交易市场价格或向设备生产厂家询价得到国产标准设备原价。

国产标准设备原价有两种，即带有备件的原价和不带有备件的原价。在计算时，一般采用带有备件的原价。

（2）国产非标准设备原价

国产非标准设备是指国家尚无定型标准，各设备生产厂不可能在工艺过程中采用批量生产，只能按临时订货要求和具体的设计图纸进行制造的设备。非标准设备原价有多种不同的计算方法，如成本计算估价法、系列设备插入估价法、分部组合估价法、定额估价法等。但无论采用哪种方法都应该使非标准设备计价接近实际出厂价，并且计算方法要简便。按成本计算估价法，非标准设备的原价由以下各项组成：

①材料费。其计算公式为：

$$\text{材料费} = \text{材料净重} \times (1 + \text{加工损耗系数}) \times \text{每吨材料综合价} \tag{2.2}$$

②加工费。包括生产工人工资和工资附加费、燃料动力费、设备折旧费、车间经费等。其计算公式为：

$$\text{加工费} = \text{设备总质量(吨)} \times \text{设备每吨加工费} \tag{2.3}$$

③辅助材料费。包括焊条、焊丝、氧气、氮气、油漆、电石等的费用。其计算公式为：

$$\text{辅助材料费} = \text{设备总质量} \times \text{辅助材料费指标} \tag{2.4}$$

④专用工具费。按①—③项之和乘以专业工具费率计算。

⑤废品损失费。按①—④项之和乘以专业工具费率计算。

⑥外购配套件费。按设备设计图纸所列的外购配套件的名称、型号、规格、数量、质量等，根据相应的市场价格加运杂费计算。

⑦包装费，按①—④项之和乘以包装费率计算。

⑧利润。按①—⑤项加第⑦项之和乘以一定利润率计算。

⑨税金。其计算公式为：

$$\text{增值税} = \text{当期销项税额} - \text{进项税额} \tag{2.5}$$

$$\text{当期销项税额} = \text{销售额} \times \text{适用增值税税率} \tag{2.6}$$

⑩非标准设备设计费。按国家规定的设计费收费标准计算。

综上所述，单台非标准设备原价可用下面公式表达：

$$\begin{aligned}\text{单台非标准设备原价} = & \{[(\text{材料费} + \text{加工费} + \text{辅助材料费}) \times (1 + \text{专用工具费率}) \times \\ & (1 + \text{废品损失率}) + \text{外购配套件费}] \times (1 + \text{包装费费率}) - \text{外} \\ & \text{购配套件费} \times (1 + \text{利润率}) + \text{增值税} + \text{非标准设备设计费}\} \times \\ & (1 + \text{利润率}) + \text{税金} + \text{非标准设备设计费} + \text{外购配套件费}\end{aligned} \tag{2.7}$$

2)进口设备原价的构成及计算

进口设备原价是指进口设备的抵岸价,即抵达买方边境港口或边境车站,且交完关税等税费后形成的价格。进口设备抵岸价的构成与进口设备的交货类别有关。

(1)进口设备的交货类别

进口设备的交货类别可分为内陆交货类、目的地交货类、装运港交货类。

①内陆交货类。即卖方在出口国内陆的某个地点交货。在交货地点,卖方及时提供合同规定的货物和有关凭证,并承担交货前的一切费用和风险;买方按时接受货物、交付货款,承担接货后的一切费用和风险,并自行办理出口手续和装运出口。货物的所有权也在交货后由卖方转移给买方。

②目的地交货类。即卖方在进口国的港口或内地交货,有目的港船上交货价、目的港船边交货价(FOS)、目的港码头交货价(关税已付)及完税后交货价(进口的指定地点)等几种交货价。它们的特点是:买卖双方承担的责任、费用风险是以目的地约定交货点为分界线,只有当卖方在交货点将货物置于买方控制下才算交货,才能向买方收取货款。这种交货类别对卖方来说承担的风险较大,在国际贸易中卖方一般不愿采用。

③装运港交货类。即卖方在出口国装运港交货,主要有装运港船上交货价(FOB),习惯上称离岸价格;运费在内价(ECR)或运费、保险费在内价(CIF),习惯上称到岸价。它们的特点是:卖方按照约定时间在装运港交货,只要卖方把合同规定的货物装船后提供货运单据便完成交货任务,可凭单据收回货款。

装运港船上交货价(FOB)是我国进口设备采用最多的一种交货价。采用船上交货价时,卖方的责任是:在规定的期限内,负责在合同规定的装运港口将货物装上买方指定的船只,并及时通知买方;负担货物装船前的一切费用和风险;负责办理出口手续;提供出口国政府或有关方面签发的证件;负责提供有关装运单据。买方的责任是:负责租船或订舱,支付运费,并将船期、船名通知卖方;负责货物装船后一切费用和风险;负责办理保险及支付保险费,办理在目的港的进口和收货手续;接受卖方提供的有关装运单据,并按合同规定支付货款。

(2)进口设备抵岸价的构成及计算

进口设备抵岸价的构成可概述为:

$$\text{进口设备抵岸价} = \text{货价} + \text{运输保险费} + \text{银行财务费} + \text{外贸手续费} + \text{关税} + \text{增值税} + \text{消费税} + \text{海关监管手续费} + \text{称量购置附加费} \tag{2.8}$$

①货价。一般指装运港船上交货价(FOB)。

②国际运费。即从装运港(站)到达我国抵达港(站)的运费。进口设备国际运费计算公式为:

$$\text{国际费用(海、陆、空)} = \text{运量} \times \text{货币原价(FOB)} \times \text{运费费率} \tag{2.9}$$

或

$$\text{国际费用(海、陆、空)} = \text{运量} \times \text{单位运价} \tag{2.10}$$

③运输保险费。对外贸易货物运输保险是由保险人(保险公司)与被保险人(出口人或进口人)订立保险契约,在被保险人交付议定的保险费后,保险人根据保险契约的规定对货物在运输过程中发生的承保责任范围内的损失给予经济上的补偿,这是一种财产保险。其计算公式为:

$$运输保险费=\left[\frac{货币原价(FOB)+国际运费}{1-保险运费}\right]\times保险费率 \tag{2.11}$$

其中,保险费率按保险公司规定的进口货物保险费率计算。以上①—③项费用相加即为到岸价格(CIF)。

④银行财务费。一般是指中国银行手续费,可按下式简化计算:

$$银行财务费=离岸价格(FOB)\times人民币外汇汇率\times银行财务费率 \tag{2.12}$$

⑤外贸手续费。指按对外经济贸易部规定的外贸手续费率计取的费用,外贸手续费率一般取1.5%。其计算公式为:

$$外贸手续费=到岸价格(CIF)\times人民币外汇汇率\times外汇手续费率 \tag{2.13}$$

⑥关税。由海关对进出国境或关境的货物和物品征收的一种税。其计算公式为:

$$关税=到岸价格(CIF)\times人民币外汇汇率\times进口关税税率 \tag{2.14}$$

其中,到岸价格(CIF)包括离岸价格(FOB)、国际运费、运输保险费等费用,它作为关税完税价格。进口关税税率分为优惠税率和普通税率两种。

⑦ 消费税。对部分进口设备(如进口轿车、摩托车等)征收消费税,一般计算公式为:

$$应纳消费税额=\left[\frac{到岸价格(CIF)\times人民币外汇汇率+关税}{1-消费税税率}\right]\times消费税税率 \tag{2.15}$$

其中,消费税税率根据规定的税率计算。

⑧进口环节增值税。是对从事进口贸易的单位和个人,在进口商品报关进口后征收的税种。我国增值税条例规定,进口应税产品均按组成计税价格和增值税税率直接计算应纳额,即:

$$进口产品增值税税额=组成计税价格\times增值税税率 \tag{2.16}$$

$$组成计税价格=关税完税价格+关税+消费税 \tag{2.17}$$

⑨车辆购置税。进口车辆需缴进口车辆购置附加费。其计算公式为:

$$进口车辆购置税=(到岸价+关税+消费税+增值税)\times车辆购置税率 \tag{2.18}$$

以上④—⑨项费用相加即为进口从属费。

3)设备运杂费的构成及计算

(1)设备运杂费的构成

设备运杂费通常由下列各项构成:

①运费和拆卸费。国产设备由设备制造厂交货地点起至工地厂库(或施工组织设计指定的需要安装设备的堆放地点)止所发生的运费和装费;进口设备则由我国到岸港口或边境车站起至工地仓库(或施工组织设计指定的需安装设备的堆放地点)止所发生的运费和装卸费。

②包装费用。在设备原价中没有包含的、为运输而进行包装的各种费用。

③设备供销部门的手续费。按有关部门规定的统一费率计算。

④采购与仓库保管费。指采购、验收、保管和收发设备所发生的各种费用,包括设备采购人员、保管人员和管理人员的工资、工资附加费、办公费、差旅交通费,设备供应部门办公和仓库所占固定资产使用费,工具用具使用费,劳动保护费,检验试验费等。这些费用可按主管部门规定的采购与保管费费率计算。

(2)设备运杂费的构成

设备运杂费按设备原价乘以设备运杂费率计算,其计算公式为:

$$\text{设备运杂费} = \text{设备原价} \times \text{设备运杂费率} \tag{2.19}$$

其中,设备运杂费率按各部门及省、市等的规定计取。

设备抵岸价、离岸价格(FOB)、到岸价格(CIF)之间的关系如图 2.2 所示。

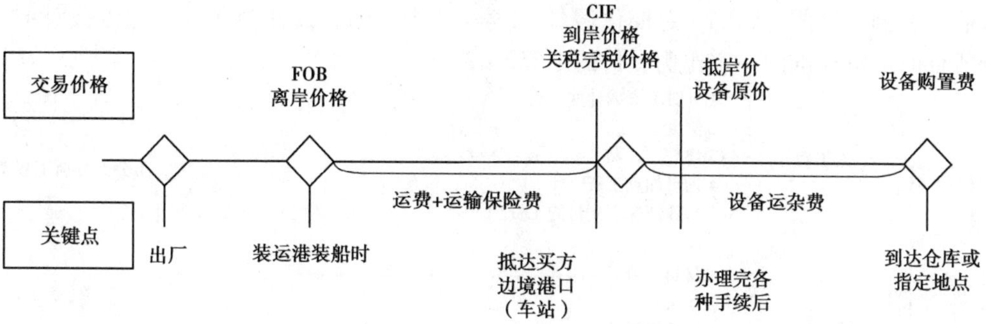

图 2.2　设备抵岸价、FOB、CIF 的关系

2.2.2　工器具及生产家具购置费的构成及计算

工器具及生产家具购置费,是指新建或扩建项目初步设计规定的,保证初期正常生产必须购置的,没有达到固定资产标准的设备、仪器、工卡模具、器具、生产家具和备品备件等的购置费用。其计算公式为:

$$\text{工器具及生产家具购置费} = \text{设备购置费} \times \text{定额费率} \tag{2.20}$$

2.3　建筑安装工程费用的构成及计算

关于建筑安装工程费用,我国规定,应按照住房和城乡建设部、财政部颁布的建标〔2013〕44 号文《建筑安装工程费用项目组成》的规定进行各相关费用的计算。

2.3.1　建筑安装工程费用构成及计算(按费用构成要素划分)

建筑安装工程费用按费用构成要素划分,由人工费、材料费(包含工程设备,下同)、施工机具使用费、企业管理费、利润和税金构成,如图 2.3 所示。其中,人工费、材料费、施工机具使用费、企业管理费和利润包含在分部分项工程费、措施项目费、其他项目费用中。

1)人工费构成和计算方法

(1)人工费的构成

人工费是指按工资总额构成规定,支付给从事建筑安装工程施工的生产工人和附属生产单位工人的各项费用。内容包括:

①计时工资或计件工资:是指按计时工资标准和工作时间或对已做工作按计件单价支付给个人的劳动报酬。

②奖金:是指对超额劳动和增收节支支付给个人的劳动报酬。如节约奖、劳动竞赛奖等。

③津贴补贴:是指为了补偿职工特殊或额外的劳动消耗和因其他特殊原因支付给个人的津贴,以及为了保证职工工资水平不受物价影响支付给个人的物价补贴。如流动施工津贴、特殊地区施工津贴、高温(寒)作业临时津贴、高空津贴等。

④加班加点工资:是指按规定支付的在法定节假日工作的加班工资和在法定日工作时间外延时工作的加点工资。

⑤特殊情况下支付的工资:是指根据国家法律、法规和政策规定,因病、工伤、产假、计划生育假、婚丧假、事假、探亲假、定期休假、停工学习、执行国家或社会义务等原因按计时工资标准或计时工资标准的一定比例支付的工资。

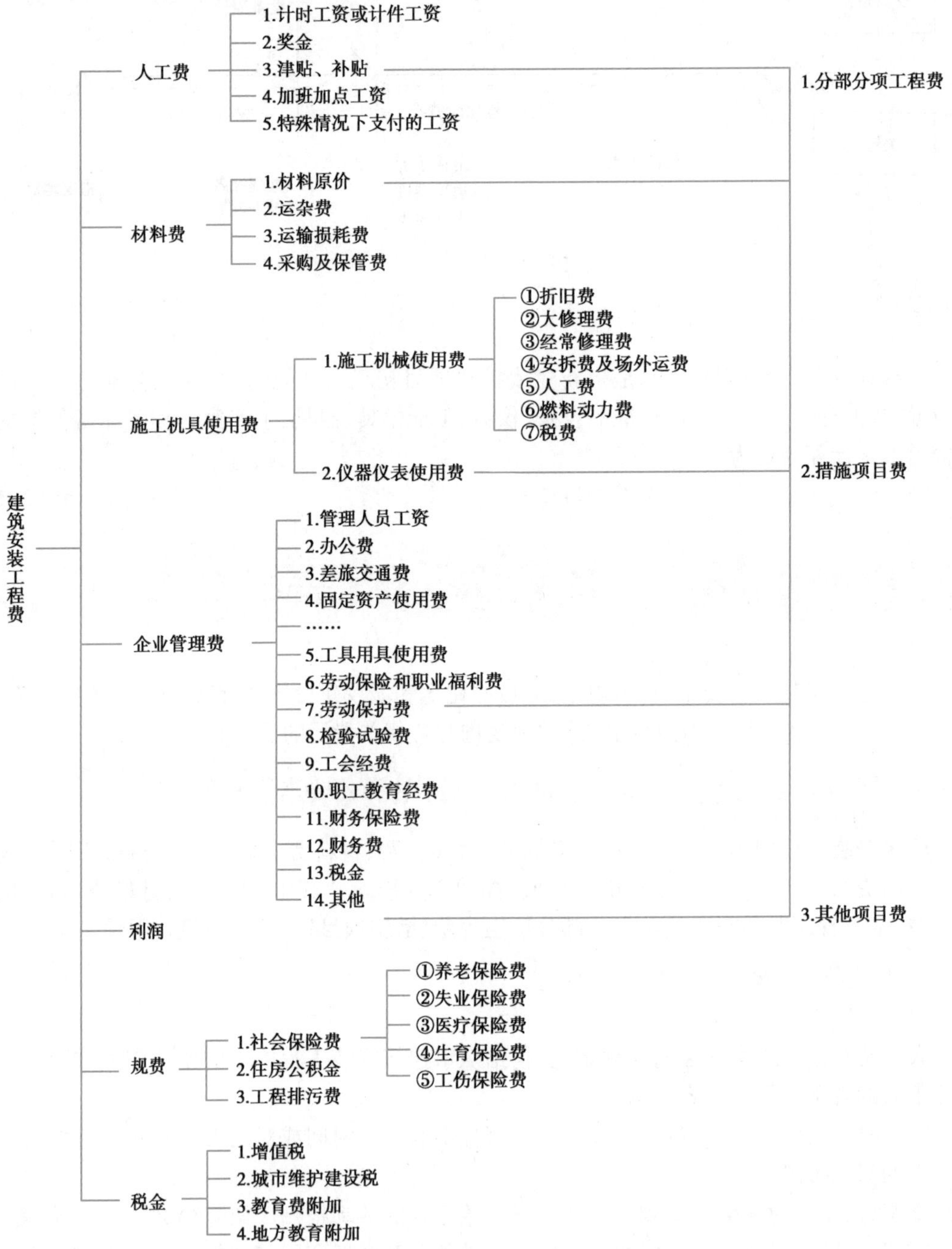

图2.3　建筑安装工程费用构成(按费用构成要素划分)

(2)人工费的计算方法

人工费计算公式为：

$$人工费=\sum(工日消耗量\times日工资单价) \tag{2.21}$$

2)材料费构成和计算方法

(1)材料费的构成

材料费是指工程施工过程中消耗的各种原材料、辅助材料、构配件、零件、半成品或成品、工程设备的费用。内容包括：

①材料原价：是指国内采购材料的出厂价格，国外采购材料抵达买方边境、港口或车站并交纳完各种手续费、税费后形成的价格。

②运杂费：是指国内采购自来源地，国外采购材料自到岸港运至工地仓库或指定堆放地点发生的费用。

③运输损耗费：是指材料在运输装卸过程中不可避免的损耗。

④采购及保管费：是指组织材料采购、供应和保管过程中所需要的各项费用。包括采购费、仓储费、工地保管费、仓储损耗。

工程设备是指构成或计划构成永久工程一部分的机电设备、金属结构设备、仪器装置及其他类似的设备和装置。

(2)材料费的计算方法

材料费计算公式为：

$$材料费=\sum(材料消耗量\times材料单价) \tag{2.22}$$

$$材料单价=(材料原价+运杂费)\times(1+运输损耗率)\times(1+采购保管率) \tag{2.23}$$

工程设备费计算公式为：

$$工程设备费=\sum(工程设备量\times工程设备单价) \tag{2.24}$$

$$材料单价=(设备原价+运杂费)\times(1+采购保管率) \tag{2.25}$$

3)施工机具使用费的构成和计算方法

(1)施工机具使用费的构成

施工机具使用费是指施工作业所发生的施工机械、仪器仪表使用费或其租赁费。

①施工机械使用费：以施工机械台班耗用量乘以施工机械台班单价表示。施工机械台班单价由下列7项费用组成：

a.折旧费：是指施工机械在规定的使用年限内，陆续收回其原值的费用。

b.大修理费：是指施工机械按规定的大修理间隔台班进行必要的大修理，以恢复其正常功能所需的费用。

c.经常修理费：是指施工机械除大修理以外的各级保养和临时故障排除所需的费用。包括为保障机械正常运转所需替换设备与随机配备工具附具的摊销和维护费用，机械运转中日常保养所需润滑与擦拭的材料费用及机械停滞期间的维护和保养费用等。

d.安拆费及场外运费：安拆费是指施工机械(大型机械除外)在现场进行安装与拆卸所需的人工、材料、机械和试运转费用以及机械辅助设施的折旧、搭设、拆除等费用；场外运费指施工机械整体或分体自停放地点运至施工现场或由一施工地点运至另一施工地点的运输、装卸、辅助材料及架线等费用。

e. 人工费：是指机上司机(司炉)和其他操作人员的人工费。

f. 燃料动力费：是指施工机械在运转作业中所消耗的各种燃料及水、电等。

g. 税费：是指施工机械按照国家规定应缴纳的车船使用税、保险费及年检费等。

②仪器仪表使用费：是指工程施工所需的仪器仪表的摊销及维修费用。

(2)施工机具使用费的计算方法

施工机械使用费计算公式为：

$$施工机械使用费 = \sum(施工机械台班消耗量 \times 机械台班单价) \tag{2.26}$$

其中，机械台班单价为上述 a—g 总和。

仪器仪表使用费计算公式为：

$$仪器仪表使用费 = 工程使用的仪器仪表摊销费 + 维修费 \tag{2.27}$$

4)企业管理费构成和计算方法

(1)企业管理费的构成

企业管理费是指建筑安装企业组织施工生产和经营管理所需的费用。内容包括：

①管理人员工资：是指按规定支付给管理人员的计时工资、奖金、津贴补贴、加班加点工资及特殊情况下支付的工资等。

②办公费：是指企业管理办公用的文具、纸张、账表、印刷、邮电、书报、办公软件、现场监控、会议、水电、烧水、集体取暖降温(包括现场临时宿舍取暖和降温)等费用。

③差旅交通费：是指职工因公出差、调动工作的差旅费、住勤补助，市内交通费和误餐补助费，职工探亲路费，劳动力招募费，职工退休、退职一次性路费，工伤人员就医路费，工地转移费以及管理部门使用的交通工具的油料、燃料等费用。

④固定资产使用费：是指管理和试验部门及附属生产单位使用的属于固定资产的房屋、设备、仪器等的折旧、大修、维修或租赁费。

⑤工具用具使用费：是指企业施工生产和管理使用的不属于固定资产的工具、器具、家具、交通工具和检验、试验、测绘、消防用具等的购置、维修和摊销费。

⑥劳动保险和职工福利费：是指由企业支付的职工退职金、按规定支付给离休干部的经费，集体福利费、夏季防暑降温、冬季取暖补贴、上下班交通补贴等费用。

⑦劳动保护费：是指企业按规定发放的劳动保护用品的支出，如工作服、手套、防暑降温饮料以及在有碍身体健康的环境中施工的保健费用等。

⑧检验试验费：是指施工企业按照有关标准规定，对建筑以及材料、构件和建筑安装物进行一般鉴定、检查所发生的费用，包括自设实验室进行试验所耗用的材料等费用。不包括新结构、新材料的试验费，对构件做破坏性试验及其他特殊要求检验试验的费用和建设单位委托检测机构进行检测的费用，对此类检测发生的费用，由建设单位在工程建设其他费用中列支。但对施工企业提供的具有合格证明的材料进行检测不合格的，该检测费用由施工企业支付。

⑨工会经费：是指企业按照《工会法》规定的全部职工工资总额比例计提的工会经费。

⑩职工教育经费：是指按职工工资总额的规定比例计提，企业为职工进行专业技术和职业技能培训，专业技术人员继续教育、职工职业技能鉴定、职业资格认定以及根据需要对职工进行各类文化教育所发生的费用。

⑪财产保险费：是指施工管理用财产、车辆等的保险费用。

⑫财务费：是指企业为施工生产筹集资金或提供预付款担保、履约担保、职工工资支付担保等所发生的各种费用。

⑬税金：是指企业按规定缴纳的房产税、车船使用税、土地使用税、印花税等。

⑭其他：包括技术转让费、技术开发费、投标费、业务招待费、绿化费、广告费、公证费、法律顾问费、审计费、咨询费、保险费等。

(2)企业管理费的计算方法

企业管理费的计算方法按照计算基础的不同有以下三种：

①以分部分项工程费为计算基础。

$$\text{企业管理费费率}(\%)=\frac{\text{生产工人平均管理费}}{\text{年有效施工天数}}\times\text{人工单价}\times\text{人工费占分部分项工程费比例}(\%) \tag{2.28}$$

②以人工费和机械费合计为计算基础。

$$\text{企业管理费费率}(\%)=\frac{\text{生产工人平均管理费}}{\text{年有效施工天数}}\times(\text{人工单价}+\text{每一工日机械使用费})\times 100\% \tag{2.29}$$

③以人工费为计算基础。

$$\text{企业管理费费率}(\%)=\frac{\text{生产工人平均管理费}}{\text{年有效施工天数}}\times\text{人工单价}\times 100\% \tag{2.30}$$

5)利润构成和计算方法

(1)利润的构成

利润是指施工企业完成所承包工程获得的盈利。

(2)利润的计算方法

①施工企业根据企业自身需求并结合建筑市场实际自主确定，并列入报价中。

②工程造价管理机构在确定计价定额中利润时，应以定额人工费（或定额人工费+定额机械费）作为计算基数，其费率根据历年工程造价积累的资料，并结合建筑市场实际确定，以单位（单项）工程测算。利润在税前建筑安装工程费的比重可按不低于5%且不高于7%的费率计算。利润应列入分部分项工程和措施项目中。

6)规费构成和计算方法

(1)规费的构成

规费是指按国家法律、法规规定，由省级政府和省级有关权力部门规定施工单位必须缴纳，应计入建筑安装工程造价的费用。包括：

①社会保险费。其中包含以下内容：

a. 养老保险费：是指企业按照规定标准为职工缴纳的基本养老保险费。

b. 失业保险费：是指企业按照规定标准为职工缴纳的失业保险费。

c. 医疗保险费：是指企业按照规定标准为职工缴纳的基本医疗保险费。

d. 生育保险费：是指企业按照规定标准为职工缴纳的生育保险费。

e. 工伤保险费：是指企业按照规定标准为职工缴纳的工伤保险费。

②住房公积金：是指企业按照规定标准为职工缴纳的住房公积金。

③工程排污费：是指企业按照规定缴纳的施工现场工程排污费。

其他应列而未列入的规费,按实际发生计取。

(2)规费计算方法

①社会保险费和住房公积金:社会保险费和住房公积金应以定额人工费为计算基础,根据工程所在地省、自治区、直辖市或行业建设主管部门规定费率计算。

$$\text{社会保险费和住房公积金} = \sum(\text{工作定额人工费} \times \text{社会保险费和住房公积金率}) \tag{2.31}$$

②工程排污费:工程排污费等其他应列而未列入的规费应按工程所在地环境保护等部门规定的标准缴纳,按实计取。

7)**税金构成和计算方法**

住房和城乡建设部及财政部关于印发《建筑安装工程费用项目组成》的通知(建标〔2013〕44号)[1] 中做出规定,“税金:是指国家税法规定的应计入建筑安装工程造价内的营业税、城市维护建设税、教育费附加以及地方教育附加。”其中,根据住建部建办标〔2016〕4号文《关于做好建筑业营改征增建设工程计价依据调整准备工作的通知》,建筑业实施营业税改征增值税。

(1)增值税

增值税是以商品(含应税劳务)在流转过程中产生的增值额作为计税依据而征收的一种流转税。从计税原理上说,增值税是对商品生产、流通、劳务服务中多个环节的新增价值或商品的附加值征收的一种流转税。增值税实行价外税,也就是由消费者负担,有增值才征税,没增值不征税。

对于一般纳税人而言,增值税计算公式如下:

$$\text{应纳税额} = \text{当期销项税额} - \text{当期进项税额} \tag{2.32}$$

$$\text{销项税额} = \text{销售额} \times \text{税率} \tag{2.33}$$

$$\text{销售额} = \text{含税销售额} \div (1 + \text{税率}) \tag{2.34}$$

建筑业适用增值税的税率为9%。

建安工程造价的增值税计算公式如下:

$$\text{增值税(增值税销项税额)} = \text{税前工程造价} \times 9\% \tag{2.35}$$

$$\text{税前工程造价} = \text{人工费} + \text{材料费} + \text{施工机具使用费} + \text{企业管理费} + \text{利润} + \text{规费} \tag{2.36}$$

其中,各费用项目均以增值税税前价格计算。

(2)城市维护建设税

城市维护建设税是为筹集城市维护和建设资金,稳定和扩大城市、乡镇维护建设的资金来源,而对有经营收入的单位和个人征收的一种税。

城市维护建设税计算公式如下:

$$\text{应纳税额} = (\text{增值税} + \text{消费税}) \times \text{适用税率} \tag{2.37}$$

税率按纳税人所在地分别规定为:市区7%,县城和镇5%,乡村1%。

(3)教育费附加

教育费附加计算公式如下:

$$\text{应纳税额} = (\text{增值税} + \text{消费税}) \times 3\% \tag{2.38}$$

(4)地方教育附加

地方教育附加计算公式如下:

$$地方教育附加 = (增值税 + 消费税) \times 2\% \tag{2.39}$$

地方教育附加应专项用于发展教育事业,不得从地方教育附加中提取或列支征收或代征手续费。

(5)综合计算

在工程造价的实际计算工程中,四种税金往往是一并计算,其计算公式如下:

$$税金 = 税前工程造价 \times 费率(9\%) \tag{2.40}$$

2.3.2　建筑安装工程费用构成及计算(按造价形成划分)

建筑安装工程费用按造价形成划分,由分部分项工程费、措施项目费、其他项目费、规费和税金构成,如图 2.4 所示。

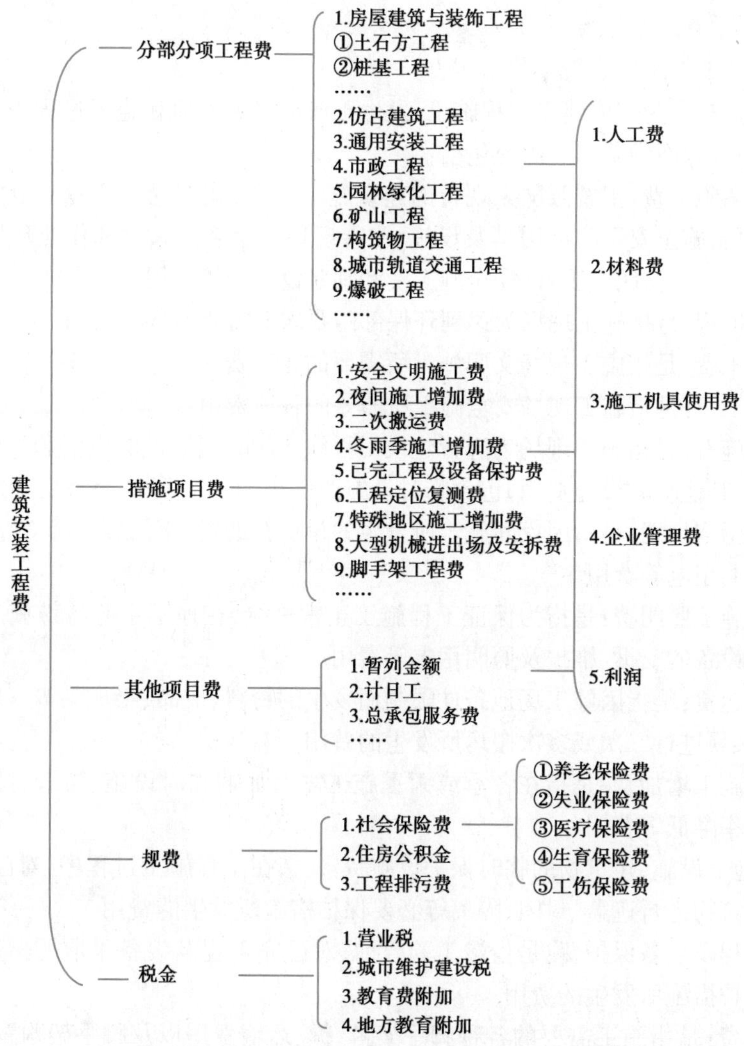

图 2.4　建筑安装工程费用构成(按造价形成划分)

1)分部分项工程费

分部分项工程费是指各专业工程的分部分项工程应予列支的各项费用。其中,专业工程是指按现行国家计量规范划分的房屋建筑与装饰工程、仿古建筑工程、通用安装工程、市政工程、园林绿化工程、矿山工程、构筑物工程、城市轨道交通工程、爆破工程等各类工程。

分部分项工程是指按现行国家或行业计量规范对各类专业工程划分的项目,如房屋建筑与装饰工程可进一步划分为土石方工程、地基处理与边坡支护工程、桩基工程等。

分部分项工程费的计算公式为:

$$\text{分部分项工程费} = \sum(\text{分部分项工程量} \times \text{综合单价}) \tag{2.41}$$

其中,综合单价包含了人工费、材料费、施工机具使用费、企业管理费和利润以及一定范围的风险费用。

2)措施项目费

(1)措施项目费的构成

措施项目费是指为完成建设工程施工,发生于该工程施工前和施工过程中的技术、生活、安全、环境保护等方面的费用。内容包括:

①安全文明施工费:指按照国家现行的建筑施工安全、施工现场环境与卫生标准和有关规定,购置和更新施工安全防护用具及设施、改善现场安全生产条件和作业环境所需要的费用,包括环境保护费、文明施工费、安全施工费和临时设施费等费用。

a. 环境保护费:是指施工现场为达到环保部门要求所需要的各项费用。

b. 文明施工费:是指施工现场文明施工所需要的各项费用。

c. 安全施工费:是指施工现场安全施工所需要的各项费用。

d. 临时设施费:是指施工现场为进行建设工程施工所必须搭设的生活和生产用的临时建筑物、构筑物和其他临时设施费用,包含临时设施的搭建、维修、拆除、清理费和摊销费等。

②夜间施工增加费:是指因夜间施工所发生的夜班补助费、夜间施工降效、夜间施工照明设备摊销及照明用电等费用。

③非夜间施工照明费:是指为保证工程施工正常进行,在地下室等特殊施工部位施工时所采用的照明设备的安拆、维护及照明用电等费用。

④二次搬运费:是指因施工场地条件限制而发生的材料、成品、半成品等一次运输不能达到堆放地点,必须进行二次或多次搬运所发生的费用。

⑤冬雨季施工增加费:是指在冬季或雨季施工需增加的临时设施、防滑、排除雨雪,人工及施工机械效率降低等费用。

⑥地上、地下设施、建筑物的临时保护设施费:是指在工程施工过程中,对已建成的地上、地下设施和建筑物进行遮盖、封闭、隔离等必要保护措施所发生的费用。

⑦已完工程及设备保护费:是指竣工验收前,对已完工程及设备采取的覆盖、包裹封闭、隔离等必要保护措施所发生的费用。

⑧脚手架费:是指施工需要的各种脚手架搭、拆、运输费用以及脚手架购置费的摊销(或租赁)费用。

⑨混凝土模板及支架(撑)费:是指混凝土施工过程中需要的各种钢模板、木模板、支架等的支拆、运输费用及模板、支架的摊销(或租赁)费用。

⑩垂直运输费:是指现场所用材料、机具从地面运至相应高度以及职工人员上下工作面等所发生的运输费用。

⑪超高施工增加费:是指当单层建筑物檐口高度超过20 m或多层建筑物超过6层时,应计取的费用。

⑫大型机械设备进出场及安拆费:是指机械整体或分体自停放场地运至施工现场或由一个施工地点运至另一个施工地点,所发生的机械进出场运输及转移费用及机械在施工现场进行安装、拆卸所需的人工费、材料费、机械费、试运转费和安装所需的辅助设施的费用。

⑬施工排水、降水费:是指将施工期间有碍施工作业和影响工程质量的水排到施工场地以外,以及防止在地下水位较高的地区开挖深基坑出现基坑浸水,地基承载力下降,在动水压力作用下还可能引起流沙、管涌和边坡失稳等现象而必须采取有效的降水和排水措施的费用。

措施项目及其包含的内容详见各类专业工程的现行国家或行业计量规范。

(2)措施项目费的计算

国家计量规范应予计量的措施项目费,其计算公式为:

$$措施项目费 = \sum(措施项目费工程量 \times 综合单价) \tag{2.42}$$

国家计量规范应予不宜计量的措施项目费,其计算公式为:

①安全文明施工费:

$$安全文明施工费 = 计算基数 \times 安全文明施工费费率(\%) \tag{2.43}$$

其中,计算基数应为定额基价(定额分部分项工程费+定额中可计量的措施项目费)、定额人工费或定额人工费与机械费之和,费率由工程造价管理机构根据各专业工程的特点综合确定,费率的取用见各省的工程造价计价规则。

②其余不宜计量的措施项目。如夜间施工增加费、非夜间施工照明费、二次搬运费、冬雨季施工增加费、已完工程及设备保护费等。其计算公式为:

$$措施项目费 = 计算基数 \times 措施项目费费率(\%) \tag{2.44}$$

其中,计算基数应为定额人工费或(定额人工费+定额机械费),费率由工程造价管理机构根据各专业工程的特点和查阅资料后综合确定。

3)其他项目费

(1)暂列金额

暂列金额是指建设单位在工程量清单中暂定并包含在工程合同价款中的一笔款项,用于施工合同签订时尚未确定或者不可预见的所需材料、工程设备、服务的采购,施工中可能发生的工程变更、合同约定调整因素出现时的工程价款调整以及发生的索赔、现场签证确认等的费用。

此部分费用由建设单位支配,以实际发生额给予支付,一般情况下为分部分项工程费的10%~15%。

暂列金额由建设单位根据工程特点按有关计价规定估计,施工过程中由建设单位掌握使用,扣除合同价款调整后如有余额,归建设单位。

(2)暂估价

暂估价是指招标人在工程量清单中提供的用于支付必然发生但暂时不能确定价格的材

料、工程设备的单价以及专业工程的金额。包括材料暂估单价、工程设备暂估单价、专业工程暂估价。

其中，材料、工程设备暂估单价应根据工程造价信息或参照市场价格估算；专业工程暂估价应分为不同专业，按有关计价规定估算。

(3)计日工

计日工是指在施工过程中，施工企业完成除建设单位提出的工程合同以外的零星项目或工作所需的费用。

计日工由建设单位和施工企业按施工工程中的签证计价。

(4)总承包服务费

总承包服务费是指总承包人为配合、协调建设单位进行的专业工程发包，对建设单位自行采购材料、工程设备等进行保管以及施工现场管理、竣工资料汇总整理等服务所需的费用。

总承包服务费由建设单位在招标控制价中根据总包服务范围和有关计价规定编制，施工企业投标时自主报价，施工过程中按签约合同价执行。

4)规费与税金

规费与税金的定义及计算方法与2.3.1节一致。

2.4 工程建设其他费用的构成及计算

工程建设其他费用是指从工程筹建起到工程竣工验收交付的整个项目建设期内应在建设项目的建设投资中开支的，除建筑安装工程费用和设备及工器具购置费以外的，为保证工程建设顺利完成和交付使用后能正常发挥效用而发生的固定资产其他费用。

2.4.1 建设用地费

任何一个建设项目都固定于一定地点，与地面相连接，必须占用一定量的土地，也就必须要发生为得到建设用地而支付的费用，这就是建设用地费。它是指通过划拨方式取得土地使用权而支付的土地征用及迁移补偿款，或者通过土地使用权出让方式取得土地使用权而支付的土地使用权出让金。

1)土地征用及拆迁补偿费

土地征用及拆迁补偿费是指建设项目通过划拨方式取得土地使用权，根据《中华人民共和国土地管理法》等规定所支付的费用。其总和一般不得超过被征土地年产值的20倍，土地年产值则按照该地被征用前三年的平均产量和国家规定的价格计算。包括：

①土地补偿费：是指对农村集体经济组织因土地被征而造成的经济损失的一种补偿。征用耕地的补偿费标准为该耕地被征前三年年均产值的3～6倍。征用其他土地的补偿费标准，由各地方参照耕地的补偿费标准规定，一般为该地被征前三年平均亩产值的3～5倍。

②青苗补偿费和被征土地上附着物补偿费。

③安置补助费：是指用地单位对被征地单位安置因征地所造成的富余劳动力而支付的补偿费用。每一个需要安置的农业人口的安置补助费标准，为该耕地被征用前三年平均年产值的4～6倍。但是，每公顷被征用耕地的安置补助费，最高不得超过被征用前三年平均年产值的15倍。

2）土地使用权出让金

土地使用权出让金，是指建设项目通过土地使用权出让的方式，取得有限期的土地使用权，根据《中华人民共和国城镇国有土地使用权出让和转让暂行条例》规定，支付的土地使用权出让金。国家是城市土地的唯一所有者，可分层次、有偿、有限期地出让、转让城市土地。城市土地的出让和转让可采用招标、公开拍卖、挂牌等方式。

①招标方式，适用于一般工程建设用地。

②公开拍卖方式，适用于盈利高的行业用地。

③挂牌方式。

在有偿出让和转让土地时，政府对地价不作统一规定，但应坚持以下原则：

①地价对目前的投资环境不产生大的影响。

②地价与当地的社会经济承受能力相适应。

③地价要考虑已投入的土地开发费用、土地市场供求关系、土地用途、所在区类、容积率和使用年限等。

关于政府有偿出让土地使用权的年限，各地可根据时间、区位等各种条件作不同的规定，一般可为30～99年。按照地面所属建筑物的折旧年限来看，以50年为宜。

在有偿出让和转让土地时，土地使用者和所有者需要签约，明确使用者对土地享有的权利和对土地所有者应承担的义务：

①有偿出让和转让土地，需向土地受让者征收契税。

②转让土地若有增值，需向转让者征收土地增值税。

③在土地转让期间，国家要区别不同地段、不同用途向土地使用者收取土地占用费。

2.4.2　与项目建设有关的费用

1）建设管理费

建设管理费是指为组织完成建设项目建设，在建设期内发生的各类管理性费用，包括建设单位管理费、工程监理费。

（1）建设单位管理费

建设单位管理费是指建设单位发生的管理性质的开支。

费用包括：工作人员工资、工资性补贴、施工现场津贴、职工福利费、社会保障费用、住房公积金、办公费、劳动管理费、工具用具使用费、固定资产使用费、必要的办公及生活用品购置费、必要的通信设备及交通工具购置费、零星固定资产购置费、招募生产工人费、技术图书资料费、业务招待费、设计审查费、工程招标费、合同契约公证费、法律顾问费、咨询管理费、完工清洁费、竣工验收费、印花税及其他管理性质开支。按照财政部《关于印发〈基本建设项目建设成本管理规定〉的通知》（财建〔2016〕504号）的规定计算。

表 2.1 建设单位管理费费率表及算例

项目建设管理费总额控制数费率表			
			单位:万元
工程总概算	费率/%	算例	
		工程总概算	项目建设管理费
1 000 以下	2	1 000	1 000×2% = 20
1 001 ~ 5 000	1.5	5 000	20+(5 000−1 000)×1.5% = 80
5 001 ~ 10 000	1.2	10 000	80+(10 000−5 000)×1.2% = 140
10 001 ~ 50 000	1	50 000	140+(50 000−10 000)×1% = 540
50 001 ~ 100 000	0.8	100 000	540+(100 000−50 000)×0.8% = 940
100 000 以上	0.4	200 000	940+(200 000−100 000)×0.4% = 1 340

(2)工程监理费

工程监理费是指建设单位委托工程监理单位实施工程监理的费用。依法必须实施监理的建设工程施工阶段的监理收费实行政府指导价。2015 年 2 月 11 日,国家发改委印发了《关于进一步放开建设项目专业服务价格的通知》(发改价格〔2015〕299 号),从 2015 年 3 月 1 日起实行市场调节价。

2)可行性研究费

可行性研究费是指建设项目在建设前期因进行可行性研究工作而发生的费用,包括编制和评估项目建议书、可行性研究报告所需的费用。

此项费用根据自 2015 年 3 月 1 日开始执行的《关于进一步放开建设项目专业服务价格的通知》(发改价格〔2015〕299 号)实行市场调节价。

3)研究测试费

研究测试费是指建设项目提供或验证设计数据、资料进行必要的研究实验和按照设计规定在施工过程中必须进行试验、验证所需的费用,以及支付科技成果、先进技术的一次性技术转让费,但不包括:

①应由科技三项费用(新产品试制费、中间试验费和重要科学研究补助费)开支的项目。

②应在建筑安装费用中列支的施工企业对建筑材料、构件和建筑物进行一般鉴定、检查所发生的费用及技术革新的研究试验费。

③应由勘察设计费或工程费用中开支的项目。

4)勘察设计费

勘察设计费是指对建设项目进行工程水文地质勘察、工程设计所发生的费用。包括工程勘察费、初步设计费、施工图设计费、设计模型制作费。

此项费用根据自 2015 年 3 月 1 日开始执行的《关于进一步放开建设项目专业服务价格的通知》(发改价格〔2015〕299 号)实行市场调节价。

5)环境影响评价费

环境影响评价费是按照《中华人民共和国环境保护法》《中华人民共和国环境影响评价法》等规定,为全面、详细评价本建设项目对环境可能产生的污染或造成的重大影响所需的费用。环境影响评价法包括编制环境影响报告书(含大纲)、环境影响报告表,以及对环境影响报告书(含大纲)、环境影响报告表等进行评估所需的费用。

此项费用根据自2015年3月1日开始执行的《关于进一步放开建设项目专业服务价格的通知》(发改价格〔2015〕299号)实行市场调节价。

6)劳动安全卫生评价费

劳动安全卫生评价费是指按照《建设工程项目(工程)劳动安全卫生监察规定》和《建设工程项目(工程)劳动安全卫生预评价管理办法》的规定,为预测和分析建设工程项目存在的职业危险、危害因素的种类及危险危害程度,并提出先进、科学、合理可行的劳动安全卫生技术和管理对策所需的费用。包括编制建设项目劳动安全卫生预评价大纲和劳动安全卫生预评价报告书,以及编制上述文件所进行的工程分析和环境现状调查等所需的费用。

7)场地准备及临时设施费

场地准备费是指建设项目为达到开工条件所发生的场地平整和对建设场地余留的有碍于施工建设的设施进行拆除、清理的费用。

临时设施费是指建设单位为满足建设项目建设、生活、办公的需要,用于临时设施建设、维修、租赁、使用所发生或摊销的费用。

其计算方式如下:

①场地准备及临时设施应尽量与永久性工程统一考虑。建设场地的大型土石方工程应计入工程费用中的总图运输费用中。

②新建项目的场地准备和临时设施费应根据实际工程估算,或按工程费用的比例计算。改扩建项目一般只计拆除清理费。

$$\text{场地准备及临时设施费} = \text{工程费用} \times \text{费率} + \text{拆除清理费} \qquad (2.45)$$

③发生拆除清理费时,可按新建同类工程造价或主材费、设备费的比例计算。凡可回收材料的拆除工程采用以料抵工的方式冲抵拆除清理费。

④此项费用不包括已列入建设安装工程费用中的施工单位隶属设施费用。

8)引进技术和引进设备其他费

引进技术和引进设备其他费是指引进技术和引进设备其他发生的但未列入设备购置费的费用。包括:

①出国人员费用:是指为引进国外技术和安装进口设备派出人员在出国设计联络、出国考察、联合设计、监造、培训等所发生的差旅费、生活费等。依据合同或协议规定的出国人次、期限以及相应的费用标准计算。生活费按照财政部、外交部规定的现行标准计算,差旅费按中国民航公布的票价计算。

②来华人员费用:是指为引进国外技术和安装进口设备等聘用国外技术工程人员的现场办公费用、往返现场交通费用、接待费用等。依据引进合同或协议有关条款及来华技术人员派遣计划进行计算。来华人员招待费用可按每人次费用指标计算。引进合同价款中已包括的费用内容不得重复计算。

③引进项目图样资料翻译复制费、备品备件测绘费：是指可根据引进项目的具体情况计列或按引进货价（FOB）的比例估列；引进项目发生备品备件测绘费时按具体情况估列。

④银行担保及承诺费：是指引进项目由国内外金融机构出面承担风险和责任担保所发生的费用，以及支付贷款机构的承诺费用。应按担保或承诺协议计取，投资估算和概算编制时可以担保金额或承诺金额为基数乘以费率计算。

9）工程保险费

工程保险费是指建设项目在建设期间根据需要对建筑工程、安装工程机械设备和人身安全进行投保而发生的费用。包括建筑安装工程一切险、引进设备财产保险和人身意外伤害险等。根据不同的工程类别，分别以其建筑、安装工程费乘以建筑、安装工程保险费率计算。

民用建筑（住宅楼、综合性大楼、商场、旅馆、医院、学校）工程保险费占建筑工程费的2‰～4‰；其他建筑（工业厂房、仓库、道路、码头、水坝、隧道、桥梁、管道等）工程保险费占建筑工程费的3‰～6‰；安装工程（农业、工业、机械、电子、电器、纺织、矿山、石油、化学及钢铁工业、钢结构桥梁）工程保险费占建筑工程费的3‰～6‰。

10）特殊设备安全监督检验费

特殊设备安全监督检验费是指安全监督部门对在施工现场组装的锅炉及压力容器、压力管道、消防设备、燃气设备、电梯等特殊设备和设施实施安全验收收取的费用。此项费用按照建设项目所在省（市、自治区）安全监察部门的规定标准计算。无具体规定的，在编制投资估算和概算时可按受检设备现场安装费的比例估算。

11）市政公用设施费

市政公用设施费是指使用市政公用设施的建设项目，按照项目所在地省级人民政府有关规定建设或缴纳的市政公用设施建设配套费用，以及绿化工程补偿费用。此项费用按工程所在地人民政府规定标准计列。不发生或按规定免征的项目则不收取。

2.4.3 与项目运营有关的费用

1）联合试运转费

联合试运转费是指新建企业或增加新生产工艺的扩建企业，在竣工验收前，按照设计规定的工程质量标准，进行整个车间的负荷或无负荷联合试运转所发生的费用支出。如果试运转支出大于试运转收入，则形成亏损部分，这部分亏损及必要的工业炉烘炉费构成联合试运转费。联合试运转费不包括应由设备安装费用开支的试车费用。

不发生试运转费的工程或者试运转收入和支出可相抵销的工程，不列此费用项目。费用内容包括：试运转所需的原料、燃料、油料和动力的消耗费；机械使用费；低值易耗品及其他物品的费用；施工单位参加联合试运转人员的工资等。

试运转收入包括试运转产品销售收入和其他收入。

2）专利及专有技术使用费

专利及专有技术使用费是指：

①国外设计及技术资料费，引进有效专利、专有技术使用费和技术保密费。

②国内有效专利、专有技术使用费用。

③商标权、商誉和特许经营权费等。

在专利及专有技术使用费计算时,应注意以下问题:

①按使用许可证协议和专有技术使用合同的规定计列。

②专有技术的界定应以省、部级鉴定批准为依据。

③项目投资中只计需在建设期支付的专利及专有技术使用费。协议或合同规定在生产期支付的使用费应在生产成本中核算。

④一次性支付的商标权、商誉及特许经营权费按协议或合同规定计列。协议或合同规定在生产期支付的商标权或特许经营权费应在生产成本中核算。

⑤为项目配套的专用设施投资,包括专用铁路线、专用公路、专用通信设施、送变电站、地下管道、专用码头等,如由项目建设单位负责投资但产权不归属本单位的,应作无形资产处理。

3)生产准备及开办费

生产准备及开办费是指建设单位为保证正常生产(或营业、使用)而发生的人员培训费、提前进厂费以及投产使用必备的生产办公、生活家具用具及工、器具等购置费用。包括:

①人员培训费及提前进厂费。包括自行组织培训或委托其他单位培训的人员工资、工资性补贴、职工福利费、差旅交通费、劳动保护费、学习资料费等。

②为保证初期正常生产(或营业、使用)所必需的生产办公、生活家具用具购置费。

③为保证初期正常生产(或营业、使用)所必需的第一套不够固定资产标准的生产工具、器具、用具购置费。不包括备品备件费。

生产准备及开办费计算方式如下:

①以设计定员为基数计算:

$$\text{生产设备费} = \text{设计定员} \times \text{生产准备费指标(元/人)} \tag{2.46}$$

②可采用综合的生产准备费指标进行计算,也可以按费用内容的分类指标计算。

2.5 预备费、建设期利息构成及计算

2.5.1 预备费

预备费是指考虑建设期可能发生的风险因素而导致增加的建设费用,其中包括基本预备费和涨价预备费。

1)基本预备费构成和计算方法

基本预备费是指在项目建设期内由于如下原因导致费用增加而预留的费用:

①设计变更导致的费用增加。

②不可抗力导致的费用增加。

③竣工验收时为鉴定工程质量对隐蔽工程进行必要的挖掘和修复费用。

$$\text{基本预备费} = (\text{工程费用} + \text{工程建设其他费用}) \times \text{基本预备费费率}$$

基本预备费费率的取值应执行国家及部门的有关规定。

2)涨价预备费构成和计算方法

涨价预备费是指建设项目在建设期间内由于价格等变化引起工程造价变化的预测预留费用。包括在建设期间内人工、设备、材料、施工机械的价差费,建设安装工程费及工程建设其他费用的调整,利息、汇率调整等增加的费用。其计算公式为:

$$PF = \sum_{t=1}^{n} I_t[(1+f)^m(1+f)^{0.5}(1+f)^{t-1} - 1] \tag{2.47}$$

式中 PF——涨价预备费;

t——建设期年份数;

I_t——建设期第 t 年的投资计划额,包括工程费用、工程建设其他费用及基本预备费,即第 t 年的静态投资;

f——年均投资价格上涨率;

m——建设前期年限(从编制估算到开工建设,年)。

2.5.2 建设期利息

建设期利息主要是指工程项目在建设期间内发生并计入固定资产的利息,主要是建设期内发生的支付银行贷款、出口信贷、外国政府贷款、债券等的借款利息和融资费用。其计算公式为:

$$q_j = \left(P_{j-1} + \frac{1}{2}A_j\right) \tag{2.48}$$

式中 q_j——建设期第 j 年应计入利息;

P_{j-1}——建设期第(j-1)年年后贷款累计金额与利息累计金额之和;

A_j——建设期第 j 年贷款金额;

i——年利率。

【例 2.1】 某企业投资建设一个工业项目,该项目可行性研究报告中的相关资料和基础数据如下:

(1)项目工程费用为 8 000 万元,工程建设其他费用为 2 000 万元(其中无形资产为 800 万元),基本预备费费率为 8%,预计未来 3 年的年投资价格上涨率为 5%;

(2)项目建设前期年限为 1 年,建设期为 2 年,生产运营期为 8 年;

(3)项目建设期第 1 年完成项目静态投资的 40%,第二年完成静态投资的 60%,项目生产运营期第 1 年投入流动资金 960 万元。

问题:

(1)计算项目建设期第 1 年、第 2 年的涨价预备费。

(2)计算项目的建设投资。

【解】

(1)计算涨价预备费

基本预备费:

$$(8\ 000 + 2\ 000) \times 8\% = 800(\text{万元})$$

静态投资额:

$$8\ 000 + 2\ 000 + 800 = 10\ 800(\text{万元})$$

第 1 年涨价预备费：

$$10\ 800 \times 40\% \times [(1+5\%)^{1.5}-1] = 328(\text{万元})$$

第 2 年涨价预备费：

$$10\ 800 \times 60\% \times [(1+5\%)^{2.5}-1] = 840(\text{万元})$$

(2)计算项目的建设投资

项目建设投资 = 工程费用 + 工程建设其他费用 + 预备费

$$= 10\ 800 + 328 + 840 = 11\ 968(\text{万元})$$

本章总结框图

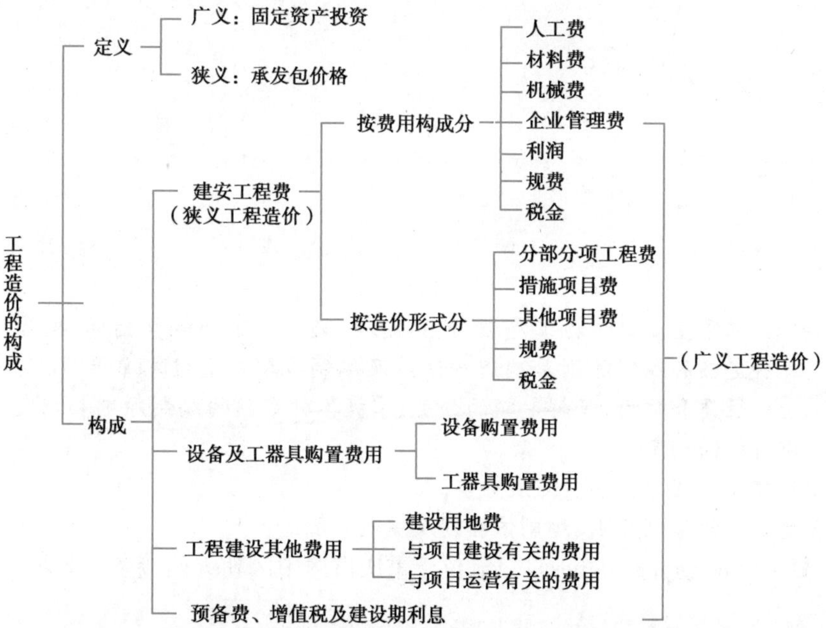

思考题

1. 我国现行的建设项目总投资由哪些费用构成？
2. 家具购置费是否列入设备购置费？
3. 建筑安装工程费用按造价形成划分为哪几部分？分别如何计算？
4. 建筑安装工程费用按费用构成要素划分分为哪几部分？分别如何计算？
5. 什么是联合试运费？
6. 场地准备费包括哪些内容？是否与施工过程中的平整场地费重复？
7. 什么是建设期利息？如何计算？
8. 工程建设其他费用由哪几个部分构成？分别包括哪些内容？

第3章
建设工程定额

【本章导读】

内容与要求：本章主要讲述施工定额、预算定额、概算定额和概算指标、投资估算指标的概念和作用，各种定额的编制原则和确定方法以及编制步骤。通过本章学习，要求熟悉建筑工程定额的概念、性质和作用，了解定额的分类；掌握各种定额的编制原则和确定方法，人工、材料、机械台班价格的确定。

重点：掌握建设工程定额的特点及分类。

难点：各类定额的编制原则、编制依据以及编制步骤。

重庆来福士(Chongqing Raffles)广场，位于重庆市渝中区朝天门接圣街8号，地处重庆中心地带。

重庆来福士广场

来福士大楼造型奇特,是重庆市新的地标性建筑。其采用大量的弧线型构件以及空中的"水晶连廊",使工程量计算难度陡然增高。那么,工程师是依据什么得到来福士大楼的工程造价呢?

在测算工程造价时,定额是工程造价管理中的重要组成部分。建设工程定额为参与建设的各单位在报价、测算成本时提供了一个共同的参照标准,例如来福士在对弧形构件进行报价、测算成本时,对材料的损耗提供一个参照标准,防止个别单位、人员恶意竞价,保证报价的合理性以及成本测算时的准确性。

展望我国建筑业以及工程造价业的未来发展,工程建设项目定额必定越来越精准,工程建设项目各阶段的工程造价的准确性也必将越来越高。在这个过程中,需要各方的共同努力。

3.1　建设工程定额概述

3.1.1　建设工程定额

广义上讲,定额是一种规定的额度,是根据人们的不同需要,对某一事物规定的消耗标准,是对事物、资金、时间在质和量上的规定。

其中,建设工程定额是指按照国家有关规定的产品标准、设计规范和施工验收规范、质量评定标准,并参考行业、地方标准以及有代表性的工程设计、施工等资料确定的工程建设过程中完成规定计量单位产品所消耗的人工、材料、机械等消耗量的标准。

这种规定额度反映的是在一定的社会生产力发展水平下,完成单位工程建设产品与各种生产消耗之间的特定的数量关系,考虑的是正常的施工条件,大多数施工企业的技术装备程度、施工工艺和劳动组织,反映的是一种社会平均消耗水平。

它是一个综合概念,是建设工程造价计价的依据和管理中各类定额的总称。

3.1.2　建设工程定额的特点

1)科学性

工程定额的科学性表现在定额是在认真研究客观规律的基础上,遵循客观规律的要求,实事求是地运用科学的方法制定的,也是在总结广大工人生产经验的基础上根据技术测定统计分析等资料,经过综合分析研究后制定的。工程定额还考虑了已经成熟推广的先进技术和先进的操作方法,正确反映了当前生产力水平的单位产品所需要的生产消耗量。

2)系统性

建设工程定额的系统性是由工程建设的特点决定的。按照系统论的观点,工程建设是一个庞大的实体系统。建设工程定额就是为这个实体系统服务的。因此,工程建设本身的多种类、多层次,决定了以它为服务对象的工程定额的多种类、多层次。

从整个国民经济来看,进行固定资产生产和再生产的工程建设,是一个有多项工程集合体的整体。这些工程的建设又有严格的项目划分,如建设项目单项工程、单位工程、分部分项工程;在计划和实施过程中有严密的逻辑阶段,如规划、可行性研究、设计、施工、竣工、交付使用，与此相适应，必然形成建设工程定额的多种类、多层次。

3）统一性

建设工程定额的统一性主要是由国家对经济发展的有计划的宏观调控职能决定的。为了使国民经济按照既定的目标发展，就需要借助于某些标准、定额、规范等，对建设工程进行规划、组织、调节、控制。而这些标准、定额、规范必须在一定范围内是一种统一的尺度，才能实现上述职能，才能利用它对项目的决策、设计方案、投标报价、成本控制进行比选和评价。为了建立全国统一的建设市场和规范计价行为，国家颁布《建设工程工程量清单计价规范》，统一了分部分项工程的项目名称、计量单位、工程量计算规则和项目编码。

4）指导性

随着我国建设市场的不断成熟和规范，建设工程定额尤其是统一定额原具备的指令性特点逐渐弱化，而转变成对整个建设市场和具体建设产品交易起指导作用。建设工程定额指导性的客观基础是定额的科学性，只有科学的定额才能正确地指导客观的交易行为。

建设工程定额的指导性表现在企业定额还不完善的情况下，为了有利于市场公平竞争、优化企业管理、确保工程质量和施工安全制定统一计价标准，从而规范工程计价行为，指导企业自主报价，为实行市场竞争形成价格奠定坚实的基础。企业可在基础定额的基础上，自行编制企业内部定额，逐步走向市场化，与国际计价方法接轨。

5）稳定性和实效性

建设工程定额中的任何一种，都是一定时期技术发展和管理水平的反映，因而在一段时间内都表现出稳定的状态。稳定的时间有长有短，一般是 5 ~ 10 年。保持定额的稳定性是维护定额的指导性所必需的，更是有效地贯彻定额所必要的。如果某一种定额处于经常修改变动之中，就必然造成执行中的困难和混乱，很容易导致定额指导作用的丧失。定额的不稳定会给定额的编制工作增添极大的困难与麻烦。

但是建设工程定额的稳定性是相对的。当生产力向前发展时，定额就会与生产力不相适应，定额的原有作用就会逐步减弱以至消失，需要重新进行编制或修订。

3.1.3 建设工程定额的分类

①按生产要素内容分类，建设工程定额可分为劳动消耗定额、材料消耗定额、施工机械台班消耗定额。

②按编制程序和用途分类，建设工程定额可分为施工定额、预算定额、概算定额、概算指标和投资估算指标。其中各种定额的关系见表 3.1。

表 3.1 各种定额之间的关系

定额类别	施工定额	预算定额	概算定额	概算指标	投资估算指标
对象	工序	分项工程	扩大分项工程	整个建筑物或构筑物	独立的单项工程或完整的工程项目
用途	编制施工预算	编制施工预算图	编制设计概算	编制初步设计概算	编制投资估算

续表

定额类别	施工定额	预算定额	概算定额	概算指标	投资估算指标
项目划分	最细	细	较粗	粗	很粗
定额水平	平均先进	平均	平均	平均	平均
定额性质	生产性定额	计价性定额			

③按编制单位和适用范围分类,建设工程定额可分为全国统一定额、行业统一定额、地区统一定额、企业定额和补充定额。

④按投资费用性质分类,建设工程定额可分为建筑工程定额、设备安装工程定额、建筑安装工程费用定额、工具器具定额和工程建设其他费用定额。

3.2 施工定额

3.2.1 施工定额的作用及编制原则

1)施工定额的定义

施工定额是指建筑安装工人或小组在正常施工条件下,完成单位合格产品所消耗的人工、材料和机械台班的数量标准。

施工定额由劳动定额、材料消耗定额、施工机械台班定额三大基础性定额构成。为了适应生产组织和管理的需要,施工定额划分得很细。确定劳动定额、材料定额、施工机械台班定额,主要是分别确定人工消耗量、材料消耗量、机械台班消耗量,并确定分项工程的单价。

它是建筑工程定额中分项最细、定额子目最多的一种定额,也是工程建设中的基础性定额。

2)施工定额的作用

施工定额在企业管理工作中的基础作用主要表现在以下几个方面:

(1)施工定额是企业计划管理的依据

施工定额在企业计划管理方面的作用,表现在它既是企业编制施工组织设计的依据,又是企业编制施工作业计划的依据。

施工企业利用施工组织设计,全面安排和指导施工生产,以确保生产顺利进行。企业编制施工组织设计,大致确定两部分主要内容:确定工程施工方案;计算所需的人工、材料和机械设备等的用量,确定这些资源使用的最佳时间,进行施工规划。要确定出工程所需的人工、材料和机械等的需要量,必须使用施工定额。

施工作业计划是施工企业进行计划管理的重要环节,它能对施工中劳动力的需求量和施工机械的使用进行平衡,同时又能计算材料的需要量和实物工程量等。要进行这些工作,都要以施工定额为依据。

(2)施工定额是组织和指挥施工生产的有效工具

企业组织和指挥施工队、组进行施工,是按照作业计划通过下达施工任务书和限额领料单来实现的。

(3)施工定额是编制施工预算的主要依据,是加强企业成本核算的基础

根据施工定额编制的施工预算,是施工企业用来确定单位工程产品上的人工、机械、材料以及资金等消耗量的一种计划性文件。运用施工预算,企业可以有效地控制在生产中消耗的资源,达到控制成本、降低费用的目的。同时,企业可以运用施工定额进行成本核算,挖掘企业潜力,提高劳动生产率,降低成本,提高竞争力。

(4)施工定额是编制预算定额和单位估价表的基础

预算定额是以施工定额为基础编制的,这样能使预算定额符合现实的施工生产和经营管理的要求,进而使施工生产中所消耗的各种资源能够得到合理的补偿。当前工程施工中,由于应用新材料、采用新工艺而使预算定额缺项时,就必须以施工定额为依据,制定补充预算定额和补充单位估价表。

3)施工定额的编制原则

(1)平均先进性原则

平均先进性水平是指在正常的施工条件下,大多数生产者经过努力能够达到和超过的水平。它通常低于先进水平,高于平均水平。这种水平可以使先进者感到一定压力,使处于中间水平的工人感到定额水平可望也可即,对于落后工人不迁就,使他们认识到必须要花大力气去改善施工条件,提高技术操作水平,珍惜劳动时间,降低材料消耗,尽快达到定额的水平。所以,平均先进水平是一种可以提高企业管理、鼓励先进、勉励中间、鞭策落后的定额水平,是编制施工定额的理想水平。

(2)简明适用原则

简明适用是指定额结构合理,定额步距大小适当,文字通俗易懂,计算方法简便,易于掌握,便于查阅、计算、适用,且具有多方面的实用性,能在较大范围内满足不同情况、用途的需要。

(3)以专家为主编制定额的原则

编制施工定额,要以专家为主,这是实践经验的总结。企业施工定额的编制要求有一支经验丰富、技术管理知识全面、有一定政策水平的专家队伍,可以保证编制施工定额的延续性、专业性和实践性。

(4)独立自主原则

独立自主原则是指施工企业独立自主地制定定额。施工企业有编制和颁发企业施工定额的权限,企业应该根据自身的具体条件,参照有关规范、制度,自主地确定定额水平,自主地划分定额项目,自主地根据需要增加新的定额项目。但是,施工定额毕竟是一定时期内企业生产力水平的反映,它不可能也不应该割断历史,因此企业定额应是对国家、部门和地区性原有施工定额的继承和发展。

3.2.2 劳动定额的编制

1)劳动定额的定义

劳动定额又称人工定额,是指施工企业在正常的施工条件下,完成单位合格产品规定的过程中所必需的劳动消耗量的数量标准;或在一定劳动时间内,生产合格产品的数量标准。

2)劳动定额的表现形式

劳动定额可用时间定额和产量定额两种方式表示。

(1)时间定额

时间定额是指在正常的施工条件下,某种专业工作班组或个人完成单位合格产品所必须消耗的工作时间。时间定额的计量单位通常以消耗的工日来表示,一个工日按现行制度规定一般为8 h。其计算公式为:

$$\text{单位产品的时间定额} = \frac{1}{\text{每工日产量}} \tag{3.1}$$

或

$$\text{单位产品的时间定额} = \frac{\text{小组成员工日数总和}}{\text{每工日产量}} \tag{3.2}$$

(2)产量定额

产量定额是指在正常的施工条件下,每种专业的工作班组或个人在单位工日内应完成合格产品的数量。其计算公式为:

$$\text{产量定额} = \frac{1}{\text{单位产品时间定额}} \tag{3.3}$$

或

$$\text{产量定额} = \frac{\text{小组成员工日数总量}}{\text{单位产品时间定额}} \tag{3.4}$$

(3)时间定额和产量定额的关系

从上面两个定额的计算公式可以看出,时间定额与产量定额在数值上互为倒数关系。其计算公式为:

$$\text{时间定额} = \frac{1}{\text{产量定额}} \tag{3.5}$$

3)劳动定额消耗量的确定

(1)分析基础资料,拟定编制方案

①计时观察资料的整理、分析。对每次计时观察的资料要认真分类、整理,以便于对整个施工过程的观察资料进行系统的分析研究。整理观察资料的方法大多是采用平均修正法。平均修正法是一种在对测时数列进行修正的基础上,求出加权平均值的方法。修正测时数列就是剔除或修正那些偏高、偏低的可疑数值,保证数据不受偶然性因素的影响。

②日常积累资料的整理、分析。日常积累的资料主要有:现行定额的执行情况及存在问题;企业和现场补充定额资料,如现行定额漏项而编制的补充定额资料,应采用新技术、新结构、新材料和新机械而产生的定额缺项所编制的补充定额资料;已采用的新工艺和新的操作方法的资料;现行的施工技术规范、操作规程、安全规程和质量标准等。

③拟定定额的编制方案。编制方案的内容包括:突出对拟编定额的定额水平总的设想;拟定定额的分章、分页、分项目录;选择产品和人工、材料、机械的计量单位;设计定额表格的形式。

(2)确定正常的施工条件

拟定施工的正常条件包括:

①拟定工作地点的组织。工作地点是工人施工活动场所。拟定工作地点的组织时,要特

别注意使工人在操作时不受妨碍,所使用的工具和材料应按使用顺序放置于工人最便于取用的地方,以减少疲劳和提高工作效率,工作地点应保持清洁和秩序井然。

②拟定工作组成。拟定工作组成就是将工作过程按照劳动分工的可能划分为若干工序,以达到合理使用技术工人的目的。

③拟定施工人员编制。拟定施工人员编制即确定小组人数、技术工人的配备,以及劳动的分工和协作。其原则是使每一个工人都能充分发挥作用,均衡地承担工作。

(3)确定劳动定额消耗量

时间定额和产量定额是劳动定额的两种表现形式。拟定出时间定额,也就可以计算出产量定额。时间定额是在拟定基本工作时间、辅助工作时间、不可避免中断时间、准备与结束工作时间以及休息时间的基础上制定的。

①拟定基本工作时间。基本工作时间在必须消耗的工作时间中所占的比重最大。在确定基本工作时间时,必须细致、精确,一般采用计时观察资料来确定。其做法是,首先确定工作过程每一组成部分的工时消耗,然后再综合计算出工作过程的工时消耗。如果组成部分的产品计量单位和工作过程的产品计量单位不符,就需先求出不同计量单位的换算系数,并进行产品计量单位的换算,然后再相加,求得工作过程的工时消耗。

②拟定辅助工作时间、准备与结束工作时间。其确定方法有两种:方法一,采用计时观察资料来确定;方法二,采用工时规范或经验数据来确定(如果在计时观察时不能取得足够的资料)。

③拟定不可避免中断时间。在确定不可避免中断时间的定额时,必须注意由工艺特点所引起的不可避免中断才可列入工作过程的时间定额。不可避免中断时间的确定方法有两种:方法一,采用计时观察资料来确定;方法二,根据工时规范或经验数据以占工作日的百分比表示此项工时消耗的时间定额。

④拟定休息时间。休息时间应根据工作班作息制度、经验资料、计时观察资料,以及对工作的疲劳程度做全面分析来确定。同时,应考虑尽可能利用不可避免中断时间作为休息时间。

从事不同工种、不同工作的工人,疲劳程度有很大区别。在我国,往往按工作轻重、工作条件的好坏,将各种工作划分为不同的等级,划分出疲劳程度的等级,就可以合理规定休息所需要的时间。

确定的基本工作时间、辅助工作时间、准备与结束工作时间、不可避免中断时间、休息时间之和,就是劳动定额的时间定额。其计算公式为:

时间定额 = 基本工作时间 + 辅助工作时间 + 准备与结束工作时间 +
不可避免中断时间 + 休息时间

【例 3.1】 人工挖土方,土壤为黏性土,按土壤分类属二级土。测试资料表明挖 1 m^3 土方需消耗基本工作时间 60 min,辅助工作时间占工作延续时间的 2%,准备与结束时间占 2%,不可避免中断时间占 1%,休息时间占 20%。计算挖 1 m^3 土方的时间定额。

【解】 令挖 1 m^3 土方的时间定额为 x。

时间定额=基本工作时间+辅助工作时间+不可避免中断时间+准备与结束的工作时间+休息时间

$$x = 60 + (2\% + 2\% + 1\% + 20\%)x$$

$$x = 60/1 - (2\% + 2\% + 1\% + 20\%) = 80\ \text{min}$$

时间定额为0.166 7 工日/m^3。

3.2.3 材料消耗定额的编制

1)材料消耗定额的定义

材料消耗定额是指在节约和合理使用材料的施工条件下,完成单位合格产品必须消耗的一定品种规格的材料、半成品、构配件等资源的数量标准。

2)材料的分类和材料定额的组成

工程施工中所消耗的材料,按其消耗方式分成两种:一种是在施工中一次性消耗的、构成工程实体的材料,如砖、石、混凝土等材料,一般把这种材料称为直接性材料;另一种是为直接性材料消耗工艺服务且在施工中周转使用的材料,其价值是分批分次地转移到工程实体中去的,这种材料一般不构成工程实体,而是在工程实体形成过程中发挥辅助作用,是措施项目清单中发生消耗的材料,如脚手架、模板等材料,一般把这种材料称为周转性材料。

施工中消耗的材料,可分为必须消耗的材料和损失的材料两类。

必须消耗的材料,是指在合理用料的条件下,生产合格产品所需消耗的材料,属于施工正常消耗,是确定材料定额的基本数据。包括直接用于建筑和安装工程的材料、不可避免的施工废料、不可避免的材料损耗。

合理确定材料消耗定额,必须研究和区分材料在施工过程中消耗的性质。

材料的损耗量用材料损耗率来表示,其计算公式为:

$$\text{材料损耗率} = \frac{\text{材料损耗量}}{\text{材料净用量}} \times 100\% \tag{3.6}$$

$$\text{材料消耗量} = \text{材料净用量} + \text{材料损耗量} \tag{3.7}$$

或

$$\text{材料消耗量} = \text{材料净用量} \times (1 + \text{材料损耗率}) \tag{3.8}$$

3)材料定额消耗量的确定

确定材料净用量和材料损耗的计算数据,是通过现场技术测定、试验室试验、现场统计和理论计算等方法获得的。

(1)现场技术测定法

现场技术测定法又称观测法。主要是编制材料损耗定额,也可以提供编制材料净用量定额的数据。其优点是能通过现场观察、测定,取得产品产量和材料消耗的情况,为编制材料定额提供技术根据。

(2)试验室试验法

试验法是在试验室通过专门的仪器设备测定材料消耗量的一种方法。主要是编制材料净用量定额,通过试验,能够对材料的结构、化学成分和物理性能以及按强度等级控制的混凝土、砂浆配比作出科学的结论,给编制材料消耗定额提供有技术根据的、比较精确的计算数据。用于施工生产时,须加以必要的调整后方可作为定额数据。

(3)现场统计法

现场统计法是通过对现场进料、用料的大量统计资料进行分析计算,获得材料消耗数据的一种方法。这种方法由于不能分清材料消耗的性质,因而不能作为确定材料净用量定额和材料损耗定额的依据。

(4)理论计算法

理论计算法是通过一定的数学公式计算材料消耗定额的一种方法。

①一次性材料。如砌筑砖墙时标准砖和砂浆净用量以及铺贴面层材料净用量。

计算每立方米标准砖墙的净用量:

$$\text{砖数(块)} = \frac{1}{(\text{砖宽} + \text{灰缝}) \times (\text{砖厚} + \text{灰缝}) \times \text{砖长}} \tag{3.9}$$

计算砂浆净用量:

$$\text{砂浆}(m^3) = 1\ m^3\ \text{砌体体积} - \text{砖体积} \tag{3.10}$$

计算每平方米块料面层块料净用量:

$$\text{面砖的砖数(块)} = \frac{1}{(\text{面砖长} + \text{灰缝}) \times (\text{面砖宽砖厚} + \text{灰缝})} \tag{3.11}$$

②周转性材料。周转性材料在编制材料消耗定额时,应按多次使用、分次摊销的办法确定。为使周转材料的周转次数确定接近合理,应根据工程类型和使用条件,采用各种测定手段进行实地观察,结合有关原始记录、经验数据加以综合确定。

【例3.2】 求10 m^3 墙体中标准砖和水泥砂浆的用量。已知砖的损耗率为3%,砂浆的损耗率为1%,灰缝宽10 mm。

【解】 每10 m^3 墙体中标准砖的消耗量

$=10/[0.24\times(0.115+0.01)\times(0.053+0.01)]\times(1+3\%)$

$=5\ 291\times(1+3\%)$

$=5\ 490$(块)

每10 m^3 墙体中砂浆的消耗量

$=(10-0.24\times0.115\times0.053\times5\ 291)\times(1+1\%)$

$=2.28(m^3)$

3.2.4 机械台班使用定额的编制

1)机械台班使用定额的定义

机械台班使用定额简称机械定额,是指在正常的施工条件下,使用某种施工机械为完成单位合格产品所必须消耗的机械台班的数量标准。

2)机械定额的表现形式

机械定额可用机械时间定额和机械产量定额两种方式表示。

(1)机械时间定额

机械时间定额是指在正常的施工条件下,使用某种施工机械完成单位合格产品所必须消耗的工作时间。机械时间的计量单位通常以台班表示,一台机械工作一个工作台班一般为

8 h。其计算公式为：

$$机械时间定额 = \frac{1}{机械台班产量定额} \tag{3.12}$$

(2)产量定额

产量定额是指在正常的施工条件下，使用某种施工机械单位时间内应完成合格产品的数量。其计算公式为：

$$施工机械台班定额 = \frac{1}{机械时间定额} \tag{3.13}$$

3)机械定额消耗量的确定

(1)确定正常的施工条件

确定正常的施工条件，主要是拟定合理的机械作业地点和合理的工人编制。

拟定合理的机械作业地点，就是对施工地点机械和材料的放置位置、工人从事操作的场所作出科学合理的平面布置和空间安排。它要求施工机械和操纵机械的工人在最小范围内移动，但又不阻碍机械运转和工人操作；应使机械的开关和操纵装置尽可能集中装置在操作工人的附近，以节省工作时间和减轻劳动强度；应最大限度发挥机械的效能，减少工人的手工操作。

拟定合理的工人编制，就是根据施工机械的性能和设计能力、工人的专业分工和劳动工效，合理确定操纵机械的工人和直接参加机械化施工过程的工人的编制人数。拟定合理的工人编制，应要求保持机械的正常生产率和工人正常的劳动工效。

(2)确定机械 1 h 纯工作正常生产率

确定机械正常生产率时，必须首先确定机械纯工作 1 h 的正常生产效率。

机械纯工作时间是指机械的必须消耗时间。机械 1 h 纯工作正常生产率，就是在正常的施工组织条件下，具有必需的知识和技能的技术工人操纵机械 1 h 的生产率。

施工机械可分为循环动作机械和连续动作机械两类，应分别计算其生产率。

①循环动作机械。

$$机械一次循环的正常工作延续时间 = \sum(循环各组成部分正常延续时间) - 交叠时间$$

$$机械纯工作 1 h 循环次数 = 60 \times \frac{60 s}{一次循环的正常延续时间} \tag{3.14}$$

机械纯工作 1 h 正常生产率＝机械纯工作 1 h 循环次数×一次循环生产的产品数量

②连续动作机械。

$$连续动作机械纯工作 1 h 正常生产率 = \frac{工作时间内生产的产品数量}{工作时间} \tag{3.15}$$

工作时间内的产品数量和工作时间的消耗，要通过多次现场观察和查阅机械说明书来获得数据。

(3)确定施工机械的正常利用系数

施工机械的正常利用系数是指施工机械在工作班内对工作时间的利用率。机械的工作时间由定额时间和非定额时间组成。确定施工机械的正常利用系数，是指机械在工作班内对工作时间的利用率。机械正常利用系数的计算公式为：

$$机械正常利用系数=\frac{机械在一个工作班内纯工作时间}{一个工作班延长时间(8\ h)} \tag{3.16}$$

(4)计算施工机械台班产量定额

$$施工机械台班产量定额=机械纯工作1\ h正常生产率\times工作班纯工作时间 \tag{3.17}$$

或

$$施工机械台班产量定额=机械纯工作1\ h正常生产率\times工作班纯延续时间\times机械正常利用系数 \tag{3.18}$$

【例3.3】 已知某挖掘机的一个工作循环需2 min,每循环一次挖土0.5 m^3,工作班的延续时间为8 h,时间利用系数为0.85,计算台班产量定额。

【解】 1 h挖掘机工作的循环次数=60/2=30(次/h)

每小时挖土机正常生产率=30×0.5=15(m^3/h)

台班产量定额=15×8×0.85=102(m^3/台班)

3.3 预算定额

3.3.1 预算定额的定义和作用

1)预算定额的定义

预算定额是指在正常的施工条件下,完成单位合格产品所消耗的人工、材料和机械台班的数量标准。

预算定额是工程建设中重要的技术经济文件,是编制施工图预算的主要依据,是确定和控制工程造价的基础。

2)预算定额的作用

预算定额的作用主要表现在以下几个方面:

(1)预算定额是编制施工图预算、确定和控制建筑安装工程造价的基础

施工图预算是施工图设计文件之一,是控制和确定建筑安装工程造价的必要手段。编制施工图预算,除由设计文件决定的建设工程的功能、规模、尺寸和文字说明是计算分部分项工程量和结构构件数量的依据外,预算定额是确定一定计量单位工程人工、材料、机械消耗量的依据,也是计算分项工程单价的基础。

(2)预算定额是编制施工组织设计的依据

施工组织设计的重要任务之一是确定施工中人工、材料、机械的供求量,并做出最佳安排。施工单位在缺乏企业定额的情况下根据预算定额也能较准确地计算出施工中的人工、材料、机械的需要量,为有计划地组织材料采购和预制构件加工、劳动力和施工机械的调配提供可靠的计算依据。

(3)预算定额是工程结算的依据

工程结算是建设单位和施工单位按照工程进度对已完成的分部分项工程实现货币支付

的行为。按进度支付工程款,需要根据预算定额将已完成工程的造价计算出来。单位工程验收后,再按竣工工程量、预算定额和施工合同规定进行竣工结算,以保证建设单位建设资金的合理使用和施工单位的经济收入。

(4)预算定额是施工单位进行经济活动分析的依据

实行经济核算的根本目的,是用经济的方法促使企业在保证质量和工期的条件下,用较少的劳动消耗取得预定的经济效果。我国的预算定额仍决定着企业的收入,企业必须以预算定额作为评价企业工作的重要标准。企业可根据预算定额,对施工中的劳动、材料、机械的消耗情况进行具体分析,以便找出低工效、高消耗的薄弱环节及其原因。为实现经济效益的增长由粗放型向集约型转变,应提供对比数据,促使企业提高在市场上的竞争能力。

(5)预算定额是编制概算定额的基础

概算定额是在预算定额的基础上经综合扩大编制的。利用预算定额作为编制依据,不但可以节约编制工作所需的大量人力、物力和时间,收到事半功倍的效果,还可以使概算定额在定额的水平上保持一致,以免造成执行中的不一致。

(6)预算定额是合理编制招标标底、招标控制价、投标报价的基础

在深化改革中,预算定额的指令性作用日益削弱,而施工单位按照工程个别成本报价的指导性作用仍在,因此预算定额作为编制招标控制价的依据和施工企业报价的基础性作用仍在。

3.3.2 预算定额的编制

1)预算定额的编制原则

(1)社会平均水平原则

预算定额是确定和控制建筑安装工程造价的主要依据。因此,它必须遵照价值规律的客观要求,即按生产过程中所消耗的社会必要劳动时间确定定额水平,按照"在现有的社会正常的生产条件下,在社会平均劳动熟练程度和劳动强度下制造某种使用价值所需要的劳动时间"来确定定额水平。所以,预算定额的平均水平,是在正常的施工条件、合理的施工组织和工艺条件、平均劳动熟练程度和劳动强度下,完成单位分项工程基本构造要素所需的劳动时间。

(2)简明适用原则

编制预算定额贯彻简明适用原则是对执行定额的可操作性便于掌握而言的。编制预算定额时,对于那些主要的、常用的、价值量大的项目,分项工程划分宜细。次要的、不常用的、价值量相对较小的项目则可以放粗一些。要注意补充那些因采用新技术、新结构、新材料和先进经验而出现的新的定额项目。项目不全,缺漏项多,就使建筑安装工程价格缺少充足的、可靠的依据,即补充的定额一般因资料所限,且费时费力,可靠性较差,容易引起争执。同时要注意合理确定预算定额的计量单位,简化工程量的计算,尽可能避免同一种材料用不同的计量单位,尽量减少留活口和减少换算工作量。

(3)坚持统一性和差别性相结合

所谓统一性,是指从培育全国统一市场、规范计价行为出发,由国家建设主管部门归口管理,依照国家的方针政策和经济发展的要求,统一制定编制定额的方案、原则和办法,颁发相关条例和规章制度。这样,建筑产品才有统一的计价依据,才能对不同地区设计和施工的结果进行有效的考核和监督,避免地区或部门之间缺乏可比性。所谓差别性,是指在统一性基

础上，各部门和省、自治区、直辖市工程建设主管部门可以在自己的管辖范围内，根据本部门和地区的具体情况，编制本地区、本部门的预算定额，颁发补充性的条例规定，以及对预算定额实行经常性的管理。

2）预算定额的编制依据

①现行的劳动定额和施工定额。

②现行的设计规范、施工验收规范、质量评定标准和安全操作规程。

③具有代表性的典型工程施工图及有关图集。

④新技术、新结构、新材料和先进的施工方案等。

⑤有关科学试验、技术测定的统计、经验资料。

⑥现行的预算定额、材料预算价格及有关文件规定等。

3）预算定额的编制步骤

预算定额的编制不但工作量大，而且政策性强，组织工作复杂。编制预算定额一般分为三个阶段：

（1）准备阶段

准备阶段的任务是成立编制机构、拟订编制方案、明确定额项目、提出对预算定额编制的要求、收集各种定额相关资料（包括收集现行规定、规范和政策法规资料，定额管理部门积累的资料，专项查定及实验资料，专题座谈会记录等）。

（2）编制预算定额初稿，测试定额水平阶段

在这个阶段，应根据确定的定额项目和基础资料，进行反复分析，制定工程量计算规则，计算定额人工、材料、机械台班耗用量，编制劳动力计算表、材料及机械台班计算表，并附说明；然后汇总编制预算定额项目表，编制预算定额初稿。

编出预算定额初稿后，要进行定额复核，要将新编定额与现行定额进行测算，并分析比现行定额提高或降低的原因，写出定额水平测算工作报告。

（3）审查定稿、报批阶段

在这个阶段，应将新编定额初稿及有关编制说明和定额水平测算情况等资料，印发至各有关部门审核，或组织有关基本建设单位和施工企业座谈讨论，广泛征求意见并修改、定稿后，送上级主管部门批准、颁发执行。

4）预算定额编制的主要工作

（1）确定预算定额的计量单位

预算定额的计量单位关系到预算工作的繁简和准确性，因此，要正确地确定各分部分项工程的计量单位，一般可以依据建筑结构构件形体的特点确定。

①凡建筑结构构件的断面有一定形状和大小，但是长度不定时，可按长度以“延长米”为计量单位，如踢脚线、楼梯栏杆、木装饰条等。

②凡建筑结构构件的厚度有一定规格，但是长度和厚度不定时，可按面积以“平方米”为计量单位，如地面、楼面和天棚面抹灰等。

③凡建筑结构构件的长度、厚（高）度和宽度都变化时，可按体积以“立方米”为计量单位，如土石方、现浇钢筋混凝土梁柱构件等。

④钢结构由于重量与价格差异很大，形状又不固定时，采用重量以“吨”为计量单位。

⑤凡建筑结构没有一定规格，而其结构又较复杂时，可按“个、台、座、组”为计量单位，如卫生洁具安装、雨水斗等。

预算定额中各项人工、机械、材料的计量单位选择，相对比较固定。人工、机械按“工日”“台班”计量，各种材料的计量单位与产品计量单位基本一致。材料的计量精确度要求高、材料贵重时，多取三位小数，如钢材吨以下取三位小数、木材立方米以下取三位小数，一般材料取两位小数。

(2)按典型设计图和资料计算工程量

计算工程量的目的是通过分别计算典型设计图所包括的施工过程的工程量，以便在编制预算定额时，有可能利用施工定额或劳动定额的劳动机械和材料消耗指标确定预算定额所含工序的消耗量。

(3)确定预算定额各分项工程的人工、材料、机械台班消耗指标

确定预算定额人工、材料、机械台班消耗量指标时，必须先按施工定额的分项逐项计算出消耗量指标，然后再按预算定额的项目加以综合。但是这种综合不是简单的合并和相加，而是需要在综合过程中增加两种定额之间的适当水平差。预算定额的水平取决于这些消耗量的合理确定。

(4)编制定额表和拟定有关说明

定额项目表的一般格式是：横向排列为各分项工程的项目名称，竖向排列为分项工程的人工、材料和施工机械消耗量指标。有的项目表下部还有附注以说明设计有特殊要求时怎么进行调整和换算。表3.2为《全国统一建筑工程基础定额》中砌筑工程的砖基础、砖墙预算定额表。

表3.2　砖基础、砖墙预算定额表

工作内容：(1)砖基础：调运砂浆、铺砂浆、运砖、清理基坑槽、砌砖等。
(2)砖墙：调运、铺砂浆、运砖等。

计量单位：10 m^3

定额编号			4-1	4-10	4-11
项目		单位	砖基础	混水砖墙	
				一砖	一砖半
人工	综合工日	工日	12.18	16.08	15.63
材料	水泥砂浆 M5	m^3	2.36		
	水泥混合砂浆 M2.5	m^3		2.25	2.40
	普通黏土砖	千块	5.236	5.314	5.35
	水	m^3	1.05	1.06	1.07
机械	灰浆搅拌机 200 L	台班	0.39	0.38	0.40

5)预算定额人工工日消耗量指标的确定

(1)人工工日消耗量的定义

人工工日消耗量是指在正常的施工条件下，完成单位合格产品所必须消耗的人工工日数量。

(2)人工工日消耗量的确认方法

人工工日消耗量有两种确认方法:一种是以劳动定额为基础确定;另一种是以现场观察资料为基础计算。

其中,以现场观察测定资料为基础来确定预算定额中人工工日消耗量的方法,同前面讲述的“施工定额”中“劳动定额”的确定方法(见3.2节)。此处主要讲述第一种,即以施工定额的劳动定额为基础确定。

(3)人工工日消耗量的组成及计算

人工工日消耗量由以下4个部分组成:

①基本用工:是指完成单位合格产品所必须消耗的技术工种用工。按技术工种相应劳动定额工时定额计算,以不同工种列出定额工日。

②辅助用工:是指技术工种劳动定额内不包括而在预算定额内又必须考虑的工时,如机械土方工程配合用工等。

③超运距用工:是指预算定额的平均水平运距超过劳动定额规定的水平运距部分。

④人工幅度差:是指在劳动定额作业时间之外预算定额应考虑的正常施工条件下所发生的各种工时损失。包括:

a. 各工种间的工序搭接及交叉作业互相配合所发生的停歇用工;

b. 施工机械质检转移及临时水电线路移动所造成的停顿;

c. 质量检查和隐蔽工程验收工作的影响;

d. 班组操作地点转移用工;

e. 工序交接时对前一工序不可避免的修整;

f. 施工中不可避免的其他零星用工。

人工工日消耗量计算方式如下:

$$\text{预算定额人工工日消耗量} = (\text{基本用工} + \text{超运距用工} + \text{辅助用工}) \times (1 + \text{人工幅度差系数}) \tag{3.19}$$

6)预算定额材料消耗量指标的确定

(1)材料消耗量的定义

预算定额的材料消耗量是指在正常的施工条件下,完成单位合格产品所必须消耗的各种材料数量。

(2)材料消耗量的确认方法

①现场观测法。

②试验室试验法。

③换算法。

④理论公式计算法。

(3)材料分类及计算

材料根据用途可分为以下四种:

①主要材料:是指直接构成工程实体的材料,也包括成品、半成品的材料。

②辅助材料:是指除主要材料以外的构成工程实体的其他材料,如垫木、钉子、钢丝等。

③周转性材料:是指脚手架、模板等多次周转使用的不构成工程实体的摊销性材料。

④其他材料:是指用量较少、难以计量的零星用料,如编号用的油漆等。

材料的消耗量计算方式如下:

$$\text{预算定额材料消耗量} = \text{材料净用量} + \text{材料损耗量} \tag{3.20}$$

或

$$\text{预算定额材料消耗量} = \text{材料净用量} \times (1 + \text{损耗率}) \tag{3.21}$$

其中,材料损耗率即材料的损耗量与净用量的比值。

7)预算定额机械消耗量指标的确定

(1)机械台班消耗量的定义

预算定额机械台班消耗量是指在正常的施工条件下,完成单位合格产品所必须消耗的机械台班数量。

(2)机械台班消耗量的确认方法

预算定额机械台班消耗量有两种确认方法:一种是以劳动定额为基础确定;另一种是以现场观察资料为基础计算。

其中,以现场观察测定资料为基础来确定预算定额中机械台班消耗量的方法,同前面讲述的“施工定额”中“机械定额”的确定方法(见3.2节)。此处主要讲述第一种,即以施工定额的机械定额为基础确定。

(3)机械台班消耗量的计算

其计算公式为:

$$\text{预算定额机械台班消耗量} = \text{施工定额机械消耗台班} + \text{机械幅度差} \tag{3.22}$$

8)预算定额的应用

(1)预算定额直接套用

设计要求与定额项目的内容相一致时,可直接套用定额的预算基价及工料消耗量,计算该分项工程的直接费及工料所需量。

(2)预算定额换算

在确定某一分项工程或结构构件单位预算价值时,当施工图的项目内容与套用的相应定额项目内容不完全一致,但定额规定允许换算时,则应按定额规定的范围、内容和方法进行换算。使得预算定额规定的内容和施工图设计的内容一致的换算(或调整)过程,称为预算定额的换算(或调整)。

建筑工程预算定额总说明和有关分部工程说明中规定,某些分项工程或结构构件的材料品种、规格改变和数量增减,砂浆或混凝土强度等级不同,使用施工机械种类、型号不同,运距增加、定额增加系数等,都允许换算或调整。

①混凝土的换算。由于混凝土强度等级不同而引起定额基价变动,必须对定额基价进行换算。在换算过程中,混凝土消耗量不变,仅调整混凝土的预算价格。因此,混凝土的换算实质就是预算单价的调整。其计算公式为:

$$\text{换算价格} = \text{原定额基价} \pm \text{定额混凝土用量} \times \text{两种不同混凝土的基价差} \tag{3.23}$$

【例3.4】 某工程构造柱,设计要求采用C25钢筋混凝土现浇,试确定该构造柱的基价。

已知:××省预算定额的定额编号为5-359,C20混凝土;基价为2 389.12元/10 m^3;混凝土用量为10.15 m^3/10 m^3。

查混凝土配合比表知,C20混凝土基价为175.25元/10 m^3(32.5级水泥),C25混凝土基价为186.57元/10 m^3(32.5级水泥)。

【解】 构造柱基价为:

2 389.12+10.15×(186.57−175.28)=2 503.71元/10 m^3

请注意,换算后混凝土中相应的材料也要作相应调整,均要按C25混凝土的配合比含量计算。查C25混凝土和配合比表知:水泥(32.5级)464 kg/m^3,中(粗)砂0.43 m^3/m^3,碎石(40 mm粒径)0.87 m^3/m^3。

换算后材料用量分析:

水泥(32.5级):464 kg/m^3×10.15 m^3/10 m^3=4 709.6 kg/10 m^3

中(粗)砂:0.43 m^3/m^3×10.15 m^3/10 m^3=4.36 m^3/10 m^3

碎石(40 mm粒径):0.87 m^3/m^3×10.15 m^3/10 m^3=8.83 m^3/10 m^3

②砂浆的换算。砂浆的换算实质上是砂浆强度等级的换算。由于施工图设计的砂浆强度等级与定额规定的砂浆强度等级有差异,定额又规定允许换算。在换算过程中,单位产品材料消耗量一般不变,仅换算不同强度等级的砂浆单价和材料用量。换算方法与混凝土换算相同。

【例3.5】 某工程空花墙,设计要求用黏土砖,M7.5混合砂浆砌筑,试计算该分项工程预算价格及定额单位的主要材料耗用量。

已知:某省预算定额的定额编号为4-71(M7.5混合砂浆),其基价为1 325.25元/10 m^3,砂浆用量为1.18 m^3/10 m^3,标准砖4.020千块/10 m^3。

查混凝土配合比表知,M7.5混合砂浆基价为135.15元/m^3,M5混合砂浆基价为116.25元/m^3。M7.5混合砂浆的配合比为:水泥(32.5级)303.0 kg/m^3、石灰膏0.05 m^3/m^3、中(粗)砂1.18 m^3/m^3。

【解】 M7.5混合砂浆砌筑黏土墙基价为:

1 325.25+1.18×(135.15−116.25)=1 347.55元/10 m^3

换算后材料用量分析:

标准砖:4.020千块/10 m^3

水泥(32.5级):303 kg/m^3×1.18 m^3/10 m^3=357.54 kg/10 m^3

石灰膏:0.05 m^3/m^3×1.18 m^3/10 m^3=0.059 m^3/10 m^3

中(粗)砂:1.18 m^3/m^3×1.18 m^3/10 m^3=0.059 m^3/10 m^3

③运距换算。当设计运距与定额运距不同时,根据定额规定通过增减运距进行换算。换算价格的计算公式为:

$$换算价格=基本运距价格\pm增减运距定额部分价格 \tag{3.24}$$

【例3.6】 自卸汽车运输土石方1 000 m^3,运距3 000 m,计算其定额价格。

【解】 查重庆市2018定额A.1.2.6机械装运土方,运距以1 000 m以内考虑,计价费用为10 654.55元/1 000 m^3;A.1.2.8又考虑了每增运1 000 m的情况,计费价格为2 461.7元/1 000 m^3。

A1.2.6　机械装运土方(编码:010103002)

工作内容:集土、装土、卸土等。　　计量单位:1 000 m^3

定额编号			AA0031
项目名称			机械装运土方
			运距1 000 m以内
费用	综合单价/元		**10 654.55**
	其中	人工费/元	400
		材料费/元	53.04
		施工机具使用费/元	7 931.90
		企业管理费/元	1 533.07
		利润/元	636.56
		一般风险费/元	99.98

A1.2.8　机械运土增运(编码:010103002)

工作内容:运土、晒水及道路维护。　　计量单位:1 000 m^3

定额编号			AA0037	AA0038
项目名称			机械装运土方	人工装机械运土方
			全程运距1 000 m以外	
费用	综合单价/元		**2 461.7**	**3 706.71**
	其中	人工费/元	—	—
		材料费/元	26.52	26.52
		施工机具使用费/元	1 913.84	2 892.32
		企业管理费/元	352.15	532.19
		利润/元	146.22	220.97
		一般风险费/元	22.97	34.71

换算后计算价格:10 654.55+2 461.7×2=15 577.95(元)

④系数换算。系数换算是按定额说明中规定的系数乘以相应定额的计价(或定额工、料之一部分)后,得到一个新单价的换算。

【例3.7】　现有1 000 m^3 的场地需进行人工挖土方,场地为湿土地,试求其定额价格。

【解】　查重庆市2018定额A.1.2.2人工挖土方,见下表。该场地为湿土地,重庆市2018定额章节说明中规定"人工土方定额子目是按干土编制的,如挖湿土时,人工乘以系数1.18"。

A1.2.2 人工挖土方(编码:010101002)

工作内容:挖土、修理边底。 计量单位:100 m^3

定额编号			AA0002
项目名称			人工挖土方
费用	综合单价/元		**3 701.54**
	其中	人工费/元	3 237.60
		材料费/元	—
		施工机具使用费/元	—
		企业管理费/元	349.01
		利润/元	114.93
		一般风险费/元	—

换算后计算价格:(3 237.6×1.18+349.01+114.93)×10=42 843.08(元)

3.4 概算定额和概算指标

3.4.1 概算定额

1)概算定额的定义

概算定额又称为扩大结构定额,是在预算定额的基础上,以正常的生产建设为条件,为完成一定计量单位的扩大分项工程或扩大结构构件的生产任务所需人工、材料和机械台班的消耗数量标准。

2)概算定额的作用

①概算定额是编制设计概算的依据,而设计概算又是我国目前控制工程建设投资的主要依据。

②概算定额是对设计项目进行技术经济分析和比较的基础资料之一。

③概算定额是编制建设项目主要材料计划的参考依据。

④概算定额是编制概算指标的依据。

⑤概算定额是编制招标控制价和投标报价的依据。

3)概算定额的编制原则

①概算定额水平的确定应与预算定额水平一致,但在概、预算定额水平之间应保留一定的幅度差,以便依据概算定额编制的设计概算起到控制投资的作用。

②贯彻国家政策、法规的原则。概算定额的编制,除应严格贯彻国家有关政策法规外,还应将国家对于工程造价控制方面的有关指导精神,如"打足投资,不留缺口""改进概算管理办法,解决超概算问题""工程造价实行动态管理"等原则,贯彻到概算定额编制中去。

4)概算定额的编制依据

①国家有关建设方针、政策及规定等。

②现行建筑和安装工程预算定额。

③现行的设计标准、规范和施工验收规范。

④现行标准设计图纸或有代表性的设计图和其他设计资料。

⑤编制期人工工日单价、材料预算价格、机械台班费用及其他的价格资料。

5)概算定额的编制步骤

概算定额的编制一般分为三个阶段,即准备阶段、编制阶段、审查报批阶段。

①准备阶段:主要是确定编制机构和人员组成,进行调查研究,了解现行概算定额的执行情况与存在的问题,明确编制的目的和编制范围。在此基础上制订概算定额的编制方案、细则和概算定额项目划分。

②编制阶段:收集和整理各种编制依据,对各种资料进行深入细致的测算和分析,确定人工、材料和机械台班的消耗量指标,测算、调整新编制概算定额与原概算定额及现行预算定额之间的水平,最后编制概算定额初稿。

③审查报批阶段:该阶段的主要工作是测算概算定额水平,即测算新编制概算定额与原概算定额及现行预算定额之间的水平。测算的方法既要分项进行测算,又要通过编制单位工程概算以单位工程为对象进行综合测算。概算定额水平与预算定额水平之间应有一定的幅度差,幅度差一般在5%以内。概算定额经测算比较后,就可以报送国家授权机关审批。

3.4.2　概算指标

1)概算指标的定义

概算指标是以整个建筑物或构筑物为对象,以建筑面积、体积或成套设备装置的台或组为计量单位,包括人工、材料和机械台班的消耗量标准和造价指标。

2)概算指标的作用

①概算指标是编制投资估算指标的依据。

②概算指标是设计单位进行设计方案的技术经济分析,衡量设计水平,考核投资效果的标准。

③概算定额是编制建设项目主要材料计划的参考依据。

④概算指标是编制初步设计概算、确定工程概算造价的依据。

3)概算指标的分类及表现形式

(1)概算指标的分类

概算指标分为两类,即建筑工程概算指标和安装工程概算指标。

(2)概算指标的表现形式

概算指标在具体内容的表现方式上,分综合指标和单项指标两种形式。

①综合概算指标:是指按照工业或民用建筑及其结构类型而制定的概算指标。综合概算指标的概括性比较大,其准确性、精确性不如单项指标。

②单项概算指标:是指为某建筑物或构筑物而编制的概算指标。单项概算指标的针对性较强,故指标中对工程结构形式要做介绍。只要工程项目的结构形式及工程内容与单项指标中的工程概况相吻合,编制出的设计概算就比较准确。

4)概算指标的编制原则

①概算指标应符合价值规律的要求,其水平也应是社会必要消耗量的平均水平,概算指标与概算定额水平之间应保留一定的幅度差。

②概算指标项目的划分,应在保证具有一定准确性的前提下,做到简明易懂、项目齐全、计算简单、准确可靠。

③概算指标的编制依据必须具有代表性。

5)概算指标的编制依据

①标准设计图和各类工程典型设计。

②国家颁布的建筑标准、设计规范、施工规范等。

③各类工程造价资料。

④现行的概算定额和预算定额及补充定额。

⑤人工工资标准、材料预算价格、机械台班预算价格及其他价格资料。

6)概算指标的内容

概算指标一般包括编制说明和列表形式,以及必要的附录。

(1)编制说明

主要说明概算指标的作用、编制依据、适用范围和使用方法等。

(2)指标项目

每一项概算指标项目,一般由下述四个方面内容组成:

①工程概况。一般以表格和示意图的形式说明工程的类别、规模、建筑与结构特征、水暖电等设施配置等概况。

②经济指标。说明该项目每一计量单位的造价指标及其中土建、水暖、电照等单位工程的造价。

③构造内容及工程量指标。说明该项目的构造内容和每一计量单位的工程量指标。

④主要材料消耗指标。说明该项目每一计量单位的土建、水暖、电照等单位工程的各种主要材料的消耗指标。

7)概算指标的编制步骤

①首先成立编制小组,拟定工作方案,明确编制原则和方法,确定指标的内容及表现形式,确定基价所依据的人工工资单价、材料预算价格、机械台班单价。

②收集整理编制指标所必需的标准设计、典型设计以及有代表性的工程设计图、设计预算等资料,充分利用有使用价值的已经积累的工程造价资料。

③按指标内容及表现形式的要求进行具体的计算分析,工程量尽可能利用经过审定的工程竣工结算的工程量,以及可以利用的可靠的工程量数据。按基价所依据的价格要求计算综合指标,并计算必要的主要材料消耗指标,用于调整价差的工、料、机消耗指标,一般可按不同类型工程划分项目进行计算。

④核对审核、平衡分析、水平测算、审查定稿。随着有使用价值的工程造价资料积累制度和数据库的建立,以及电子计算机、网络的充分发展与利用,概算指标的编制工作将得到改观。

3.5 投资估算指标

1)投资估算指标的定义

投资估算指标,是指在编制项目建议书可行性研究报告和编制设计任务书阶段进行投资估算、计算投资需要量时使用的一种定额。

2)投资估算指标的作用

工程建设投资估算指标是编制建设项目建议书、可行性研究报告等前期工作阶段投资估算的依据,也可以作为编制固定资产长远规划投资额的参考。投资估算指标为完成项目建设的投资估算提供依据和手段,它在固定资产的形成过程中起着投资预测、投资控制、投资效益分析的作用,是合理确定项目投资的基础。

投资估算指标中的主要材料消耗量也是一种扩大材料消耗量指标,可以作为计算建设项目主要材料消耗量的基础。估算指标的正确制定可提高投资估算的准确度,对建设项目的合理评估、正确决策具有重要意义。

3)投资估算指标的编制原则

投资估算指标往往根据历史的预、决算资料和价格变动资料编制,其编制基础离不开预算定额、概算定额。由于投资估算指标属于项目建设前期进行估算投资的技术经济指标,它不但要反映实施阶段的静态投资,还必须反映项目建设前期和交付使用期内发生的动态投资。以投资估算指标为依据编制的投资估算,包含项目建设的全部投资额。这就要求投资估算指标比其他各种计价定额具有更高的综合性和概括性。因此,投资估算指标的编制工作除应遵循一般定额的编制原则外,还必须坚持下述原则:

(1)反映现实水平,适当考虑超前

投资估算指标项目的确定,必须遵循国家的有关建设方针政策,符合国家技术发展方向,贯彻国家高科技政策和发展方向原则,使指标的编制既能反映现实的科技成果、正常建设条件下的造价水平,也能适应今后若干年的科技发展水平,以满足以后几年编制建设项目建议书和可行性研究报告投资估算的需要。

(2)特点鲜明,适应性强

投资估算指标的编制要反映不同行业、不同项目和不同工程的特点,投资估算指标要适应项目前期工作深度的需要,而且具有更大的综合性。投资估算指标要密切结合行业特点、项目建设的特定条件,在内容上既要贯彻指导性、准确性和可调性的原则,又要有一定的深度和广度。

(3)静态和动态相结合

投资估算指标的编制要贯彻静态和动态相结合的原则。要充分考虑到在市场经济条件下,由于建设条件、实施时间、建设期限等因素的不同,考虑到建设期的动态因素,即价格、建设期利息、固定资产投资方向调节税及涉外工程的汇率等因素的变动,导致指标的量差、价差、利息差、费用差等“动态”因素对投资估算的影响,对上述动态因素给予必要的调整办法和调整参数,尽可能减少这些动态因素对投资估算准确度的影响,使指标具有较强的实用性和可操作性。

(4)能分能合、有粗有细、细算粗编

使投资估算指标能满足项目建议书和可行性研究各阶段的要求,既要能反映一个建设项目的全部投资及其构成,又要有组成建设项目投资的各个单项工程投资,做到既能综合使用,又能个别分解使用。占投资比例大的建筑工程工艺设备,要做到有量、有价,根据不同结构形式的建筑物列出每100 m^2 的主要工程量和主要材料量,主要设备也要列有规格、型号、数量。同时,要以编制年度为基期计价,有必要的调整、换算办法等,便于由于设计方案、选厂条件、建设实施阶段的变化而对投资产生影响时作相应的调整,也便于对现有企业实行技术改造和改、扩建项目投资估算的需要,扩大投资估算指标的覆盖面,使投资估算能够根据建设项目的具体情况合理准确地编制。

4)投资估算指标的内容

投资估算指标是确定和控制建设项目全过程各项投资支出的技术经济指标,其范围涉及建设前期、建设实施期和竣工验收交付使用期等各个阶段的费用支出,内容因行业不同而各异,一般可分为建设项目综合指标、单项工程指标和单位工程指标三个层次。

(1)建设项目综合指标

建设项目综合指标指按规定应列入建设项目总投资的从立项筹建开始至竣工验收交付使用的全部投资额,包括单项工程投资、工程建设其他费用和预备费等。

建设项目综合指标一般以项目的综合生产能力单位投资表示,如"元/吨""元/千瓦",或以使用功能表示,如医院:"元/床"。

(2)单项工程指标

单项工程指标指按规定应列入能独立发挥生产能力或使用效益的单项工程内的全部投资额,包括建筑工程费,安装工程费,设备、工器具及生产家具购置费和其他费用。单项工程一般包括:

①主要生产设施。

②辅助生产设施。

③公用工程。

④环境保护工程。

⑤总图运输工程。

⑥厂区服务设施。

⑦生活福利设施。

⑧厂外工程。

单项工程指标一般以单项工程生产能力单位投资或其他单位表示。如变配电站:"元/(千伏·安)";锅炉房:"元/蒸汽吨";供水站:"元/米";办公室、仓库、宿舍、住宅等房屋则依据不同结构形式以"元/m^2"表示。

(3)单位工程指标

单位工程指标按规定应列入能独立设计、施工的工程项目的费用,即建筑安装工程费用。

单位工程指标一般以如下方式表示:房屋区别不同结构形式以"元/m^2"表示;道路区别不同结构层、面层以"元/米"表示;水塔区别不同结构层、容积以"元/座"表示;管道区别不同材质、管径以"元/米"表示。

5)投资估算指标的编制方法

投资估算指标的编制工作,涉及建设项目的产品规模、产品方案、工艺流程、设备选型、工程设计和技术经济等各个方面,既要考虑到现阶段技术状况,又要展望近期技术发展趋势和设计动向,从而可以指导以后建设项目的实践。投资估算指标的编制应当成立专业齐全的编制小组,编制人员应具备较高的专业素质,并应制定一个包括编制原则、编制内容、指标的层次相互衔接、项目划分、表现形式、计量单位、计算、复核、审查程序等内容的编制方案或编制细则,以便编制工作有章可循。投资估算指标的编制一般分为三个阶段进行。

(1)收集整理资料阶段

收集整理已建成或正在建设的、符合现行技术政策和技术发展方向、有可能重复采用的、有代表性的工程设计施工图、标准设计以及相应的竣工决算或施工图预算资料等,这些资料是编制工作的基础。资料收集得越广泛,反映出的问题越多,编制工作考虑得越全面,就越有利于提高投资估算指标的实用性和覆盖面。同时,对调查收集的资料要选择占投资比例大、相互关联多的项目,并进行认真的分析整理。由于已建成或正在建设的工程的设计意图、建设时间和地点、资料的基础等不同,相互之间的差异很大,需要去粗取精、去伪存真地加以整理,才能重复利用。将整理后的数据资料按项目划分栏目加以归类,按照编制年度的现行定额、费用标准和价格,调整成编制年度的造价水平及相互比例。

(2)平衡调整阶段

由于调查收集的资料来源不同,虽然经过一定的分析整理,但难免会由于设计方案、建设条件和建设时间上的差异带来某些影响,使数据失准或漏项等,必须对有关资料进行综合平衡调整。

(3)测算审查阶段

测算是将新编的指标和选定工程的概预算,在同一价格条件下进行比较,检验其"量差"的偏离程度是否在允许偏差范围之内,如偏差过大,则要查找原因,进行修正,以保证指标的确切、实用。测算同时也是对指标编制质量进行的一次系统检查,应由专人进行,以保持测算口径的统一,在此基础上组织有关专业人员予以全面审查定稿。

本章总结框图

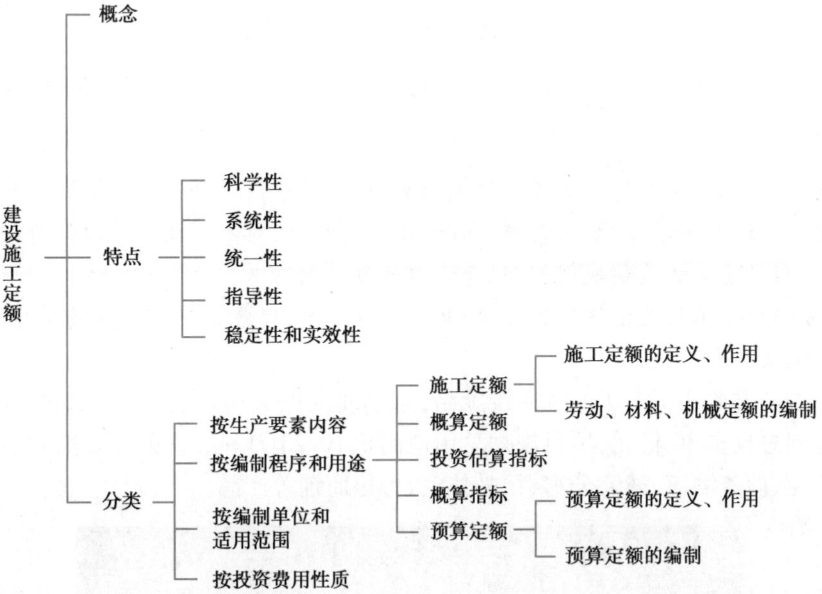

思考题

1. 什么是工程建设定额?
2. 现行的工程建设定额是如何分类的? 分为哪几类?
3. 什么是劳动定额?
4. 什么是周转性材料?
5. 简述施工定额材料消耗量的计算方法。
6. 预算定额材料价格包括哪几个部分?
7. 什么是概算定额和概算指标? 其应用范围如何?

第4章 建设工程工程量清单

【本章导读】

内容与要求：本章主要讲述工程量清单的编制、工程量清单计价，展示工程量清单计价的一系列表格。通过本章学习，要求掌握工程量清单的编制，熟悉工程量清单计价及其表格。

重点：工程量清单的编制规则，工程量清单计价规则。

难点：分部分项工程及措施项目清单、其他项目清单、规费及税金项目清单中各个清单项目的具体含义及内容。

长春新中心宽城万达广场，西临凯旋路，东临北人民大街，南接铁北二路，北临规划路。万达广场计划总投资30亿元，项目规划总用地面积10.23万m^2，总建筑面积44.15万m^2，涵盖自持大商业、商务酒店、精装公寓、精品住宅、可售商铺等产品。

宽城万达广场

该大型商业综合体涉及的招标清单，列举两个如下：

万达广场（大商业部分）土建工程量清单计价汇总表

序号	项目	1号清单：地下室	2号清单：百货楼	3号清单：综合楼	4号清单：娱乐楼	5号清单：步行街	6号清单：室外步行街	7号清单：酒楼	8号清单：写字楼
一	土石方工程								
二	混凝土、钢筋及模板工程								
三	砌筑工程								
四	门窗工程								
五	金属工程								
六	楼地面及粗装修工程								
七	屋面及防水工程								
八	隔热、保温工程								
合计									

其他项目清单计价汇总表

序号	项目名称	计量单位	大商业金额/元	住宅金额/元	备注
1	暂估价		114 210 000	77 970 000	
1.1	材料暂估价	项	0	0	明细详见材料暂估价表
1.2	专业工程暂估价	项	114 210 000	77 970 000	明细详见专业工程暂估价表
2	总承包服务费		500	500	明细详见总承包服务费计价表
3	暂列金额		116 300 000	99 750 000	
合计			230 510 500	177 720 500	—

注：部分材料暂估单价进入清单项目综合单价，此处不汇总。

这些名目繁多的清单项目是按照什么规则列出来的;一个大型项目中,几百项乃至几千项的清单子目又是怎么归类的;这些清单子项对应的价格又是怎么计算出来的……这一系列的问题需要在国家或当地政府规定的统一规则下进行解决。

如此繁多的子目和数字,需要借助工程算量及计价软件进行,需要操作者有严谨、耐心的工作态度,认真、细致的工作作风,敏锐的数感和丰富的价感。只有这样,才能胜任一个大型工程工程量清单计价的工作,才能不厌其烦地面对可能多次调整表格的情况,才能凭借对数字和价格的灵敏度及时发现错误并修正。同学们在学习这一章节内容时,要拿出"大国工匠"之精神、"全红婵水花消失术"之精益求精的态度。

建设工程量清单是载明建设工程分部分项工程项目、措施项目、其他项目的名称和相应数量以及规费、税金项目等内容的明细清单。

目前,我国建设工程领域在发承包和实施阶段多采用工程量清单计价模式。工程量清单计价模式下,建设工程项目的工程造价由分部分项工程费、措施项目费、其他项目费、规费和税金组成。

4.1 概 述

4.1.1 《建设工程工程量清单计价规范》简介

为规范建设工程造价计价行为,统一建设工程计价文件的编制原则和计价方法,根据《中华人民共和国建筑法》、《中华人民共和国合同法》(即现在的"民法典")、《中华人民共和国招标投标法》等法律法规,我国自 2003 年起,发布并实施了三版《建设工程工程量清单计价规范》,分别为:

①《建设工程工程量清单计价规范》(GB 50500—2003),2003 年 7 月 1 日开始实施;

②《建设工程工程量清单计价规范》(GB 50500—2008),2008 年 12 月 1 日开始实施;

③《建设工程工程量清单计价规范》(GB 50500—2013),2013 年 7 月 1 日开始实施。

上述三个版本的《建设工程工程量清单计价规范》中,每次更新,都是新版本的开始实施,对应旧版本同时废止。

目前,我国建设领域正在实施的是《建设工程工程量清单计价规范》(GB 50500—2013)。但该版清单在约十年的实施过程中,陆续出现了一些问题,不能适应大工程造价市场化改革的步伐,与当前实行的《招标投标法》及其实施条例有关规定不能完全对接,同时与近几年建筑领域新发布的一系列合同示范文本有所脱节,使得工程在合同履行中纠纷增多,在竣工结算中争议变多。

为完善工程造价市场化形成机制,进一步统一工程计价规则,国家住房和城乡建设部标准定额司对《建设工程工程量清单计价规范》(GB 50500—2013)进行了修订,于 2021 年 11 月 17 日印发了"《建设工程工程量清单计价标准》(征求意见稿)",正式文件将根据征求意见情况进一步修订完善后再行发布。

从《建设工程工程量清单计价标准》(征求意见稿)的内容上看,该标准不仅从宏观上规范了政府造价管理行为,还从微观上规范了发承包双方在市场化条件下的工程造价计价行为,在将来正式实施后,会使我国工程造价进入全过程合约法律协同精细化管理的新时代。

综上所述,我国《建设工程工程量清单计价规范》实施了近20年,经历了三个版本的“计价规范”,即将迎来新的“计价标准”,多次修订标志着我国工程造价的市场化改革不断深化,计价模式日益规范,国际化程度逐渐提高。

4.1.2 建设项目的划分

建设项目指具有一个设计任务书和总体设计,经济上实行独立核算,管理上具有独立组织形式的工程建设项目,有时也简称为“工程项目”,如一个工厂、一个住宅小区、一所学校等。

任何一个建设项目都可以分解为一个或几个单项工程,任何一个单项工程都是由一个或几个单位工程所组成。作为单位工程的各类建筑工程和安装工程仍然是一个比较复杂的综合实体,还需要进一步分解。单位工程可以按照结构部位、路段长度及施工特点或施工任务分解为分部工程。分解成分部工程后,从工程计价的角度,还需要把分部工程按照不同的施工方法、材料、工序及路段长度等,进行更为细致的分解,划分为更加简单细小的部分,即分项工程。

1)单项工程

单项工程是指在一个建设项目中具有独立的设计文件,建成后能够独立发挥生产能力或工程效益的工程。它是工程建设项目的组成部分,应单独编制工程概预算,如民用建筑中的教学楼、图书馆、学生宿舍、学生食堂、职工住宅等,工业建筑中的生产车间、辅助车间、仓库等。

2)单位工程

单位工程是指具有独立设计,可以独立组织施工,但建成后一般不能进行生产或发挥效益的工程。它是单项工程的组成部分,如土建工程、安装工程、装饰装修工程等。

3)分部(子分部)工程

分部工程是单项或单位工程的组成部分,是按结构部位、设备种类和型号、路段长度及施工特点或施工任务将单位工程划分为若干分部的工程,如土石方工程、砌筑工程、混凝土及钢筋混凝土工程、给排水工程、电气工程、通风工程等。

当分部工程较大或较复杂时,可按材料种类、工艺特点、施工程序、专业系统及类别等划分为若干子分部工程。例如,地基与基础分部工程又可细分为地基、基础、基坑支护、地下水控制、土方、边坡、地下防水等子分部工程;装饰装修分部工程又可细分为地面、抹灰、门窗、吊顶、金属、石材、涂饰、裱糊与软包、外墙防水等子分部工程。

4)分项工程

分项工程是分部工程的组成部分,是按不同施工方法、施工工艺、材料、工序、路段长度及设备类别等将分部工程划分为若干个分项的工程。如土方开挖、土方回填、钢筋、模板、混凝土、砖砌体、木门窗制作与安装、钢结构基础等工程。

分项工程是工程项目施工生产活动的基础,通过较为简单的施工过程就可以生产出来,也是计量工程用工用料和机械台班消耗的基本单元;同时,又是工程质量形成的直接过程。分项工程既有其作业活动的独立性,又有相互联系、相互制约的整体性。

关于建设项目各个层次的划分,如图4.1所示。

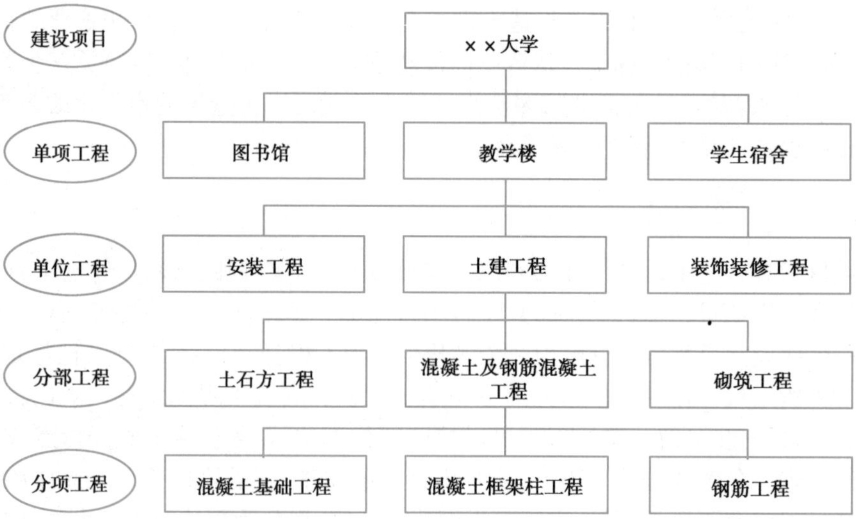

图4.1　建设项目的划分

4.2　工程量清单编制

首先来了解《建设工程工程量清单计价规范》(GB 50500—2013)中涉及的关于工程量清单的基本概念。

工程量清单是指建设工程的分部分项工程项目、措施项目、其他项目、规费项目和税金项目的名称和相应数量等的明细清单。

招标工程量清单是指招标人依据国家标准、招标文件、设计文件以及施工现场实际情况编制的,随招标文件发布供投标报价的工程量清单,包括说明和表格。

已标价工程量清单是指构成合同文件组成部分的投标文件中已标明价格,经算术性错误修正(如有)且承包人已确认的工程量清单,包括对其的说明和表格。

编制招标工程量清单,应充分体现"实体净量""量价分离"和"风险分担"的原则。招标阶段,由招标人或其委托的工程造价咨询人根据工程项目设计文件,编制出招标工程项目的工程量清单,并将其作为招标文件的组成部分。招标人对工程量清单的准确性和完整性负责;投标人应结合企业自身实际、参考市场有关价格信息完成清单项目工程的组合报价,并对其承担风险。

招标工程量清单包括分部分项工程项目清单、措施项目清单、其他项目清单、规费和税金项目清单四大部分。本小节详细讲述招标工程量清单的内容组成和列项要求。

4.2.1　分部分项工程项目清单

分部工程是单位工程的组成部分,是按结构部位、路段长度及施工特点或施工任务将单位工程划分为若干分部的工程;分项工程是分部工程的组成部分,系按不同施工方法、材料、工序及路段长度等将分部工程划分为若干个分项或项目的工程。

分部分项工程项目清单必须载明项目编码、项目名称、项目特征、计量单位和工程量。分部分项工程项目清单必须根据各专业工程工程量计算规范规定的项目编码、项目名称、项目特征、计量单位和工程量计算规则进行编制。其格式见表4.1。在分部分项工程项目清单的编制过程中,由招标人负责前六项内容(序号、项目编码、项目名称、项目特征、计量单位和工程量)的填列,金额部分在编制最高投标限价或投标报价时填列。

表4.1　分部分项工程及措施项目清单与计价表

工程名称:　　　　　　　　　　　　　　标段:　　　　　　　　　　　　　　第　页　共　页

序号	项目编码	项目名称	项目特征描述	计量单位	工程量	金额/元		
						综合单价	合价	其中
								暂估价
本页小计								
合　计								

注:为计取规费等的使用,可在表中增设“定额人工费”。

1)项目编码

项目编码是指分部分项工程项目和措施项目清单中项目名称的阿拉伯数字标识。

清单项目编码以五级编码设置,用12位阿拉伯数字表示。一、二、三、四级编码为全国统一,即1—9位应按工程量计算规范附录的规定设置;第五级即10—12位为清单项目编码,应根据拟建工程的工程量清单项目名称设置,不得有重号,这三位清单项目编码由招标人针对招标工程项目具体编制,并应自001起顺序编制。

各级编码代表的含义如下:

①第一级表示专业工程代码(分2位);

②第二级表示附录分类顺序码(分2位);

③第三级表示分部工程顺序码(分2位);

④第四级表示分项工程项目名称顺序码(分3位);

⑤第五级表示工程量清单项目名称顺序码(分3位)。

以房屋建筑与装饰工程为例,项目编码结构如图4.2所示。

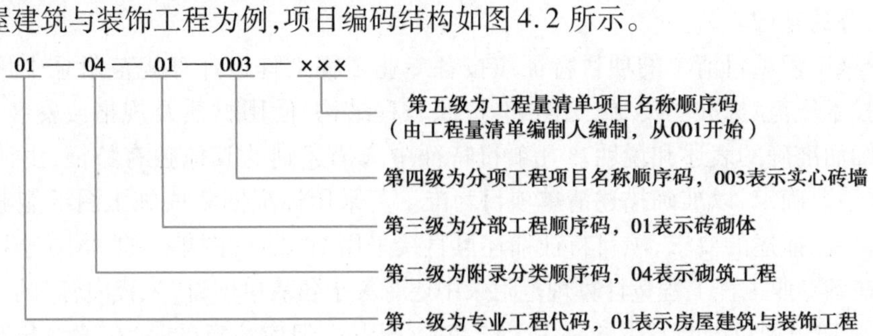

图4.2　工程量清单项目编码结构

工程量清单中含有多个单位工程且工程量清单是以单位工程为编制对象时，在编制工程量清单时应特别注意对项目编码 10 ~ 12 位的设置不得有重码的规定。

例如，一个标段（或合同段）的工程量清单中含有三个单位工程，每一单位工程中都有项目特征相同的实心砖墙砌体，在工程量清单中又需反映三个不同单位工程的实心砖墙砌体工程量时，则第一个单位工程的实心砖墙的项目编码应为 010401003001，第二个单位工程的实心砖墙的项目编码应为 010401003002，第三个单位工程的实心砖墙的项目编码应为 010401003003，并分别列出各单位工程实心砖墙的工程量。

2）项目名称

分部分项工程项目清单的项目名称应按各专业工程工程量计算规范附录的项目名称结合拟建工程的实际确定。

附录表中的“项目名称”为分项工程项目名称，是形成分部分项工程项目清单项目名称的基础。即在编制分部分项工程项目清单时，以附录中的分项工程项目名称为基础，考虑该项目的规格、型号、材质等特征要求，结合拟建工程的实际情况，使其工程量清单项目名称具体化、细化，以反映影响工程造价的主要因素。

例如，“门窗工程”中“特种门”应区分“冷藏门”“冷冻闸门”“保温门”“变电室门”“隔音门”“防射线门”“人防门”“金库门”等。清单项目名称应表达详细、准确，各专业工程量计算规范中的分项工程项目名称如有缺陷，招标人可作补充，并报当地工程造价管理机构（省级）备案。

在分部分项工程项目清单中所列出的项目，应是在单位工程的施工过程中以其本身构成该单位工程实体的分项工程，但应注意：

①当在拟建工程的施工图纸中有体现，并且在专业工程量计算规范附录中也有相对应的项目时，则根据附录中的规定直接列项，计算工程量，确定其项目编码。

②当在拟建工程的施工图纸中有体现，但在专业工程量计算规范附录中没有相对应的项目，并且在附录项目的“项目特征”或“工程内容”中也没有提示时，则必须编制针对这些分项工程的补充项目，在清单中单独列项。

3）项目特征

项目特征是构成分部分项工程项目、措施项目自身价值的本质特征。项目特征是对项目的准确描述，是确定一个清单项目综合单价不可缺少的重要依据，是区分清单项目的依据，是履行合同义务的基础。

分部分项工程项目清单的项目特征应按各专业工程工程量计算规范附录中规定的项目特征，结合技术规范、标准图集、施工图纸，按照工程结构、使用材质及规格或安装位置等，予以全面、详细而准确的表述和说明。凡项目特征中未描述到的其他独有特征，由清单编制人视项目具体情况确定，以准确描述清单项目为准。若采用标准图集或施工图纸能够全部或部分满足项目特征描述的要求，项目特征描述可直接采用“详见××图集”或“××图号”的方式。

另外，在各专业工程工程量计算规范附录中还有关于各清单项目“工程内容”的描述。工程内容是指完成清单项目可能发生的具体工作和操作程序，但应注意的是，在编制分部分项工程项目清单时，工程内容通常无须描述，因为在工程量计算规范中，工程量清单项目与工程量计算规则、工程内容有一一对应关系，当采用工程量计算规范这一标准时，工程内容均有规定。

4)计量单位

分部分项工程项目清单的计量与有效位数应遵守清单计价规范的规定。当附录中有两个或两个以上计量单位的,应结合拟建工程项目的实际情况选择其中一个确定。各专业有特殊计量单位的,再另外加以说明。

计量单位应采用基本单位,除各专业另有特殊规定外均按以下单位计量:

①以质量计算的项目——吨或千克(t或kg);

②以体积计算的项目——立方米(m^3);

③以面积计算的项目——平方米(m^2);

④以长度计算的项目——米(m);

⑤以自然计量单位计算的项目——个、套、块、樘、组、台……

⑥没有具体数量的项目——宗、项……

计量单位的有效位数应遵守下列规定:

①以"t"为单位,应保留三位小数,第四位小数四舍五入。

②以"g"为单位,应保留两位小数,第三位小数四舍五入。

③以"个""项"等为单位,应取整数。

5)工程量的计算

工程量主要按照各专业工程工程量计算规则计算得到。工程量计算规则是指对清单项目工程量计算的规定。除另有说明外,所有清单项目的工程量应以实体工程量为准,并以完成后的净值计算;投标人投标报价时,应在单价中考虑施工中的各种损耗和需要增加的工程量。

根据现行工程量清单计价与工程量计算规范的规定,工程量计算规则可以分为房屋建筑与装饰工程、仿古建筑工程、通用安装工程、市政工程、园林绿化工程、构筑物工程、矿山工程、城市轨道交通工程、爆破工程九大类。

以房屋建筑与装饰工程为例,工程量计算规范中规定的分类项目包括土石方工程,地基处理与边坡支护工程,桩基工程,砌筑工程,混凝土及钢筋混凝土工程,金属结构工程,木结构工程,门窗工程,屋面及防水工程,保温、隔热、防腐工程,楼地面装饰工程,墙、柱面装饰与隔断、幕墙工程,天棚工程,油漆、涂料、裱糊工程,其他装饰工程,拆除工程、措施项目等,分别制定了它们的项目设置和工程量计算规则。

工程量计算是一项繁杂而细致的工作,为了计算的快速准确并尽量避免漏算或重算,必须注意以下几点:

①计算口径一致。根据施工图列出的工程量清单项目,必须与专业工程工程量计算规范中相应清单项目的口径相一致。

②按工程量计算规则计算。工程量计算规则是综合确定各项消耗指标的基本依据,也是具体工程测算和分析资料的基准。

③按图纸计算。工程量按每一分项工程,根据设计图纸进行计算,计算时采用的原始数据必须以施工图纸所表示的尺寸或施工图纸能读出的尺寸为准进行计算,不得任意增减。

④按一定顺序计算。计算分部分项工程量时,可以按照清单分部分项编目顺序或按照施工图专业顺序依次进行计算。对于计算同一张图纸的分项工程量时,一般可采用以下几种顺

序:按顺时针或逆时针顺序计算;按先横后纵顺序计算;按轴线编号顺序计算;按施工先后顺序计算。

随着工程建设中新材料、新技术、新工艺等的不断涌现,工程量计算规范附录所列的工程量清单项目不可能包含所有项目。在编制工程量清单时,当出现工程量计算规范附录中未包括的清单项目时,编制人应作补充。在编制补充项目时应注意以下三个方面:

①补充项目的编码应按工程量计算规范的规定确定,具体做法如下:补充项目的编码由工程量计算规范的代码与B和三位阿拉伯数字组成,并应从001按顺序编制,如房屋建筑与装饰工程如需补充项目,则其编码应从01B001开始起顺序编制,同一招标工程的项目不得重码。

②在工程量清单中应附补充项目的项目名称、项目特征、计量单位、工程量计算规则和工作内容。

③将编制的补充项目报省级或行业工程造价管理机构备案。

4.2.2 措施项目清单

措施项目是为完成工程项目施工,发生于该工程施工准备和施工过程中的技术、安全、环境保护等方面的非工程实体项目,是为完成分项实体工程而必须采取的一些措施性工作。

1)措施项目清单的类别

措施项目清单分为单价措施项目清单和总价措施项目清单。

(1)单价措施项目清单

有些措施项目是可以计算工程量的项目,如脚手架工程、混凝土模板及支架(撑),垂直运输,超高施工增加,大型机械设备进出场及安拆,施工排水、降水等。这类措施项目采用与分部分项工程项目清单编制相同的方式,编制"分部分项工程和单价措施项目清单与计价表"(见表4.1),更有利于措施费的确定和调整。

(2)总价措施项目清单

有些措施项目费用的发生与使用时间、施工方法或者两个以上的工序相关,如安全文明施工,夜间施工,非夜间施工照明,二次搬运,冬雨季施工,地上、地下设施和建筑物的临时保护设施,已完工程及设备保护等,这类措施项目费用的发生与使用时间、施工方法或者两个以上的工序相关并大都与实际完成的实体工程量关系不大,应编制"总价措施项目清单与计价表"(见表4.2),以"项"为计量单位,以一定费率综合计算相应费用。

措施项目中可以计算工程量的项目(单价措施项目)宜采用分部分项工程项目清单的方式编制,列出项目编码、项目名称、项目特征、计量单位和工程量(见表4.1);不能计算工程量的项目(总价措施项目),以"项"为计量单位进行编制(见表4.2)。

表4.2 总价措施项目清单与计价表

工程名称: 标段: 第 页 共 页

项目编码	项目名称	计算基础	费率/%	金额/元	调整费率/%	调整后金额/元	备注
2.1	安全文明施工费						
2.2	夜间施工增加费						

续表

项目编码	项目名称	计算基础	费率/%	金额/元	调整费率/%	调整后金额/元	备注
2.3	二次搬运费						
2.4	冬雨季施工增加费						
2.5	工程定位复测费						
2.6	其他						
合　计							
编制人(造价人员):				复核人(造价工程师):			

注:1."计算基础"中安全文明施工费可为"定额基价""定额人工费"或"定额人工费+定额机械费",其他项目可为"定额人工费"或"定额人工费+定额机械费"。

2.按施工方案计算的措施费,若无"计算基础"和"费率"的数值,也可只填"金额"数值,但应在备注栏说明施工方案出处或计算方法。

2)措施项目清单的编制依据

措施项目清单的编制需考虑多种因素,除工程本身的因素外,还涉及水文、气象、环境、安全等因素。措施项目清单应根据相关专业现行工程量计算规范的规定编制,并应根据拟建工程的实际情况列项。若出现工程量计算规范中未列的项目,可根据工程实际情况补充。

措施项目清单的编制依据主要有:

①施工现场情况、地勘水文资料、工程特点;

②施工组织设计(常规施工方案);

③与建设工程有关的标准、规范、技术资料;

④拟定的招标文件;

⑤建设工程设计文件及相关资料。

4.2.3　其他项目清单

其他项目清单是指分部分项工程项目清单、措施项目清单所包含的内容以外,因招标人的特殊要求而发生的与拟建工程有关的其他费用项目和相应数量的清单。工程建设标准的高低、工程的复杂程度、工程的工期长短、工程的组成内容、发包人对工程管理的要求等都直接影响其他项目清单的具体内容,若出现未包含在表格中内容的项目,可根据工程实际情况补充。

其他项目清单包括暂列金额、暂估价(包括材料暂估单价、工程设备暂估单价、专业工程暂估价)、计日工、总承包服务费,宜按表4.3的格式编制。

表 4.3　其他项目清单与计价汇总表

工程名称：　　　　　　　　　　　　　　标段：　　　　　　　　　　　　　　第　页　共　页

序号	项目名称	金额/元	结算金额/元	备注
1	暂列金额			明细详见表-12-1
2	暂估价			
2.1	材料暂估价			明细详见表-12-2
2.2	专业工程暂估价			明细详见表-12-3
3	计日工			明细详见表-12-4
4	总承包服务费			明细详见表-12-5
5	索赔与现场签证费			
合　计				—

注：材料（工程设备）暂估单价进入清单项目综合单价，此处不汇总。

1）暂列金额

暂列金额是招标人在工程量清单中暂定并包括在合同价款中的一笔款项，是用于施工合同签订时尚未确定或者不可预见的所需材料、工程设备、服务的采购，施工中可能发生的工程变更、合同约定调整因素出现时的工程价款调整以及发生的索赔、现场签证确认等的费用。

不管采用何种合同形式，其理想的标准是，一份合同的价格就是其最终的竣工结算价格，或者两者应尽可能接近。我国规定对政府投资工程实行概算管理，经项目审批部门批复的设计概算是工程投资控制的刚性指标，即使商业性开发项目也有成本的预先控制问题，否则，无法相对准确预测投资的收益和科学合理地进行投资控制。但工程建设自身的特性决定了工程设计需要根据工程进展不断地进行优化和调整，业主需求可能会随工程建设进展出现变化，工程建设过程中还会存在一些不能预见、不能确定的因素。消化这些因素必然会影响合同价格的调整，暂列金额正是因这类不可避免的价格调整而设立，以便达到合理确定和有效控制工程造价的目标。设立暂列金额并不能保证合同结算价格就不会出现超过合同价格的情况，是否超出合同价格完全取决于工程量清单编制人对暂列金额预测的准确性，以及工程建设过程中是否出现其他事先未预测到的事件。

暂列金额应根据工程特点，按有关计价规定估算。由招标人填写其项目名称、计量单位、暂定金额等。由于暂列金额由招标人支配，实际发生后才得以支付，因此，在确定暂列金额时应根据施工图纸的深度、暂估价设定的水平、合同价款约定调整的因素以及工程实际情况合理确定，一般可按分部分项工程项目清单的 5% ~15% 确定。

暂列金额可按照表 4.4 的格式列示。

表 4.4　暂列金额明细表

工程名称：　　　　　　　　　　　　　标段：　　　　　　　　　　　　　第　页　共　页

序号	项目名称	计量单位	暂定金额/元	备注
合　计				—

注：此表由招标人填写，如不能详列，也可只列暂列金额总额，投标人应将上述暂列金额计入投标总价中。

2）暂估价

暂估价是指招标人在工程量清单中提供的用于支付必然发生但暂时不能确定价格的材料、工程设备的单价以及专业工程的金额，包括材料暂估单价、工程设备暂估单价和专业工程暂估价。暂估价类似于 FDIC 合同条款中的 Prime Cost Items，在招标阶段预见肯定要发生，只是因为标准不明确、设计深度不够或者需要由专业承包人完成，暂时无法确定其价格明细。暂估价数量和拟用项目应当结合工程量清单中的"暂估价表"予以补充说明。为方便合同管理，需要纳入分部分项工程项目清单综合单价中的暂估价应只是材料、工程设备暂估单价，以方便投标人组价。

专业工程的暂估价一般应是综合暂估价，包括人工费、材料费、施工机具使用费、企业管理费和利润，不包括规费和税金。总承包招标时，专业工程设计深度往往是不够的，一般需要交由专业设计人员设计。在国际上，出于对提高可建造性的考虑，一般由专业承包人负责设计，以发挥其专业技能和专业施工经验的优势。这类专业工程交由专业承包人完成在国际工程施工中已有良好实践，目前在我国工程建设领域也已经比较普遍。公开透明地合理确定这类暂估价的实际金额的最佳途径，就是通过施工总承包人与工程建设项目招标人共同组织的招标。

暂估价中的材料、工程设备暂估单价应根据当地造价主管部门发布的工程造价信息或参照市场价格进行估算，列出明细表。

专业工程暂估价应分不同专业，按有关计价规定估算，列出明细表。暂估价可按照表 4.5、表 4.6 的格式列示。

表 4.5　材料（工程设备）暂估单价及调整表

工程名称：　　　　　　　　　　　　　标段：　　　　　　　　　　　　　第　页　共　页

序号	材料（工程设备）名称、规格、型号	计量单位	数量		暂估/元		确认/元		差额±/元		备注
			暂估	确认	单价	合价	单价	合价	单价	合价	
合　计											

注：此表由招标人填写"暂估单价"，并在备注栏说明暂估价的材料、工程设备拟用在哪些清单项目上，投标人应将上述材料、工程设备暂估单价计入工程量清单综合单价报价中。

表 4.6　专业工程暂估价及结算价表

工程名称：　　　　　　　　　　　　　　　　标段：　　　　　　　　　　　　　　第　页　共　页

序号	工程名称	工程内容	暂估金额/元	结算金额/元	差额±/元	备注
合　计						—

注：此表“暂估金额”由招标人填写，投标人应将“暂估金额”计入投标总价中。结算时按合同约定结算金额填写。

3）计日工

计日工是指在施工过程中，承包人完成发包人提出的工程合同范围以外的零星项目或工作，按合同中约定的单价计价的一种方式。计日工是为了解决现场发生的零星工作的计价而设立的。国际上常见的标准合同条款中，大多数都设立了计日工（Day work）计价机制。计日工对完成零星工作所消耗的人工工日、材料数量、施工机具台班进行计量，并按照计日工表中填报的适用项目的单价进行计价支付。计日工适用的所谓零星项目或工作一般是指合同约定之外的或者因变更而产生的、工程量清单中没有相应项目的额外工作，尤其是那些难以事先商定价格的额外工作。

招标人在编制计日工表格时，一定要给出暂定数量，并且需要根据经验，尽可能估算一个比较贴近实际的数量，且尽可能把项目列全，以消除因此而产生的争议。

计日工可按照表 4.7 的格式列支。

表 4.7　计日工表

工程名称：　　　　　　　　　　　　　　　　标段：　　　　　　　　　　　　　　第　页　共　页

编号	项目名称	单位	暂定数量	单价/元	合价/元
1	人工				
1.1					
1.2					
……					
人工小计					
2	材料				
2.1					
2.2					
……					
材料小计					
3	施工机具使用费				
3.1					

续表

编号	项目名称	单位	暂定数量	单价/元	合价/元
3.2					
……					
施工机具使用费小计					
4	企业管理费				
5	利润				
总　计					

注:此表项目名称、暂定数量由招标人填写,编制招标控制价时,单价由招标人按有关计价规定确定;投标时,单价由投标人自主报价,按暂定数量计算合价计入投标总价中。结算时,按发承包双方确认的实际数量计算合价。

4)总承包服务费

总承包服务费是指为了解决招标人在法律法规允许的条件下,进行专业工程发包以及自行采购供应材料、设备时,要求总承包人对发包的专业工程提供协调和配合服务,对供应的材料、设备提供收发和保管服务以及对施工现场进行统一管理,对竣工资料进行统一汇总整理等发生并向承包人支付的费用。招标人应预计该项费用并按投标人的投标报价向投标人支付该项费用,或者在招标工程量清单中明确总承包服务费的费率以便承包人对此项报价。

总承包服务费应列出服务项目及其内容等,按照表4.8的格式列支。

表4.8　总承包服务费

工程名称:　　　　　　　　　　　　标段:　　　　　　　　　　　　第　页　共　页

序号	项目名称	项目价值/元	服务内容	计算基础	费率/%	金额/元
1	发包人发包专业工程					
1.1						
小计						
2	发包人提供的材料					
2.1						
小计						
	合　计	—	—		—	

注:此表项目名称、服务内容由招标人填写,编制招标控制价时,费率及金额由招标人按有关计价规定确定;投标时,费率及金额由投标人自主报价,计入投标总价中。

4.2.4 规费、税金项目清单

规费项目清单应按照下列内容列项：

①工程排污费；

②社会保障费，包括养老保险费、失业保险费、医疗保险费、工伤保险费和生育保险费；

③住房公积金。

若出现计价规范中未列的规费项目，应根据省级政府或省级有关部门的规定列项。

税金项目主要是指增值税。若出现计价规范未列的项目，应根据税务部门的规定列支。如国家税法发生变化或增加税种，应对税金项目清单进行补充。规费、税金项目计价表见表4.9。

表4.9 规费、税金计价表

工程名称： 标段： 第 页 共 页

序号	项目名称	计算基础	费率/%	金额/元
1	规费	工程排污费+社会保险费+住房公积金		
1.1	工程排污费			
(1)	养老保险费			
(2)	失业保险费			
(3)	医疗保险费			
(4)	工伤保险费			
(5)	生育保险费			
1.2	社会保险费	养老保险费+失业保险费+医疗保险费+工伤保险费+生育保险费		
1.3	住房公积金			
2	增值税（税金）	分部分项工程费+措施项目合计-税后包干价+其他项目费+规费		
合计				

编制人（造价人员）： 复核人（造价工程师）：

4.2.5 招标工程量清单的编制

1）招标工程量清单的编制依据

①《建设工程工程量清单计价规范》（GB 50500—2013）以及各专业工程量计算规范等；

②国家或省级、行业建设主管部门颁发的计价依据、标准和办法；

③建设工程设计文件及相关资料；

④与建设工程有关的标准、规范、技术资料；

⑤拟订的招标文件；

⑥施工现场情况、地勘水文资料、工程特点及常规施工方案；

⑦其他相关资料。

2)招标工程量清单编制的准备工作

(1)现场踏勘

为了选用合理的施工组织设计和施工技术方案，需要进行现场踏勘，以充分了解施工现场情况及工程特点，主要对以下两个方面进行调查：

①自然地理条件：工程所在地的地理位置、地形、地貌、用地范围等；气象、水文情况，包括气温、湿度、降雨量等；地质情况，包括地质构造及特征、承载能力等；地震、洪水及其他自然灾害情况。

②施工条件：工程现场周围的道路、进出场条件、交通限制情况；工程现场施工临时设施、大型施工机具、材料堆放场地安排情况；工程现场邻近建筑物与招标工程的间距、结构形式、基础埋深、新旧程度、高度；市政给排水管线位置、管径、压力，废水、污水处理方式，市政、消防供水管道管径、压力、位置等；现场供电方式、方位、距离、电压等；工程现场通信线路的连接和铺设；当地政府有关部门对施工现场管理的一般要求、特殊要求及规定等。

(2)拟订常规施工组织设计

施工组织设计是指导拟建工程项目的施工准备和施工的技术经济文件。应根据项目的具体情况编制施工组织设计，拟订工程的施工方案、施工顺序、施工方法等，便于工程量清单的编制及准确计算，特别是工程量清单中的措施项目。

施工组织设计编制的主要依据：招标文件中的相关要求，设计文件中的图纸及相关说明，现场踏勘资料，有关计价依据和标准，现行有关技术标准、施工规范或规则等。招标人仅需拟订常规的施工组织设计即可。

3)招标工程量清单编制的具体内容

招标工程量清单编制中关于分部分项工程项目清单、措施项目清单、其他项目清单、规费项目和税金项目清单的内容及要求，详见4.2.1—4.2.4节。

4)招标工程量清单总说明的编制

工程量清单总说明包括以下内容：

(1)工程概况

工程概况中要对建设规模、工程特征、计划工期、施工现场实际情况、自然地理条件、环境保护要求等做出描述。其中，建设规模是指建筑面积；工程特征应说明基础及结构类型、建筑层数、高度、门窗类型及各部位装饰、装修做法；计划工期是根据工程实际需要安排的施工天数；施工现场实际情况是指施工场地的地表状况；自然地理条件是指建筑场地所处地理位置的气候及交通运输条件；环境保护要求是针对施工噪声及材料运输可能对周围环境造成的影响和污染所提出的防护要求。

(2)工程招标及分包范围

招标范围是指单位工程的招标范围，如建筑工程招标范围为“全部建筑工程”，装饰装修工程招标范围为“全部装饰装修工程”，或招标范围不含桩基础、幕墙、门窗等。工程分包是指特殊工程项目的分包，如招标人自行采购安装“铝合金门窗”等。

(3)工程量清单编制依据

工程量清单编制依据包括建设工程工程量清单计价规范、设计文件、招标文件、施工现场情况、工程特点及常规施工方案等。

(4)工程质量、材料、施工等的特殊要求

工程质量的要求是指招标人要求拟建工程的质量应达到合格或优良标准;对材料的要求是指招标人根据工程的重要性、使用功能及装饰装修标准提出,诸如对水泥的品牌、钢材的生产厂家、花岗石的出产地、品牌等的要求;施工要求一般是指建设项目中对单项工程的施工顺序等的要求。

(5)其他需要说明的事项

4.2.6 招标工程量清单编制示例

随招标文件发布供投标报价的工程量清单,称为招标工程量清单,通常用表格形式表示并加以说明。由于招标人所用工程量清单表格与投标人报价所用表格是同一表格,招标人发布的表格中,除暂列金额、暂估价列有“金额”外,只是列出工程量,该工程量是根据工程量计算规范的计算规则所得。

【例 4.1】 某小学教学楼工程分部分项工程量的计算与列表。

根据《房屋建筑与装饰工程工程量计算规范》(GB 50854—2013),对现浇混凝土梁的混凝土、钢筋、脚手架等工程量进行计算并列表。

1)现浇混凝土梁工程量

根据附录 E · 3 现浇混凝土梁的工程量计算规则,现浇混凝土梁的工程量按设计图示尺寸以体积计算,伸入墙内的梁头、梁垫并入梁体积内。“项目特征:1. 混凝土种类;2. 混凝土强度等级。”“工作内容:1. 模板及支架(撑)制作、安装、拆除、堆放、运输及清理模内杂物、刷隔离剂等;2. 混凝土制作、运输、浇筑、振捣、养护。”

2)钢筋工程量

“现浇构件钢筋”的工程量计算,根据附录 E · 15 钢筋工程中的“现浇构件钢筋”的工程量计算规则,为按设计图示钢筋(网)长度(面积)乘以单位理论质量计算。“项目特征:钢筋种类、规格。”“工作内容:1. 钢筋制作、运输;2. 钢筋安装,3. 焊接(绑扎)。”

3)脚手架工程量

脚手架工程属单价措施项目,其工程量计算根据附录 S · 1 脚手架工程中综合脚手架工程量计算规则,按建筑面积以“m^2”计算。“项目特征:1. 建筑结构形式;2. 檐口高度。”“工作内容:1. 场内、场外材料搬运;2. 搭、拆脚手架、斜道、上料平台;3. 安全网的铺设;4. 选择附墙点与主体连接;5. 测试电动装置、安全锁等;6. 拆除脚手架后材料的堆放。”

4)分部分项工程项目清单列表

分部分项工程和单价措施项目清单与计价表,见表 4.10。需要说明的是,表中带括号的数据属于随招标文件公布的最高投标限价的内容,即招标人提供招标工程量清单时,表中带括号数据的单元格内容为空白。

表4.10 分部分项工程和单价措施项目清单与计价表(招标工程量清单)

工程名称:某中学教学楼工程　　　　标段:　　　　第 页 共 页

序号	项目编码	项目名称	项目特征描述	计量单位	工程量	金额/元		
						综合单价	合价	其中:暂估价
		……						
		0105 混凝土及钢筋混凝土工程						
6	010503001001	基础梁	C30 预拌混凝土	m^3	208	(367.05)	(76 346)	
7	010515001001	现浇构件钢筋	螺纹钢 Q235,ϕ14	t	200	(4 821.35)	(964 270)	800 000
		……						
		分部小计					(2 496 270)	800 000
		……						
		0117 措施项目						
16	011701001001	综合脚手架	砖混、檐高 22 m	m^2	10 940	(20.85)	(228 099)	
		……						
		分部小计					(829 480)	
合计							(6 709 337)	800 000

4.3 工程量清单计价

在建设工程领域,工程量清单计价活动涵盖施工招标、合同管理以及竣工交付全过程,主要包括编制招标工程量清单、最高投标限价、投标报价,确定合同价,工程计量与价款支付、合同价款的调整、工程结算和工程计价纠纷处理等活动。

工程量清单计价方法是随着我国建设领域市场化改革的不断深入,自2003年起在全国开始推广的一种计价方法。其实质在于突出自由市场形成工程交易价格的本质,在招标人提供统一工程量清单的基础上,各投标人进行自主竞价,由招标人择优选择形成最终的合同价格。在这种计价方法下,合同价格更加能够体现出市场交易的真实水平,并且能够更加合理地对合同履行过程中可能出现的各种风险进行合理分配,提升承发包双方的履约效率。

4.3.1 工程量清单计价的基本原理

工程量清单计价的基本原理可以描述为:按照工程量清单计价规范规定,在各相应专业工程工程量计算规范规定的清单项目设置和工程量计算规则基础上,针对具体工程的设计图纸和施工组织设计计算出各个清单项目的工程量,根据规定的方法计算出综合单价,并汇总各清单合价得出工程总价。

具体关系公式如下:

$$分部分项工程费 = \sum(分部分项工程量 \times 相应分部分项工程综合单价)$$

$$措施项目费 = \sum 各措施项目费$$

$$其他项目费 = 暂列金额 + 暂估价 + 计日工 + 总承包服务费$$

$$单位工程造价 = 分部分项工程费 + 措施项目费 + 其他项目费 + 规费 + 税金$$

$$建设项目总造价 = \sum 单项工程造价$$

上式中,综合单价是指完成一个规定清单项目所需的人工费、材料和工程设备费、施工机具使用费和企业管理费、利润以及一定范围内的风险费用。风险费用隐含于已标价工程量清单综合单价中,用于化解发承包双方在工程合同中约定的风险内容和范围的费用。

4.3.2 工程量清单计价的范围

清单计价适用于建设工程发承包阶段及其实施阶段的计价活动。使用国有资金投资的建设工程发承包,必须采用工程量清单计价;非国有资金投资的建设工程,宜采用工程量清单计价;不采用工程量清单计价的建设工程,应执行清单计价规范中除工程量清单等专门性规定外的其他规定。

国有资金投资的项目包括全部使用国有资金(含国家融资资金)投资或国有资金投资为主的工程建设项目。

1)国有资金投资的工程建设项目

①使用各级财政预算资金的项目;

②使用纳入财政管理的各种政府性专项建设资金的项目;

③使用国有企事业单位自有资金,并且国有资产投资者实际拥有控制权的项目。

2)国家融资资金投资的工程建设项目

①使用国家发行债券所筹资金的项目;

②使用国家对外借款或者担保所筹资金的项目;

③使用国家政策性贷款的项目;

④国家授权投资主体融资的项目;

⑤国家特许的融资项目。

3)国有资金(含国家融资资金)为主的工程建设项目

它是指国有资金占投资总额50%上,或虽不足50%但国有投资者实质上拥有控股权的工程建设项目。

4.3.3　工程量清单计价的作用

1)提供一个平等的竞争条件

采用施工图预算来投标报价,由于设计图纸的缺陷,不同施工企业的人员理解不一,计算出的工程量也不同,报价就更相去甚远,也容易产生纠纷。而工程量清单报价就为投标者提供一个平等竞争的条件,相同的工程量,由企业根据自身的实力来填报不同的单价。投标人的这种自主报价,使得企业的优势体现到投标报价中,可在一定程度上规范建筑市场秩序,确保工程质量。

2)满足市场经济条件下竞争的需要

招投标过程就是竞争的过程,招标人提供工程量清单,投标人根据自身情况确定综合单价,利用单价与工程量逐项计算每个项目的合价,再分别填入工程量清单表内,计算出投标总价。单价成为决定性因素,定高了不能中标,定低了又要承担过大的风险。单价的高低直接取决于企业管理水平和技术水平的高低,这种局面促成了企业整体实力的竞争,有利于我国建设市场的快速发展。

3)有利于提高工程计价效率,能真正实现快速报价

采用工程量清单计价方式,避免了传统计价方式下,招标人与投标人在工程量计算上的重复工作,各投标人以招标人提供的工程量清单为统一平台,结合自身的管理水平和施工方案进行报价,促进了各投标人企业定额的完善和工程造价信息的积累整理,体现了现代工程建设中快速报价的要求。

4)有利于工程款的拨付和工程价款的最终结算

中标后,业主要与中标单位签订施工合同,中标价就是确定合同价的基础,投标清单上的单价就成为拨付工程款的依据。业主根据施工企业完成的工程量,可以很容易地确定进度款的拨付额。工程竣工后,根据设计变更、工程量增减等,业主也很容易确定工程的最终造价,可在某种程度上减少业主与施工单位之间的纠纷。

5)有利于业主对投资的控制

采用施工图预算形式,业主对因设计变更、工程量的增减所引起的工程造价变化不敏感,往往等到竣工结算时才知道这些对项目投资的影响有多大,但此时常常为时已晚。而采用工程量清单报价的方式则可对投资变化一目了然,在要进行设计变更时,能马上知道它对工程造价的影响,业主就能根据投资情况来决定是否变更或进行方案比较,以决定最恰当的处理方法。

4.3.4　工程量清单计价的程序

工程量清单计价的过程可以分为两个阶段,即工程量清单的编制和工程量清单的应用。工程量清单的编制程序如图4.3所示,工程量清单的应用过程如图4.4所示。

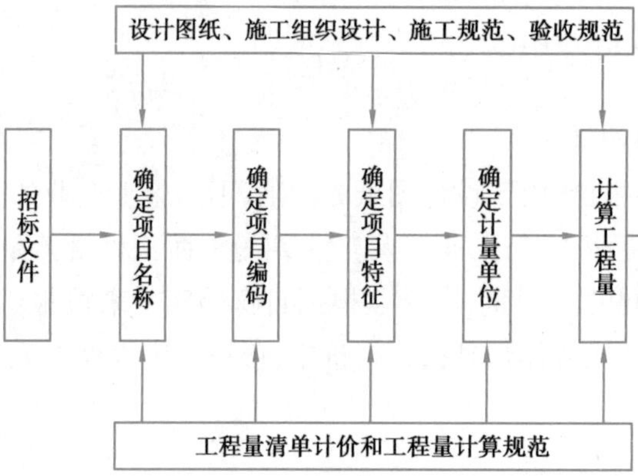

图 4.3　工程量清单的编制程序

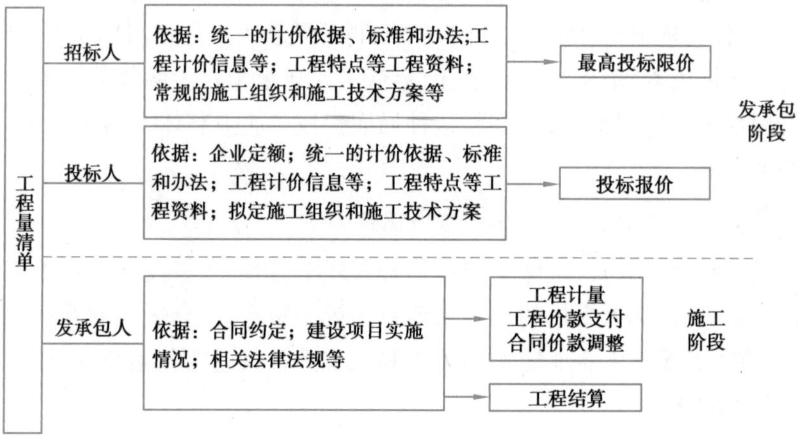

图 4.4　工程量清单的应用过程

4.4　招标控制价编制

4.4.1　招标控制价的概念

招标控制价是指根据国家或省级建设行政主管部门颁发的有关计价依据和办法,依据拟订的招标文件和招标工程量清单,结合工程具体情况、市场价格发布的招标工程的最高投标限价。

根据住房和城乡建设部颁布的《建筑工程施工发包与承包计价管理办法》(住建部令第16号)的规定,国有资金投资的建筑工程招标的,应当设有招标控制价;非国有资金投资的建筑工程招标的,可以设有招标控制价或者招标标底。

《招标投标法实施条例》规定,招标人设有招标控制价的,应当在招标文件中明确招标控制价(或者招标控制价的计算方法),招标人不得规定最低投标限价。

需要指出的是,《招标投标法实施条例》中规定的最高投标限价已取代《建设工程工程量清单计价规范》(GB 50500—2013)中规定的招标控制价,由于招标投标工作中编制的清单和招标控制价要依据清单计价规范，但该规范现阶段还未修改，为了教材整体描述的统一性，本节中仍然采用“招标控制价”描述，读者可以将“招标控制价”与“最高投标限价”理解为同等含义。

另外，本节涉及招标控制价的所有表格为广联达软件中导出的表格形式。

4.4.2 采用招标控制价招标的优缺点

招标控制价是推行工程量清单计价过程中对传统标底概念的性质进行界定后所设置的专业术语，它使招标时评标定价的管理方式发生了很大变化。

采用招标控制价进行招标的优点如下：

①可有效控制投资，防止恶性哄抬报价带来的投资风险；

②可提高透明度，避免暗箱操作与寻租等违法活动的产生；

③可使各投标人根据自身实力和施工方案自主报价，符合市场规律，形成公平竞争。

采用招标控制价进行招标也存在一定缺点，比如可能出现如下问题：

①若“招标控制价”大幅高于市场平均价时，就预示中标后利润很丰厚，只要投标不超过公布的限额都是有效投标，从而可能诱导投标人串标围标。

②远低于市场平均价，就会影响招标效率。即可能出现只有1~2人投标或出现无人投标的情况，因为按此限额投标将无利可图，超出此限额投标又成为无效投标，导致招标失败或使招标人不得不进行二次招标。

这就对招标控制价的编制质量提出了更高的要求：不仅要求其合规，还要求其尽可能地贴合动态变化的市场行情。

4.4.3 编制招标控制价的规定

①国有资金投资的工程建设项目应实行工程量清单招标，招标人应编制招标控制价，并应当拒绝高于招标控制价的投标报价，即投标人的投标报价若超过公布的招标控制价，则其投标应被否决。

②招标控制价应由具有编制能力的招标人或受其委托的工程造价咨询人编制。工程造价咨询人不得同时接受招标人和投标人对同一工程的招标控制价和投标报价的编制。

③招标控制价应当依据工程量清单、工程计价有关规定和市场价格信息等编制，并不得进行上浮或下调。招标人应当在招标文件中公布招标控制价的总价，以及各单位工程的分部分项工程费、措施项目费、其他项目费、规费和税金。

④招标控制价超过批准的概算时，招标人应将其报原概算审批部门审核。这是由于我国对国有资金投资项目的投资控制实行的是设计概算审批制度，国有资金投资的工程原则上不能超过批准的设计概算。同时，招标人应将招标控制价报工程所在地的工程造价管理机构备查。

⑤投标人经复核认为招标人公布的招标控制价未按照《建设工程工程量清单计价规范》(GB 50500—2013)的规定进行编制的，应在招标控制价公布后5天内向招标投标监督机构和工程造价管理机构投诉。工程造价管理机构受理投诉后，应立即对招标控制价进行复查，组织投诉人、被投诉人或其委托的招标控制价编制人等单位人员对投诉问题逐一核对。工程造价管理机构应当在受理投诉的10天内完成复查，特殊情况下可适当延长，并作出书面结论通

知投诉人、被投诉人及负责该工程招标投标监督的招标投标管理机构。当招标控制价复查结论与原公布的招标控制价误差大于±3%时,应责成招标人改正。当重新公布招标控制价时,若重新公布之日起至原投标截止期不足 15 天的应延长投标截止期。

⑥招标人应将招标控制价及有关资料报送工程所在地或有该工程管辖权的行业管理部门工程造价管理机构备查。

4.4.4 招标控制价的编制依据

招标控制价的编制依据是指在编制招标控制价时需要进行工程量计量、价格确认、工程计价的有关参数、率值的确定等工作时所需的基础性资料。虽然《工程造价改革工作方案》(建办标〔2020〕38 号)提出了“取消招标控制价按定额计价的规定,逐步停止发布预算定额”的要求,但在一定时期内,由于市场化的造价信息以及对应一定计量单位的工程量清单或工程量清单子项具有地区、行业特征的工程造价指标尚不能完全满足工程计价的需要,因此招标控制价的编制依据应是各级建设行政主管部门发布的计价依据、标准、办法与市场化的工程造价信息的混合使用。

招标控制价的编制依据主要包括:

①现行国家标准《建设工程工程量清单计价规范》(GB 50500—2013)与专业工程量计算规范;

②国家或省级、行业建设主管部门颁发的计价依据、标准和办法;

③建设工程设计文件及相关资料;

④拟定的招标文件及招标工程量清单;

⑤与建设项目相关的标准、规范、技术资料;

⑥施工现场情况、工程特点及常规施工方案;

⑦工程造价管理机构发布的工程造价信息,但工程造价信息没有发布的,参照市场价;

⑧其他相关资料。

4.4.5 招标控制价的编制内容

1)招标控制价计价程序

建设工程的招标控制价反映的是单位工程费用,各单位工程费用是由分部分项工程费、措施项目费、其他项目费、规费和税金所组成。单位工程招标控制价计价程序见表 4.11 和表 4.12。

由于投标人投标报价计价程序与招标人招标控制价计价程序具有相同的表格,为便于对比分析,此处将两种表格合并列出,表格栏目中斜线后带括号的内容用于投标报价,其余为招标投标通用栏目。

表 4.11 招标人招标控制价计价程序(投标人投标报价计价程序)表

工程名称: 标段: 第 页 共 页

序号	汇总内容	计算方法	金额/元
1	分部分项工程	按计价规定计算/(自主报价)	
1.1			
1.2			

续表

序号	汇总内容	计算方法	金额/元
2	措施项目	按计价规定计算/(自主报价)	
2.1	其中:安全文明施工费	按规定标准估算/(按规定标准计算)	
3	其他项目		
3.1	其中:暂列金额	按计价规定估算/(按招标文件提供金额计列)	
3.2	其中:专业工程暂估价	按计价规定估算/(按招标文件提供金额计列)	
3.3	其中:计日工	按计价规定估算/(自主报价)	
3.4	其中:总承包服务费	按计价规定估算/(自主报价)	
4	规费	按规定标准计算	
5	税金	(人工费+材料费+施工机具使用费+企业管理费+利润+规费)×增值税税率	
最高投标限价(投标报价)		合计=1+2+3+4+5	

注:本表适用于单位工程最高投标限价(投标报价),如无单位工程划分,单项工程也使用本表。

表 4.12　某单位工程招标控制价/投标报价汇总表

工程名称:　　　　　　　　　　　　　　标段:　　　　　　　　　　　　　　第 1 页　共 1 页

序号	汇总内容	金额/元	其中:暂估价/元
一	分部分项工程费		
1.1	其中:人工费		
1.2	其中:施工机具使用费		
二	措施项目合计		
2.1	单价措施		
2.1.1	其中:人工费		
2.1.2	其中:施工机具使用费		
2.2	总价措施		
2.2.1	安全文明施工费		
2.2.2	其他总价措施费		
三	其他项目费		—
3.1	其中:人工费		—
3.2	其中:施工机具使用费		—
四	规费		—
五	人工费调整		

续表

序号	汇总内容	金额/元	其中:暂估价/元
六	增值税		—
七	甲供费用(单列不计入造价)		
八	含税工程造价		
招标控制价合计			

注:本表适用于单位工程招标控制价或投标报价的汇总,如无单位工程划分,单项工程也使用本表汇总

2)分部分项工程费的编制

分部分项工程费应根据招标文件中的分部分项工程项目清单及有关要求,按《建设工程工程量清单计价规范》(GB 50500—2013)有关规定确定综合单价计价。

(1)综合单价的组价过程

招标控制价的分部分项工程费应由各单位工程的招标工程量清单中给定的工程量乘以其相应综合单价汇总而成。综合单价应按照招标人发布的分部分项工程项目清单的项目名称、工程量、项目特征描述,依据工程所在地区的工程计价标准或工程造价指标进行组价确定。

首先,依据提供的工程量清单和施工图纸,确定清单计量单位所组价的子项目名称,并计算出相应的工程量;其次,依据工程造价政策规定或信息价确定其对应组价子项的人工、材料、施工机具台班单价;再次,在考虑风险因素确定管理费率和利润率的基础上,按规定程序计算出所组价子项的合价,见式(4.1);最后,将若干项所组价的子项合价相加并考虑未计价材料费除以工程量清单项目工程量,便得到工程量清单项目综合单价,见式(4.2),对于未计价材料费(包括暂估单价的材料费)应计入综合单价。

$$\text{清单组价子项合价} = \text{清单组价子项工程量} \times [\sum(\text{人工消耗量} \times \text{人工单价}) + \sum(\text{材料消耗量} \times \text{材料单价}) + \sum(\text{机具台班消耗量} \times \text{机具台班单价}) + \text{管理费和利润}] \tag{4.1}$$

$$\text{工程量清单综合单价} = \frac{\sum \text{定额项目合价} + \text{未计价材料}}{\text{工程量清单项目工程量}} \tag{4.2}$$

(2)综合单价中的风险因素

为使招标控制价与投标报价所包含的内容一致,综合单价应包括招标文件中要求投标人所承担的风险内容及其范围(幅度)产生的风险费用。

①对于技术难度较大和管理复杂的项目,可考虑一定的风险费用,并纳入综合单价。

②对于工程设备、材料价格的市场风险,应依据招标文件的规定、工程所在地或行业工程造价管理机构的有关规定,以及市场价格趋势考虑一定率值的风险费用,纳入综合单价。

③税金、规费等法律、法规、规章和政策变化的风险和人工单价等风险费用不应纳入综合单价。

3)措施项目费的编制

①措施项目费中的安全文明施工费应当按照国家或省级、行业建设主管部门的规定标准计价,该部分不得作为竞争性费用。

②措施项目应按招标文件中提供的措施项目清单确定,措施项目分为以“量”计算和以“项”计算两种。对于可计量的措施项目,以“量”计算即按其工程量,用与分部分项工程项目清单单价相同的方式确定综合单价;对于不可计量的措施项目,则以“项”为单位,采用费率法按有关规定综合取定,采用费率法时需确定某项费用的计费基数及其费率,结果应是包括除规费、税金以外的全部费用,其计算公式为:

$$\text{以“项”计算的措施项目清单费} = \text{措施项目计费基数} \times \text{费率} \tag{4.3}$$

4)其他项目费的编制

(1)暂列金额

暂列金额由招标人根据工程特点、工期长短,按有关计价规定进行估算,一般可以以分部分项工程费的10% ~15%为参考。

(2)暂估价

暂估价中的材料单价应按照工程造价管理机构发布的工程造价信息中的材料单价计算,工程造价信息未发布的材料单价,其单价参考市场价格估算;暂估价中的专业工程暂估价应区分不同专业,按有关计价规定估算。

(3)计日工

在编制招标控制价时,对计日工中的人工单价和施工机械台班单价应按省级、行业建设主管部门或其授权的工程造价管理机构公布的单价计算;材料应按工程造价管理机构发布的工程造价信息中的材料单价计算,工程造价信息未发布单价的材料,其价格应按市场调查确定的单价计算。

(4)总承包服务费

总承包服务费应按照省级或行业建设主管部门的规定计算,在计算时可参考以下标准:

①招标人仅要求对分包的专业工程进行总承包管理和协调时,按分包的专业工程估算造价的1.5%计算;

②招标人要求对分包的专业工程进行总承包管理和协调,并同时要求提供配合服务时,根据招标文件中列出的配合服务内容和提出的要求,按分包的专业工程估算造价的3% ~5%计算;

③招标人自行供应材料的,按招标人供应材料价值的1%计算。

5)规费和税金的编制

规费和税金必须按国家或省级、行业建设主管部门的规定计算,其计算公式为:

$$\text{税金} = (\text{人工费} + \text{材料费} + \text{施工机具使用费} + \text{企业管理费} + \text{利润} + \text{规费}) \times \text{增值税税率} \tag{4.4}$$

4.4.6 编制招标控制价时应注意的问题

①应该正确、全面地选用行业和地方的计价依据、标准、办法和市场化的工程造价信息。其中,采用的材料价格应是通过工程造价信息平台发布的材料价格,工程造价信息未发布材

料单价的材料,其材料价格应通过市场调查确定。另外,未采用发布的工程造价信息时,需在招标文件或答疑补充文件中对招标控制价采用的与造价信息不一致的市场价格予以说明,采用的市场价格则应通过调查、分析确定,有可靠的信息来源。

②施工机械设备的选型直接关系到综合单价水平,应根据工程项目特点和施工条件,本着经济、实用、先进高效的原则确定。

③不可竞争的措施项目和规费、税金等费用的计算均属于强制性的条款,编制招标控制价时应按国家有关规定计算。

④不同工程项目、不同投标人会有不同的施工组织方法,所发生的措施费也会有所不同,因此,对于竞争性的措施费用的确定,招标人应首先编制常规的施工组织设计或施工方案,然后经科学论证后再合理确定措施项目与费用。

本章总结框图

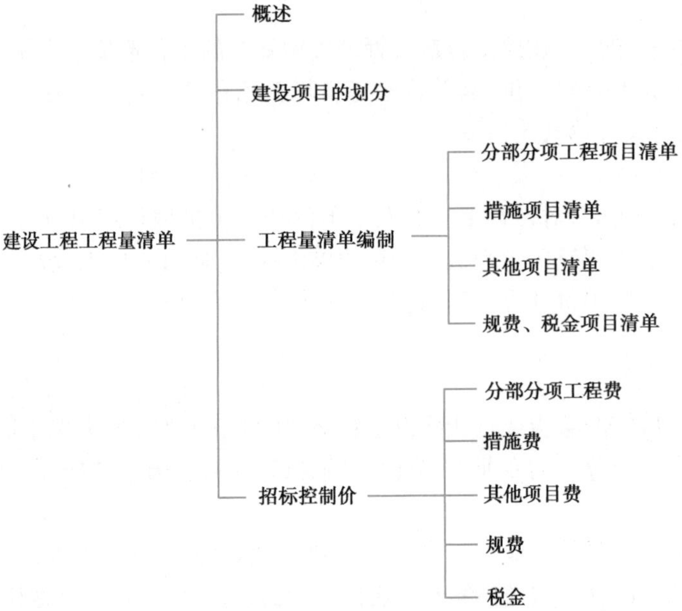

思考题

1. 什么是工程量清单?
2. 从工程量清单计价的角度,建设项目划分为哪些类别?
3. 招标工程量清单的内容组成和列项要求分别是什么?
4. 工程量清单计价的基本原理是什么?
5. 工程量清单计价程序是什么样的?
6. 招标控制价的内容组成有哪些? 各项要求又是怎样的?

第5章 工程量计算规范与规则

【本章导读】

内容与要求：本章主要讲述建筑面积计算规则、建筑与装饰装修工程量清单项目设置及计算规则、定额工程量计算规则。通过本章学习，要求掌握建筑面积的计算规则、工程量清单的设置规则；熟悉工程量清单计算规则及定额计算规则。

重点：建筑面积的计算规则；清单工程量计算规则。

难点：建筑特殊部位的建筑面积计算规则；工程量清单计算规则与定额计算规则的区别。

重庆大学虎溪校区是重庆大学于2002年启动建设的新校区，于2005年10月建成并投入使用。新校区选址在重庆市沙坪坝区虎溪镇，故命名重庆大学虎溪校区，离位于沙坪坝区沙正街的老校区约20 km。

重庆大学虎溪校区

虎溪校区规划用地 3 670 亩。其中,2 628 亩为教学用地,1 042 亩为教职工住宅用地和发展用地。按照统一规划、分期实施的理念,虎溪校区规划校舍 155 万 m^2、在校生 3.5 万人,现累计竣工校舍 65 万 m^2,入住学生近 21 000 人(数据截止于 2023 年 3 月)。

据悉,重庆大学虎溪校区 2005 年完工的一期工程中修建的学生公寓就达到 80 000 m^2,教学楼 27 000 m^2,实验楼 33 000 m^2,教学办公楼 15 000 m^2,两个学生食堂共计 26 000 m^2,建筑总面积达到 22.4 万 m^2,工程总投资 8 亿余元。

重庆大学虎溪校区涉及各种不同类型的教学及配套设施,这些面积是怎么计算出来的?在对应的工程投资中,建筑安装工程费占了较大比例,那么,是采用什么规则来计算建筑安装工程费的呢?带着这些疑问,我们进入本章内容的学习。

5.1 建筑面积计算规则

目前,建筑面积计算主要依据现行国家标准《建筑工程建筑面积计算规范》(GB/T 50353—2013)。该规范包括总则、术语、计算建筑面积的规定和条文说明四部分,规定了计算建筑全部面积、计算建筑部分面积和不计算建筑面积的情形及计算规则,适用于新建、扩建、改建的工业与民用建筑工程建设全过程(从立项审批、设计、施工到竣工验收的各个阶段)的建筑面积计算,即规范不仅适用于工程造价计价活动,也适用于项目规划、设计阶段。需要说明的是,房屋产权面积的计算不适用于该规范,其适用规范为《房产测量规范 第 1 单元:房产测量规定》(GB/T 17986.1—2000)。

为进一步统一规范建筑工程建筑面积计算方法,住房和城乡建设部办公厅组织对《建筑工程建筑面积计算规范》(GB/T 50353—2013)进行了修订,并按照工程建设标准化改革要求,将名称变更为《建筑工程建筑面积计算标准》。于 2022 年 10 月 27 日印发了《建筑工程建筑面积计算标准》(征求意见稿),向全社会公开征求意见,正式文件将根据征求意见情况进一步修订完善后再行发布。

5.1.1 建筑面积的概念与组成

1)建筑面积的概念

建筑面积是指建筑工程楼(地)面处围护结构或围护设施外表面所围合的建筑空间的水平投影面积。建筑面积是建筑物水平面积的量化指标,反映建筑物建设规模的技术参数。

面积是所占平面图形的大小,建筑面积主要是墙体围合的楼地面面积(包括墙体的面积),因此计算建筑面积时,先以外墙结构外围水平面积计算。建筑面积还包括附属于建筑物的室外阳台、雨篷、檐廊、室外走廊、室外楼梯等建筑部件的面积。

2)建筑面积的组成

(1)建筑面积可以分为使用面积、辅助面积和结构面积

具体内容指:

①使用面积是指建筑物各层平面布置中,可直接为生产或生活使用的净面积总和。

②居住面积是指居室净面积,如住宅建筑中的居室、客厅、书房等。辅助面积是指建筑物

各层平面布置中为辅助生产或生活所占净面积的总和,如住宅建筑的楼梯、走道、卫生间、厨房等。使用面积与辅助面积的总和称为有效面积。

③结构面积是指建筑物各层平面布置中的墙体、柱等结构所占面积的总和(不包括抹灰厚度所占面积)。

(2)建筑面积还可以分为地上建筑面积和地下建筑面积

一个建筑物总建筑面积是地上和地下建筑面积之和。地上建筑面积和地下建筑面积应分开计算。其中,地上建筑面积指室外设计地坪以上的建筑空间所对应的建筑面积;地下建筑面积指室外设计地坪以下的建筑空间所对应的建筑面积。

5.1.2 建筑面积的作用

建筑面积计算是工程计量最基础的工作,在工程建设中具有重要意义。首先,工程建设的技术经济指标中,大多数以建筑面积为基数,建筑面积是核定估算、概算、预算造价的一个重要基础数据,是计算和确定工程造价,并分析工程造价和工程设计合理性的一个基础指标;其次,建筑面积是国家进行建设工程数据统计、固定资产宏观调控的重要指标;最后,建筑面积还是房地产交易、工程承发包交易、建筑工程有关运营费用核定等的一个关键指标。建筑面积的作用具体有以下几个方面:

1)建筑面积是确定建设规模的重要指标

建筑面积的多少可以用来控制建设规模,如根据项目立项批准文件所核准的建筑面积来控制施工图设计的规模。建设面积的多少也可以用来衡量一定时期国家或企业工程建设的发展状况和完成生产量情况等。

2)建筑面积是确定各项技术经济指标的基础

建筑面积是衡量工程造价、人工消耗量、材料消耗量和机械台班消耗量的重要经济指标。比如,有了建筑面积,才能确定每平方米建筑面积的工程造价等指标。计算如式(5.1)至式(5.3)所示。

$$\text{单位面积工程造价} = \frac{\text{工程造价}}{\text{建筑面积}} \tag{5.1}$$

$$\text{单位建筑面积的材料消耗指标} = \frac{\text{工程材料耗用量}}{\text{建筑面积}} \tag{5.2}$$

$$\text{单位建筑面积人工用量} = \frac{\text{工程人工工日耗用量}}{\text{建筑面积}} \tag{5.3}$$

3)建筑面积是评价设计方案的依据

建筑规划及建筑设计中,经常使用建筑面积控制某些指标,如容积率、建筑密度、建筑系数等。在评价设计方案时,通常采用居住面积系数、土地利用系数、有效面积系数、单方造价等指标,这些都与建筑面积密切相关。因此,为了评价设计方案,必须准确计算建筑面积。

4)建筑面积是计算有关分项工程量的依据和基础

建筑面积是确定一些分项工程量的基本依据。应用统筹计算方法,根据底层建筑面积,就可以很方便地推算出室内回填土体积、地(楼)面面积和天棚面积等。另外,建筑面积也是计算有关工程量的重要依据,如综合脚手架、垂直运输等项目的工程量是以建筑面积为基础计算的。

5.1.3 建筑面积计算规则与方法

建筑面积计算的一般原则是:凡在结构上、使用上形成具有一定使用功能的建筑物和构筑物,并能单独计算出其水平面积的,应计算建筑面积;反之,不应计算建筑面积。

取定建筑面积的顺序为:有围护结构的,按围护结构计算面积;无围护结构、有底板的,底板计算面积(如室外走廊、架空走廊);底板也不利于计算的,则取顶盖(如车棚、货棚等);主体结构外的附属设施按结构底板计算面积,即在确定建筑面积时,围护结构优于底板,底板优于顶盖。所以,有盖无盖不作为计算建筑面积的必备条件,如阳台、架空走廊、楼梯是利用其底板,顶盖只是起遮风挡雨的辅助功能。

建筑面积计算过程中,尺寸应按米取至三位小数,建筑面积应按平方米保留两位小数。

下面逐项细述各项计算建筑面积的具体规定:

①建筑物的建筑面积应按自然层外墙结构外围水平面积之和计算。结构层高在 2.20 m 及以上的,应计算全面积;结构层高在 2.20 m 以下的,应计算 1/2 面积。

自然层是指按楼地或地面结构分层的楼层。

结构层高是指楼面或地面结构层上表面至上部结构层上表面之间的垂直距离。其中:

a. 上下均为楼面时,结构层高是相邻两层楼板结构层上表面之间的垂直距离。

b. 建筑物最底层,是从"混凝土构造"的上表面,算至上层楼板结构层上表面。实际工程中分两种情况:一是有混凝土底板的,从底板上表面算起,如底板上有上反梁,则应从上反梁上表面算起;二是无混凝土底板、有地面构造的,以地面构造中最上一层混凝土垫层或混凝土找平层上表面算起。

c. 建筑物顶层,从楼板结构层上表面算至屋面板结构层上表面。

②当建筑物内设有局部楼层时,对于局部楼层的二层及以上楼层,有围护结构的应按其围护结构外围水平面积计算,无围护结构的应按其结构底板水平面积计算。结构层高在 2.20 m 及以上的,应计算全面积;结构层高在 2.20 m 以下的,应计算 1/2 面积。

围护结构是指围合形成物理封闭建筑空间的墙体(柱)、门、窗、幕墙等。

在计算建筑面积时,只要是在一个自然层内设置的局部楼层,其首层面积已包括在原建筑物中,不能重复计算。

③形成建筑空间的坡屋顶,结构净高在 2.10 m 及以上的部位应计算全面积;结构净高在 1.20 m 及以上至 2.10 m 以下的部位应计算 1/2 面积;结构净高在 1.20 m 以下的部位不应计算建筑面积。

a. 建筑空间是指以围护结构或围护设施限定的供人们生活、生产活动的场所。建筑空间是围合空间,可出入(可出入是指人能够正常出入,即通过门或楼梯等进出;而必须通过窗、栏杆、人孔、检修孔等出入的不算可出入)、可利用。所以,这里的坡屋顶指的是与其他围护结构能形成建筑空间的坡屋顶。

b. 结构净高是指楼面或地面结构层上表面至上部结构层(或结构梁底)下表面之间的垂直距离。

④场馆看台下的建筑空间,结构净高在 2.10 m 及以上的部位应计算全面积;结构净高在

1.20 m 及以上至 2.10 m 以下的部位应计算 1/2 面积；结构净高在 1.20 m 以下的部位不应计算建筑面积。室内单独设置的有围护设施的悬挑看台，应按看台结构底板水平投影面积计算建筑面积。有顶盖无围护结构的场馆看台应按其顶盖水平投影面积的 1/2 计算面积。

围护设施是指围合形成不完全封闭建筑空间的柱、栏杆、栏板等保障安全的围挡。

场馆有“场”与“馆”之分，场多指顶盖不闭合的建筑空间，馆多指顶盖闭合的建筑空间。场馆类建筑，包括但不限于图书馆、展览馆、艺术馆、体育馆、海洋馆等。

计算“场馆看台下建筑空间”的建筑面积时，场馆要区分三种不同的情况：

a. 看台下的建筑空间，对“场”和“馆”都适用；

b. 室内单独悬挑看台，仅对“馆”适用；

c. 有顶盖无围护结构的看台，仅对“场”适用。

⑤地下室、半地下室应按其结构外围水平面积计算。结构层高在 2.20 m 及以上的，应计算全面积；结构层高在 2.20 m 以下的，应计算 1/2 面积。

a. 地下室是指室内地平面低于室外设计地平面的高度超过室内净高的 1/2 的空间。

b. 半地下室是指室内地平面低于室外设计地平面的高度超过室内净高的 1/3，且不超过 1/2 的空间。

地下室、半地下室按“结构外围水平面积”计算，而不按“外墙上口”取定。地下室的外墙结构不包括找平层、防水(潮)层、保护墙等。

⑥出入口外墙外侧坡道有顶盖的部位，应按其外墙结构外围水平面积的 1/2 计算面积。

坡道是从建筑物内部一直延伸到建筑物外部的，建筑物内的部分随建筑物正常计算建筑面积。建筑物内、外的划分以建筑物外墙结构外边线为界。

出入口坡道分为有顶盖出入口坡道和无顶盖出入口坡道，有无顶盖以设计图纸为准。

⑦建筑物架空层及坡地建筑物吊脚架空层，应按其顶板水平投影计算建筑面积。结构层高在 2.20 m 及以上的，应计算全面积；结构层高在 2.20 m 以下的，应计算 1/2 面积。

a. 架空层是指仅有结构支撑而无外围护结构的开敞空间层，即架空层是没有围护结构的。

b. 顶板水平投影面积是指架空层结构顶板的水平投影面积，不包括架空层主体结构外的阳台、空调板、通长水平挑板等外挑部分。

⑧建筑物的门厅、大厅按一层计算建筑面积，门厅、大厅内设置的走廊应按走廊结构底板水平投影面积计算建筑面积。结构层高在 2.20 m 及以上的，应计算全面积；结构层高在 2.20 m 以下的，应计算 1/2 面积。

a. 门厅是指位于建筑物出入口处，用于人员集散、通行并联系建筑室内外的枢纽空间。

b. 走廊是指建筑物中的水平线性交通空间。

⑨建筑物间的架空走廊，有顶盖和围护结构的，应按其围护结构外围水平面积计算全面积；无围护结构、有围护设施的，应按其结构底板水平投影面积计算 1/2 面积。

架空走廊指专门设置在建筑物的二层或二层以上，作为不同建筑物之间水平交通的空间。

架空走廊建筑面积计算分为两种情况：一是有围护结构且有顶盖的，计算全面积；二是无围护结构、有围护设施，无论是否有顶盖，均计算 1/2 面积。有围护结构的，按围护结构计算面积；无围护结构的，按底板计算面积。

⑩立体书库、立体仓库、立体车库，有围护结构的，应按其围护结构外围水平面积计算建筑面积；无围护结构、有围护设施的，应按其结构底板水平投影面积计算建筑面积。无结构层的应按一层计算，有结构层的应按其结构层面积分别计算。结构层高在 2.20 m 及以上的，应计算全面积；结构层高在 2.20 m 以下的，应计算 1/2 面积。

结构层是指整体结构体系中承重的楼板层，包括板、梁等构件，而非局部结构起承重作用的分隔层。

立体车库中的升降设备，不属于结构层，不计算建筑面积；仓库中的立体货架、书库中的立体书架都不算结构层，故该部分分层不计算建筑面积。

⑪有围护结构的舞台灯光控制室，应按其围护结构外围水平面积计算。结构层高在 2.20 m 及以上的，应计算全面积；结构层高在 2.20 m 以下的，应计算 1/2 面积。

⑫附属在建筑物外墙的落地橱窗，应按其围护结构外围水平面积计算。结构层高在 2.20 m 及以上的，应计算全面积；结构层高在 2.20 m 以下的，应计算 1/2 面积。

落地橱窗是指突出外墙面且根基落地的橱窗，可以分为在建筑物主体结构内的和在主体结构外的，这里指的是后者。所以，理解该处“橱窗”从两点出发：一是附属在建筑物外墙，属于建筑物的附属结构；二是落地，橱窗下设置有基础。若不落地，可按凸（飘）窗规定执行。

⑬窗台与室内楼地面高差在 0.45 m 以下且结构净高在 2.10 m 及以上的凸（飘）窗，应按其围护结构外围水平面积计算 1/2 面积。

凸（飘）窗是指凸出建筑物外墙面的窗户。凸（飘）窗须同时满足两个条件方能计算建筑面积：一是结构高差在 0.45 m 以下；二是结构净高在 2.10 m 及以上。

⑭有围护设施的室外走廊（挑廊），应按其结构底板水平投影面积计算 1/2 面积；有围护设施（或柱）的檐廊，应按其围护设施（或柱）外围水平面积计算 1/2 面积。

a. 挑廊是指悬挑的水平交通空间。

b. 檐廊是指底层的水平交通空间，由屋檐或挑檐作为顶盖，且一般有柱或栏杆、栏板等。底层无围护设施但有柱的室外走廊可参照檐廊的规则计算建筑面积。

室外走廊（挑廊）、檐廊都是室外水平交通空间。无论哪一种“廊”，除了必须有地面结构外，还必须有栏杆、栏板等围护设施或柱，这两个条件缺一不可，缺少任何一个条件都不计算建筑面积。

室外走廊（挑廊）、檐廊虽然都算 1/2 面积，但取定的计算部位不同：室外走廊（挑廊）按结构底板计算；檐廊按围护设施（或柱）外围计算。

⑮门斗应按其围护结构外围水平面积计算建筑面积。结构层高在 2.20 m 及以上的，应计算全面积；结构层高在 2.20 m 以下的，应计算 1/2 面积。

门斗是建筑物出入口两道门之间的空间，它是有顶盖和围护结构的全围合空间。

⑯门廊应按其顶板水平投影面积的 1/2 计算建筑面积；有柱雨篷应按其结构板水平投影面积的 1/2 计算建筑面积；无柱雨篷的结构外边线至外墙结构外边线的宽度在 2.10m 及以上的，应按雨篷结构板的水平投影面积的 1/2 计算建筑面积。

a. 门廊是指在建筑物出入口，无门、三面或两面有墙，上部有板（或借用上部楼板）围护的部位。门廊划分为全凹式、半凹半凸式、全凸式。

b. 雨篷分为有柱雨篷和无柱雨篷。有柱雨篷，没有出挑宽度（即雨篷结构外边线至外墙结构外边线的宽度，弧形或异形时，取最大宽度）的限制，也不受跨越层数的限制，均计算建筑面积。无柱雨篷,其结构板不能跨层,并受出挑宽度的限制,设计出挑宽度大于或等于2.10 m时才计算建筑面积。

⑰设在建筑物顶部的、有围护结构的楼梯间、水箱间、电梯机房等,结构层高在2.20 m及以上的应计算全面积;结构层高在2.20 m以下的,应计算1/2面积。

建筑物房顶上的建筑部件属于建筑空间的可以计算建筑面积,不属于建筑空间的则归为屋顶造型(装饰性结构构件),不计算建筑面积。

⑱围护结构不垂直于水平面的楼层,应按其底板面的外墙外围水平面积计算。结构净高在2.10 m及以上的部位,应计算全面积;结构净高在1.20 m及以上至2.10 m以下的部位,应计算1/2面积;结构净高在1.20 m以下的部位,不应计算建筑面积。

围护结构不垂直既可以是向内倾斜,也可以是向外倾斜。在划分高度上,与斜屋面的划分原则一致。由于目前很多建筑设计追求新、奇、特,造型越来越复杂,很多时候根本无法明确区分什么是围护结构、什么是屋顶,如国家大剧院的蛋壳型外壳,无法准确说其到底算墙还是算屋顶,因此对于斜围护结构与斜屋顶采用相同的计算规则,即只要外壳倾斜,就按净高划段,分别计算建筑面积。但要注意,斜围护结构本身要计算建筑面积,若为斜屋顶时,屋面结构不计算建筑面积。

⑲建筑物的室内楼梯、电梯井、提物井、管道井、通风排气竖井、烟道,应并入建筑物的自然层计算建筑面积。有顶盖的采光井应按一层计算面积,结构净高在2.10 m及以上的,应计算全面积,结构净高在2.10 m以下的,应计算1/2面积。

a.室内楼梯包括了形成井道的楼梯(即室内楼梯间)和没有形成井道的楼梯(即室内楼梯),即没有形成井道的室内楼梯也应该计算建筑面积,如建筑物大堂内的楼梯、跃层(或复式)住宅的室内楼梯等应计算建筑面积。建筑物的楼梯间层数按建筑物的自然层数计算。

需要注意的是,在计算某自然层的建筑面积时,室内楼梯已经含在该层外墙结构外围水平面积中,无需重复计算;在需要单独提取楼梯的建筑面积时,才需要按照上述规则单独计算。

b.有顶盖的采光井包括建筑物中的采光井和地下室采光井。

⑳室外楼梯应并入所依附建筑物自然层,并应按其水平投影面积的1/2计算建筑面积。

室外楼梯作为连接该建筑物层与层之间交通不可缺少的基本部件,无论从其功能还是工程计价的要求来说,均需计算建筑面积。室外楼梯不论是否有顶盖都需要计算建筑面积。层数为室外楼梯所依附的楼层数,即梯段部分投影到建筑物范围的层数。

利用室外楼梯下部的建筑空间,不得重复计算建筑面积;利用地势砌筑的为室外踏步,不计算建筑面积。

㉑在主体结构内的阳台,应按其结构外围水平面积计算全面积;在主体结构外的阳台,应按其结构底板水平投影面积计算1/2面积。

a.阳台是指附设于建筑物外墙,设有栏杆或栏板,可供人活动的室外空间。建筑物的阳台,不论其形式如何,均以建筑物主体结构为界分别计算建筑面积。因此,判断阳台是在主体结构内还是在主体结构外,是计算建筑面积的关键。

b.主体结构是接受、承担和传递建设工程所有上部荷载,维持上部结构整体性、稳定性和安全性的有机联系的构造。判断主体结构要依据建筑平、立、剖面图,并结合结构图纸一起进行。

㉒有顶盖无围护结构的车棚、货棚、站台、加油站、收费站等,应按其顶盖水平投影面积的1/2计算建筑面积。

㉓以幕墙作为围护结构的建筑物,应按幕墙外边线计算建筑面积。

幕墙以其在建筑物中所起的作用和功能来区分,直接作为外墙起围护作用的幕墙,按其外边线计算建筑面积;设置在建筑物墙体外起装饰作用的幕墙,不计算建筑面积。

㉔建筑物的外墙外保温层,应按其保温材料的水平截面积计算,并计入自然层建筑面积。

建筑物外墙外侧有保温隔热层的,保温隔热层以保温材料的净厚度(不包含抹灰层、防潮层、保护层的厚度)乘以外墙结构外边线长度按建筑物的自然层计算建筑面积,其外墙外边线长度不扣除门窗和建筑物外已计算建筑面积的构件(如阳台、室外走廊、门斗、落地橱窗等部件)所占长度。

㉕与室内相通的变形缝,应按其自然层合并在建筑物建筑面积内计算。对于高低联跨的建筑物,当高低跨内部连通时,其变形缝应计算在低跨面积内。

变形缝是指防止建筑物在某些因素作用下引起开裂甚至破坏而预留的构造缝。与室内相通的变形缝,是指暴露在建筑物内,在建筑物内可以看见的变形缝,应计算建筑面积;与室内不相通的变形缝不计算建筑面积。

㉖对于建筑物内的设备层、管道层、避难层等有结构层的楼层,结构层高在2.20 m及以上的,应计算全面积;结构层高在2.20 m以下的,应计算1/2面积。

设备层、管道层虽然其具体功能与普通楼层不同,但在结构上及施工消耗上并无本质区别,因此将设备、管道楼层归为自然层,其计算规则与普通楼层相同。在吊顶空间内设置管道的,则吊顶空间部分不能被视为设备层、管道层。

5.1.4 不计算建筑面积的范围

以下几项是不计算建筑面积的:

①与建筑物内不相连通的建筑部件。

建筑部件是指依附于建筑物外墙外不与户室开门连通,起装饰作用的敞开式挑台(廊)、平台,以及不与阳台相通的空调室外机搁板(箱)等设备平台部件。

“与建筑物内不相连通”是指没有正常的出入口,即通过门进出的,视为“连通”;通过窗或栏杆等翻出去的,视为“不连通”。

②骑楼、过街楼底层的开放公共空间和建筑物通道。

a. 骑楼是指建筑底层沿街面后退且留作公共通行空间的建筑物。

b. 过街楼是指跨越道路上空并与两边建筑相连接的建筑物。

c. 建筑物通道指为穿过建筑物而设置的空间。

③舞台及后台悬挂幕布和布景的天桥、挑台等。

这里指的是影剧院的舞台及为舞台服务的可供上人维修、悬挂幕布、布置灯光及布景等搭设的天桥和挑台等构件设施。

④露台、露天游泳池、花架、屋顶的水箱及装饰性结构构件。

露台是设置在屋面、首层地面或雨篷上的供人室外活动的、有围护设施的平台。

⑤建筑物内的操作平台、上料平台、安装箱和罐体的平台。

建筑物内不构成结构层的操作平台、上料平台(包括工业厂房、搅拌站和料仓等建筑中的设备操作控制平台、上料平台等),其主要作用为室内构筑物或设备服务的独立上人设施,因此不计算建筑面积。

⑥勒脚、附墙柱(指非结构性装饰柱)、垛、台阶、墙面抹灰、装饰面、镶贴块料面层、装饰性幕墙,主体结构外的空调室外机搁板(箱)、构件、配件,挑出宽度在2.10 m以下的无柱雨篷和顶盖高度达到或超过两个楼层的无柱雨篷。

⑦窗台与室内地面高差在0.45 m以下且结构净高在2.10 m以下的凸(飘)窗,窗台与室内地面高差在0.45 m及以上的凸(飘)窗。

⑧室外爬梯、室外专用消防钢楼梯。

专用的消防钢楼梯是不计算建筑面积的。当钢楼梯是建筑物唯一通道,并兼用消防时,则应按室外楼梯相关规定计算。

⑨无围护结构的观光电梯。

无围护结构的观光电梯是指电梯轿厢直接暴露,外侧无井壁,不计算建筑面积。如果观光电梯在电梯井内运行时(井壁不限材料),观光电梯井按自然层计算建筑面积。

⑩建筑物以外的地下人防通道,独立的烟囱、烟道、地沟、油(水)罐、气柜、水塔、贮油(水)池、贮仓、栈桥等构筑物。

5.2　建筑与装饰装修工程量清单项目设置及计量规则

住房和城乡建设部标准定额司于2012年底陆续批准发布了《建设工程工程量清单计价规范》(GB 50500—2013)以及《房屋建筑与装饰工程工程量计算规范》(GB 50854—2013)等10项国家标准,分别规定了各专业工程相对应的工程量清单的编制、项目设置和计量规则,形成了清单计价规范和各专(行)业工程量计算规范配套使用的清单规范体系。

因篇幅有限,本部分内容只阐述“房屋建筑与装饰工程”的工程量清单设置及工程量计算规则,适用于房屋建筑与装饰工程施工发承包计价活动中的工程量清单编制和工程量计算;其他专业可查阅相应的(清单)工程量计算规范。

5.2.1　土石方工程(编码:0101)

土石方工程包括土方工程,石方工程,回填。

1)土方工程(编码:010101)

土方工程包括平整场地、挖一般土方、挖沟槽土方、挖基坑土方、冻土开挖、挖淤泥(流砂)、管沟土方等项目。挖土方如需截桩头时,应按桩基工程相关项目列项。

土方工程的清单工程量计算规则:

①平整场地,按设计图示尺寸以建筑物首层建筑面积计算。项目特征描述:土壤类别、弃土运距、取土运距。

②挖一般土方,按设计图示尺寸以体积计算。挖土方平均厚度应按自然地面测量标高至设计地坪标高间的平均厚度确定。项目特征描述:土壤类别、挖土深度、弃土运距。

③挖沟槽土方、挖基坑土方,按设计图示尺寸以基础垫层底面积乘以挖土深度按体积计

算。基础土方开挖深度应按基础垫层底表面标高至交付施工场地标高确定,无交付施工场地标高时,应按自然地面标高确定。项目特征描述:土壤类别、挖土深度、弃土运距。

④冻土开挖,按设计图示尺寸开挖面积乘以厚度以体积计算。

⑤挖淤泥、流砂,按设计图示位置、界限以体积计算,挖方出现流砂、淤泥时,如设计未明确,在编制工程量清单时,其工程数量可为暂估量,结算时应根据实际情况由发包人与承包人双方现场签证确认工程量。

⑥管沟土方以"m"计量,按设计图示以管道中心线长度计算;或者以"m^3"计量,按设计图示管底垫层面积乘以挖土深度计算。无管底垫层按管外径的水平投影面积乘以挖土深度计算。不扣除各类井的长度,井的土方并入。

管沟土方项目适用于管道(给排水、工业、电力、通信)、光(电)缆沟[包括人(手)孔、接口坑]及连接井(检查井)等。

2)**石方工程(编码:010102)**

石方工程包括挖一般石方、挖沟槽石方、挖基坑石方、挖管沟石方。

石方工程的清单工程量计算规则:

①挖一般石方,按设计图示尺寸以体积计算。

②挖沟槽(基坑)石方,按设计图示尺寸沟槽(基坑)底面积乘以挖石深度以体积"m^3"计算。

③管沟石方,以"m"计量,按设计图示以管道中心线长度计算;以"m^3"计量,按设计图示截面积乘以长度以体积计算。

管沟石方项目适用于管道(给排水、工业、电力、通信)、电缆沟及连接井(检查井)等。

3)**回填(编码:010102)**

回填包括回填方、余方弃置等项目。

回填的清单工程量计算规则:

①回填方:按设计图示尺寸以体积计算。

a.场地回填:回填面积乘以平均回填厚度。

b.室内回填:主墙间净面积乘以回填厚度,不扣除间隔墙。

c.基础回填:挖方清单项目工程量减去自然地坪以下埋设的基础体积(包括基础垫层及其他构筑物)。

回填土方项目特征描述:密实度要求、填方材料品种、填方粒径要求、填方来源及运距。

②余方弃量:按挖方清单项目工程量减利用回填方体积(正数)计算。项目特征描述:废弃料品种、运距(由余方点装料运输至弃置点的距离)。

5.2.2 地基处理与边坡支护工程(编码:0102)

地基处理与边坡支护工程包括地基处理、基坑与边坡支护。

1)**地基处理(编码:010201)**

地基处理包括换填垫层、铺设土工合成材料、预压地基、强夯地基、振冲密实(不填料)、振冲桩(填料)、砂石桩、水泥粉煤灰碎石桩、深层搅拌桩、粉喷桩、夯实水泥土桩、高压喷射注浆桩、石灰桩、灰土(土)挤密桩、柱锤冲扩桩、注浆地基、褥垫层等项目。

地基处理的清单工程量计算规则：

①换填垫层，按设计图示尺寸以体积计算。

换填垫层是指挖去浅层软弱土层和不均匀土层，回填坚硬、较粗粒径的材料，并夯压密实形成的垫层。根据换填材料不同可分为土、石垫层和土工合成材料加筋垫层，可根据换填材料不同，区分土（灰土）垫层、石（砂石）垫层等分别编码列项。

②铺设土工合成材料，按设计图示尺寸以面积计算。

土工合成材料是以聚合物为原料的材料名词的总称，主要起反虚、排水、加筋、隔离等作用，可分为土工织物、土工膜、特种土工合成材料和复合型土工合成材料。

③预压地基、强夯地基、振冲密实（不填料），按设计图示处理范围以面积计算。

a.预压地基是指采取堆载预压、真空预压、堆载与真空联合预压方式对淤泥质土、淤泥、冲击填土等地基土固结压密处理后形成的饱和黏性土地基。

b.强夯地基属于夯实地基，即反复将夯锤提到高处使其自由落下，给地基以冲击和振动能量，将地基土密实处理或置换形成密实墩体的地基。

c.振冲密实是利用振动和压力水使砂层液化，砂颗粒相互挤密，重新排列，空隙减少，提高砂层的承载能力和抗液化能力，又称振冲挤密砂石桩，可分为不加填料和加填料两种。

④振冲桩（填料），以“m”计量，按设计图示尺寸以桩长计算；或者以“m^3”计量，按设计桩截面乘以桩长以体积计算。

项目特征应描述：地层情况；空桩长度、桩长；桩径；填充材料种类等。

⑤砂石桩，以“m”计量，按设计图示尺寸以桩长（包括桩尖）计算；或者以“m^3”计量，按设计桩截面乘以桩长（包括桩尖）以体积计算。

砂石桩是将碎石、砂或砂石混合料挤压入已成的孔中，形成密实砂石竖向增强桩体，与桩间土形成复合地基。

⑥水泥粉煤灰碎石桩、夯实水泥土桩、石灰桩、灰土（土）挤密桩，按设计图示尺寸以桩长（包括桩尖）计算。

⑦深层搅拌桩、粉喷桩、柱锤冲扩桩、高压喷射注浆桩，按设计图示尺寸以桩长计算。

⑧注浆地基，以“m”计量，按设计图示尺寸以钻孔深度计算；或者以“m^3”计量，按设计图示尺寸以加固体积计算。

⑨褥垫层，以“m^2”计量，按设计图示尺寸以铺设面积计算；或者以“m^3”计量，按设计图示尺寸以体积计算。

2）基坑与边坡支护（编码：010202）

基坑与边坡支护包括地下连续墙、咬合灌注桩、圆木桩、预制钢筋混凝土板桩、型钢桩、钢板桩、锚杆（锚索）、土钉、喷射混凝土（水泥砂浆）、钢筋混凝土支撑、钢支撑等项目。

基坑与边坡支护的清单工程量计算规则：

①地下连续墙，按设计图示墙中心线长乘以厚度再乘以槽深，以体积计算。

②咬合灌注桩，以“m”计量，按设计图示尺寸以桩长计算；或者以“根”计量。

桩的排列方式为一条不配筋并采用超缓凝素混凝土桩（A桩）和一条钢筋混凝土桩（B桩）间隔布置。施工时，先施工A桩，后施工B桩，在A桩混凝土初凝之前完成B桩施工。A桩、B桩均采用全套管钻机施工，切割掉相邻A桩相交部分的混凝土，从而实现咬合。

③圆木桩、预制钢筋混凝土板桩,以“m”计量,按设计图示尺寸以桩长(包括桩尖)计算;或者以“根”计量,按设计图示数量计算。

④型钢桩,以“t”计量,按设计图示尺寸以质量计算;或者以“根”计量,按设计图示数量计算。

⑤钢板桩,以“t”计量,按设计图示尺寸以质量计算;或者以“m^2”计量,按设计图示墙中心线长乘以桩长以面积计算。

⑥锚杆(锚索)、土钉,以“m”计量,按设计图示尺寸以钻孔深度计算;或者以“根”计量,按设计图示数量计算。

⑦喷射混凝土(水泥砂浆),按设计图示尺寸以面积计算。

⑧钢筋混凝土支撑,按设计图示尺寸以体积计算。

⑨钢支撑,按设计图示尺寸以质量“t”计算,不扣除孔眼质量,焊条、铆钉、螺栓等不另增加质量。

5.2.3 桩基础工程(编码:0103)

基础工程包括打桩、灌注桩。

1)打桩(编码:018301)

打桩包括预制钢筋混凝土方桩、预制钢筋混凝土管桩、钢管桩、截(凿)桩头等项目。

打桩的清单工程量计算规则:

①预制钢筋混凝土方桩、预制钢筋混凝土管桩,以“m”计量,按设计图示尺寸以桩长(包括桩尖)计算;或者以“m^3”计量,按设计图示截面积乘以桩长(包括桩尖)以实体积计算;或者以“根”计量,按设计图示数量计算。

②钢管桩,以“t”计量,按设计图示尺寸以质量计算;或者以“根”计量,按设计图示数量计算。

③截(凿)桩头,以“m^3”计量,按设计桩截面乘以桩头长度以体积计算;或者以“根”计量,按设计图示数量计算。

截(凿)桩头项目适用于“地基处理与边坡支护工程、桩基础工程”所列桩的桩头截(凿)。

2)灌注桩(编码:010302)

灌注桩包括泥浆护壁成孔灌注桩、沉管灌注桩、干作业成孔灌注桩、挖孔桩土(石)方、人工挖孔灌注桩、钻孔压浆桩、灌注桩后压浆。混凝土灌注桩的钢筋笼制作、安装,按“混凝土与钢筋混凝土工程”中相关项目编码列项。

灌注桩的清单工程量计算规则:

①泥浆护壁成孔灌注桩、沉管灌注桩、于作业成孔灌注桩,以“m”计量,按设计图示尺寸以桩长(包括桩尖)计算;或者以“m^3”计量,按不同截面在桩上范围内以体积计算;或者以“根”计量,按设计图示数量计算。

②挖孔桩土(石)方,按设计图示尺寸(含护壁)截面面积乘以挖孔深度以体积计算。

③人工挖孔灌注桩,以“m^3”计量,按桩芯混凝土体积计算;或者以“根”计量,按设计图示数量计算。

工作内容中包括了护壁的制作,护壁的工程量不需要单独编码列项,应在综合单价中考虑。

④钻孔压浆桩,以"m"计量,按设计图示尺寸以桩长计算;或者以"根"计量,按设计图示数量计算。

⑤灌注桩后压浆,以"孔"计量,按设计图示以注浆的孔数计算。

5.2.4 砌筑工程(编码:0104)

砌筑工程包括砖砌体、砌块砌体、石砌体、垫层。

1)砖砌体(编码:010401)

砖砌体包括砖基础、砖砌挖孔桩护壁、实心砖墙、多孔砖墙、空心砖墙、空斗墙、空花墙、填充墙、实心砖柱、多孔砖柱、砖检查井、零星砌砖、砖散水(地坪)、砖地沟(明沟)。

砖砌体的清单工程量计算规则:

①砖基础,按设计图示尺寸以体积计算。包括附墙垛基础宽出部分体积,扣除地梁(圈梁)、构造柱所占体积,不扣除基础大放脚T形接头处的重叠部分及嵌入基础内的钢筋、铁件、管道、基础砂浆防潮层和单个面积≤0.3 m^2 的孔洞所占体积,靠墙暖气沟的挑檐不增加。

防潮层在清单项目综合单价中考虑,不单独列项计算工程量。

砖基础项目适用于各种类型砖基础,如柱基础、墙基础、管道基础等。

②实心砖墙、多孔砖墙、空心砖墙,按设计图示尺寸以体积计算。需扣除门窗、洞口、嵌入墙内的梁及凹进墙内的壁龛、管槽、暖气槽、消火栓箱所占体积,不扣除梁头、板头、檩头、垫木、木楞头、沿缘木、木砖、门窗走头、砖墙内加固钢筋、木筋、铁件、钢管及单个面积≤0.3 m^2 的孔洞所占的体积。凸出墙面的腰线、挑檐、压顶、窗台线、虎头砖、门窗套的体积也不增加。凸出墙面的砖垛并入墙体体积内计算。

框架间墙工程量计算不分内外墙按墙体净尺寸以体积计算。围墙的高度算至压顶上表面(如有混凝土压顶时算至压顶下表面),圈墙柱并入围墙体积内计算。

③空斗墙,按设计图示尺寸以空斗墙外形体积计算。墙角、内外墙交接处、门窗洞口立边、窗台砖、屋檐处的实砌部分体积并入空斗墙体积内。

④空花墙,按设计图示尺寸以空花部分外形体积计算,不扣除空洞部分体积。

空花墙项目适用于各种类型的空花墙。使用混凝土花格砌筑的空花墙,实砌墙体与混凝土花格应分别计算,混凝土花格按"混凝土及钢筋混凝土"中预制构件相关项目编码列项。

⑤填充墙,按设计图示尺寸以填充墙外形体积计算。

⑥实心砖柱、多孔砖柱,按设计图示尺寸以体积计算。扣除混凝土及钢筋混凝土梁垫、梁头、板头所占体积。

⑦砖检查井、散水、地坪、地沟、明沟、砖砌挖孔桩护壁,砖检查井按设计图示数量以"座"计算;砖散水、地坪按设计图示尺寸以面积计算;砖地沟、明沟按设计图示以中心线长度计算;砖砌挖孔桩护壁按设计图示尺寸以体积计算。

⑧零星砌砖,以"m^3"计量,按设计图示尺寸截面积乘以长度计算;或者以"m^2"计量,按设计图示尺寸水平投影面积计算;或者以"m"计量,按设计图示尺寸长度计算;或者以"个"计量,按设计图示数量计算。

框架外表面的镶贴砖部分,按零星项目编码列项。空斗墙的窗间墙、窗台下、楼板下、梁头下等的实砌部分,按零星砌砖项目编码列项。台阶、台阶挡墙、梯带、锅台、炉灶、蹲台、池槽、池槽腿、砖胎模、花台、花池、楼梯栏板、阳台栏板、地垄墙、≤0.3 m^2 的孔洞填塞等，应按零星砌砖项目编码列项。砖砌锅台与炉灶可按外形尺寸以“个”计算，砖砌台阶可按水平投影面积以“m^2”计算，小便槽、地垄墙可按长度计算，其他工程以“m^2”计算。

2）砌块砌体（编码:018402）

砌块砌体包括砌块墙、砌块柱等项目。

砌块砌体的清单工程量计算规则：

①砌块墙，同实心砖墙的清单工程量计算规则。

②砌块柱，按设计图示尺寸以体积计算，扣除混凝土及钢筋混凝土梁垫、梁头、板头所占体积。

3）石砌体（编码:010403）

石砌体包括石基础、石勒脚、石墙、石挡土墙、石柱、石栏杆、石护坡、石台阶、石坡道、石地沟（明沟）等项目。

石砌体的清单工程量计算规则：

①石基础，按设计图示尺寸以体积计算，包括附墙垛基础宽出部分体积，不扣除基础砂浆防潮层及单个面积≤0.3 m^2 的孔洞所占体积，靠墙暖气沟的挑檐不增加。

石基础项目适用于各种规格（粗料石、细料石等）和各种类型（柱基、墙基、直形、弧形等）基础。

②石勒脚，按设计图示尺寸以体积计算，扣除单个面积大于0.3 m^2 的孔洞所占体积。

石勒脚项目适用于各种规格（粗料石、细料石等）、各种材质（砂石、青石、大理石、花岗石等）和各种类型（直形、弧形等）勒脚。

③石挡土墙，按设计图示尺寸以体积计算。

石挡土墙项目适用于各种规格（粗料石、细料石、块石、毛石、卵石等）、各种材质（砂石、青石、石灰石等）和各种类型（直形、弧形、台阶形等）挡土墙。石梯膀应按石挡土墙项目编码列项。

④石栏杆，按设计图示以长度计算。石栏杆项目适用于无雕饰的一般石栏杆。

⑤石护坡，按设计图示尺寸以体积计算。

石护坡项目适用于各种石质和各种石料（粗料石、细料石、片石、块石、毛石、卵石等）。

⑥石台阶，按设计图示尺寸以体积计算。石台阶项目包括石梯带（垂带），不包括石梯膀。

4）垫层（编码:010404）

垫层的清单工程量计算规则：垫层工程量按设计图示尺寸以体积计算。

除混凝土垫层（按混凝土及钢筋混凝土工程中的相关编码列项）外，没有包括垫层要求的清单项目应按该垫层项目编码列项，如灰土垫层、碎石垫层、毛石垫层等。

5.2.5 混凝土及钢筋混凝土工程（编码:0105）

混凝土及钢筋混凝土工程包括现浇混凝土、预制混凝土、钢筋工程、螺栓和铁件等部分。

现浇混凝土包括基础、柱、梁、墙、板、楼梯、后浇带及其他构件等。预制混凝土包括柱、梁、屋架、板、楼梯及其他构件等。

在计算现浇或预制混凝土和钢筋混凝土构件工程量时，不扣除构件内钢筋、螺栓、预埋铁件、张拉孔道所占体积，但应扣除劲性骨架的型钢所占体积。

1）现浇混凝土基础（编码:010501）

现浇混凝土基础的清单工程量计算规则：现浇混凝土基础包括垫层、带形基础、独立基础、满堂基础、桩承台基础、设备基础等项目，按设计图示尺寸以体积计算。不扣除构件内钢筋、预埋铁件和伸入承台基础的桩头所占体积。

2）现浇混凝土柱（编码:010502）

现浇混凝土柱的清单工程量计算规则：现浇混凝土柱包括矩形柱、构造柱、异型柱等项目，均按设计图示尺寸以体积计算。构造柱嵌接墙体部分并入柱身体积。依附柱上的牛腿和升板的柱帽，并入柱身体积计算。

3）现浇混凝土梁（编码:010503）

现浇混凝土梁的清单工程量计算规则：现浇混凝土梁包括基础梁、矩形梁、异型梁、圈梁、过梁、弧形梁（拱形梁）等项目。按设计图示尺寸以体积计算，不扣除构件内钢筋、预埋铁件所占体积，伸入墙内的梁头、梁垫并入梁体积内。

4）现浇混凝土墙（编码:010504）

现浇混凝土墙的清单工程量计算规则：现浇混凝土墙包括直形墙、弧形墙、短肢剪力墙、挡土墙，按设计图示尺寸以体积计算。不扣除构件内钢筋，预埋铁件所占体积，扣除门窗洞口及单个面积大于0.3 m^2 的孔洞所占体积，墙垛及突出墙面部分并入墙体体积内计算。

5）现浇混凝土板（编码:010505）

现浇混凝土板包括有梁板、无梁板、平板、拱板、薄壳板、栏板、天沟（檐沟）及挑檐板、雨篷、悬挑板及阳台板、空心板、其他板等项目。

现浇混凝土板的清单工程量计算规则：

①有梁板、无梁板、平板、拱板、薄壳板、栏板，按设计图示尺寸以体积计算。不扣除构件内钢筋、预埋铁件及单个面积≤0.3 m^2 的柱、垛及孔洞所占体积，压型钢板混凝土楼板扣除构件内压型钢板所占体积。

有梁板（包括主、次梁与板）按梁、板体积之和计算；无梁板按板和柱帽体积之和计算；各类板伸入墙内的板头并入板体积内计算；薄壳板的肋、基梁并入薄壳体积内计算。

②天沟（檐沟）、挑檐板，按设计图示尺寸以体积计算。

③雨篷、悬挑板、阳台板，按设计图示尺寸以墙外部分体积计算，包括伸出墙外的牛腿和雨篷反挑檐的体积。

④空心板，按设计图示尺寸以体积计算。空心板（GBF高强薄壁蜂巢芯板等）应扣除空心部分。

6）现浇混凝土楼梯（编码:010506）

现浇混凝土楼梯的清单工程量计算规则：现浇混凝土楼梯包括直形楼梯、弧形楼梯。以"m^2"计量，按设计图示尺寸以水平投影面积计算，不扣除宽度≤500 mm 的楼梯井，伸入墙内部分不计算；或者以"m^3"计量，按设计图示尺寸以体积计算。

7)现浇混凝土其他构件(编码:010507)

现浇混凝土其他构件包括散水与坡道、室外地坪、电缆沟与地沟、台阶、扶手和压顶、化粪池和检查井、其他构件。

现浇混凝土其他构件的清单工程量计算规则:

①散水、坡道、室外地坪,按设计图示尺寸以水平投影面积“m^2”计算。不扣除单个面积≤0.3 m^2 的孔洞所占面积。

②电缆沟、地沟,按设计图示以中心线长度计算。

③台阶,以“m^2”计量,按设计图示尺寸水平投影面积计算;或者以“m^3”计量,按设计图示尺寸以体积计算。

④扶手、压顶,以“m”计量,按设计图示的中心线延长米计算;或者以“m^3”计量,按设计图示尺寸以体积计算。

⑤化粪池、检查井及其他构件,以“m^3”计量,按设计图示尺寸以体积计算;或者以“座”计量,按设计图示数量计算。

8)预制混凝土

预制混凝土的清单工程量计算规则:

(1)预制混凝土柱(编码:010509)

预制混凝土柱包括矩形柱、异形柱。以“m^3”计量,按设计图示尺寸以体积计算;或者以“根”计量,按设计图示尺寸以数量计算。

(2)预制混凝土梁(编码:010510)

预制混凝土梁包括矩形梁、异形梁、过梁、拱形梁、鱼腹式吊车梁和其他梁。以“m^3”计量,按设计图示尺寸以体积计算;或者以“根”计量,按设计图示尺寸以数量计算。

(3)预制混凝土屋架(编码:010511)

预制混凝土屋架包括折线型屋架、组合屋架、薄腹屋架、门式刚架屋架、天窗架屋架。以“m^3”计量,按设计图示尺寸以体积计算;或者以“榀”计量,按设计图示尺寸以数量计算。三角形屋架按折线型屋架项目编码列项。

(4)预制混凝土板(编码:010512)

预制混凝土板包括平板、空心板、槽形板、网架板、折线板、带肋板、大型板、沟盖板(井盖板)和井圈。

预制混凝土板的清单工程量计算规则:

①平板、空心板、槽形板、网架板、折线板、带肋板、大型板,以“m^3”计量,按设计图示尺寸以体积计算,不扣除单个面积≤300 mm×300 mm 的孔洞所占体积,扣除空心板空洞体积;或者以“块”计量,按设计图示尺寸以数量计算。

②沟盖板、井盖板、井圈,以“m^3”计量,按设计图示尺寸以体积计算;或者以“块”计量,按设计图示尺寸以数量计算。

(5)预制混凝土楼梯(编码:010513)

预制混凝土楼梯以“m^3”计量,按设计图示尺寸以体积计算,扣除空心踏步板空洞体积;或者以“段”计量,按设计图示数量计算。

(6)其他预制构件(编码:010514)

其他预制构件包括烟道、垃圾道、通风道及其他构件。预制钢筋混凝土小型池槽、压顶、扶手、垫块、隔热板、花格等，按其他构件项目编码列项。

工程量计算以"m^3"计量，按设计图示尺寸以体积计算，不扣除单个面积≤300 mm×300 mm 的孔洞所占体积，扣除烟道、垃圾道、通风道的孔洞所占体积；或者以"m^2"计量，按设计图示尺寸以面积计算，不扣除单个面积≤300 mm×300 mm 的孔洞所占面积；或者以"根"计量，按设计图示尺寸以数量计算。

9）钢筋工程（编码：010515）

钢筋工程包括现浇构件钢筋、预制构件钢筋、钢筋网片、钢筋笼、先张法预应力钢筋、后张法预应力钢筋、预应力钢丝、预应力钢绞线、支撑钢筋（铁马）、声测管。

钢筋工程的清单工程量计算规则：

①现浇构件钢筋、预制构件钢筋、钢筋网片、钢筋笼，按设计图示钢筋（网）长度（面积）乘以单位理论质量"t"计算。

钢筋的工作内容中包括了焊接（或绑扎）连接，不需要计量，在综合单价中考虑，但机械连接需要单独列项计算工程量。

②先张法预应力钢筋，按设计图示钢筋长度乘以单位理论质量"t"计算。

③后张法预应力钢筋、预应力钢丝、预应力钢绞线，按设计图示钢筋（丝束、绞线）长度乘以单位理论质量"t"计算。

④支撑钢筋（铁马），按钢筋长度乘单位理论质量"t"计算。在编制工程量清单时，如果设计未明确，其工程数量可为暂估量，结算时按现场签证数量计算。

10）螺栓、铁件（编号：010516）

螺栓、铁件包括螺栓、预埋铁件和机械连接。

螺栓、铁件的清单工程量计算规则：

①螺栓、预埋铁件，按设计图示尺寸以质量"t"计算。

②机械连接，按数量"个"计算。

5.2.6 金属结构工程（编码：0106）

金属结构工程包括钢网架，钢屋架、钢托架、钢桁架、钢架桥，钢柱，钢梁，钢板楼板、墙板，钢构件，金属制品。金属构件的切边，不规则及多边形钢板发生的损耗在综合单价中考虑；工作内容中综合了补刷油漆，但不包括刷防火涂料，金属构件刷防火涂料单独列项计算工程量。

1）钢网架（编码：010601）

钢网架的清单工程量计算规则：钢网架工程量按设计图示尺寸以质量"t"计算，不扣除孔眼的质量，焊条、铆钉等不另增加质量。

2）钢屋架、钢托架、钢桁架、钢架桥（编码：010602）

钢屋架、钢托架、钢桁架、钢架桥的清单工程量计算规则：

①钢屋架，以"榀"计量，按设计图示数量计算；或者以"t"计量，按设计图示尺寸以质量计算，不扣除孔眼的质量，焊条、铆钉、螺栓等不另增加质量。

②钢托架、钢桁架、钢架桥，按设计图示尺寸以质量"t"计算。不扣除孔眼的质量，焊条、铆钉、螺栓等不另增加质量。

3)钢柱(编码:010603)

钢柱包括实腹钢柱、空腹钢柱、钢管柱等项目。

钢柱的清单工程量计算规则:

①实腹柱、空腹柱,按设计图示尺寸以质量"t"计算。不扣除孔眼的质量,焊条、铆钉、螺栓等不另增加质量,依附在钢柱上的牛腿及悬臂梁等并入钢柱工程量内。

②钢管柱,按设计图示尺寸以质量"t"计算。不扣除孔眼的质量,焊条、铆钉、螺栓等不另增加质量,钢管柱上的节点板、加强环、内衬管、牛腿等并入钢管柱工程量内。

4)钢梁(编码:010604)

钢梁包括钢梁、钢吊车梁等项目。

钢梁的清单工程量计算规则:钢梁、钢吊车梁,按设计图示尺寸以质量"t"计算。不扣除孔眼的质量,焊条、铆钉、螺栓等不另增加质量,制动梁、制动板、制动桁架、车挡并入钢吊车梁工程量内。

5)钢板楼板、墙板(编码:010605)

钢板楼板、墙板的清单工程量计算规则:

①压型钢板楼板,按设计图示尺寸以铺设水平投影面积"m^2"计算。不扣除单个面积≤0.3 m^2 柱、垛及孔洞所占面积。

②压型钢板墙板,按设计图示尺寸以铺挂面积"m^2"计算。不扣除单个面积≤0.3 m^2 的梁、孔洞所占面积,包角、包边、窗台泛水等不另加面积。

6)钢构件(编码:010606)

钢构件包括钢支撑、钢拉条、钢檩条、钢天窗架、钢挡风架、钢墙架、钢平台、钢走道、钢梯、钢护栏、钢漏斗、钢板天沟、钢支架、零星钢构件。

钢构件的清单工程量计算规则:

①钢支撑、钢拉条、钢檩条、钢天窗架、钢挡风架、钢墙架、钢平台、钢走道、钢梯、钢栏杆、钢支架、零星钢构件,按设计图示尺寸以质量"t"计算。不扣除孔眼的质量,焊条、铆钉、螺栓等不另增加质量。

②钢漏斗、钢天沟板,按设计图示尺寸以质量"t"计算。不扣除孔眼的质量,煤条、铆钉、螺栓等不另增加质量,依附漏斗的型钢并入漏斗工程量内。

7)金属制品(编码:010607)

金属制品包括成品空调金属百页护栏、成品栅栏、成品雨篷、金属网栏、砌块墙钢丝加固、后浇带金属网。

金属制品的清单工程量计算规则:

①成品空调金属百页护栏、成品栅栏、金属网栏,按设计图示尺寸以面积"m^2"计算。

②成品雨篷,以"m"计量,按设计图示接触边以长度计算;或者以"m^2"计量,按设计图示尺寸以展开面积计算。

③砌块墙钢丝网加固、后浇带金属网,按设计图示尺寸以面积"m^2"计算。

5.2.7　木结构(编码:0107)

木结构包括木屋架、木构件、屋面木基层。

1)木屋架(编码:010701)

木屋架包括木屋架和钢木屋架。

木屋架的清单工程量计算规则:

①木屋架,以"榀"计量,按设计图示数量计算;或者以"m^2"计量,按设计图示的规格尺寸以体积计算。

②钢木屋架,以"榀"计量,按设计图示数量计算。

2)木构件(编码:010702)

木构件包括木柱、木梁、木檩条、木楼梯及其他木构件。

木构件的清单工程量计算规则:

①木柱、木梁,按设计图示尺寸以体积计算。

②木檩条,以"m^3"计量,按设计图示尺寸以体积计算;或者以"m"计量,按设计图示尺寸以长度计算。

③木楼梯,按设计图示尺寸以水平投影面积计算。不扣除宽度小于300 mm的楼梯井。伸入墙内部分不计算。

3)屋面木基层(编码:010703)

按设计图示尺寸以斜面积计算,不扣除房上烟囱、风帽底座、风道、小气窗、斜沟等所占面积,小气窗的出檐部分不增加面积。

5.2.8　门窗工程(编码:0108)

门窗工程包括木门、金属门、金属卷帘(闸)门、厂库房大门及特种门、其他门、木窗、金属窗、门窗套、窗台板、窗帘、窗帘盒(轨)等。

1)木门(编码:010801)

木门包括木质门、木质门带套、木质连窗门、木质防火门、木门框、门锁安装。

木门的清单工程量计算规则:

①木质门、木质门带套、木质连窗门、木质防火门,以"樘"计量,按设计图示数量计算;或者以"m^2"计量,按设计图示洞口尺寸以面积计算。

②木门框以"樘"计量,按设计图示数量计算;或者以"m"计量,按设计图示框的中心线以"延长米"计算。

③门锁安装,按设计图示数量"个(套)"计算。

2)金属门(编码:010802)

金属门包括金属(塑钢)门、彩板门、钢质防火门、防盗门。

金属门的清单工程量计算规则:金属(塑钢)门、彩板门、钢质防火门、防盗门,以"樘"计量,按设计图示数量计算;或者以"m^2"计量,按设计图示洞口尺寸以面积计算。

3)金属卷帘(闸)门(编码:010803)

金属卷帘(闸)门包括金属卷帘(闸)门、防火卷帘(闸)门。

金属卷帘(闸)门的清单工程量计算规则:以"樘"计量,按设计图示数量计算,项目特征必须描述洞口尺寸;或者以"m^2"计量,按设计图示洞口尺寸以面积计算,项目特征可不描述洞口尺寸。

4)厂库房大门、特种门(编码:010804)

厂库房大门、特种门包括木板大门、钢木大门、全钢板大门、防护铁丝门、金属格栅门、钢质花饰大门、特种门。

厂库房大门、特种门的清单工程量计算规则:

①木板大门、钢木大门、全钢板大门、金属格栅门、特种门,以"樘"计量,按设计图示数量计算;或者以"m^2"计量,按设计图示洞口尺寸以面积计算。

②防护铁丝门、钢质花饰大门,以"樘"计量,按设计图示数量计算;或者以"m^2"计量,按设计图示门框或扇以面积计算。

5)其他门(编码:010305)

其他门包括平开电子感应门、旋转门、电子对讲门、电动伸缩门、全玻自由门、镜面不锈钢饰面门、复合材料门。

其他门的清单工程量计算规则:工程量以"樘"计量,按设计图示数量计算;或者以"m^2"计量,按设计图示洞口尺寸以面积计算。

6)木窗(编码:010806)

木窗包括木质窗、木飘(凸)窗、木橱窗、木纱窗。

木窗的清单工程量计算规则:

①木质窗以"樘"计量,按设计图示数量计算;或者以"m^2"计量,按设计图示洞口尺寸以面积计算。

②木飘(凸)窗、木橱窗,以"樘"计量,按设计图示数量计算;或者以"m^2"计量,按设计图示尺寸以框外围展开面积计算。木橱窗、木飘(凸)窗以"樘"计量,项目特征必须描述框截面及外围展开面积。

③木纱窗以"樘"计量,按设计图示数量计算;或者以"m^2"计量,按框的外围尺寸以面积计算。

7)金属窗(编码:010807)

金属窗包括金属(塑钢、断桥)窗、金属防火窗、金属百叶窗、金属纱窗、金属格栅窗、金属(塑钢、断桥)橱窗、金属(塑钢、断桥)飘(凸)窗、彩板窗、复合材料窗。

金属窗的清单工程量计算规则:

①金属(塑钢、断桥)窗、金属防火窗、金属百叶窗、金属格栅窗工程量,以"樘"计量,按设计图示数量计算;或者以"m^2"计量,按设计图示洞口尺寸以面积计算。

②金属纱窗以"樘"计量,按设计图示数量计算;或者以"m^2"计量,按框的外围尺寸以面积计算。

③金属(塑钢、断桥)橱窗、金属(塑钢、断桥)飘(凸)窗的工程量,以"樘"计量,按设计图示数量计算;或者以"m^2"计量,按设计图示尺寸以框外围展开面积计算。

④彩板窗、复合材料窗以"樘"计量,按设计图示数量计算;或者以"m^2"计量,按设计图示洞口尺寸或框外围以面积计算。

8)**门窗套(编码:010808)**

门窗套包括木门窗套、木筒子板、饰面夹板筒子板、金属门窗套、石材门窗套、门窗木贴脸、成品木门窗套。

门窗套的清单工程量计算规则:

①木门窗套、木筒子板、饰面夹板筒子板、金属门窗套、石材门窗套、成品木门窗套,以"樘"计量,按设计图示数量计算;或者以"m^2"计量,按设计图示尺寸以展开面积计算;或者以"m"计量,按设计图示中心线以延长米计算。

②门窗贴脸,以"樘"计量,按设计图示数量计算;或者以"m"计量,按设计图示尺寸以延长米计算。

9)**窗台板(编码:010809)**

窗台板包括木窗台板、铝塑窗台板、金属窗台板、石材窗台板。

窗台板,按设计图示尺寸以展开面积计算。

10)**窗帘、窗帘盒、窗帘轨(编码:010810)**

窗帘、窗帘盒、窗帘轨包括窗帘、木窗帘盒、饰面夹板(塑料窗帘盒)、铝合金窗帘盒、窗帘轨。

窗帘、窗帘盒、窗帘轨的清单工程量计算规则:

①窗帘工程量以"m"计量,按设计图示尺寸以成活后长度计算;或者以"m^2"计量,按图示尺寸以成活后展开面积计算。

②木窗帘盒、饰面夹板、塑料窗帘盒、铝合金属窗帘盒、窗帘轨,按设计图示尺寸以长度计算。

5.2.9 屋面及防水工程(编码:0109)

屋面及防水工程包括瓦(型材)屋面及其他屋面,屋面防水及其他,墙面防水及防潮,楼(地)面防水及防潮。

1)**瓦屋面、型材屋面及其他屋面(编码:010901)**

瓦、型材及其他屋面包括瓦屋面、型材屋面、阳光板屋面、玻璃钢屋面、膜结构屋面。

瓦屋面、型材屋面及其他屋面的清单工程量计算规则:

①瓦屋面、型材屋面,按设计图示尺寸以斜面积计算,不扣除房上烟囱、风帽底座、风道、小气窗、斜沟等所占面积,小气窗的出檐部分不增加面积。

②阳光板、玻璃钢屋面,按设计图示尺寸以斜面积计算,不扣除屋面面积≤0.3 m^2 孔洞所占面积。

③膜结构屋面,按设计图示尺寸以需要覆盖的水平投影面积计算。

2)**屋面防水及其他(编码:010902)**

屋面防水及其他包括屋面卷材防水、屋面涂膜防水、屋面刚性层、屋面排水管、屋面排

(透)气管、屋面(廊、阳台)泄(吐)水管、屋面天沟及檐沟、屋面变形缝。

屋面防水的清单工程量计算规则:

①屋面卷材防水、屋面涂膜防水,按设计图示尺寸以面积计算。斜屋顶(不包括平屋顶找坡)按斜面积计算,平屋顶按水平投影面积计算。不扣除房上烟囱、风帽底座、风道、屋面小气窗和斜沟所占面积。屋面的女儿墙、伸缩缝和天窗等处的弯起部分,并入屋面工程量内。

②屋面刚性层,按设计图示尺寸以面积计算。不扣除房上烟囱、风帽底座、风道等所占的面积。

③屋面排水管,按设计图示尺寸以长度计算。如设计未标注尺寸,以檐口至设计室外散水上表面垂直距离计算。

④屋面排(透)气管,按设计图示尺寸以长度计算。

⑤屋面(廊、阳台)泄(吐)水警,按设计图示数量"根(个)"计算。

⑥屋面天沟、檐沟,按设计图示尺寸以展开面积计算。

⑦屋面变形缝,按设计图示尺寸以长度计算。

3)墙面防水、防潮(编码:010903)

墙面防水、防潮包括墙面卷材防水、墙面涂膜防水、墙面砂浆防水(防潮)、墙面变形缝。

墙面防水、防潮的清单工程量计算规则:

①墙面卷材防水、墙面涂膜防水、墙面砂浆防水(防潮),按设计图示尺寸以面积计算。

②墙面变形缝,按设计图示尺寸以长度计算。墙面变形缝,若做双面,工程量乘以系数2。

4)楼(地)面防水、防潮(编码:010904)

楼(地)面防水,防潮包括楼(地)面卷材防水、楼(地)面涂膜防水、楼(地)面砂浆防水(防潮)、楼(地)面变形缝。

楼(地)面防水、防潮的清单工程量计算规则:

①楼(地)面卷材防水、楼(地)面涂膜防水、楼(地)面砂浆防水(防潮),按设计图示尺寸以面积计算。

a. 楼(地)面防水:按主墙间净空面积计算,扣除凸出地面的构筑物、设备基础等所占面积,不扣除间壁墙及单个面积≤0.3 m^2 柱、垛、烟囱和孔洞所占面积。

b. 楼(地)面防水翻边高度≤300 mm 算作地面防水,翻边高度大于 300 mm 算作墙面防水计算。

②楼(地)面变形缝,按设计图示尺寸以长度计算。

5.2.10 保温、隔热、防腐工程(编码:0110)

保温、隔热、防腐工程包括保温及隔热、防腐面层、其他防腐。

1)保温、隔热(编码:011001)

保温、隔热包括保温隔热屋面、保温隔热天棚,保温隔热墙面、保温柱及梁、隔热楼地面、其他保温隔热。

保温、隔热的清单工程量计算规则:

①保温隔热屋面,按设计图示尺寸以面积计算。扣除面积大于0.3 m^2 孔洞及占位面积。

②保温隔热天棚,按设计图示尺寸以面积计算。扣除面积大于0.3 m^2 柱、垛、孔洞所占

面积,与天棚相连的梁按展开面积计算,并入天棚工程量内。柱帽保温隔热应并入天棚保温隔热工程量内。

③保温隔热墙面,按设计图示尺寸以面积计算。扣除门窗洞口以及面积大于 0.3 m^2 梁、孔洞所占面积;门窗洞口侧壁以及与墙相连的柱,并入保温墙体工程量。

④保温柱、梁,按设计图示尺寸以面积计算。

a. 柱按设计图示柱断面保温层中心线展开长度乘以保温层高度以面积计算,扣除面积大于 0.3 m^2 梁所占面积。

b. 梁按设计图示梁断面保温层中心线展开长度乘以保温层长度以面积计算。

⑤保温隔热楼地面,按设计图示尺寸以面积计算。扣除面积大于 0.3 m^2 柱、垛、孔洞所占面积,门洞、空圈、暖气包槽、壁龛的开口部分不增加面积。

⑥其他保温隔热,按设计图示尺寸以展开面积计算。扣除面积大于 0.3 m^2 孔洞及占位面积。

2)防腐面层(编码:011002)

防腐面层包括防腐混凝土面层、防腐砂浆面层、防腐胶泥面层、玻璃钢防腐面层、聚氯乙烯板面层、块料防腐面层、池及槽块料防腐面层。

防腐面层的清单工程量计算规则:

①防腐混凝土面层、防腐砂浆面层、防腐胶泥面层、玻璃钢防腐面层、聚氯乙烯板面层、块料防腐面层,按设计图示尺寸以面积计算。

②池、槽块料防腐面层,按设计图示尺寸以展开面积计算。

3)其他防腐(编码:011003)

其他防腐包括隔离层、砌筑沥青浸渍砖、防腐涂料。

其他防腐的清单工程量计算规则:

①隔离层,按设计图示尺寸以面积计算。

②砌筑沥青浸渍砖,按设计图示尺寸以体积计算。

③防腐涂料,按设计图示尺寸以面积计算。

5.2.11　楼地面装饰工程(编码:0111)

楼地面装饰工程包括整体面层及找平层、块料面层、橡塑面层、其他材料面层、踢脚线、楼梯面层、台阶装饰、零星装饰项目。

楼梯、台阶侧面装饰,≤0.5 m^2 少量分散的楼地面装修,应按零星装饰项目编码列项。

1)整体面层及找平层(编码:011101)

整体面层及找平层包括水泥砂浆楼地面、现浇水磨石楼地面、细石混凝土楼地面、菱苦土楼地面、自流坪楼地面、平面砂浆找平层。

整体面层及找平层的清单工程量计算规则:

①水泥砂浆楼地面、现浇水磨石楼地面、细石混凝土楼地面、菱苦土楼地面、自流坪楼地面,按设计图示尺寸以面积计算。扣除凸出地面构筑物、设备基础、室内管道、地沟等所占面积,不扣除间壁墙及≤0.3 m^2 柱、垛、附墙烟囱及孔洞所占面积。门洞、空圈、暖气包槽、壁龛的开口部分不增加面积。

②平面砂浆找平层,按设计图示尺寸以面积计算。平面砂浆找平层适用于仅做找平层的平面抹灰。

2)块料面层(编码:011102)

块料面层包括石材楼地面、碎石材楼地面、块料楼地面。

块料面层的清单工程量计算规则:石材楼地面、碎石材楼地面、块料楼地面,按设计图示尺寸以面积计算;门洞、空圈、暖气包槽、壁龛的开口部分并入相应的工程量内。

3)橡塑面层(编码:011103)

橡塑面层包括橡胶板楼地面、橡胶卷材楼地面、塑料板楼地面、塑料卷材楼地面。

橡塑面层的清单工程量计算规则:橡胶板楼地面、橡胶卷材楼地面、塑料板楼地面、塑料卷材楼地面,按设计图示尺寸以面积计算;门洞、空圈、暖气包槽、壁龛的开口部分并入相应的工程量内。

4)其他材料面层(编码:011104)

其他材料面层包括地毯楼地面,竹、木(复合)地板,金属复合地板,防静电活动地板。

其他材料面层的清单工程量计算规则:地毯楼地面、竹及木(复合)地板、金属复合地板、防静电活动地板,按设计图示尺寸以面积计算;门洞、空圈、暖气包槽、壁龛的开口部分并入相应的工程量内。

5)踢脚线(编码:011105)

踢脚线包括水泥砂浆踢脚线、石材踢脚线、块料踢脚线、塑料板踢脚线、木质踢脚线、金属踢脚线、防静电踢脚线。

踢脚线清单工程量计算规则:工程量以“m^2”计量,按设计图示长度乘高度以面积计算;或者以“m”计量,按延长米计算。

6)楼梯面层(编码:011106)

楼梯面层包括石材楼梯面层、块料楼梯面层、拼碎块料面层、水泥砂浆楼梯面、现浇水磨石楼梯面、地毯楼梯面、木板楼梯面、橡胶板楼梯面层、塑料板楼梯面层。

楼梯面层的清单工程量计算规则:石材楼梯面层、块料楼梯面层、拼碎块料面层、水泥砂浆楼梯面层、现浇水磨石楼梯面层、地毯楼梯面层、木板楼梯面层、橡胶板楼梯面层、塑料板楼梯面层,按设计图示尺寸以楼梯(包括踏步、休息平台及≤500 mm 的楼梯井)水平投影面积计算。楼梯与楼地面相连时,算至梯口梁内侧边沿;无梯口梁者,算至最上一层踏步边沿加300 mm。

7)台阶装饰(编码:011107)

台阶装饰包括石材台阶面、块料台阶面、拼碎块料台阶面、水泥砂浆台阶面、现浇水磨石台阶面、剁假石台阶面。

台阶装饰的清单工程量计算规则:石材台阶面、块料台阶面、拼碎块料台阶面、水泥砂浆台阶面、现浇水磨石台阶面、剁假石台阶面,工程量按设计图示尺寸以台阶(包括最上层踏步边沿外加300 mm)水平投影面积计算。

8)零星装饰项目(编码:011108)

零星装饰项目包括石材零星项目、碎拼石材零星项目、块料零星项目、水泥砂浆零星项目。

零星装饰的清单工程量计算规则：石材零星项目、碎拼石材零星项目、块料零星项目、水泥砂浆零星项目，按设计图示尺寸以面积计算。

5.2.12　墙、柱面装饰与隔断、幕墙工程(编码:0112)

墙、柱面装饰与隔断、幕墙工程包括墙面抹灰、柱(梁)面抹灰、零星抹灰、墙面块料面层、柱(梁)面镶贴块料、镶贴零星块料、墙饰面、柱(梁)饰面、幕墙工程、隔断。

1)**墙面抹灰(编码:011201)**

墙面抹灰包括墙面一般抹灰、墙面装饰抹灰、墙面勾缝、立面砂浆找平层。

墙面抹灰的清单工程量计算规则：

①墙面一般抹灰、墙面装饰抹灰、墙面勾缝、立面砂浆找平层，按设计图示尺寸以面积计算。扣除墙裙、门窗洞口及单个大于 0.3 m^2 的孔洞面积，不扣除踢脚线、挂镜线和墙与构件交接处的面积，门窗洞口和孔洞的侧壁及顶面不增加面积。附墙柱、梁、垛、烟囱侧壁并入相应的墙面面积内。飘窗凸出外墙面增加的抹灰并入外墙工程量内。

②外墙抹灰面积按外墙垂直投影面积计算。

③外墙裙抹灰面积按其长度乘以高度计算。

④内墙抹灰面积按主墙间的净长乘以高度计算。无墙裙的内墙高度按室内楼地面至天棚底面计算；有墙裙的内墙高度按墙裙顶至天棚底面计算。但有吊顶天棚的内墙面抹灰，抹至吊顶以上部分在综合单价中考虑，不另行计算。

⑤内墙裙抹灰面积按内墙净长乘以高度计算。

2)**柱(梁)面抹灰(编码:011202)**

柱(梁)面抹灰包括柱(梁)面一般抹灰、柱 (梁)面装饰抹灰、柱(梁)面砂浆找平层、柱面勾缝。

柱(梁)面抹灰的清单工程量计算规则：

①柱面一般抹灰、柱面装饰抹灰、柱面砂浆找平层，按设计图示柱断面周长乘以高度以面积计算。

②梁面一般抹灰、梁面装饰抹灰、梁面砂浆找平层，按设计图示梁断面周长乘以长度以面积计算。

③柱面勾缝，按设计图示柱断面周长乘以高度以面积计算。

3)**零星抹灰(编码:011203)**

零星抹灰包括零星项目一般抹灰、零星项目装饰抹灰、零星砂浆找平层。

零星抹灰的清单工程量计算规则：零星项目一般抹灰、零星项目装饰抹灰、零星砂浆找平层，按设计图示尺寸以面积计算。

4)**墙面块料面层(编码:011204)**

墙面块料面层包括石材墙面、碎拼石材墙面、块料墙面、干挂石材钢骨架。

墙面块料面层的清单工程量计算规则：

①石材墙面、碎拼石材墙面、块料墙面，按镶贴表面积计算。

②干挂石材钢骨架，按设计图示尺寸以质量"t"计算。

5)柱(梁)面镶贴块料(编码:011205)

柱(梁)面镶贴块料包括石材柱面、块料柱面、拼碎块柱面、石材梁面、块料梁面。

柱(梁)面镶贴块料的清单工程量计算规则:石材柱面、块料柱面、拼碎块柱面、石材梁面、块料梁面,按设计图示尺寸以镶贴表面积计算。

6)镶贴零星块料(编码:011206)

镶贴零星块料包括石材零星项目、块料零星项目、拼碎块零星项目。

镶贴零星块料的清单工程量计算规则:石材零星项目、块料零星项目,拼碎块零星项目,按镶贴表面积计算。

7)墙饰面(编码:011207)

墙饰面包括墙面装饰板、墙面装饰浮雕。

墙饰面的清单工程量计算规则:

①墙面装饰板,按设计图示墙净长乘以净高以面积计算。扣除门窗洞口及单个面积大于 0.3 m^2 的孔洞所占面积。

②墙面装饰浮雕,按设计图示尺寸以面积计算。

8)柱(梁)饰面(编码:011208)

柱(梁)饰面包括柱(梁)面装饰、成品装饰柱。

柱(梁)饰面的清单工程量计算规则:

①柱(梁)面装饰,按设计图示饰面外围尺寸以面积计算。柱端、柱墩并入相应柱饰面工程量内。

②成品装饰柱,工程量以“根”计量,按设计数量计算;或者以“m”计量,按设计长度计算。

9)幕墙工程(编码:011209)

幕墙包括带骨架幕墙、全玻(无框玻璃)幕墙。

幕墙清单工程量计算规则:

①带骨架幕墙,按设计图示框外围尺寸以面积计算。与幕墙同种材质的窗所占面积不扣除。

②全玻(无框玻璃)幕墙,按设计图示尺寸以面积计算。带肋全玻幕墙按展开面积计算。

10)隔断(编码:011210)

隔断包括木隔断、金属隔断、玻璃隔断、塑料隔断、成品隔断、其他隔断。

隔断的清单工程量计算规则:

①木隔断、金属隔断,按设计图示框外围尺寸以面积计算。不扣除单个≤0.3 m^2 的孔洞所占面积;浴厕门的材质与隔断相同时,门的面积并入隔断面积内。

②玻璃隔断、塑料隔断,按设计图示框外围尺寸以面积计算。不扣除单个≤0.3 m^2 的孔洞所占面积。

③成品隔断、其他隔断,以“m^2”计量,按设计图示框外围尺寸以面积计算;或者以“间”计量,按设计间的数量计算。

5.2.13 天棚工程(编码:0113)

天棚工程包括天棚抹灰、天棚吊顶、采光天棚、天棚其他装饰。

1)**天棚抹灰(编码:011301)**

天棚抹灰的清单工程量计算规则:

①天棚抹灰,按设计图示尺寸以水平投影面积计算。不扣除间壁墙、垛、柱、附墙烟囱、检查口和管道所占的面积。

②带梁天棚的梁两侧抹灰面积并入天棚面积内,板式楼梯底面抹灰按斜面积计算,锯齿形楼梯底板抹灰按展开面积计算。

2)**天棚吊顶(编码:011302)**

天棚吊顶包括吊顶天棚、格栅吊顶、吊筒吊顶、藤条造型悬挂吊顶、织物软雕吊顶、装饰网架吊顶。

天棚吊顶的清单工程量计算规则:

①吊顶天棚,按设计图示尺寸以水平投影面积计算。天棚面中的灯槽及跌级、锯齿形、吊挂式、藻井式天棚面积不展开计算。不扣除间壁墙、检查口、附墙烟囱、柱垛和管道所占面积,扣除单个大于0.3 m^2 的孔洞、独立柱及与天棚相连的窗帘盒所占的面积。

②格栅吊顶、吊筒吊顶、藤条造型悬挂吊顶、织物软雕吊顶、装饰网架吊顶,按设计图示尺寸以水平投影面积计算。

3)**采光天棚(编码:011303)**

采光天棚工程量计算按框外围展开面积计算。采光天棚骨架应单独按"金属结构"中相关项目编码列项。

4)**天棚其他装饰(编码:011304)**

天棚其他装饰包括灯带(槽)、送风口及回风口。

天棚其他装饰的清单工程量计算规则:

①灯带(槽),按设计图示尺寸以框外围面积计算。

②送风口、回风口,按设计图示数量"个"计算。

5.2.14　油漆、涂料、裱糊工程(编码:0114)

油漆、涂料、裱糊工程包括门油漆、窗油漆、木扶手及其他板条(线条)油漆、木材面油漆、金属面油漆、抹灰面油漆、喷刷涂料、裱糊。

1)**门油漆(编码:011401)**

门油漆包括木门油漆、金属门油漆。

门油漆的清单工程量计算规则:木门油漆、金属门油漆,工程量以"樘"计量,按设计图示数量计量;或者以"m"计量,按设计图示洞口尺寸以面积计算。

2)**窗油漆(编码:011402)**

窗油漆包括木窗油漆、金属窗油漆。

窗油漆的清单工程量计算规则:木窗油漆、金属窗油漆,以"樘"计量,按设计图示数量计量;或者以"m"计量,按设计图示洞口尺寸以面积计算。

3)**木扶手及其他板条(线条)油漆(编码:011403)**

木扶手及其他板条(线条)油漆包括木扶手油漆,窗帘盒油漆,封檐板及顺水板油漆,挂衣板及黑板框油漆，挂镜线、窗帘棍、单独木线油漆。

木扶手及其他板条、线条油漆的清单工程量计算规则：木扶手油漆，窗帘盒油漆，封檐板及顺水板油漆，挂衣板及黑板框油漆，挂镜线、窗帘棍、单独木线油漆，按设计图示尺寸以长度计算。

4）木材面油漆（编码：011404）

木材面油漆包括木护墙、木墙裙油漆，窗台板、筒子板、盖板、门窗套、踢脚线油漆，清水板条天棚、檐口油漆，木方格吊顶天棚油漆，吸声板墙面、天棚面油漆，暖气罩油漆及其他木材面油漆，木间壁、木隔断油漆，玻璃间壁露明墙筋油漆，木栅栏、木栏杆（带扶手）油漆，衣柜、壁柜油漆，梁柱饰面油漆，零星木装修油漆，木地板油漆，木地板烫硬蜡面。

木材面油漆的清单工程量计算规则：

①木护墙、木墙裙油漆，窗台板、筒子板、盖板、门窗套、踢脚线油漆，清水板条天棚、檐口油漆，木方格吊顶天棚油漆，吸声板墙面、天棚面油漆，暖气罩油漆及其他木材面油漆的工程量，均按设计图示尺寸以面积计算。

②木间壁及木隔断油漆、玻璃间壁露明墙筋油漆、木栅栏及木栏杆（带扶手）油漆，按设计图示尺寸以单面外围面积计算。

③衣柜及壁柜油漆、梁柱饰面油漆、零星木装修油漆，按设计图示尺寸以油漆部分展开面积计算。

④木地板油漆、木地板烫硬蜡面，按设计图示尺寸以面积计算。空洞、空圈、暖气包槽、壁龛的开口部分并入相应的工程量内。

5）金属面油漆（编码：011405）

金属面油漆的清单工程量计算规则：以“t”计量，按设计图示尺寸以质量计算；或者以“m^2”计量，按设计展开面积计算。

6）抹灰面油漆（编码：011406）

抹灰面油漆包括抹灰面油漆、抹灰线条油漆、满刮腻子。

抹灰面油漆的清单工程量计算规则：

①抹灰面油漆，按设计图示尺寸以面积计算。

②抹灰线条油漆，按设计图示尺寸以长度计算。

③满刮腻子，按设计图示尺寸以面积计算。

7）喷刷涂料（编码：011407）

喷刷涂料包括墙面喷刷涂料、天棚喷刷涂料、空花格栏杆刷涂料、线条刷涂料、金属构件刷防火涂料、木材构件喷刷防火涂料。喷刷墙面涂料部位要注明内墙或外墙。

喷刷涂料的清单工程量计算规则：

①墙面喷刷涂料、天棚喷刷涂料，按设计图示尺寸以面积计算。

②空花格、栏杆刷涂料，按设计图示尺寸以单面外围面积计算。

③线条刷涂料，按设计图示尺寸以长度计算。

④金属构件刷防火涂料以“t”计量，按设计图示尺寸以质量计算；或者以“m^2”计量，按设计展开面积计算。

⑤木材构件喷刷防火涂料以“m^2”计量，按设计图示尺寸以面积计算。

8)裱糊(编码:011408)

裱糊包括墙纸裱糊、织锦缎被糊,按设计图示尺寸以面积计算。

5.2.15　其他装饰工程(编码:0115)

其他装饰工程包括柜类货架、压条装饰线、扶手栏杆栏板装饰、暖气罩、浴厕配件、雨篷旗杆、招牌灯箱和美术字。

项目工作内容中包括刷油漆的,不得单独将油漆分离而单列油漆清单项目;工作内容中没有包括刷油漆的,可单独按油漆项目列项。

1)柜类、货架(编码:011501)

柜类、货架包括柜台、酒柜、衣柜、存包柜、鞋柜、书柜、厨房壁柜、木壁柜、厨房低柜、厨房吊柜、矮柜、吧台背柜、酒吧吊柜、酒吧台、展台、收银台、试衣间、货架、书架、服务台。

工程量以“个”计量,按设计图示数量计量;或者以“m”计量,按设计图示尺寸以延长米计算;或者以“m^2”计量,按设计图示尺寸以体积计算。

2)压条、装饰线(编码:011502)

压条、装饰线包括金属装饰线、木质装饰线、石材装饰线、石膏装饰线、镜面玻璃线、铝塑装饰线、塑料装饰线、GRC 装饰线。工程量按设计图示尺寸以长度计算。

3)扶手、栏杆、栏板装饰(编码:011503)

扶手、栏杆、栏板装饰包括金属扶手、栏杆、栏板,硬木扶手、栏杆、栏板,塑料扶手、栏杆、栏板,GRC 栏杆、扶手,金属靠墙扶手,硬木靠墙扶手,塑料靠墙扶手,玻璃栏板。工程量按设计图示尺寸以扶手中心线以长度(包括弯头长度)“m”计算。

4)暖气罩(编码:011504)

暖气罩包括饰面板暖气罩、塑料板暖气罩、金属暖气罩,按设计图示尺寸以垂直投影面积(不展开)“m^2”计算。

5)浴厕配件(编码:011505)

浴厕配件包括洗漱台、晒衣架、帘子杆、浴缸拉手、卫生间扶手、毛巾杆(架)、毛巾环、卫生纸盒、肥皂盒、镜面玻璃、镜箱。

浴厕配件的清单工程量计算规则:

①洗漱台,按设计图示尺寸以台面外接矩形面积计算,不扣除孔洞、挖弯、削角所占面积,挡板、吊沿板面积并入台面面积内;或按设计图示数量“个”计算。

②晒衣架、帘子杆、浴缸拉手、卫生间扶手、卫生纸盒、肥皂盒、镜箱,按设计图示数量“个”计算。

③毛巾杆(架),按设计图示数量“套”计算。

④毛巾环,按设计图示数量“副”计算。

⑤镜面玻璃,按设计图示尺寸以边框外围面积计算。

6)雨篷、旗杆(编码:011506)

雨篷、旗杆包括雨篷吊挂饰面、金属旗杆、玻璃雨篷。

雨篷、旗杆的清单工程量计算规则:

①雨篷吊挂饰面、玻璃雨篷,按设计图示尺寸以水平投影面积计算。

②金属旗杆,按设计图示数量“根”计算。

7)招牌、灯箱(编码:011507)

招牌、灯箱包括平面、箱式招牌,竖式标箱,灯箱,信报箱。

灯箱的清单工程量计算规则:

①平面、箱式招牌,按设计图示尺寸以正立面边框外围面积计算。复杂的凸凹造型部分不增加面积。

②竖式标箱、灯箱、信报箱,按设计图示数量“个”计算。

8)美术字(编码:011508)

美术字包括泡沫塑料字、有机玻璃字、木质字、金属字、吸塑字,按设计图示数量“个”计算。

5.2.16 拆除工程(编码:0116)

拆除工程包括砖砌体拆除,混凝土及钢筋混凝土构件拆除,木构件拆除,抹灰层拆除,块料面层拆除,龙骨及饰面拆除,屋面拆除,铲除油漆涂料裱糊面,栏杆栏板、轻质隔断隔墙拆除,门窗拆除,金属构件拆除,管道及卫生洁具拆除,灯具、玻璃拆除,其他构件拆除,开孔(打洞)。适用于房屋工程的维修、加固、二次装修前的拆除,不适用于房屋的整体拆除。

1)砖砌体拆除(编码:011601)

砖砌体拆除,以“m^3”计量,按拆除的体积计算;或者以“m”计量,按拆除的延长米计算。

2)混凝土及钢筋混凝土构件拆除(编码:011602)

混凝土及钢筋混凝土构件拆除包括混凝土构件拆除、钢筋混凝土构件拆除。

混凝土构件拆除、钢筋混凝土构件拆除,以“m^2”计量,按拆除构件的混凝土体积计算;或者以“m^2”计量,按拆除部位的面积计算;或者以“m”计量,按拆除部位的延长米计算。

3)木构件拆除(编码:011603)

木构件拆除以“m^3”计量,按拆除构件的体积计算;或者以“m^2”计量,按拆除面积计算;或者以“m”计量,按拆除延长米计算。

4)抹灰面拆除(编码:011604)

抹灰面拆除包括平面抹灰层拆除、立面抹灰层拆除、天棚抹灰面拆除,按拆除部位的面积计算。

5)块料面层拆除(编码:011605)

块料面层拆除包括平面块料拆除、立面块料拆除,按拆除面积计算。

6)龙骨及饰面拆除(编码:011606)

龙骨及饰面拆除包括楼地面龙骨及饰面拆除、墙柱面龙骨及饰面拆除、天棚面龙骨及饰面拆除,按拆除面积计算。

7)屋面拆除(编码:011607)

屋面拆除包括刚性层拆除、防水层拆除,按铲除部位的面积计算。

8)铲除油漆涂料裱糊面(编码:011608)

铲除油漆涂料裱糊面包括铲除油漆面、铲除涂料面、铲除裱糊面。

铲除油漆面、铲除涂料面、铲除裱糊面,以“m^2”计量,按铲除部位的面积计算;或者以“m”计量,按铲除部位的延长米计算。

9)栏杆栏板、轻质隔断隔墙拆除(编码:011609)

栏杆栏板、轻质隔断隔墙拆除的清单工程量计算规则:

①栏杆、栏板拆除,以“m^2”计量,按拆除部位的面积计算;或者以“m”计量,按拆除的延长米计算。

②隔断隔墙拆除,按拆除部位的面积计算。

10)门窗拆除(编码:011610)

门窗拆除包括木门窗拆除、金属门窗拆除。

木门窗拆除、金属门窗拆除,以“m”计量,按拆除面积计算;或者以“樘”计量,按拆除樘数计算。

11)金属构件拆除(编码:011611)

金属构件拆除包括钢梁拆除、钢柱拆除、钢网架拆除、钢支撑及钢墙架拆除、其他金属构件拆除。

金属构件拆除的清单工程量计算规则:

①钢梁拆除、钢柱拆除以“t”计量,按拆除构件的质量计算;或者以“m”计量,按拆除延长米计算。

②钢网架拆除,按拆除构件的质量计算。

③钢支撑及钢墙架拆除、其他金属构件拆除,以“t”计量,按拆除构件的质量计算;或者以“m”计量,按拆除延长米计算。

12)管道及卫生洁具拆除(编码:011612)

管道及卫生洁具拆除包括管道拆除、卫生洁具拆除。

①管道拆除,按拆除管道的延长米“m”计算。

②卫生洁具拆除,按拆除的数量“套或个”计算。

13)灯具、玻璃拆除(编码:011613)

灯具、玻璃拆除包括灯具拆除、玻璃拆除。

①灯具拆除,按拆除的数量“套”计算。

②玻璃拆除,按拆除的面积计算。

14)其他构件拆涂(编码:011614)

其他构件拆除包括暖气罩拆除、柜体拆除、窗台板拆除、筒子板拆除、窗帘盒拆除、窗帘轨拆除。

其他构件拆除的清单工程量计算规则:

①暖气罩拆除、柜体拆除,以“个”为单位计量,按拆除个数计算;或者以“m”为单位计量,按拆除延长米计算。

②窗台板拆除、筒子板拆除,以“块”计量,按拆除数量计算;或者以“m”计量,按拆除的延

长米计算。

③窗帘盒拆除、窗帘轨拆除，按拆除的延长米计算。

15）开孔（打洞）（编码:011615）

开孔（打洞），按数量“个”计算。

5.2.17 措施项目（编码:0117）

措施项目包括脚手架工程、混凝土模板及支架（撑）、垂直运输、超高施工增加、大型机械设备进出场及安拆、施工降水及排水、安全文明施工及其他措施项目。措施项目可以分为两类：一类是可以计算工程量的措施项目（即单价措施项目），如脚手架、混凝土模板及支架（撑）、垂直运输、超高施工增加、大型机械设备进出场及安拆、施工降水及排水等；另一类是不方便计算工程量的措施项目（即总价措施项目，可采用费率计取的措施项目），如安全文明施工费等。

1）脚手架工程（编码:011701）

脚手架工程包括综合脚手架、外脚手架、里脚手架、悬空脚手架、挑脚手架、满堂脚手架、整体提升架、外装饰吊篮。

脚手架的清单工程量计算规则：

①综合脚手架，按建筑面积计算。

②外脚手架、里脚手架、整体提升架、外装饰吊篮，按所服务对象的垂直投影面积计算。

③悬空脚手架、满堂脚手架，按搭设的水平投影面积计算。

④挑脚手架，按搭设长度乘以搭设层数以延长米计算。

2）混凝土模板及支架（撑）（编码:011702）

混凝土模板及支架（撑）包括基础、矩形柱、构造柱、异形柱、基础梁、矩形梁、异形梁、圈梁、过梁、弧形及拱形梁，直形墙、弧形墙、短肢剪力墙及电梯井壁、有梁板、无梁板、平板、拱板、薄壳板、空心板、其他板、栏板、天沟及檐沟、雨篷悬挑板及阳台板、楼梯、其他现浇构件、电缆沟及地沟、台阶、扶手、散水、后浇带、化粪池、检查井。

混凝土模板及支架（撑）的工程量计算规则有两种处理方法：

①以“m^2”计量的模板及支撑（架），按混凝土及钢筋混凝土项目执行，其综合单价应包含模板及支撑（架）；

②以“m^2”计量，按模板与混凝土构件的接触面积计算。按接触面积计算的规则与方法如下：

a. 现浇混凝土基础、柱、梁、墙板等主要构件模板及支架工程量按模板与现浇混凝土构件的接触面积计算。

b. 天沟、檐沟、电缆沟、地沟、散水、扶手、后浇带、化粪池、检查井，按模板与现浇混凝土构件的接触面积计算。

c. 雨篷、悬挑板、阳台板，按图示外挑部分尺寸的水平投影面积“m^2”计算，挑出墙外的悬臂梁及板边不另计算。

d. 楼梯，按楼梯（包括休息平台、平台梁、斜梁和楼层板的连接梁）的水平投影面积计算，不扣除宽度≤500 mm 的楼梯井所占面积，楼梯踏步、踏步板、平台梁等侧面模板不另计算，伸入墙内部分亦不增加。

3）垂直运输（编码：011703）

垂直运输指施工工程在合理工期内所需垂直运输机械。

垂直运输，按建筑面积计算，或按施工工期日历天数"天"计算。

4）超高施工增加（编码：011704）

单层建筑物檐口高度超过 20 m，多层建筑物超过 6 层时（计算层数时，地下室不计入层数），可按超高部分的建筑面积计算超高施工增加。

5）大型机械设备进出场及安拆（编码：011705）

大型机械设备进出场及安拆需要单独编码列项，与一般中小型机械不同。一般中小型机械的进出场、安拆的费用已经计入机械台班单价，不应独立编码列项。

大型机械设备进出场及安拆，按使用机械设备的数量"台·次"计算。

6）施工排水、降水（编码：011706）

施工排水、降水包括成井、排水及降水。

①成井，按设计图示尺寸以钻孔深度"m"计算。

②排水、降水，按排、降水日历天数"昼夜"计算。

7）安全文明施工及其他措施项目（编码：011707）

安全文明施工及其他措施项目包括安全文明施工、夜间施工及非夜间施工照明、二次搬运、冬雨季施工、地上及地下设施及建筑物的临时保护设施、已完工程及设备保护等。

属于总价措施项目，列项按费率计算，不计算工程量。

5.3　定额工程量计算规则

住房和城乡建设部于 2015 年 3 月组织修订并印发了《房屋建筑与装饰工程消耗量定额》（TY01-31-2015）、《通用安装工程消耗量定额》（TY02-31-2015）、《市政工程消耗量定额》（ZYA1-31-2015）、《建设工程施工机械台班费用编制规则》以及《建设工程施工仪器仪表台班费用编制规则》，自 2015 年 9 月 1 日起施行。

因篇幅有限，本部分内容只依据全国统一的《房屋建筑与装饰工程消耗量定额》（TY01－31－2015）阐述"房屋建筑与装饰工程"的一部分定额工程量计算规则，其他专业可查阅相应的消耗量定额。

5.3.1　土石方工程（编码：0101）

土石方工程的定额工程量计算规则：

①土石方的开挖、运输，均按开挖前的天然密实体积计算。土方回填，按回填后的竣工体积计算。不同状态的土石方体积，按表 5.1 换算。

表 5.1　土石方体积换算系数表

名称	虚方	松填	天然密实	夯填
土方	1.00	0.83	0.77	0.67
	1.20	1.00	0.92	0.80
	1.30	1.08	1.00	0.87
	1.50	1.25	1.15	1.00
石方	1.00	0.85	0.65	—
	1.18	1.00	0.76	—
	1.54	1.31	1.00	—

②基础土石方的开挖深度按设计室外地坪至基础(含垫层)底标高计算。交付施工场地标高与设计室外地坪不同时,按交付施工场地标高计算。

③基础施工的工作面宽度按施工组织设计(经过批准,下同)计算;施工组织设计无规定时,按《房屋建筑与装饰工程消耗量定额》(TY01-31-2015)第一分部中的相关规定计算。

④基础土方的放坡:

a. 土方放坡的起点深度和放坡坡度按施工组织设计计算;施工组织设计无规定时,按表5.2 计算。

表 5.2　土方放坡起点深度和放坡坡度表

土壤类别	起点深度(>m)	放坡坡度			
		人工挖土	机械挖土		
			基坑内作业	基坑上作业	沟槽上作业
一二类土	1.20	1 : 0.50	1 : 0.33	1 : 0.75	1 : 0.50
三类土	1.50	1 : 0.33	1 : 0.25	1 : 0.67	1 : 0.33
四类土	2.00	1 : 0.10	1 : 0.10	1 : 0.33	1 : 0.25

b. 基础土方放坡自基础(含垫层)底标高算起。

c. 混合土质的基础土方,其放坡的起点深度和放坡坡度,按不同土类厚度加权平均计算。

d. 计算基础土方放坡时,不扣除放坡交叉处的重复工程量。

e. 基础土方支挡土板时,土方放坡不另计算。

⑤爆破岩石的允许超挖量分别为:极软岩、软岩 0.20 m,较软岩、较硬岩、坚硬岩 0.15 m。

⑥沟槽土石方按设计图示沟槽长度乘以沟槽断面面积(包括工作面宽度和土方放坡宽度)以体积计算。

⑦基坑土石方按设计图示基础(含垫层)尺寸,另加工作面宽度、土方放坡宽度或石方允许超挖量乘以开挖深度以体积计算。

⑧一般土石方按设计图示基础(含垫层)尺寸,另加工作面宽度、土方放坡宽度或石方允许超挖量乘以开挖深度以体积计算。机械施工坡道的土石方工程量,并入相应工程量内计算。

⑨挖淤泥流砂按设计图示位置、界限以体积计算。

⑩桩间挖土，系指桩承台外缘向外 1.2 m 范围内、桩顶设计标高以上 1.2 m（不足时按实计算）至基础（含垫层）底的挖土；相邻桩承台外缘间距离≤4.00 m 时，其间（竖向同上）的挖土全部为桩间挖土。桩间挖土不扣除桩体和空孔所占体积。

⑪人工挖（含爆破后挖）冻土按设计图示尺寸，另加工作面宽度以体积计算。

⑫挖内支撑土方工程量按挖土区域水平投影面积乘以支撑下挖土深度以体积计算，支撑下挖土深度为最上一道支撑梁的上表面至基坑底面的高度。

⑬岩石爆破后人工清理基底与修整边坡，按岩石爆破的规定尺寸（含工作面宽度和允许超挖量）以面积计算。

⑭回填及其他。

a. 平整场地按设计图示尺寸以建筑物（构筑物）首层建筑面积（结构外围内包面积）计算。建筑物地下室结构外边线突出首层结构外边线时，其突出部分的建筑面积合并计算。

b. 基底钎探以垫层（或基础）底面积计算。

c. 原土夯实与碾压按施工组织设计规定的尺寸以面积计算。

d. 回填以体积计算。

⑮土方运输按挖方体积（减去回填方体积）以天然密实体积计算。挖土总体积减去回填土（折合天然密实体积），总体积为正，则为余土外运；总体积为负，则为取土回运。

5.3.2 地基处理与边坡支护工程（编码:0102）

地基处理与边坡支护的定额工程量计算规则：

1）地基处理

①换填地基按设计图示尺寸以体积计算。

②加筋地基按设计图示尺寸以面积计算。

③强夯按设计图示强夯处理范围以面积计算。设计无规定时，一般场地按建筑外围轴线每边各加 4 m 计算；液化场地按外围轴线每边各加 5 m 计算。

④灰土桩、砂石桩、碎石桩、水泥粉煤灰桩、碎石桩均按设计桩长（包括桩尖）乘以设计桩外径截面积以体积计算。

⑤搅拌桩复合地基。

a. 深层水泥搅拌桩、高压旋喷水泥桩按设计桩长加 50 cm 乘以设计桩外径截面积以体积计算。

b. 三轴水泥搅拌桩按桩长乘以桩单个圆形截面积以体积计算，不扣除重叠部分的面积。三轴水泥搅拌桩中的插、拔型钢工程量按设计图示型钢以质量计算。

⑥高压喷射水泥桩成孔按设计图示尺寸以桩长计算。

⑦分层注浆钻孔数量按设计图示以钻孔深度计算。注浆数量，按设计图示注明加固土体的体积计算。

⑧压密注浆钻孔数量按设计图示以钻孔深度计算。

⑨凿桩头按凿桩长度乘以桩断面以体积计算。

2)基坑与边坡支护

①地下连续墙。

a. 现浇导墙混凝土按设计图示以体积计算。

b. 现浇导墙混凝土模板按混凝土与模板接触面的面积以面积计算。

c. 成槽工程量按设计长度乘以墙厚及成槽深度(设计室外地坪至连续墙底)以体积计算。

d. 浇筑连续墙混凝土工程量按设计长度乘以墙厚及墙身加0.5 m以体积计算。

②圆木桩按设计桩长(包括接桩)及梢径按木材材积表计算,其预留长度的材积已考虑在定额内。送桩深度按设计桩顶标高至打桩前的交付地坪标高另加0.50 m计算。

③钢板桩,打拔钢板桩按设计桩体以质量计算。安、拆导向夹具按设计图示尺寸以长度计算。

④砂浆土钉、砂浆锚杆的钻孔、灌浆,按设计文件或施工组织设计规定(设计图示尺寸)的钻孔深度以长度计算。喷射混凝土护坡区分土层与岩层,按设计文件(或施工组织设计)规定尺寸以面积计算。钢筋、钢管锚杆,钢绞线锚索按设计图示以质量计算。锚头制作安装、张拉锁定,按设计图示以"套"计算。

⑤挡土板按设计文件(或施工组织设计)规定的支挡范围以面积计算。

⑥钢支撑、钢腰梁按设计图示尺寸以质量计算,不扣除孔眼质量,焊条、铆钉、螺栓等也不另增加质量。

⑦冠梁、腰梁混凝土按设计图示尺寸以体积计算;冠梁、腰梁模板按与混凝土的接触面积计算。

5.3.3 桩基工程(编码:0102)

桩基的定额工程量计算规则:

1)预制桩

①预制钢筋混凝土桩,打、压预制钢筋混凝土桩按设计桩长(包括桩尖)乘以桩截面面积以体积计算。

②预应力钢筋混凝土管桩。

a. 打、压预应力钢筋混凝土管桩按设计桩长(不包括桩尖)以长度计算。

b. 预应力钢筋混凝土管桩钢桩尖按设计图示尺寸以质量计算。

c. 预应力钢筋混凝土管桩,如设计要求加注填充材料时,填充部分另按钢管桩填芯相应项目执行。

d. 桩头灌芯按设计尺寸以灌注体积计算。

③钢管桩。

a. 钢管桩按设计要求的桩体质量计算。

b. 钢管桩内切割、精割盖帽按设计要求的数量计算。

c. 钢管桩管内钻孔取土、填芯,按设计桩长(包括桩尖)乘以填芯截面积以体积计算。

④打桩工程的送桩均按设计桩顶标高至打桩前的自然地坪标高另加0.5 m计算相应的送桩工程量。

⑤预制混凝土桩、钢管桩电焊接桩按设计要求接桩头的数量计算。

⑥预制混凝土桩截桩按设计要求截桩的数量计算。截桩长度≤1 m时,不扣减相应桩的打桩工程量;截桩长度>1 m时,其超过部分按实扣减打桩工程量,但桩体的价格不扣除。

⑦预制混凝土桩凿桩头按设计图示桩截面积乘以凿桩头长度以体积计算。凿桩头长度设计无规定时,桩头长度按桩体高40d(d为桩体主筋直径,主筋直径不同时取大者)计算;回旋桩、旋挖桩、冲击桩、冲孔桩、扩孔桩灌注混凝土桩凿桩头按设计超灌高度(设计有规定按设计要求,设计无规定按1 m)乘以桩身设计截面积以体积计算;沉管桩、螺旋桩灌注混凝土桩凿桩头按设计超灌高度(设计有规定按设计要求,设计无规定按0.5 m)乘以桩身设计截面积以体积计算。

⑧桩头钢筋整理按所整理的桩的数量计算。

2)灌注桩

①回旋桩、旋挖桩、冲击桩、扩孔桩、螺旋桩成孔工程量按打桩前自然地坪标高至设计桩底标高的成孔长度乘以设计桩径截面积以体积计算。入岩增加项目工程量按实际入岩深度乘以设计桩径截面积以体积计算。

②冲孔桩机带冲击(抓)锤冲孔工程量分别按进入土层、岩石层的成孔长度乘以设计桩径截面积以体积计算。

③回旋桩、旋挖桩、冲击桩、冲孔桩、扩孔桩、螺旋桩灌注混凝土工程量按设计桩径截面积乘以设计桩长(包括桩尖)另加加灌长度以体积计算。回旋桩、旋挖桩、冲击桩、冲孔桩、扩孔桩加灌长度设计有规定者,按设计要求计算,无规定者,按1 m计算。螺旋桩加灌长度设计有规定者,按设计要求计算,无规定者,按0.5 m计算。

④沉管成孔工程量按打桩前自然地坪标高至设计桩底标高(不包括预制桩尖)的成孔长度乘以钢管外径截面积以体积计算。

⑤沉管桩灌注混凝土工程量按钢管外径截面积乘以设计桩长(不包括预制桩尖)另加加灌长度以体积计算。加灌长度设计有规定者,按设计要求计算,无规定者,按0.5 m计算。

⑥人工挖孔桩挖孔工程量分别按进入土层、岩石层的成孔长度乘以设计护壁外围截面积以体积计算。

⑦人工挖孔桩模板工程量按现浇混凝土护壁与模板的实际接触面积计算。

⑧人工挖孔桩灌注混凝土护壁和桩芯工程量分别按设计图示截面积乘以设计桩长另加加灌长度以体积计算。加灌长度设计有规定者,按设计要求计算,无规定者,按0.25 m计算。

⑨钻(冲)孔灌注桩、人工挖孔桩,设计要求扩底时,其扩底工程量按设计尺寸以体积计算,并入相应的工程量内。

⑩泥浆运输按成孔工程量以体积计算。

⑪桩孔回填工程量按打桩前自然地坪标高至桩加灌长度的顶面乘以桩孔截面积以体积计算。

⑫钻孔压浆桩工程量按设计桩长以长度计算。

⑬注浆管、声测管埋设工程量按打桩前的自然地坪标高至设计桩底标高另加0.5 m以长度计算。

⑭桩底(侧)后压浆工程量按设计注入水泥用量以质量计算。

5.3.4 砌筑工程(编码:0104)

砌筑工程的定额工程量计算规则:

1)砖砌体、砌块砌体

①砖基础按设计图示尺寸以包括大放脚在内的体积计算。

②砖墙、砌块墙按设计图示尺寸以体积计算。

③砖柱按设计图示尺寸以体积计算,扣除混凝土及钢筋混凝土梁垫、梁头、板头所占体积。

④砖砌窨井按设计图示数量以“座”计算。

⑤零星砌砖按设计图示尺寸以体积计算。

⑥砖散水、地坪按设计图示尺寸以面积计算。

⑦砖地沟不分沟壁砖基础与砖砌沟壁,按设计图示尺寸以沟壁砖基础和砖砌沟壁体积之和合并计算。

⑧贴砌砖墙按设计图示尺寸的贴砌面积乘以贴砌砖厚度(不含贴砌面砂浆厚度)以体积计算。

⑨轻质砌块 L 形专用连接件按设计(规范)要求以数量“个”计算。

⑩柔性材料嵌缝按设计(规范)要求,以轻质砌块(加气砌块)隔墙与钢筋混凝土梁或楼板、柱或墙之间的缝隙长度计算。

2)石砌体

①石基础按设计图示尺寸以体积计算。

②石勒脚按设计图示尺寸以体积计算,扣除单个面积>0.3 m^2 的孔洞所占的体积。

③石墙按设计图示尺寸以体积计算。

④石挡土墙按设计图示尺寸以体积计算。

⑤石柱按设计图示尺寸以体积计算,扣除混凝土及钢筋混凝土梁垫、梁头、板头所占体积。

⑥石护坡按设计图示尺寸以体积计算。

⑦石台阶按设计图示尺寸以体积计算。

⑧石坡道按设计图示以水平投影面积计算。

⑨石砌体勾缝按设计图示尺寸以石砌体表面展开面积计算。

3)轻质墙板

轻质墙板按设计图示尺寸以面积计算,扣除门窗洞及单个面积>0.3 m^2 的孔洞所占的面积。

注:本章涉及砌体长度、高度、厚度的详细约定可按《房屋建筑与装饰工程消耗量定额》(TY01-31-2015)第四分部中的相关规定计算。

5.3.5 混凝土及钢筋混凝土工程(编码:0105)

混凝土及钢筋混凝土工程的定额工程量计算规则:

1)混凝土

目前工程中的混凝土以现浇混凝土为主,预制混凝土为辅。本部分内容未明确提及“预制混凝土”者,均指“现浇混凝土”构件。

现浇混凝土工程量除另有规定者外,均按设计图示尺寸以体积计算。不扣除构件内钢筋、预埋铁件及墙、板中 0.3 m^2 以内的孔洞所占体积。型钢混凝土中型钢骨架所占体积按密度 7 850 kg/m^3 扣除。

①基础:按设计图示尺寸以体积计算,不扣除伸入基础的桩头所占体积。

a. 条形(带形)基础:不分有肋式与无肋式,均按条形基础项目计算,有肋式条形(带形)基础,肋高(指基础扩大顶面至梁顶面的高)≤1.2 m 时,合并计算;>1.2 m 时,扩大顶面以下的基础部分按无肋条形(带形)基础项目计算,扩大顶面以上部分按墙项目计算。

b. 箱式基础分别按基础、柱、墙、梁、板等有关规定计算。

c. 设备基础:设备基础除块体(块体设备基础是指没有空间的实心混凝土形状)以外,其他类型设备基础分别按基础、柱、墙、梁、板等有关规定计算。

②柱:按设计图示尺寸以体积计算。

a. 有梁板的柱高应自柱基上表面(或楼板上表面)至上一层楼板上表面之间的高度计算。

b. 无梁板的柱高应自柱基上表面(或楼板上表面)至柱帽下表面之间的高度计算。

c. 框架柱的柱高应自柱基上表面至柱顶面高度计算。

d. 构造柱按全高计算,嵌接墙体部分(马牙槎)并入柱身体积。

e. 依附柱上的牛腿并入柱身体积内计算。

f. 钢管混凝土柱以钢管高度按照钢管内径计算混凝土体积。

g. 劲性混凝土柱、梁应扣除劲性骨架所占体积。

h. 斜柱按柱截面乘以斜长计算。

③墙:按设计图示尺寸以体积计算,扣除门窗洞口及 0.3 m^2 以外孔洞所占体积,墙垛及凸出部分并入墙体积内计算。直形墙中门窗洞口上的梁并入墙体积;短肢剪力墙结构砌体内门窗洞口上的梁并入梁体积。

墙与柱连接时墙算至柱边;墙与梁连接时墙算至梁底;墙与板连接时板算至墙侧;未凸出墙面的暗梁暗柱并入墙体积。

大模内置保温板墙、叠合板现浇混凝土复合墙按钢筋混凝土结构图纸尺寸以体积计算,不考虑内置保温板及 LJS 叠合板体积。

④梁:按设计图示尺寸以体积计算,伸入砖墙内的梁头、梁垫并入梁体积内。

a. 梁与柱连接时,梁长算至柱侧面。

b. 主梁与次梁连接时,次梁长算至主梁侧面。

⑤板:按设计图示尺寸以体积计算,不扣除单个面积 0.3 m^2 以内的柱、垛及孔洞所占体积。

a. 有梁板包括梁与板,按梁、板体积之和计算。

b. 无梁板按板和柱帽体积之和计算。

c. 各类板伸入砖墙内的板头并入板体积内计算,薄壳板的肋、基梁并入薄壳体积内计算。

d. 空心板按设计图示尺寸以体积(扣除空心部分)计算。

e. 钢筋桁架楼承板执行现浇平板子目，计算体积时，应扣压型钢板以及因其板面凸凹嵌入板内的凹槽所占的体积，若增加亦应考虑凸出部分。

⑥栏板、扶手按设计图示尺寸以体积计算，伸入砖墙内的部分并入栏板、扶手体积计算。

⑦挑檐、天沟按设计图示尺寸以墙外部分体积计算。挑檐、天沟板与板（包括屋面板）连接时，以外墙外边线为分界线；与梁（包括圈梁等）连接时，以梁外边线为分界线；外墙外边线以外为挑檐、天沟。

⑧凸阳台（凸出外墙外侧用悬挑梁悬挑的阳台）按阳台项目计算；凹进墙内的阳台，按梁、板分别计算，阳台栏板、压顶分别按栏板、压顶项目计算。

⑨雨篷梁、板工程量合并，按雨篷以体积计算，高度≤400 mm 的栏板并入雨篷体积内计算，栏板高度>400 mm 时，其超过部分按栏板计算。

⑩楼梯（包括休息平台、平台梁、斜梁及楼梯的连接梁）按设计图示尺寸以水平投影面积计算，不扣除宽度小于 500 mm 楼梯井，伸入墙内部分不计算。当整体楼梯与现浇楼板无梯梁连接时，以楼梯的最后一个踏步边缘加 300 mm 为界。

⑪散水、台阶按设计图示尺寸以水平投影面积计算。台阶与平台连接时，其投影面积应以最上层踏步外沿加 300 mm 计算。

⑫场馆看台、地沟、混凝土后浇带按设计图示尺寸以体积计算。

⑬二次灌浆、空心砖内灌注混凝土，按照实际灌注混凝土体积计算。

⑭预制混凝土均按图示尺寸以体积计算，不扣除构件内钢筋、铁件及小于 0.3 m^2 以内孔洞所占体积。预制混凝土构件接头灌缝，均按预制混凝土构件体积计算。

2）钢筋

①现浇、预制构件钢筋按设计图示钢筋中心线长度乘以单位理论质量计算。

②钢筋搭接长度应按设计图示及规范要求计算；设计图示及规范要求未标明搭接长度的，不另计算搭接长度。

③钢筋的搭接（接头）数量应按设计图示及规范要求计算。

④先张法预应力钢筋按设计图示钢筋长度乘以单位理论质量计算。

⑤后张法预应力钢筋按设计图示钢筋（绞线、丝束）长度乘以单位理论质量计算。

⑥预应力钢丝束、钢绞线锚具安装按套数计算。

⑦当设计要求钢筋接头采用机械连接时，按数量计算，不再计算该处的钢筋搭接长度。

⑧植筋按数量计算，植入钢筋按外露和植入部分之和长度乘以单位理论质量计算。

⑨钢筋网片、混凝土灌注桩钢筋笼、地下连续墙钢筋笼按设计图示钢筋中心线长度乘以单位理论质量计算。

⑩混凝土构件预埋铁件、螺栓按设计图示尺寸以质量计算。

3）现浇混凝土构件模板

①现浇混凝土构件模板，除另有规定者外，均按模板与混凝土的接触面积（扣除后浇带所占面积）计算。后浇带另行按延长米（含梁宽）计算增加费。后浇带梁板支撑子目按 2 个月考虑，支撑超过 2 个月后按每增加一个月计算（每个月按 30 天计算），支撑不足一个月按月份除以 30 天乘以相应的天数。

②基础。

a. 带形基础是指肋高(指基础扩大顶面至梁顶面的高)≤1.2 m的基础;肋高>1.2 m时,基础底板模板按无肋带形基础项目计算,扩大顶面以上部分模板按混凝土墙项目计算。

b. 独立基础:其高度从垫层上表面计算到柱基上表面。

c. 满堂基础:无梁式满堂基础有扩大或角锥形柱墩时,并入无梁式满堂基础内计算。有梁式满堂基础梁高(从板面或板底计算,梁高不含板厚)≤1.2 m时,基础和梁合并计算;>1.2 m时,底板按无梁式满堂基础模板项目计算,梁按混凝土墙模板项目计算。箱式满堂基础应分别按无梁式满堂基础、柱、墙、梁、板的有关规定计算。地下室底板按无梁式满堂基础模板项目计算。

d. 设备基础:块体设备基础按不同体积分别计算模板工程量。框架设备基础应分别按基础、柱以及墙的相应项目计算;楼层面上的设备基础并入梁、板项目计算,如在同一设备基础中部分为块体,部分为框架时,应分别计算。框架设备基础的柱模板高度应由底板或柱基的上表面算至板的下表面;梁的长度按净长计算,梁的悬臂部分应并入梁内计算。

e. 设备基础地脚螺栓套孔以不同深度以数量计算。

③构造柱均应按图示外露部分计算模板面积。带马牙槎构造柱的宽度按马牙槎处的宽度计算。

④现浇混凝土墙、板上单孔面积在0.3 m^2以内的孔洞不予扣除,洞侧壁模板亦不增加;单孔面积在0.3 m^2以外时应予扣除,洞侧壁模板面积并入墙、板模板工程量以内计算。对拉螺栓堵眼增加费按墙面、柱面、梁面模板接触面分别计算工程量。

⑤现浇混凝土框架分别按柱、梁、板有关规定计算,附墙柱凸出墙面部分按柱工程量计算,暗梁、暗柱并入墙内工程量计算。

⑥柱、墙、梁、板、栏板相互连接的重叠部分,均不扣除模板面积。

⑦挑檐、天沟与板(包括屋面板、楼板)连接时,以外墙外边线为分界线;与梁(包括圈梁等)连接时,以梁外边线为分界线;外墙外边线以外或梁外边线以外为挑檐、天沟。

⑧现浇混凝土悬挑板、雨篷、阳台按图示外挑部分尺寸的水平投影面积计算,挑出墙外的悬臂梁及板边不另计算。

⑨现浇混凝土楼梯(包括休息平台、平台梁、斜梁和楼层板的连接的梁)按水平投影面积计算。不扣除宽度小于500 mm楼梯井所占面积,楼梯的踏步、踏步板、平台梁等侧面模板不另行计算,伸入墙内部分亦不增加。当整体楼梯与现浇楼板无梯梁连接时,以楼梯的最后一个踏步边缘加300 mm为界。

⑩混凝土台阶不包括梯带,按图示台阶尺寸的水平投影面积计算,台阶端头两侧不另计算模板面积;架空式混凝土台阶按现浇楼梯计算;场馆看台按设计图示尺寸以水平投影面积计算。

⑪凸出混凝土柱、梁、墙面的线条模板增加费,单阶线条以突出棱线的道数分别按长度计算,多阶线条竖向切割按道计算,圆弧形线条按混凝土线条增加费乘以1.2。

⑫板或拱形结构按板顶平均高度确定支模高度,电梯井壁按建筑物自然层层高确定支模高度。

⑬爬模工程量按照爬升设备模板系统与混凝土构件的接触面积以 m^2 计算。

⑭混凝土地沟按模板与混凝土的实际接触面积计算。

⑮大模内置保温板墙指在模板内侧安放挤塑聚苯板、膨胀聚苯板等保温层，使其与混凝土一起浇筑的整体墙板，模板考虑采用全钢大模板，按照设计尺寸的模板实际接触面积计算，不扣除 0.3 m^2 以内的孔洞。

⑯叠合板现浇混凝土复合墙是指由 LJS 叠合板与混凝土整体现浇的板。LJS 叠合板按照设计尺寸的模板实际接触面积计算，不扣除 0.3 m^2 以内的孔洞。

4)混凝土构件运输与安装

预制混凝土构件运输及安装，除另有规定外，均按构件设计图示尺寸以体积计算。

5.3.6 金属结构工程(编码:0106)

金属结构的定额工程量计算规则：

1)预制钢构件安装

①构件安装工程量按成品构件的设计图示尺寸以质量计算，不扣除单个面积≤0.3 m^2 的孔洞质量，焊缝、铆钉、螺栓等不另增加质量。

②钢网架安装工程量不扣除孔眼的质量，焊缝、铆钉等不另增加质量。焊接空心球网架质量包括连接钢管杆件、连接球、支托和网架支座等零件的质量；螺栓球节点网架质量包括连接钢管杆件(含高强螺栓、销子、套筒、锥头或封板)、螺栓球、支托和网架支座等零件的质量。

③依附在钢柱上的牛腿及悬臂梁的质量等并入钢柱的质量内，钢柱上的柱脚板、加劲板、柱顶板、隔板和肋板并入钢柱工程量内。

④钢管柱上的节点板、加强环、内衬板(管)、牛腿等并入钢管柱的质量内。

⑤钢吊车梁工程量包含吊车梁、制动梁、制动板、车挡等。

⑥钢平台的工程量包括钢平台的柱、梁、板、斜撑等的质量，依附于钢平台上的钢格栅、钢扶梯及平台栏杆，并入钢平台工程量内。

⑦钢楼梯的工程量包括楼梯平台、楼梯梁、楼梯踏步等的质量，钢楼梯上的扶手、栏杆并入钢楼梯工程量内。钢平台、钢楼梯上不锈钢、铸铁或其他非钢材类栏杆、扶手套用装饰部分相应定额。

⑧钢构件现场拼装平台摊销工程量按现场在平台上实施拼装构件的工程量计算。

⑨高强螺栓、栓钉、花篮螺栓等安装配件工程量按设计图示节点工程量计算。

2)围护体系安装

①钢楼(承)板、屋面板按设计图示尺寸以铺设面积计算，不扣除单个面积≤0.3 m^2 的柱、垛及孔洞所占面积，屋面玻纤保温棉面积同单层压型钢板屋面板面积。

②压型钢板、彩钢夹心板、采光板墙面板、墙面玻纤保温棉按设计图示尺寸以铺挂面积计算，不扣除单个面积≤0.3 m^2 孔洞所占面积，墙面玻纤保温棉面积同单层压型钢板墙面板面积。

③硅酸钙板墙面板按设计图示尺寸的墙体面积以“m^2”计算，不扣除单个面积≤0.3m^2 的孔洞所占面积。

④保温岩棉铺设、EPS 混凝土浇灌按设计图示尺寸的铺设或浇灌体积以“m^3”计算，不扣

除单个面积≤0.3 m^2 的孔洞所占体积。

⑤硅酸钙板包柱、包梁及蒸压砂加气保温块贴面工程量按钢构件设计断面周长乘以构件长度以 m^2 计算。

⑥钢板天沟按设计图示尺寸以质量计算，依附天沟的型钢并入天沟的质量内计算；不锈钢天沟、彩钢板天沟按设计图示尺寸以长度计算。

3）钢构件现场制作

构件制作工程量按设计图示尺寸以质量计算，不扣除单个面积≤0.3 m^2 的孔洞质量，焊缝、铆钉、螺栓等不另增加质量。

5.3.7　木结构（编码：0107）

木结构的定额工程量计算规则：

1）木屋架

①木屋架、檩条工程量按设计图示尺寸以体积计算。附属于其上的木夹板、垫木、风撑、挑檐木、檩条三角条均按图示体积并入相应的屋架、檩条工程量内。单独挑檐木并入檩条工程量内。檩托木、檩垫木已包括在定额子目内，不另计算。

②圆木屋架工程量按设计图示尺寸以体积计算，圆木屋架上的挑檐木、风撑等设计规定为方木时，应将方木体积乘以系数1.7折成圆木并入圆木屋架工程量内。

③钢木屋架工程量按木屋架设计图示尺寸以体积计算。钢构件的用量已包括在定额内，不另计算。

④气楼屋架按设计图示尺寸以体积计算，工程量并入所依附的屋架工程量内。

⑤屋架的马尾、折角和正交部分半屋架均按设计图示尺寸以体积计算，工程量并入相连屋架工程量内计算。

⑥简支檩木按设计图示尺寸以长度计算，设计无尺寸时，按相邻屋架或山墙中距增加200 mm计算，两端出山檩条长度算至博风板，连续檩按设计总长度乘以系数1.05计算。

2）木构件

①木柱、木梁按设计图示尺寸以体积计算。

②木楼梯按设计图示尺寸以水平投影面积计算，不扣除宽度≤300 mm的楼梯井，伸入墙内部分不另计算。

③木地楞按设计图示尺寸以体积计算。平撑、剪刀撑、沿油木的用量已包括在定额内，不另计算。

3）屋面木基层

①屋面椽子、屋面板、挂瓦条、竹帘子工程量按设计图示尺寸以屋面斜面积计算，不扣除屋面烟囱、风帽底座、风道、小气窗及斜沟等所占面积，小气窗的出檐部分不增加面积。

②封檐板工程量按设计图示檐口外围长度计算。博风板按斜长度计算，设计无规定时每个大刀头增加长度500 mm。

4）预制木构件安装

①地梁板安装按设计图示尺寸以长度计算。

②木柱、木梁按设计图示尺寸以体积计算。

③墙体木骨架及墙面板安装按设计图示尺寸以面积计算,不扣除≤0.3 m^2 的孔洞所占面积,孔洞周边加固板不另计算,但墙体木骨架安装应扣除结构柱所占面积。

④楼板格栅及楼面板安装按设计图示尺寸以面积计算,不扣除≤0.3 m^2 的孔洞所占面积,孔洞周边加固板不另计算,但楼板格栅安装应扣除结构梁所占面积。

⑤格栅挂架按设计图示数量以套计算。

⑥木楼梯安装按设计图示尺寸以水平投影面积计算,不扣除宽度≤500 mm 的楼梯井,伸入墙内部分不另计算。

⑦屋面椽条和桁架安装按设计图示尺寸以体积计算,不扣除切肢、切角部分所占体积。屋面板安装按设计图示尺寸以展开面积计算。

⑧封檐板安装按设计图示尺寸以檐口外围长度计算。

5.3.8 门窗工程(编码:0108)

门窗工程的定额工程量计算规则:

1)木门及门框

①木门框按设计图示框的中心线长度计算。

②木门扇安装按设计图示扇面积计算。

③套装木门安装按设计图示数量计算。

④木质防火门安装按设计图示洞口面积计算。

2)金属门、窗

①铝合金门窗、塑钢门窗(飘窗除外)均按设计图示门、窗洞口面积计算。

②门连窗按设计图示洞口面积分别计算门、窗面积,其中窗的宽度算至门框的外边线。

③纱门、纱窗扇按设计图示扇外围面积计算。

④飘窗按设计图示框型材外边线尺寸以展开面积计算。

⑤钢质防火门、防盗门、防火窗按设计图示门洞口面积计算。

⑥防盗窗按设计图示窗框外围面积计算。

⑦彩板钢门窗按设计图示门、窗洞口面积计算。彩板钢门窗附框按框中心线长度计算。

3)金属卷帘(闸)

金属卷帘(闸)按设计图示卷帘门宽度乘以卷帘门高度(包括卷帘箱高度)以面积计算。电动装置安装按设计图示套数计算。

4)厂库房大门、特种门

①厂库房大门按设计图示扇面积计算。

②特种门按设计图示门洞口面积计算。

5)其他门

①全玻有框门扇按设计图示扇边框外边线尺寸以扇面积计算。

②全玻无框(条夹)门扇按设计图示扇面积计算,高度算至条夹外边线,宽度算至玻璃外

边线。

③全玻无框(点夹)门扇按设计图示玻璃外边线尺寸以扇面积计算。

④无框亮子按设计图示门框与横梁或立柱内边缘尺寸玻璃面积计算。

⑤全玻转门按设计图示数量计算。

⑥不锈钢伸缩门按设计图示尺寸以长度计算。

⑦传感和电动装置按设计图示套数计算。

6)门钢架、门窗套

①门钢架按设计图示尺寸以质量计算。

②门钢架基层、面层按设计图示饰面外围尺寸展开面积计算。

③门窗套(筒子板)龙骨、面层、基层均按设计图示饰面外围尺寸展开面积计算。

④成品木质门窗套按设计图示饰面外围尺寸展开面积计算。

7)窗台板、窗帘、窗帘盒、轨

①窗台板按设计图示长度乘宽度以面积计算。图纸未注明尺寸的,窗台板长度按窗框的外围宽度两边共加100 mm计算。窗台板凸出墙面的宽度按墙面外加50 mm计算。

②布窗帘按设计尺寸成活后展开面积计算。百叶帘、卷帘按设计窗帘宽度乘以高度以面积计算。

③窗帘盒、窗帘轨按设计图示长度计算。

④窗帘帷幕板按设计图示尺寸单面面积计算,伸入天棚内的面积与露明面积合并计算。

5.3.9　屋面及防水工程(编码:0109)

屋面及防水工程的定额工程量计算规则:

1)屋面工程

①各种屋面和型材屋面(包括挑檐部分)均按设计图示尺寸以面积计算(斜屋面按斜面面积计算),不扣除房上烟囱、风帽底座、风道、小气窗、斜沟和脊瓦等所占面积,小气窗的出檐部分也不增加。

②S形瓦、瓷质波形瓦、彩色混凝土瓦屋面的正斜脊瓦、檐口线按设计图示尺寸以长度计算。

③采光板屋面和玻璃采光顶屋面按设计图示尺寸以面积计算;不扣除面积≤0.3 m^2孔洞所占面积。

④膜结构屋面按设计图示尺寸以需要覆盖的水平投影面积计算。

2)防水工程及其他

(1)防水

①屋面防水按设计图示尺寸以面积计算(斜屋面按斜面面积计算),不扣除房上烟囱、风帽底座、风道、屋面小气窗等所占面积,上翻部分也不另计算;屋面的女儿墙、伸缩缝和天窗等处的弯起部分按设计图示尺寸计算;设计无规定时,伸缩缝、女儿墙、天窗的弯起部分按500 mm计算,计入立面工程量内。

②楼地面防水、防潮层按设计图示尺寸以主墙间净面积计算,扣除凸出地面的构筑物、设

备基础等所占面积，不扣除间壁墙及单个面积≤0.3 m² 柱、垛、烟囱和孔洞所占面积，平面与立面交接处，上翻高度≤300 mm 时，按展开面积并入平面工程量内计算；高度>300 mm 时，按立面防水层计算。

③墙基防水、防潮层，外墙按外墙中心线长度、内墙按墙体净长度乘以宽度，以面积计算。

④墙的立面防水、防潮层，不论内墙、外墙，均按设计图示尺寸以面积计算。

⑤基础底板的防水、防潮层按设计图示尺寸以面积计算，不扣除桩头所占面积。桩头处外包防水按桩头投影外扩 300 mm 以面积计算，地沟处防水按展开面积计算，均计入平面工程量，执行相应规定。

⑥屋面、楼地面及墙面、基础底板等，其防水搭接、拼缝、压边、留槎用量已综合考虑，不另行计算，卷材防水附加层按设计铺贴尺寸以面积计算。

⑦屋面分格缝按设计图示尺寸以长度计算。

(2)屋面排水

①水落管、镀锌铁皮天沟、檐沟按设计图示尺寸以长度计算。

②水斗、下水口、雨水口、弯头、短管等均以设计数量计算。

③种植屋面排水按设计尺寸以铺设排水层面积计算；不扣除房上烟囱、风帽底座、风道、屋面小气窗、斜沟和脊瓦等所占面积，以及面积≤0.3 m² 的孔洞所占面积，屋面小气窗的出檐部分也不增加。

④屋面上人检查孔和铁皮风帽以设计数量计算。

(3)变形缝与止水带

变形缝(嵌填缝与盖板)与止水带按设计图示尺寸以长度计算。

5.3.10 保温、隔热、防腐工程(编码:0110)

保温、隔热、防腐工程的定额工程量计算规则：

1)保温隔热工程

①屋面保温隔热层工程量按设计图示尺寸以面积计算。扣除>0.3 m² 孔洞所占面积。其他项目按设计图示尺寸以定额项目规定的计量单位计算。

②天棚保温隔热层工程量按设计图示尺寸以面积计算。扣除面积>0.3 m² 柱、垛、孔洞所占面积，与天棚相连的梁按展开面积计算，其工程量并入天棚内。

③墙面保温隔热层工程量按设计图示尺寸以面积计算。扣除门窗洞口及面积>0.3 m² 梁、孔洞所占面积；门窗洞口侧壁以及与墙相连的柱，并入保温墙体工程量内。墙体及混凝土板下铺贴隔热层不扣除木框架及木龙骨的体积。其中，外墙按隔热层中心线长度计算，内墙按隔热层净长度计算。

④柱、梁保温隔热层工程量按设计图示尺寸以面积计算。柱按设计图示柱断面保温层中心线展开长度乘高度以面积计算，扣除面积>0.3 m² 梁所占面积。梁按设计图示梁断面保温层中心线展开长度乘保温层长度以面积计算。

⑤楼地面保温隔热层工程量按设计图示尺寸以面积计算。扣除柱、垛及单个>0.3 m² 孔洞所占面积。

⑥其他保温隔热层工程量按设计图示尺寸以展开面积计算。扣除面积>0.3 m² 孔洞及

占位面积。

⑦大于0.3 m^2 孔洞侧壁周围及梁头、连系梁等其他零星工程保温隔热工程量,并入墙面的保温隔热工程量内。

⑧柱帽保温隔热层并入天棚保温隔热层工程量内。

⑨保温层排气管按设计图示尺寸以长度计算,不扣除管件所占长度,保温层排气孔以数量计算。

⑩防火隔离带工程量按设计图示尺寸以面积计算。

2)防腐工程

①防腐工程面层、隔离层及防腐油漆工程量均按设计图示尺寸以面积计算。

②平面防腐工程量应扣除凸出地面的构筑物、设备基础等以及面积>0.3 m^2 孔洞、柱、垛等所占面积,门洞、空圈、暖气包槽、壁龛的开口部分不增加面积。

③立面防腐工程量应扣除门、窗、洞口以及面积>0.3 m^2 孔洞、梁所占面积,门、窗、洞口侧壁、垛凸出部分按展开面积并入墙面内。

④池、槽块料防腐面层工程量按设计图示尺寸以展开面积计算。

⑤砌筑沥青浸渍砖工程量按设计图示尺寸以面积计算。

⑥踢脚板防腐工程量按设计图示长度乘高度以面积计算,扣除门洞所占面积,并相应增加侧壁展开面积。

⑦混凝土面及抹灰面防腐按设计图示尺寸以面积计算。

5.3.11 楼地面装饰工程(编码:0111)

楼地面装饰工程的定额工程量计算规则:

①垫层工程量按设计图示尺寸以体积计算。

②楼地面找平层及整体面层按设计图示尺寸以面积计算。扣除凸出地面构筑物、设备基础、室内铁道、地沟等所占面积,不扣除间壁墙及单个面积≤0.3 m^2 柱、垛、附墙烟囱及孔洞所占面积。门洞、空圈、暖气包槽、壁龛的开口部分不增加面积。

③块料面层、木地板及复合地板面层、橡塑面层。

a. 块料面层、木地板及复合地板面层、橡塑面层及其他材料面层按设计图示尺寸以面积计算。门洞、空圈、暖气包槽、壁龛的开口部分并入相应的工程量内。

b. 石材拼花按最大外围尺寸以矩形面积计算。有拼花的石材地面,按设计图示尺寸扣除拼花的最大外围矩形面积计算面积。

c. 点缀按个计算,计算主体铺贴地面面积时,不扣除点缀所占面积。

d. 石材底面刷养护液包括侧面涂刷,工程量按设计图示尺寸以底面积计算。

e. 石材表面刷保护液按设计图示尺寸以表面积计算。

f. 石材地面精磨、勾缝按石材设计图示尺寸以面积计算。

g. 打胶按设计图示尺寸以"延长米"计算。

h. 块料地面圆弧形部分增加费按设计图示尺寸以"延长米"计算。

④踢脚线按设计图示长度以"延长米"计算。

⑤楼梯面层按设计图示尺寸以楼梯(包括踏步、休息平台及≤500 mm 的楼梯井)水平投

影面积计算。楼梯与楼地面相连时,算至梯口梁内侧边沿;无梯口梁者,算至最上一层踏步边沿加 300 mm。

⑥台阶面层按设计图示尺寸以台阶(包括最上层踏步边沿加 300 mm)水平投影面积计算。

⑦零星项目按设计图示尺寸以面积计算。

⑧分格嵌条按设计图示尺寸以“延长米”计算。

⑨块料楼地面做酸洗打蜡者,按设计图示尺寸以表面积计算。

⑩标线已包含各类油漆的损耗,按设计图示尺寸以面积计算。

5.3.12 墙、柱面装饰与隔断、幕墙工程(编码:0112)

墙、柱面装饰与隔断、幕墙工程的定额工程量计算规则:

1)抹灰

①内墙面、墙裙抹灰按设计图示尺寸以面积计算,扣除门窗洞口和单个面积>0.3 m^2 以上的空圈所占的面积,不扣除踢脚线、挂镜线及单个面积≤0.3 m^2 的孔洞和墙与构件交接处的面积。且门窗洞口、空圈、孔洞的侧壁面积亦不增加,附墙柱的侧面抹灰应并入墙面、墙裙抹灰工程量内计算。

②内墙面、墙裙的长度以主墙间的图示净长计算,墙面高度按室内地面至天棚底面净高计算,墙面抹灰面积应扣除墙裙抹灰面积,如墙面和墙裙抹灰种类相同者,工程量合并计算。

③外墙抹灰面积按垂直投影面积计算,应扣除门窗洞口、外墙裙(墙面和墙裙抹灰种类相同者应合并计算)和单个面积>0.3 m^2 的孔洞所占面积,不扣除单个面积≤0.3 m^2 的孔洞所占面积,门窗洞口及孔洞侧壁面积亦不增加。附墙柱侧面抹灰面积应并入外墙面抹灰工程量内。

④柱抹灰按结构断面周长乘抹灰高度计算。

⑤线条抹灰按设计图示尺寸以长度计算。

⑥外墙面嵌(填)分格缝增加费按设计图示尺寸以长度计算。

⑦“零星项目”按设计图示尺寸以展开面积计算。

2)块料面层

①挂贴石材零星项目中柱墩、柱帽是按圆弧形成品考虑的,按其圆的最大外径以周长计算;其他类型的柱帽、柱墩工程量按设计图示尺寸以展开面积计算。

②镶贴块料面层按镶贴表面积计算。

③柱镶贴块料面层按设计图示饰面外围尺寸乘以高度以面积计算。

3)墙饰面、柱(梁)饰面

①龙骨、基层、面层墙饰面项目按设计图示饰面尺寸以面积计算,扣除门窗洞口及单个面积>0.3 m^2 以上的空圈所占面积,不扣除单个面积≤0.3 m^2 的孔洞所占面积,门窗洞口及孔洞侧壁面积亦不增加。

②柱(梁)饰面的龙骨、基层、面层按设计图示饰面尺寸以面积计算,柱帽、柱墩并入相应柱面积计算。

4)成品装饰柱

成品装饰柱按设计图示数量计算。

5)幕墙、隔断

①玻璃幕墙、铝板幕墙以框外围面积计算;半玻隔断、全玻幕墙如有加强肋者,工程量按其展开面积计算。

②幕墙防火隔离带按其设计图示尺寸以延长米计算。

③幕墙与建筑物的封顶、封边按设计图示尺寸以面积计算。

④幕墙、门窗铝型材龙骨弧形拉弯按其设计图示尺寸以延长米计算。幕墙钢型材弧形拉弯按设计图示尺寸以理论质量计算。

⑤单元式幕墙的工程量按图示尺寸的外围面积计算,不扣除幕墙区域设置的窗面积。槽型预埋件及 T 型转接件螺栓安装的工程量按设计图示数量计算。

⑥玻璃幕墙开启窗人工及五金增加费按开启窗的设计图示数量计算。

⑦幕墙铝合金装饰线条按设计图示尺寸以延长米计算。

⑧幕墙铝骨架调整按铝骨架的设计图示尺寸以理论质量计算。

⑨隔断按设计图示框外围尺寸以面积计算,扣除门窗洞及单个面积>0.3 m^2 的孔洞所占面积。

5.3.13　天棚工程(编码:0113)

天棚工程的定额工程量计算规则:

1)天棚抹灰

按设计结构尺寸以展开面积计算。不扣除间壁墙、垛、柱、附墙烟囱、检查口和管道所占的面积,带梁天棚的梁两侧抹灰面积并入天棚面积内,板式楼梯底面抹灰面积(包括踏步、休息平台以及≤500 mm 宽的楼梯井)按水平投影面积乘以系数 1.15 计算,锯齿形楼梯底板抹灰面积(包括踏步、休息平台以及≤500 mm 宽的楼梯井)按水平投影面积乘以系数 1.37 计算。

2)天棚吊顶

①天棚龙骨按主墙间水平投影面积计算,不扣除间壁墙、垛、附墙柱、附墙烟囱、检查口和管道所占的面积,扣除单个>0.3 m^2 的孔洞、独立柱及与天棚相连的窗帘盒所占的面积。斜面龙骨按斜面计算。

②天棚吊顶的基层和面层均按设计图示尺寸以展开面积计算。天棚面中的灯槽及跌级、阶梯式、锯齿形、吊挂式、藻井式天棚面积按展开计算。不扣除间壁墙、垛、柱、附墙烟囱、检查口和管道所占的面积,扣除单个>0.3 m^2 的孔洞、独立柱及与天棚相连的窗帘盒所占的面积。

③格栅吊顶、藤条造型悬挂吊顶、织物软雕吊顶和装饰网架吊顶,按设计图示尺寸以水平投影面积计算。吊筒吊顶以最大外围水平投影尺寸,以外接矩形面积计算。

3)天棚其他装饰

①灯带(槽)按设计图示尺寸以框外围面积计算。

②送风口、回风口及灯光孔按设计图示数量计算。

③天棚固定检修道按设计尺寸以"延长米"计算;活动走道板按实际安装长度以"延长米"计算。

5.3.14　油漆、涂料、裱糊工程(编码:0114)

油漆、涂料、裱糊工程的定额工程量计算规则:

1)木门油漆工程

执行单层木门油漆的项目按设计图示尺寸以面积计算,乘以不同系数。

2)木扶手及其他板条、线条油漆工程

①执行木扶手(不带托板)油漆的项目按设计尺寸以"延长米"计算,乘以不同系数。

②木线条油漆按设计图示尺寸以中心线长度计算。

3)其他木材面油漆工程

①执行其他木材面油漆的项目按设计图示尺寸以面积计算,乘以不同系数。

②木地板油漆按设计图示尺寸以面积计算,空洞、空圈、暖气包槽、壁龛的开口部分并入相应的工程量内。

③木龙骨刷防火、防腐涂料按设计图示尺寸以龙骨架投影面积计算。

④基层板刷防火、防腐涂料按实际涂刷面积计算。

⑤油漆面抛光打蜡、封油刮腻子按相应刷油部位油漆工程量计算规则计算。

4)金属面油漆工程

①执行金属面油漆、涂料项目,其工程量按设计图示尺寸以展开面积计算。

②执行金属平板屋面、镀锌铁皮面(涂刷磷化、锌黄底漆)油漆的项目,按设计图示尺寸以面积计算,乘以不同系数。

5)抹灰面油漆、涂料工程

①抹灰面油漆、涂料(另做说明的除外)按设计图示尺寸以面积计算。

②踢脚线刷耐磨漆按设计图示尺寸以长度计算。

③槽型底板、混凝土折瓦板、有梁板底、密肋梁板底、井字梁板底刷油漆、涂料按设计图示尺寸以展开面积计算。

④混凝土花格窗刷(喷)油漆、涂料按设计图示尺寸以窗洞口面积计算。

⑤混凝土栏杆、花饰刷(喷)油漆、涂料按设计图示尺寸以垂直投影面积计算。

⑥软包面、地毯面喷阻燃剂按软包工程、地毯工程相应工程量计算规则计算。

⑦天棚、墙、柱面基层板缝粘贴胶带纸按相应天棚、墙、柱面基层板面积计算。

6)裱糊工程

裱糊工程按裱糊设计图示尺寸以面积计算。

5.3.15　其他装饰工程(编码:0115)

其他装饰工程的定额工程量计算规则:

1)柜台、货架

柜台、货架工程量按各项目计量单位计算。其中,以“m^2”为计量单位的项目,其工程量均按正立面的高度(包括脚的高度在内)乘以宽度计算。

2)压条、装饰线

①压条、装饰线条按线条中心线长度计算。

②压条、装饰线条带45°割角者按线条外边线长度计算。

③石膏角花、灯盘按设计图示数量计算。

3)扶手、栏杆、栏板装饰

①栏杆、栏板、扶手(另做说明的除外)均按设计图示尺寸中心线长度(包括弯长度)计算。设计为成品整体弯头时,工程量需扣除整体弯头长度(设计不明确的,按每只整体弯头400 mm 计算)。

②成品栏杆栏板、护窗栏杆按设计图示尺寸中心线长度(不包括弯头长度)计算。

③整体弯头按设计图示数量计算。

4)暖气罩

暖气罩(包括脚的高度在内)按边框外围尺寸垂直投影面积计算,成品暖气罩安装按设计图示数量计算。

5)浴厕配件

①石材洗漱台按设计图示尺寸以展开面积计算,挡板、吊沿板面积并入其中,不扣除孔洞、挖弯、削角所占面积。

②石材台面面盆开孔按设计图示尺寸以孔洞面积计算。

③盥洗室台镜(带框)、盥洗室木镜箱按边框外围面积计算。

④盥洗室塑料镜箱、毛巾杆、毛巾环、浴帘杆、浴缸拉手、肥皂盒、卫生纸盒、晒衣架、晾衣绳等按设计图示数量计算。

6)雨篷、旗杆

①雨篷按设计图示尺寸水平投影面积计算。

②不锈钢旗杆按设计图示数量计算。

③电动升降系统和风动系统按套数计算。

7)招牌、灯箱

①木骨架按设计图示饰面尺寸正立面面积计算。

②钢骨架按设计图示尺寸乘以单位理论质量计算。

③基层板、面层板按设计图示饰面尺寸展开面积计算。

8)美术字

美术字按设计图示数量计算。

9)石材、瓷砖加工

①石材、瓷砖倒角、切割按块料设计倒角、切割长度计算。

②石材磨边按实际打磨长度计算。

③石材开槽按块料成型开槽长度计算。

④石材、瓷砖开孔按成型孔洞数量计算。

5.3.16 拆除工程(编码:0116)

拆除工程的定额工程量计算规则:

①墙体拆除:各种墙体拆除按实拆墙体体积计算,不扣除 0.3 m^2 以内孔洞和构件所占的体积。隔墙及隔断的拆除按实拆面积计算。

②钢筋混凝土构件拆除:混凝土及钢筋混凝土的拆除按实拆体积计算,楼梯拆除按水平投影面积计算,无损切割按切割构件断面面积计算,钻芯按实钻孔数以数量计算。

③抹灰层铲除:楼地面面层按水平投影面积计算,踢脚线按实际铲除长度计算,各种墙、柱面面层的拆除或铲除均按实拆面积计算,天棚面层拆除按水平投影面积计算。

④块料面层铲除:各种块料面层铲除均按实际铲除面积计算。

⑤龙骨及饰面拆除:各种龙骨及饰面拆除均按实拆投影面积计算。

⑥铲除油漆涂料裱糊面:油漆涂料裱糊面层铲除均按实际铲除面积计算。

⑦栏杆扶手拆除:栏杆扶手拆除均按实拆长度计算。

⑧门窗拆除:门窗拆除均按实拆数量计算。

⑨管道拆除:管道拆除按实拆长度计算。

⑩卫生洁具拆除:卫生洁具拆除按实拆数量计算。

⑪灯具拆除:各种灯具、插座拆除均按实拆数量计算。

⑫其他构配件拆除:暖气罩、嵌入式柜体拆除按正立面边框外围尺寸垂直投影面积计算,窗台板拆除按实拆长度计算,筒子板拆除按洞口内侧长度计算,窗帘盒、窗帘轨拆除按实拆长度计算,干挂石材骨架拆除按拆除构件的质量计算,干挂预埋件拆除按实拆数量计算,防火隔离带按实拆长度计算。

⑬建筑垃圾外运按虚方体积计算。

5.3.17 措施项目(编码:0117)

措施项目的定额工程量计算规则:

1)综合脚手架

综合脚手架按设计图示尺寸以建筑面积计算。

2)单项脚手架

①外脚手架、整体提升架按外墙外边线长度(含墙垛及附墙井道)乘以外墙高度以面积计算。

②计算内、外墙脚手架时,均不扣除门、窗、洞口、空圈等所占面积。同一建筑物高度不同时,应按不同高度分别计算。

③里脚手架按墙面垂直投影面积计算。

④独立柱按设计图示尺寸,以结构外围周长另加3.6 m乘以高度以面积计算。执行双排外脚手架定额项目乘系数。

⑤现浇钢筋混凝土梁按梁顶面至地面(或楼面)间的高度乘以梁净长以面积计算。执行双排外脚手架定额项目乘系数。

⑥满堂脚手架按室内净面积计算,其高度为3.6~5.2 m时,计算基本层;5.2 m以外,每增加1.2 m计算一个增加层,不足0.6 m按一个增加层乘以系数0.5计算。计算公式为:

满堂脚手架增加层=(室内净高-5.2)/1.2 m

⑦活动脚手架按室内地面净面积计算,不扣除柱、垛、间壁墙所占面积。

⑧水平防护架按设计图示建筑物临街长度另加10 m,乘以搭设宽度以面积计算;垂直防护架按设计图示建筑物临街长度乘以建筑物檐高以面积计算。

⑨单独斜道以外墙面积计算,不扣除门窗洞口面积。

⑩挑脚手架按搭设长度乘以层数以长度计算。

⑪悬空脚手架按搭设水平投影面积计算。

⑫吊篮脚手架按外墙垂直投影面积计算,不扣除门窗洞口所占面积。

⑬内墙面粉饰脚手架按内墙面垂直投影面积计算,不扣除门窗洞口所占面积。

⑭立挂式安全网按架网部分的实挂长度乘以实挂高度以面积计算。

⑮挑出式安全网按挑出的水平投影面积计算。

3)垂直运输工程

①建筑物垂直运输机械台班用量,区分不同建筑物结构及檐高按建筑面积计算。地下室面积与地上面积合并计算,独立地下室由各地根据实际自行补充。

②按泵送混凝土考虑,如采用非泵送,垂直运输费按以下方法增加:相应项目乘以调增系数(5%~10%),再乘以非泵送混凝土数量占全部混凝土数量的百分比。

4)建筑物超高增加费

①各项定额中包括的内容指单层建筑物檐口高度超过20 m、多层建筑物超过6层的全部工程项目,但不包括垂直运输、各类构件的水平运输及各项脚手架。

②建筑物超高增加费的人工、机械按建筑物超高部分的建筑面积计算。

5)大型机械设备进出场及安拆

①大型机械设备安拆费按台次计算。

②大型机械设备进出场费按台次计算。

6)施工排水、降水

①轻型井点、喷射井点排水的井管安装、拆除以根为单位计算,使用以套·天计算;真空深井、自流深井排水的安装拆除以每口井计算,使用以每口井·天计算。

②使用天数以每昼夜(24 h)为一天,并按施工组织设计要求的使用天数计算。

③集水井按设计图示数量以座计算,大口井按累计井深以长度计算。

本章总结框图

- 工程量计算
  - 建筑面积
    - 概念
    - 组成
    - 作用
    - 计算规则
  - 建筑与装饰装修工程清单工程量计算规则
    - 土石方工程
    - 地基处理与边坡支护工程
    - 桩基础工程
    - 砌筑工程
    - 混凝土与钢筋混凝土工程
    - 金属结构工程
    - 木结构工程
    - 门窗工程
    - 屋面及防水工程
    - 保温、隔热、防腐工程
    - 楼地面装饰工程
    - 墙、柱面装饰与隔断、幕墙工程
    - 天棚工程
    - 油漆、涂料、裱糊工程
    - 其他装饰工程
    - 拆除工程
    - 措施项目
  - 定额工程量计算规则

思考题

1. 建筑面积的概念是什么？组成部分有哪些？

2. 建筑面积有什么作用？

3. 按照 GB/T 50353—2013 的规定，建筑面积的计算规则是什么？

4. 建筑与装饰装修工程清单工程量计算规则是什么？（要求掌握常见项目的清单计算规则）

5. 建筑与装饰装修工程定额工程量计算规则是什么？（要求熟悉常见项目的定额计算规则）

第6章 投资估算

【本章导读】

内容及要求：投资估算是指在建设项目经济评价过程中，依据建设项目现有的资料和一定的方法，对建设项目的投资数额进行估计。投资估算是确定融资方案、筹措资金数额的重要依据，也是进行建设项目财务分析和经济评价的基础。

本章阐述投资估算的范围及构成、深度与要求、步骤与方法。

重点：编制建设项目总投资估算表。

难点：掌握和理解建设投资估算编制的不同方法。

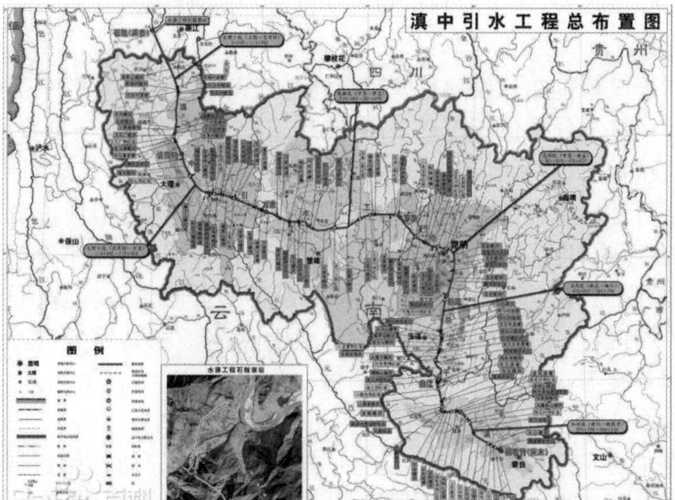

滇中引水工程总布置图

滇中引水工程是云南省可持续发展的战略性基础工程,工程建成投入运行后可以从根本上解决滇中区的水资源短缺问题,具有显著的经济、社会和生态效益。

滇中引水一期工程动态总投资 825.76 亿元。于 2018 年 10 月正式 开工,初设批复总工期 96 个月。主要建设内容包括水源工程和输水工程。水源工程位于丽江市玉龙县石鼓镇,将建设一座装机 48 万 kW 的世界第一大提水泵站,平均提水扬程 219 m 。输水工程长 664 km(其中隧洞 58 座 612 km),全部为地下洞渠工程, 途经丽江、大理、楚雄、昆明、玉溪、红河 6 个州(市),终点位于红河州个旧市新坡背。另外, 还有 120 条施工支洞长 91 km,地下洞渠总长 755 km。工程建设任务以城镇生活与工业供水为主,兼顾农业和生态用水,多年平均引水量 34.03 亿 m^3(供昆明 16.7 亿 m^3)。受水区覆盖沿线 6 个州(市)35 个 县(市、区)3.69 万 km^2,惠及人口 1 112 万人,可改善和新增灌溉面积 113 万亩。滇中引水二期工程静态总投资 369.34 亿元,分为骨干和配套工程, 供水任务、范围、多年平均引水量均与一期工程一致。二期工程共布置 各级干支线 157 条,其中干线 32 条,分干线 82 条,支线 43 条,线路全长 1 840 km。全线共布置 570 个输水建筑物,其中管道 332 条长 1 187 km,隧洞 81 条长 193 km,其余为倒虹吸、明渠(暗涵)、渡槽及利用天然河道等。二期工程共设置提水泵站 53 座,总装机 22 万 kW; 共布置调蓄水库 5 座,总库容 5 729 万 m^3。

资料来源:滇中引水工程简介[J]. 建设机械技术与管理,2022,35(2):14-15.

6.1 投资估算概述

6.1.1 投资估算的范围及构成

1)建设项目总投资构成

建设项目总投资是指投资项目从筹建期间开始到项目全部建成投产为止所发生的全部投资费用。具体由建设投资、建设期利息和流动资金三部分构成。

(1)建设投资

建设投资是指建设单位在建设项目筹建期间与建设期间所花费的全部建设费用。

建设投资按照概算法分类包括工程费用、工程建设其他费用和预备费用,其中:工程费用包括建筑工程费、设备及工器具购置费和安装工程费等;工程建设其他费用包括建设用地费用、建设管理费、可行性研究费、研究试验费、勘察设计费、环境影响评价费、安全职业卫生健康评价费、场地准备及临时设施费、引进技术和设备其他费用、工程保险费、市政公用设施建设及绿化补偿费、超限设备运输特殊措施费、特殊设备安全监督检验费、联合试运转费、安全生产费用、专利及专有技术使用费、生产准备费、办公及生活家具购置费等;预备费用包括基本预备费和涨价预备费等。

(2)建设期利息

建设期利息是债务资金在建设期内发生并应计入固定资产原值的利息,包括借款(或债券)利息以及手续费、承诺费、管理费等其他融资费用。

(3)流动资金

流动资金是建设项目生产运营期内长期占用并周转使用的营运资金。

2)总投资形成的资产

根据资金保全原则和企业资产划分的有关规定,投资项目在建成交付使用时,项目投入的全部资金分别形成固定资产、无形资产和其他资产。

在投资构成中,工程费用与大部分工程建设其他费用形成固定资产投资,主要包括征地补偿和租地费、建设管理费、可行性研究费、勘察设计费、研究试验费、环境影响评价费、安全职业卫生健康评价费、场地准备及临时设施费、引进技术和设备其他费用、工程保险费、市政公用设施建设及绿化补偿费、特殊设备安全监督检验费、超限设备运输特殊措施费、联合试运转费和安全生产费用等。

无形资产投资,是指形成企业可以长期使用的非实物形态资产的投资。按照《企业会计准则》的规定,工程建设其他费用中的建设用地费用、专利及专有技术使用费应计入无形资产投资范围,但房地产企业开发商品房时,相关的土地使用权账面价值应当计入所开发房屋的建筑成本中。

递延资产投资,是指建设投资中不能计入工程成本,应当在生产运营期内一次摊销除固定资产和无形资产以外的其他各项费用。按照有关规定,形成递延资产投资的费用主要有生产准备费、办公及生活家具购置费等开办费性质的费用。某些行业规定还包括出国人员费用、来华人员费用和图纸资料翻译复制费。

6.1.2　投资估算的深度与要求

建设项目经济评价一般可分为投资机会研究、初步可行性研究(项目建议书)、可行性研究、项目前评估四个阶段。由于不同阶段的工作深度和掌握的资料详略程度不同,因此在建设项目经济评价的不同阶段,允许投资估算的深度和准确度也相应有所不同。随着工作的进展,项目条件的逐步明确,投资估算应逐步细化,准确度应逐步提高,从而对建设项目投资起到有效的控制作用。建设项目经济评价的不同阶段对投资估算的准确度要求(允许误差率)见表6.1。

表6.1　建设项目经济评价的不同阶段对投资估算准确度的要求

序号	阶段名称	投资估算的允许误差率
1	投资机会研究阶段	±30%以内
2	初步可行性研究(项目建议书)阶段	±20%以内
3	可行性研究阶段	±10%以内
4	项目前评估阶段	±10%以内

尽管投资估算在具体数额上允许存在一定的误差率,但必须达到以下要求:

①投资估算的范围应与项目建设方案所涉及的范围、所确定的各项工程内容相一致。

②投资估算的内容和构成齐全,计算合理,不提高或者降低估算标准,不重复计算或者漏项少算。

③投资估算方法科学、基础资料完整、依据充分。

④投资估算选用的指标与具体估算对象之间存在标准或者条件差异时,应进行必要的换算或者调整。

⑤投资估算的准确度应能满足建设项目经济评价不同阶段的要求。

6.1.3 投资估算的依据与作用

1)建设投资估算的基础资料与依据

①建设项目的建设方案所确定的各项工程建设内容及工程量。

②权威机构发布的建设工程造价费用构成、估算指标、计算方法,以及其他有关工程造价的文件。

③权威机构发布的工程建设其他费用估算办法和费用标准,以及有关机构发布的物价指数。

④相关部门或行业制定的投资估算方法和估算指标。

⑤建设项目所需设备、材料的市场价格。

2)投资估算的作用

(1)投资估算是投资决策的依据之一

建设项目经济评价中投资估算所确定的项目建设与运营所需的资金额,是投资者进行投资决策的依据之一,投资者要根据自身的财务能力和信用状况作出是否投资的决策。

(2)投资估算是制订建设项目融资方案的依据

投资估算所确定的建设项目建设与运营所需的资金量,是建设项目制定融资方案、进行资金筹措的依据。投资估算准确与否,将直接影响融资方案的可行性。

(3)投资估算是进行建设项目经济评价的基础

建设项目经济评价是对项目的费用与效益作出全面的分析评价。建设项目所需投资是建设项目费用的重要组成部分,是进行经济评价的基础。投资估算准确与否,将直接影响经济评价的可靠性。

在投资机会研究和初步可行性研究阶段,虽然对投资估算的准确度要求相对较低,但投资估算仍然是该阶段的一项重要工作。投资估算完成之后才有可能进行经济效益的初步评价。

(4)投资估算是编制初步设计概算的依据,对项目的工程造价起着一定的控制作用

按照基本建设程序,应在可行性研究报告被审定或批准后进行初步设计。经审定或批准的可行性研究报告是编制初步设计的依据,报告中所估算的投资额是编制初步设计概算的依据。

6.2 建设投资估算编制

6.2.1 投资简单估算法

建设投资简单估算法是基于已建同类建设项目的建设投资额来估算拟建项目的建设投资额的方法,包括单位生产能力估算法、生产规模指数法、比例估算法、系数估算法等。

这类方法的最大优点是计算简单快速,不足之处:一是估算精确度较差;二是需要大量相

关基础数据的积累,并且要经过科学系统的分析和整理。

建设项目经济评价的不同阶段对投资估算准确度的要求不同,建设投资估算的方法也相应不同。比如在投资机会研究阶段、初步可行性研究阶段可以采用单位生产能力估算法、朗格系数法或生产能力指数法等,也可根据具体条件选择其他估算方法。可行性研究阶段,要求的投资估算精度较高,需通过工程量的计算,采用相对准确的估算方法进行分类估算。

1)单位生产能力估算法

单位生产能力估算法是根据已建成的、性质相似的建设项目的单位生产能力投资(如元/t、元/kW)乘以拟建项目的生产能力来估算拟建项目的投资额,其计算公式为:

$$C_2=\frac{C_1}{Q_1}\times Q_2\times CF \tag{6.1}$$

式中　C_2——拟建项目的投资额;

C_1——已建类似项目的投资额;

Q_1——已建类似项目的生产能力;

Q_2——拟建项目的生产能力;

CF——不同时期、不同地点的定额、单价、费用等的综合调整系数。

单位生产能力估算法简单快捷,但精确度差,这种方法要求拟建项目与所选取的已建项目仅存在规模大小和时间上的差异,一般仅用于投资机会研究阶段。

【例6.1】　已知2018年建设污水处理能力1万m^3/日的污水处理厂的建设投资为15 000万元,2023年拟建污水处理能力1.6万m^3/日的污水处理厂一座,工程条件与2018年已建项目类似,综合调整系数CF为1.25,试估算该项目的建设投资。

【解】　根据式(6.1),该项目的建设投资为:

$$C_2=\frac{C_1}{Q_1}\times Q_2\times CF=\frac{15\ 000}{1}\times 1.6\times 1.25=30\ 000(\text{万元})$$

2)生产能力指数法

生产能力指数法是根据已建成的、性质类似的建设项目的生产规模、投资额与拟建项目的生产规模来估算拟建项目投资额,其计算公式为:

$$C_2=C_1\times\left(\frac{Q_2}{Q_1}\right)^n\times CF \tag{6.2}$$

式中　n——生产规模指数(根据不同类型企业的统计资料予以确定)。

其他符号含义同前。

国外的化工项目的统计资料表明,n的平均值大约在0.6左右,故又称此法为0.6指数法。该法仅适用于同类型的项目,而且规模扩大的幅度不宜大于50倍。

不同性质的建设项目,n的取值是不同的。当依靠加大设备规格来扩大生产规模时,$n=0.6\sim0.7$;当依靠增加相同规格设备的数量来扩大生产规模时,$n=0.8\sim1.0$;高温高压工业项目,$n=0.3\sim0.5$。

本方法比单位生产能力估算法精确,计算简单快速,但要求已建类似项目的资料可靠,类型一致,条件基本相同,否则误差会很大。

【例6.2】 已知年产20万t的某化工品的流水线生产装置投资为30 000万元，现拟建年产60万t的同种产品项目，工程条件与上述项目类似，生产规模指数 n 为0.7，综合调整系数 CF 为1.1，该估算该项目的流水线投资。

【解】 根据式(6.2)，该项目的流水线投资为：

$$C_2 = C_1 \times \left(\frac{Q_2}{Q_1}\right)^n \times CF = 30\ 000 \times \left(\frac{60}{20}\right)^{0.7} \times 1.1 = 71\ 203(\text{万元})$$

3)比例估算法

比例估算法可分为两类；

(1)基于拟建项目的设备及工器具购置费进行估算

以拟建项目的设备及工器具购置费为基数，根据已建成的同类项目的建筑工程费和安装工程费占设备及工器具购置费的百分比，求出相应的建筑工程费和安装工程费，再加上拟建项目的其他费用(即工程建设其他费用和预备费等)，其总和即为拟建项目的建设投资。计算公式为：

$$C = E(1 + f_1 P_1 + f_2 P_2) + I \tag{6.3}$$

式中 C——拟建项目的建设投资；

E——拟建项目根据当时当地价格计算的设备及工器具购置费；

P_1、P_2——已建项目中建筑工程费和安装工程费分别占设备及工器具购置费的百分比；

f_1、f_2——由于时间、地点等因素引起的定额、价格、费用等综合调整系数；

I——拟建项目的其他费用。

【例6.3】 某拟建项目的设备及工器具购置费为10 000万元，根据已建同类项目统计资料，建筑工程费占设备及工器具购置费20%，安装工程费占设备及工器具购置费的9%，该拟建项目的其他有关费用估计为2 600万元，综合调整系数 f_1、f_2 均为1.1，试估算该项目的建设投资。

【解】 根据式(6.3)，该项目的建设投资为：

$$C = E(1 + f_1 P_1 + f_2 P_2) + I = 10\ 000 \times [1 + (20\% + 9\%) \times 1.1] + 2\ 600 = 15\ 790(\text{万元})$$

(2)基于拟建项目的工艺设备投资进行估算

该方法以拟建项目的工艺设备投资额为基数，根据同类型的已建项目的有关统计资料，各专业工程投资额(总图、土建、暖通、给排水、强弱电、电信及自控等)占工艺设备投资额(含运杂费和安装费)的百分比，求出拟建项目各专业工程投资额，然后把各部分投资额(包括工艺设备投资额)相加求和，再加上拟建项目的其他有关费用，即为拟建项目的建设投资。计算公式为：

$$C = E(1 + f_1 P'_1 + f_2 P'_2 + f_3 P'_3 + \cdots) + I \tag{6.4}$$

式中 E——拟建项目根据当时当地价格计算的工艺设备投资；

P_1、P_2、P_3——已建项目各专业工程费用占工艺设备投资的百分比。

其他符号含义同前。

4)系数估算法

(1)朗格系数法

该方法以设备及工器具购置费为基础，乘以适当系数来推算建设项目的建设投资。计算公式为：

$$C = E(1 + \sum_i K_i)K_c \tag{6.5}$$

式中　C——建设投资；

E——设备及工器具购置费；

K_i——管线、仪表、建筑物等项费用的估算系数；

K_c——管理费、合同费、应急费等间接费在内的总估算系数。

建设投资与设备及工器具购置费之比为朗格系数 K_L，即

$$K_L = (1 + \sum K_i)K_c \tag{6.6}$$

运用朗格系数法估算投资，方法比较简单，但因为没有考虑项目（或设备装置）的规模大小、设备材质的影响以及不同地区自然、地理条件差异的影响，所以估算的准确度不高。

（2）设备及厂房系数法

该方法在拟建项目工艺设备投资额和厂房土建投资估算的基础上，其他专业工程投资额参照类似项目的统计资料，与设备关系较大的按设备资系数计算，与厂房土建关系较大的则按厂房土建投资系数计算，两类投资加起，再加上拟建项目的其他有关费用，即为拟建项目的建设投资。

【例6.4】　某项目工艺设备及其安装费用估计为2 000万元，厂房土建费用估计为3 000万元，参照类似项目的统计资料，其他各专业工程投资系数如表6.2所示，其他有关费用为1 500万元，试估算该项目的建设投资。

表6.2　各专业工程投资系数

工艺设备	1.00	厂房土建（含设备基础）	1.10
起重设备	0.08	给排水工程	0.04
加热炉及烟道	0.12	采暖通风	0.03
气化冷却	0.01	工业管道	0.01
余热锅炉	0.04	电器照明	0.01
供电及转动	0.18		
自动化仪表	0.02		
系数合计：	1.45	系数合计	1.19

【解】　根据上述方法，则该项目的建设投资为：

$$2\ 000\times1.45+3\ 000\times1.19+1\ 500=7\ 970(\text{万元})$$

6.2.2　建设投资的分类详细估算法

针对建设投资构成分类估算，即对工程费用（含建筑工程费、设备及工器具购置费和安装工程费）、工程建设其他费用和预备费（含基本预备费和涨价预备费）分别采用最合适的方法进行估算，然后再汇总得到建设投资，是详细估算方法。

1)估算步骤

首先,分别估算各单项工程所需的建筑工程费、设备及工器具购置费、安装工程费。

其次,在汇总各单项工程费用的基础上,估算工程建设其他费用。

再次,估算基本预备费和涨价预备费。

最后,加总求得建设投资总额。

2)建筑工程费估算

(1)估算内容

建筑工程费是指为建造永久性建筑物和构筑物所需要的费用,主要包括以下内容:

①各类房屋建筑工程和列入房屋建筑工程预算的供水、供暖、卫生、通风、煤气等设备费用及其装饰工程的费用,列入建筑工程的各种管道管线敷设工程的费用。

②设备基础、支柱、烟囱、水塔、水池、灰塔等构筑物工程以及各种窑炉的砌筑工程和金属结构工程的费用。

③建设场地的大型土石方工程、施工临时设施和完工后的场地清理等费用。

④修建铁路、公路、桥梁、水库、堤坝、灌渠及防洪;矿井开凿、井巷延伸、露天矿剥离;石油天然气钻井等工程的费用。

(2)估算方法

建筑工程费的估算方法有单位建筑工程投资估算法、单位实物工程量投资估算法和概算指标投资估算法。前两种方法比较简单,后一种方法需要较详细的工程量资料为基础,工作量较大,实际工作中可根据具体条件和要求选用。

①单位建筑工程投资估算法。

单位建筑工程投资估算法是以单位建筑工程量投资乘以建筑工程总量来估算建筑工程费的方法。一般工业与民用建筑以单位建筑面积(m^2)投资,铁路路基以单位长度(km)投资,水库以水坝单位长度(m)投资乘以相应的建筑工程总量计算建筑工程费。

②单位实物工程量投资估算法。

单位实物工程量投资估算法,是以单位实物工程量投资乘以实物工程量来估算建筑工程费的方法。土石方工程按每立方米投资,路面铺设工程按每平方米投资,矿井巷道衬砌工程按每延长米投资,乘以相应的实际工程量总量计算建筑工程费。

③概算指标投资估算法。

对于没有前两种估算指标或者建筑工程费占建设投资比例较大的项目,可采用概算指标估算法估算建筑工程费。

建筑工程概算指标分别有一般土建工程概算指标、给排水工程概算指标、采暖工程概算指标、通信工程概算指标、电气照明工程概算指标等。

【例6.5】 某化工厂的建筑工程费估算如表6.3所示。

表6.3 某化工厂建筑工程费估算表

序号	建筑物、构筑物名称	单位	工程量	单位投资(元)	费用合计(万元)
1	生产车间	m^2	7 712	1 800	1 388.20
2	原料、成品库	m^2	5 783	1 000	578.30

续表

序号	建筑物、构筑物名称	单位	工程量	单位投资(元)	费用合计(万元)
3	综合动力站	m^2	1 134	1 200	136.10
4	地下水池	m^2	1 300	750	97.50
5	门卫室	m^2	74	1 000	7.40
6	厂区围墙和大门	m^2	750	200	15.00
7	厂区道路	m^2	9 800	120	117.60
8	厂区绿化	m^2	6 743	50	37.70
9	综合楼	m^2	3 402	1 200	408.20
10	食堂等生活设施	m^2	1 157	1 000	115.70
11	车库	m^2	230	1 000	27.00
合计					2 920.70

3)设备及工器具购置费估算

设备及工器具购置费指需要安装和不需要安装的全部设备、仪器、仪表等和必要的备品备件及工器具、生产家具购置费用。可按国内设备购置费、进口设备购置费、备品备件和工器具及生产家具购置费分类估算。

(1)国内设备购置费估算

国内设备购置费是指为建设项目购置或自制的达到固定资产标准的各种国产设备的购置费用。它由设备原价和设备运杂费构成。

①国产标准设备原价。国产标准设备是指按照主管部门颁布的标准图纸和技术要求,由国内设备生产厂批量生产的、符合国家质量检测标准的设备。国产标准设备原价一般指设备制造厂的交货价,即出厂价。设备的出厂价分两种情况,一是带有备件的出厂价,二是不带备件的出厂价。在计算设备原价时,一般应按带有备件的出厂价计算。如果是不带备件的出厂价,则应按有关规定加上备品备件费用。国产标准设备原价可通过查询相关价格目录或向设备生产厂家询价得到。

②国产非标准设备原价。国产非标准设备是指国家尚无定型标准,设备生产厂不可能采用批量生产,只能根据具体的设备图纸按订单制造的设备。非标准设备原价有多种不同的计算方法。无论采用哪种方法都应使非标准设备计价接近实际出厂价,并且计算方法要简便。

③设备运杂费。设备运杂费通常由运输费、装卸费、运输包装费、供销手续费和仓库保管费等各项费用构成。一般按设备原价乘以设备运杂费费率计算。设备运杂费费率按部门、行业规定执行。

编制国内设备购置费估算表,如表 6.4 所示。

表 6.4　国内设备购置费估算表　　单位:万元

序号	设备名称	型号规格	单位	数量	设备购置费		
					出厂价	运杂费	总价
1							
2							
3							
…							
合计							

(2)进口设备购置费估算

进口设备购置费由进口设备货价、进口从属费用及国内运杂费组成。

①进口设备货价。

进口设备货价经常按离岸价格(FOB)计算。

离岸价格(FOB)是货物成本价,指出口货物运抵出口国口岸运输工具上交货的价格,即买家负责启运口岸到目的口岸的运输费和运输保险费。

到岸价格(CIF)=货物成本价+运输费+运输保险费,是进口货物抵达进口国口岸的价格。

②进口从属费用。

进口从属费用包括国外运费、国外运输保险费、进口关税、进口环节消费税、进口环节增值税、外贸手续费和银行财务费。

a.国外运费,即从启运口岸到达目的口岸的运费。计算公式为:

$$国外运费=进口设备离岸价\times国外运费费率 \tag{6.7}$$

或

$$国外运费=单位运价\times运量 \tag{6.8}$$

b.国外运输保险费,是被保险人根据与保险人(保险公司)订立的保险契约,为获得保险人对货物在运输过程中发生的损失给予经济补而支付的费用。计算公式为:

$$国外运输保险费=(进口设备离岸价+国外运费)\times国外运输保险费费率 \tag{6.9}$$

c.进口关税,计算公式为:

$$进口关税=进口设备到岸价\times人民币外汇牌价\times进口关税税率 \tag{6.10}$$

d.进口环节消费税,进口适用消费税的设备(如汽车),应按规定计算进口环节消费税。

$$消费税=组成计税价格\times消费税税率 \tag{6.11}$$

$$组成计税价格=(关税完税价格+关税)/(1-消费税税率) \tag{6.12}$$

关税完税价格:进口货物以海关审定的成交价格为基础的到岸价格作为关税完税价格。进口货物以估算的到岸价格(以人民币表示)暂作为关税完税价格,计算公式为:

$$\begin{aligned}进口环节消费税=&(进口设备到岸价\times人民币外汇牌价+\\&进口关税)\times消费税税率/(1-消费税税率)\end{aligned} \tag{6.13}$$

e.进口环节增值税,计算公式为:

$$增值税=组成计税价格\times增值税税率 \tag{6.14}$$

$$组成计税价格=关税完税价格+关税+消费税 \tag{6.15}$$

进口货物以估算的到岸价格暂作为关税完税价格，计算公式为：

进口环节增值税=(进口设备到岸价×人民币外汇牌价+进口关税+消费税)×增值税税率　(6.16)

f.外贸手续费，按国家有关主管部门制定的进口代理手续费收取办法计算。计算公式为：

外贸手续费=进口设备到岸价×人民币外汇牌价×外贸手续费费率　(6.17)

g.银行财务费，按进口设备交货价计取，计算公式为：

银行财务费=进口设备交货价×人民币外汇牌价×银行财务费费率　(6.18)

③国内运杂费。

国内运杂费通常由运输费、运输保险费、装卸费、包装费和仓库保管费等费用构成。计算公式为：

国内运杂费=进口设备原价×人民币外汇牌价×国内运杂费年费率　(6.19)

进口设备原价是进口设备离岸价(货价)与进口从属费用之和。

④进口设备购置费。

进口设备购置费是进口设备原价和国内运杂费之和。

估算进口设备购置费应编制进口设备购置费估算表，格式见表6.5。

表6.5　进口设备购置费估算表　单位：万元或万美元

序号	设备名称	台(套)数	离岸价	国外运费	国外运输保险费	到岸价	进口关税	消费税	增费税	外贸手续费	银行财务费	国内运杂费	设备购置费总价
1													
2													
3													
…													
合计													

(3)工器具及生产家具购置费估算

工器具及生产家具购置费是指按照有关规定，保证新建或扩建项目初期正常生产必须购置的第一套工卡模具、器具及生产家具的购置费用。一般以国内设备和进口设备购置费为计算基数，按照部门或行业规定的工器具及生产家具购置费费率计算。

4)安装工程费估算

(1)估算内容

安装工程费一般包括：

①生产、动力、起重、运输、传动和医疗、实验等各种需要安装的机电设备、专用设备、仪器仪表等的安装费。

②工艺、供热、供电、供气、给排水、通风空调、净化及除尘、自控、电信等管道管线、电缆等的材料费和安装费。

③设备和管道的保温、绝缘、防腐，设备内部的填充物等的材料费和安装费。

(2)估算方法

投资估算中,安装工程费通常是根据行业或专门机构发布的安装工程定额、取费标准进行估算。具体计算可按安装费费率或每单位安装实物工程量费用指标进行估算。计算公式为:

$$安装工程费=设备原价\times安装费费率 \tag{6.20}$$

或

$$安装工程费=设备吨位\times每吨设备安装费 \tag{6.21}$$

【例6.6】 某化工厂的安装工程费估算见表6.6。

表6.6 某化工厂安装工程费估算表(万元)

序号	安装工程名称	设备原价	设备安装费率% (占设备原价百分比)	管道材料费	安装工程费
1	设备				
1.1	工艺设备	1 000	8		80.00
1.2	通风设备	10	10		1.00
1.3	自控设备	300	7		21.00
1.4	化验检测仪器	90	1		0.90
1.5	机修、电修设备	40.0	5		2.00
1.6	仪修设备	20	2		0.40
1.7	综合动力设备	300	10		30.00
1.8	消防设备	24.0	12		2.88
1.9	污水处理设备	30.0	12		7.60
	设备小计				141.78
2	管线工程				

在按照上述内容与方法分别估算建筑工程费、设备及工器具购置费和安装工程费的基础上,汇总形成建设项目的工程费用。

5)工程建设其他费用估算

工程建设其他费用是指建设投资中除建筑工程费、设备及工器具购置费、安装工程费以外的,为保证工程建设顺利完成和交付使用后能够正常发挥效用而发生的各项费用。

工程建设其他费用所包含的费用较多,其中有规定的收费或取费标准的,按规定估算;没有规定的,按实际可能发生的费用估算。

(1)建设用地费用

按照获取建设用地方式的不同,建设用地费可以分为三种具体形式:

①征地补偿费,适用于可以采用征地方式获取建设用地的建设项目。征地补偿费是指建设项目通过划拨方式取得土地使用权,依据相关法律法规规定所应支付的费用,其内容包括:

a. 土地补偿费。

b. 安置补助费。

c. 地上附着物和青苗补偿费。

d. 征地动迁费。包括征用土地上房屋及附属构筑物、城市公共设施等拆除、迁建补偿费、搬迁运输费，企业单位因搬迁造成的减产、停产损失补贴费、拆迁管理费等。

e. 其他税费。包括按规定一次性缴纳的耕地占用税、分年缴纳的城镇土地使用税在建设期支付的部分、征地管理费，征收城市郊区菜地按规定缴纳的新菜地开发建设基金，以及土地复耕费等。

建设项目投资估算中对以上各项费用应按照国家和地方相关规定标准计算。

②土地使用权出让（转让）金，适用于采用出让或转让方式获取建设用地的建设项目。土地使用权出让（转让）金是指通过土地使用权出让（转让）方式，使建设项目取得有限期的土地使用权，依照《中华人民共和国城镇国有土地使用权出让和转让暂行条例》规定，支付的土地使用权出让（转让）金。

③租地费，适用于采用租用土地方式获取建设用地的建设项目。包括在建设期采用租用的方式获得土地使用权所发生的租地费用以及建设期间临时用地补偿费。

（2）建设管理费

建设管理费是指建设单位从建设项目筹建开始直至项目竣工验收合格或交付使用为止发生的建设管理费用。费用内容包括：

①建设单位管理费。指建设单位发生的管理性质的开支。

②工程建设监理费。指建设单位委托工程监理单位实施工程监理的费用。

建设管理费以建设投资中的工程费用为基数乘以建设管理费费率计算。建设管理费费率按照建设项目的不同性质、规模确定。

建设项目实施工程监理，建设单位的大部分建设管理工作由监理单位负责。工程建设监理费以国家有关规定确定的费用标准为指导性价格，具体收费标准应根据委托监理业务的范围、深度和工程的性质、规模、难易程度以及工作条件等情况，由建设单位和监理单位在监理合同中商定。

如果建设管理采用工程总承包方式，其总承包管理费由建设单位与总包单位根据总包工作的范围在合同中商定，从建设管理费中支出。

（3）可行性研究费

可行性研究费是指在建设项目前期工作中，编制和评估项目建议书（或初步可行性研究报告）、可行性研究报告所需的费用。可行性研究费参照国家相关规定执行，或按委托咨询合同的咨询费数额估算。

（4）研究试验费

研究试验费是指为建设项目提供或验证设计数据、资料等进行必要的研究试验以及按照设计规定在建设过程中必须进行试验、验证所需的费用。研究试验费应按照研究试验内容和要求进行估算。

（5）勘察设计费

勘察设计费是指委托勘察设计单位进行工程水文地质勘察、工程设计所发生的各项费用。包括工程勘察费、方案设计费、初步设计费、施工图设计费以及设计模型制作费。勘察设计费参照国家有关规定计算。

(6)环境影响评价费

环境影响评价费是按照国家相关规定为评价建设项目对环境可能产生影响所需的费用。包括编制和评估环境影响报告书(含大纲)、环境影响报告表等所需的费用。环境影响评价费可参照国家相关规定或咨询合同计算。

(7)安全职业卫生健康评价费

安全职业卫生健康评价费是指对建设项目存在的职业危险、危害因素的种类和危险、危害程度以及拟采取的安全、职业卫生健康技术和管理对策进行研究评价所需的费用,包括编制预评价大纲和预评价报告及其评估等,可依照建设项目所在省、自治区、直辖市劳动安全行政部门规定的标准计算。

(8)场地准备及临时设施费

场地准备费是指建设项目为达到工程开工条件所发生的场地平整和对建设场地余留的有碍施工的设施进行拆除清理的费用。临时设施费是指为满足施工需要而供到场地界区的,未列入工程费用的临时水、电、气、道路、通信等费用和建设单位的临时建筑物、构筑物建设、维修、拆除或者建设期间的租赁费用,以及施工期间专用公路养护费、维修费。新建项目的场地准备和临时设施费应根据实际工程量估算,或按工程费用的比例计算。改扩建项目一般只计拆除清理费。具体费率按照部门或行业的规定执行。

(9)引进技术和设备其他费用

引进技术和设备其他费用是指引进技术和设备发生的未计入设备及工器具购置费的费用,内容包括:

①引进设备材料国内检验费。以按进口设备材料离岸价为基数乘以费率计取。

②引进项目图纸资料翻译复制费、备品备件测绘费。引进项目图纸资料翻译复制费根据引进项目的具体情况估算或者按引进设备离岸价的比例估算。备品备件测绘费按项目具体情况估算。

③出国人员费用。包括买方人员出国联络考察、联合设计、监造、培训等所发生的差旅费、生活费等。出国人员费用依据合同或协议规定的出国人次、期限以及相应的费用标准计算。其中,生活费按照财政部、外交部规定的现行标准计算,差旅费按中国民航公布的现行标准计算。

④来华人员费用。包括卖方来华工程技术人员的现场办公费用、往返现场交通费用、接待费用等。来华人员费用依据引进合同或协议有关条款及来华技术人员派遣计划进行计算。来华人员接待费用可按每人次费用指标计算。具体费用指标按照部门或行业的规定执行。

⑤银行担保及承诺费。是指引进技术和设备项目由国内外金融机构进行担保所发生的费用,以及支付贷款机构的承诺费用。银行担保及承诺费按担保或承诺协议计取。投资估算时可按担保金额或承诺金额为基数乘以费率计算。已计入其他融资费用的不应重复计算。

(10)工程保险费

工程保险费是指建设项目在建设期间根据需要对建筑工程、安装工程、机器设备和人身安全进行投保而发生的保险费用。包括建筑安装工程一切险、引进设备财产保险和人身意外伤害险等。建设项目可根据工程特点选择投保险种,编制投资估算时可按工程费用的比例估算。工程保险费费率按照保险公司的规定或按部门、行业规定执行。建筑安装工程费中已计入的工程保险费,不再重复计取。

(11)市政公用设施建设及绿化补偿费

市政公用设施建设及绿化补偿费是指使用市政公用设施的建设项目,按照项目所在省、自治区、直辖市政府有关规定,建设或者缴纳的市政公用设施建设配套费用以及绿化工程补偿费用。市政公用设施建设及绿化补偿费按项目所在地政府规定标准估算。

(12)超限设备运输特殊措施费

超限设备运输特殊措施费是指超限设备在运输过程中需进行的路面拓宽、桥梁加固、铁路设施、码头等改造时所发生的特殊措施费。超限设备的标准按行业规定。

(13)特殊设备安全监督检验费

特殊设备安全监督检验费是指在现场组装和安装的锅炉及压力容器、压力管道、消防设备、电梯等特殊设备和实施,由安全监察部门进行安全检验,应由建设单位向安全监察部门缴纳的费用。该费用可按受检设备和设施的现场安装费的一定比例估算。安全监察部门有规定的,从其规定。

(14)联合试运转费

联合试运转费是指新建项目或新增生产能力的工程,在交付生产前按照批准的设计文件所规定的工程质量标准和技术要求,进行整个生产线或装置的负荷联合试运转或局部联动试车所发生的费用净支出(试运转支出-试运转收入)。联合试运转费一般根据不同性质的项目按需要试运转车间的工艺设备及工器具购置费的百分比估算。具体费率按照部门或行业的规定执行。

(15)安全生产费用

按照有关法规,在我国境内从事矿山开采、建筑施工、危险品生产及道路交通运输的企业以及其他经济组织应提取安全生产费用。其提取基数和提取方式随行业不同。建筑企业的安全生产费用是指建筑施工企业按照国家有关规定和建筑施工安全标准,购置施工安全防护用具、落实安全施工措施、改善安全生产条件、加强安全生产管理等所需的费用。按照相关规定,建筑施工企业以建筑安装工程费用为基数提取,并计入工程造价。规定的提取比例随工程类别不同而有所不同。建筑安装工程费中已计入安全生产费用的,不再重复计取。

(16)专利及专有技术使用费

该费用包括:国外设计及技术资料费;引进有效专利、专有技术使用费和技术保密费;国内有效专利、专有技术使用费;商标使用费、特许经营权费等。专利及专有技术使用费应按专利使用许可协议和专有技术使用合同确定的数额估算。专有技术的界定应以省、部级鉴定批准为依据。建设投资中只估算需在建设期支付的专利及专有技术使用费。

(17)生产准备费

生产准备费是指建设项目为保证竣工交付使用、正常生产运营进行必要的生产准备所发生的费用。包括生产人员培训费,提前进厂参加施工、设备安装、调试以及熟悉工艺流程及设备性能等人员的工资、工资性补贴、职工福利费、差旅交通费、劳动保护费、学习资料费等。生产准备费一般根据需要和提前进厂人员的人数、培训时间及生产准备费指标计算。新建项目以可行性研究报告定员人数为计算基数;改扩建项目以新增定员为计算基数。具体费用指标按照部门或行业的规定执行。

(18)办公及生活家具购置费

办公及生活家具购置费是指为保证新建、改建、扩建项目初期正常生产、使用和管理所必须购置的办公和生活家具、用具的费用。该项费用一般按照项目定员人数乘以费用指标估算。具体费用指标按照部门或行业的规定执行。

工程建设其他费用的具体项目及取费标准应根据有关规定并结合建设项目的具体情况确定。上述各项费用并不是每个建设项目都必定发生的费用,应根据具体情况进行估算。有些行业可能还会发生一些特殊的费用,此处不再列举。

工程建设其他费用按各项费用的费率或者取费标准估算后,应编制工程建设其他费用估算表。某化工厂的工程建设其他费用估算表见表 6.7。

表 6.7 某化工厂工程建设其他费用估算表 单位:万元

序号	费用名称	计算依据	费率或标准	总价
1	土地使用权费	35 000 m^2	200 元/m^2	700.00
2	建设管理费	工程费用	5%	299.89
3	前期工作费	工程费用	1.0%	59.98
4	勘察设计费	工程费用	7.0%	179.94
5	工程保险费	工程费用	0.3%	17.99
6	联合试运转费	工程费用	0.5%	29.99
7	专利费	专利转让协议		300.0
8	人员培训费	项目定员 200 人	2 000 元/人	40.00
9	人员提前进厂费	项目定员 200 人	5 000 元/人	100.00
10	办公及生活家具购置费	项目定员 200 人	1 000 元/人	20.00
合计				1747.79

注:1. 表内的前期工作费包括可行性研究费、环境影响评价费和安全职业卫生健康评价费。
2. 工程费用为:5 997.88 万元。

按照资产类别划分,也可将上述工程建设其他费用分为固定资产投资、无形资产投资、其他资产投资三部分。

6)基本预备费估算

基本预备费是指在项目实施中可能发生,但在建设项目经济评价中难以预计的,需要事先预留的费用。一般由以下三项内容构成:

①在批准的设计范围内,技术设计、施工图设计及施工过程中所增加的工程费用;经批准的设计变更、工程变更、材料代用、局部地基处理等增加的费用。

②竣工验收时为鉴定工程质量对隐蔽工程进行必要的挖掘和修复费用。

③一般自然灾害造成的损失和预防自然灾害所采取的措施费用。

基本预备费以工程费用和工程建设其他费用之和为基数,按部门或行政主管部门规定的基本预备费费率估算。计算公式为:

$$\text{基本预备费}=(\text{工程费用}+\text{工程建设其他费用})\times\text{基本预备费费率} \tag{6.22}$$

7)价差预备费估算

价差预备费是指在建设期内为应对利率、汇率或价格等因素的变化而预留的可能增加的费用,亦称为价格变动不可预见费。价差预备费的内容包括:人工、设备、材料、施工机械的价差费,建筑安装工程费及工程建设其他费用调整,利率、汇率调整等增加的费用。

价差预备费一般根据国家规定的投资综合价格指数,按照估算年份价格水平的投资额为基数,采用复利方法计算。

计算公式为:

$$PF = \sum_{t=1}^{n} I_t[(1+f)^m(1+f)^{0.5}(1+f)^{t-1} - 1] \tag{6.23}$$

式中　PF——价差预备费;

n——建设期年份数;

I_t——建设期第 t 年的静态投资额;

f——年涨价率;

m——建设前期年限(从编制投资估算到开工建设,单位:年)。

年涨价率,政府部门有规定的按规定执行,没有规定的由可行性研究人员预测。

【例 6.7】　某建设工程项目在建设初期估算的建筑安装工程费、设备及工器具购置费为 5 000 万元,按照项目进度计划,建设前期为 3 年,建设期为 2 年,第一年投资 2 000 万元,第二年投资 3 000 万元,预计建设期内价格总水平上涨率为每年 5%,估算该项目的价差预备费。

【解】

第一年价差预备费:2 000×[(1+5%)3(1+5%)0.5−1]=372.43(万元);

第二年价差预备费:3 000×[((1+5%)3(1+5%)0.5(1+5%)−1]=736.57(万元);

则该项目的价差预备费估算是 372.43+736.57=1 109(万元)。

6.3　建设期利息估算编制

建设期利息是债务资金在建设期内发生并应计入固定资产原值的利息,包括借款(或债券)利息及手续费、承诺费、发行费、管理费等融资费用。

项目在建设期内如能用非债务资金按期支付利息,应按单利计息;在建设期内如不支付利息,或用借款支付利息应按复利计息。

对当年借款额在年内按月、按季均衡发生的项目,为了简化计算,通常假设借款发生当年在年中使用,按半年计息,其后年份按全年计息。对借款额在建设期各年年初发生的项目,则应按全年计息。

建设期利息的计算要根据借款在建设期各年年初发生或者在各年年内均衡发生的情况,采用不同的计算分式。

①借款额在建设期各年年初发生,建设期利息的计算公式为:

$$Q = \sum_{t=1}^{n} [(P_{t-1} + A_t) \times i] \tag{6.24}$$

式中　Q——建设期利息;

P_{t-1}——建设期第 $t-1$ 年末借款本息累计;

A_t——建设期第 t 年借款额；

i——借款年率利率；

t——年份。

②借款额在建设期各年年内均衡发生，建设期利息的计算分式为：

$$Q=\sum_{t=1}^{n}\left[\left(P_{t-1}+\frac{A_t}{2}\right)\times i\right] \tag{6.25}$$

各字母含义同式(6.24)。

【例6.8】 某新建化工项目，建设期为3年，第一年借款200万元，第二年借款300万元，第3年借款200万元，各年借款均在年内均衡发生，借款年利率为6%，每年计息1次，建设期内不支付利息。试计算该项目的建设期利息。

【解】

第一年借款利息：$Q_1=\left(P_{1-1}+\frac{A_1}{2}\right)\times i=\frac{200}{2}\times 6\%=6$(万元)

第二年借款利息：$Q_2=\left(P_{2-1}+\frac{A_2}{2}\right)\times i=\left(206+\frac{300}{2}\right)\times 6\%=21.36$(万元)

第三年借款利息：$Q_3=\left(P_{3-1}+\frac{A_3}{2}\right)\times i=\left(206+321.36+\frac{200}{2}\right)\times 6\%=37.64$(万元)

该项目的建设期利息为：$Q=Q_1+Q_2+Q_3=6+21.36+37.64=65.00$(万元)

6.4 流动资金估算编制

流动资金是指建设项目在生产运营期内长期占用的用于周转的营运资金，但不包括运营中临时需要的资金。

在建设项目经济评价中所考虑的流动资金，是伴随固定资产投资而发生的永久性流动资产投资，等于建设项目投产运营后所需的全部流动资产扣除流动负债后的余额。

流动资金估算的基础主要是营业收入和经营成本。因此，流动资金估算应在年营业收入和年经营成本估算之后进行。

流动资金可按行业要求或前期研究的不同阶段选用扩大指标估算法或分项详细估算法估算。

6.4.1 扩大指标估算法

扩大指标估算法简便易行，但精确度不如分项详细估算法，在项目初步可行性研究阶段可采用扩大指标估算法，某些流动资金需要量小的行业项目或非制造业项目在可行性研究阶段也可采用扩大指标估算法。

扩大指标估算法是参照同类企业流动资金占营业收入的比例(即营业收入资金率)、流动资金占经营成本的比例(即经营成本资金率)或单位产量占用流动资金的数额(即单位产量资金率)来估算流动资金。

1)营业收入资金率

计算公式为:

$$流动资金=年营业收入额\times营业收入资金率 \tag{6.26}$$

式中“营业收入资金率”参照同类企业流动资金占营业收入的比例的经验值;“年营业收入额”取建设项目正常生产经营年份的数值;一般加工工业建设项目多采用该方法估算流动资金。

2)经营成本(或总成本)资金率法

计算公式为:

$$流动资金=年经营成本(或总成本)\times经营成本(或总成本)资金率 \tag{6.27}$$

式中“经营成本(或总成本)资金率”参照同类企业流动资金占经营成本(或总成本)的比例的经验值;“年经营成本(或总成本)”取建设项目正常生产经营年份的数值;一般采掘业建设项目多采用该方法估算流动资金。

3)单位产量资金率法

计算公式为:

$$流动资金=年产量\times单位产量资金率 \tag{6.28}$$

式中“单位产量资金率”参照同类企业单位产量占用流动资金额的比例的经验值;煤矿等特定的建设项目可采用该方法估算流动资金。

6.4.2 分项详细估算法

分项详细估算法工作量较大,但精确度较高。

分项详细估算法是对流动资产和流动负债主要构成部分,如现金、存货、应收账款、预付账款、应付账款、预收账款等内容进行分项估算,最后得出项目所需的流动资金数额。计算公式为:

$$流动资金=流动资产-流动负债 \tag{6.29}$$

$$流动资产=现金+存货+应收账款+预付账款 \tag{6.30}$$

$$流动负债=应付账款+预收账款 \tag{6.31}$$

$$流动资金本年增加额=本年流动资金-上年流动资金 \tag{6.32}$$

具体的流动资金估算,首先确定各分项的最低周转天数,计算出各分项的年周转次数,然后再分项估算资金额,最后汇总得到建设项目总的流动资金需要量。

1)各项流动资产和流动负债最低周转天数的确定

采用分项详细估算法估算流动资金,其准确度取决于各项流动资产和流动负债的最低周转天数取值的合理性。在确定最低周转天数时,要根据建设项目的实际情况,并考虑一定的保险系数。如存货中的外购原材料、燃料的最低周转天数应根据其不同来源,考虑运输方式、运输距离、设计储存能力等因素综合确定。在产品的最低周转天数应根据产品生产工艺流程的实际情况确定。

2)年周转次数计算

$$年周转次数=\frac{360天}{最低周转天数} \tag{6.33}$$

各类流动资产和流动负债的最低周转天数参照同类企业的平均周转天数并结合建设项

目特点确定,或按部门(行业)规定执行。

3)流动资产估算

流动资产是指可以在1年或者超过1年的一个营业周期内变现或耗用的资产,主要包括货币资金、短期投资、应收及预付款项、存货、待摊费用等。为简化计算,建设项目经济评价中仅考虑现金、应收账款、预付账款和存货。

(1)存货估算

存货是指企业在日常生产经营过程中存储以备出售,或者仍然处在生产过程,或者在生产或提供劳务过程中将消耗的物品,包括各种材料、商品、在产品、半成品、产成品等。为简化计算,建设项目经济评价中仅考虑外购原材料、外购燃料、在产品和产成品。其中,外购原材料和外购燃料通常需要分品种分项进行计算。计算公式为:

$$\text{存货}=\text{外购原材料}+\text{外购燃料}+\text{其他材料}+\text{在产品}+\text{产成品} \tag{6.34}$$

$$\text{外购原材料}=\frac{\text{年外购原材料费用}}{\text{外购原材料年周转次数}} \tag{6.35}$$

$$\text{外购燃料}=\frac{\text{年外购燃料费用}}{\text{外购燃料年周转次数}} \tag{6.36}$$

$$\text{其他材料}=\frac{\text{年外购其他材料费用}}{\text{外购其他材料年周转次数}} \tag{6.37}$$

其他材料是指在修理费中核算的备品备件等材料,其他材料费用数额不大的项目,也可不必计算。

$$\text{在产品}=\frac{\text{年外购原材料、燃料、动力费}+\text{年工资及福利}+\text{年其他制造费用}}{\text{在产品年周转次数}} \tag{6.38}$$

$$\text{产成品}=\frac{\text{年经营成本}-\text{年其他营业费用}}{\text{产成品年周转次数}} \tag{6.39}$$

(2)应收账款估算

建设项目经济评价中,应收账款中的计算公式为:

$$\text{应收账款}=\frac{\text{年经营成本}}{\text{应收账款年周转次数}} \tag{6.40}$$

应收账款的计算也可用营业收入替代经营成本。考虑到实际占用企业流动资金的主要是经营成本范畴的费用,因此选择经营成本较为合理性。

(3)现金估算

建设项目经济评价中的现金是指为维持日常生产运营所必须预留的货币资金,包括库存现金和银行存款。建设项目经济评价中,现金的计算公式为:

$$\text{现金}=\frac{\text{年工资及福利费}+\text{年其他费用}}{\text{现金年周转次数}} \tag{6.41}$$

$$\begin{aligned}\text{其他费用}=&\text{制造费用}+\text{管理费用}+\text{财务费用}+\text{销售费用}-\\&(\text{以上费用中所含的工资及福利费、折旧费、摊销费、修理费})\end{aligned} \tag{6.42}$$

或

$$\begin{aligned}\text{其他费用}=&\text{其他制造费}+\text{其他营业费用}+\text{其他管理费用}+\text{技术转让费}+\\&\text{研究与开发费}+\text{土地使用税}\end{aligned} \tag{6.43}$$

(4)预付账款估算

预付账款是指企业为购买各类原材料、燃料或服务所预先支付的款项。建设项目经济评价

价中,预付账款的计算公式为:

$$预付账款=\frac{预付的各类原材料、燃料或服务年费用}{预付账款年周转次数} \tag{6.44}$$

4)流动负债估算

流动负债是指将在1年(含1年)或者超过1年的一个营业周期内偿还的债务,包括短期借款、应付账款、预收账款、应付工资、应付福利费、应交税金、应付股利、预提费用等。为简化计算,建设项目经济评价中仅考虑应付账款。

应付账款是因购买商品或劳务等而发生的债务,是买卖双方在购销活动中由于取得商品或劳务与支付货款在时间上不一致而产生的负债。建设项目经济评价中,应付账款的计算公式为:

$$应付账款=\frac{年外购原材料、燃料、动力和其他材料费用}{应付账款年周转次数} \tag{6.45}$$

6.5 建设项目总投资估算表的编制

按投资估算内容和估算方法估算上述各项投资并进行汇总,编制建设项目总投资估算表。表6.8是一种较为简单的建设项目总投资估算表的格式。

表6.8 建设项目总投资估算表

单位:万元

序号	费用名称	单位	数量	单价	合计	估算说明
1	建设投资					
1.1	工程费用					
1.1.1	建筑工程费					
1.1.2	设备及工器具购置费					
1.1.3	安装工程费					
1.2	工程建设其他费用					
1.3	基本预备费					
1.4	涨价预备费					
2	建设期利息					
3	流动资金					
4	建设项目总投资(1+2+3)					

本章总结框图

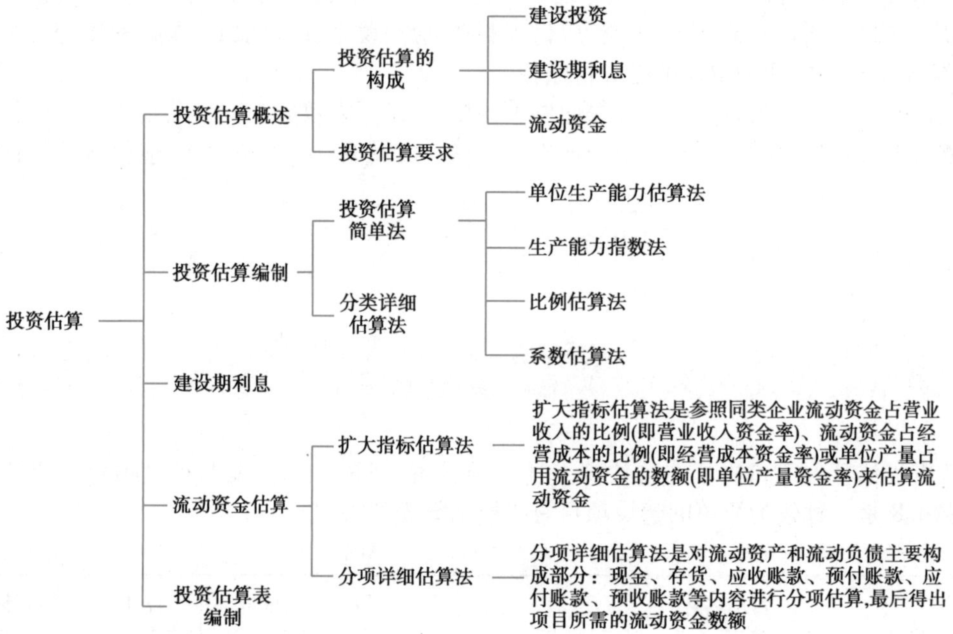

思考题

1. 建设项目总投资构成是什么?
2. 建筑工程费包含哪些费用?
3. 安装工程费包含哪些费用?
4. 工程建设其他费包含哪些费用?
5. 某化工厂拟从国外进口一台设备,质量2 000 t,离岸价为500万美元。其他有关费用为:国外海运费率为4%;海上运输保险费费率为0.1%;银行财务费费率为0.15%,外贸手续费费率为1%;关税税率为10%;进口环节增值税税率为17%;人民币外汇牌价为1美元=7.5元人民币,设备的国内运杂费费率为2.1%。试对该套设备购置费进行估算。

第7章 设计概算

【本章导读】

内容及要求：设计概算是在建设项目初步设计阶段，采用一定的方法计算和确定建设项目从筹建至竣工交付使用所需全部费用的文件，既是投资估算的细化，也是施工图预算的依据。

本章介绍设计概算的含义、编制依据、内容及编制方法。

重点：设计概算的含义、作用及内容。

难点：掌握和理解设计概算编制的不同方法。

北京地铁4号线是北京市轨道交通路网中的主干线之一，南起丰台区南四环公益西桥，途经西城区，北至海淀区安河桥北，线路全长28.2 km，车站总数24座。4号线工程概算总投资153亿元，于2004年8月正式开工，2009年9月28日通车试运营，目前日均客流量已超过100万人次。

根据北京地铁4号线初步设计概算，北京地铁4号线项目总投资约153亿元。北京地铁4号线全部建设内容划分为A、B两部分：A部分主要为土建工程部分，投资额约为107亿元，占4号线项目总投资的70%，由已成立的4号线公司负责投资建设；B部分主要包括车辆、信号、自动售检票系统等机电设备，投资额约为46亿元，占4号线项目总投资的30%，由社会投资者组建的北京地铁4号线特许经营公司负责投资建设。经过科学的投资测算与管理，北京地铁4号线项目达到了预期目标。2011年，北京金准咨询有限责任公司和天津理工大学按国家发改委和北京市发改委要求，组成课题组对项目实施效果进行了专题评价研究。评价认为，北京地铁4号线项目实现北京市轨道交通行业投资和运营主体多元化突破，形成同业激励的格局，促进了技术进步和管理水平、服务水平提升。

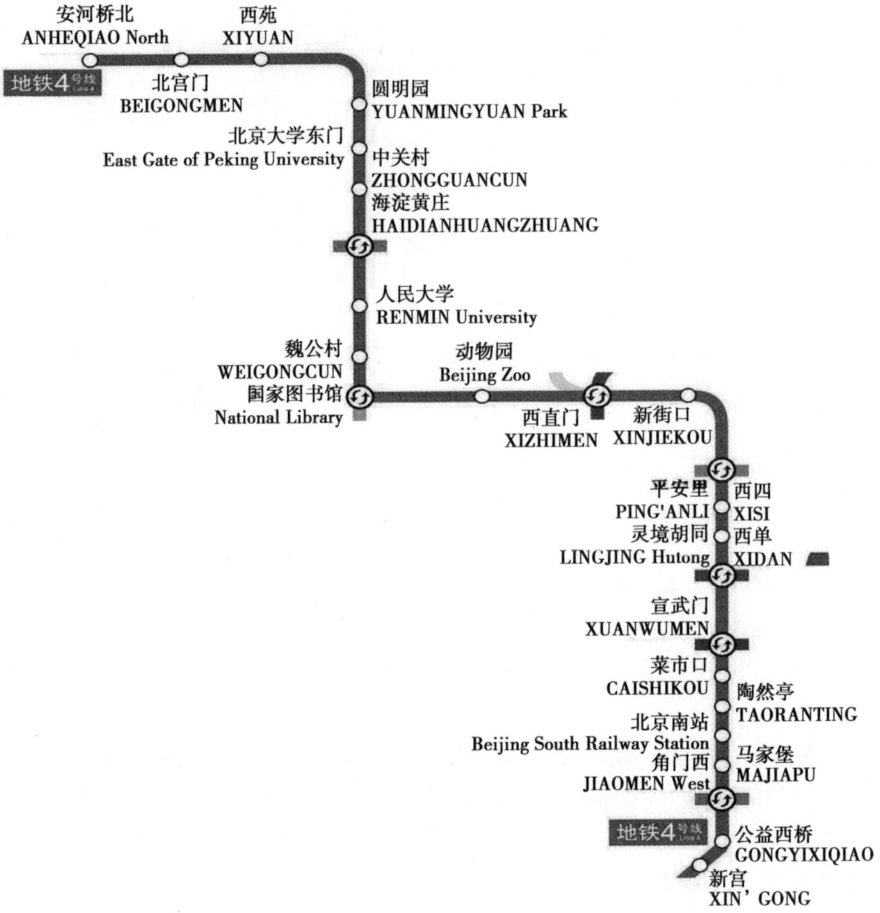

北京地铁4号线

7.1 设计概算概述

7.1.1 设计概算的含义

设计概算是设计文件的重要组成部分,是在初步设计或扩大初步设计阶段,在投资估算的控制下,由设计单位根据初步设计图及说明书、概算指标(或概算定额)、各项取费标准(或费用定额)、设备及材料估算价格等资料或参照类似工程(决算)文件,用科学的方法计算和确定的建设项目从筹建至竣工交付使用所需全部费用的文件。

采用两阶段设计的建设项目,初步设计阶段必须编制设计概算;采用三阶段设计的,扩大初步设计阶段必须编制修正概算。

设计概算批准后,一般不得调整。由于某些原因需要调整概算时,应由建设单位调查分析变更原因,报主管部门审批同意后,由原设计单位核实编制调整概算,并按有关审批程序报批。一个工程只允许调整一次概算。

允许调整概算的原因包括：

①超出原设计范围的重大变更。

②超出基本预备费规定范围不可抗拒的重大自然灾难引起的工程变动和费用增加。

③超出共同造价调整预备费的国家重大决策性的调整。

7.1.2　设计概算的作用

①设计概算是编制建设项目投资计划，确定和控制建设项目投资的依据。

国家规定，编制年度固定资产投资计划，确定计划投资总额以及其构成数额，要以已批准的初步设计概算为依据。没有批准的初步设计文件及概算的设计工程不能列入年度固定资产投资计划。设计概算一经批准，将作为控制设计项目投资的最高限额。竣工结算不能突破施工图预算，施工图预算不能突破设计概算。如果由于设计变更等原因造成建设费用超概算，必须重新审查批准。

②设计概算是签订建设工程合同和贷款合同的依据。

合同法明确规定，建设工程合同价款是以设计概预算为依据，且总承包合同价款不得超过设计总概算的投资额。银行贷款或单项工程的拨款累计总额不能超过设计概算，如果项目投资计划所列支投资额与贷款突破设计概算，必须查明原因，之后由建设单位报请上级主管部门调整或追加设计概算总投资，未批准之前，银行对其超支部分拒不拨款。

③设计概算是控制施工图设计和施工图预算的依据。

设计单位必须按照批准的初步设计和总概算进行施工图设计。施工图预算不得突破设计概算，如确实需突破总概算时，应按规定程序报批。

④设计概算是衡量设计方案技术经济合理性和选择最佳设计方案的依据。

设计部门在初步设计阶段要选择最佳设计方案，设计概算是从经济角度衡量设计方案经济合理性的重要依据。因此，设计概算是衡量设计方案技术经济合理性和选择最佳设计方案的依据。

⑤设计概算是考核建设项目投资效果的依据。

通过设计概算与竣工决算对比，可以分析和考核投资效果的好坏，同时还可以验证设计概算的准确性，有利于加强设计概算管理和建设项目的造价管理工作。

7.1.3　设计概算的内容

设计概算可分单位工程概算、单项工程综合概算和建设项目总概算三级。各级之间概算的相互关系如图 7.1 所示。

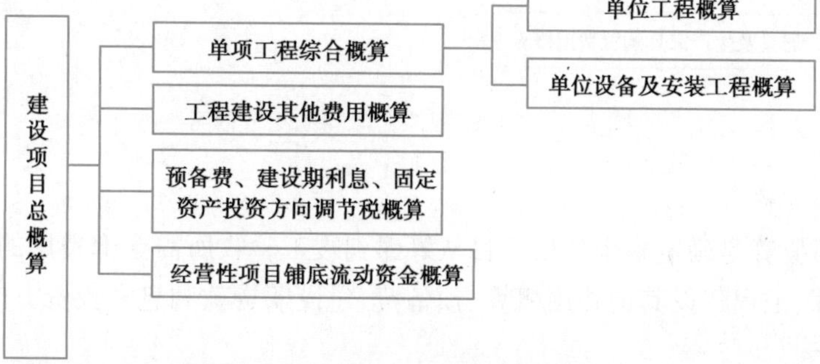

图 7.1　设计概算的三级概算关系

1）单位工程概算

单位工程是指具有单独设计文件、能够独立组织施工的工程，是单项工程的组成部分。单位工程概算是确定各单位工程建设费用的文件，是编制单项工程综合概算的依据，是单项工程综合概算的组成部分。单位工程概算按其工程性质分为建筑工程概算和设备及安装工程生产或经营性项目概算两大类。建筑工程概算包括铺底流动资金概算，土建工程概算，给水排水、采暖工程概算，通风、空调工程概算，电气照明工程概算，弱电工程概算，特殊构筑物工程概算等；设备及安装工程概算包括机械设备及安装工程概算，电气设备及安装工程概算，热力设备及安装工程概算，工具、器具及生产家具购置概算等。

2）单项工程综合概算

单项工程又称工程项目，是指在一个建设项目中，具有独立的设计文件，建成后可以独立发挥生产能力的项目，是建设项目的组成部分。如生产车间、办公楼、食堂、图书馆、学生宿舍、住宅楼、一个配水厂等。单项工程是一个复杂的综合体，是具有独立存在意义的一个完整工程，如输水工程、净水厂工程、配水工程等。单项工程综合概算是确定一个单项工程所需建设费用的文件，它是由单项工程中的各单位工程概算汇总编制而成的，是建设项目总概算的组成部分。单项工程综合概算的组成内容如图 7.2 所示。

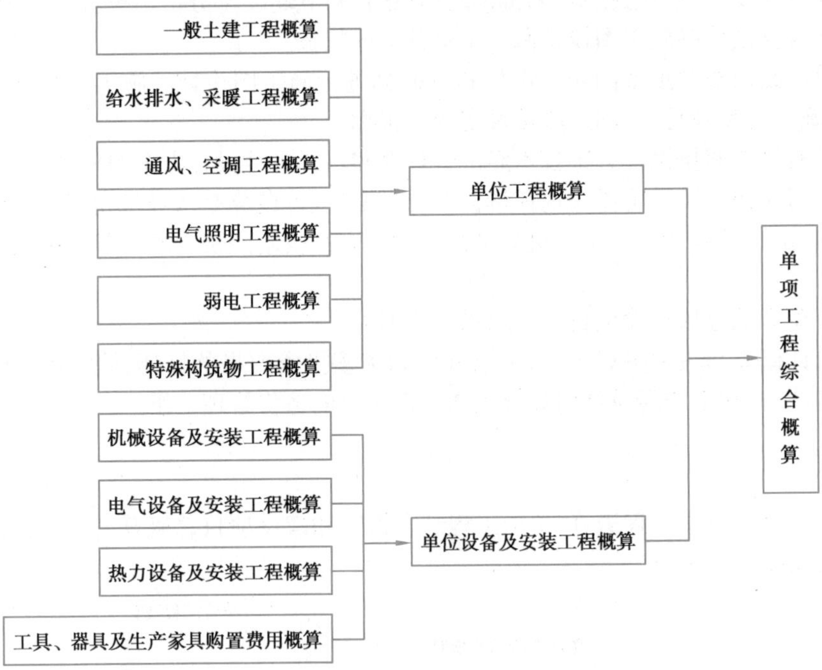

图 7.2　单项工程综合概算的组成内容

3）建设项目总概算

建设项目总概算是确定整个建设项目从筹建到竣工验收所需全部费用的文件，是由各单项工程综合概算、工程建设其他费用概算、预备费、建设期贷款利息和投资方向调节税概算汇总编制而成的。

若干个单位工程概算汇总后成为单项工程综合概算，若干个单项工程综合概算和其他工程费用、预备费、建设期利息等概算文件汇总后成为建设项目总概算。单项工程综合概算和建设项目总概算仅是一种归纳、汇总性文件，因此，最基本的计算文件是单位工程概算，建设项目若为一个独立单项工程，则建设项目总概算与单项工程综合概算可合并编制。

7.2　设计概算的编制

7.2.1　设计概算的编制原则和依据

1）设计概算的编制原则

①严格执行国家的建设方针和经济政策的原则。设计概算是一项重要的技术经济工作，要严格按照党和国家的方针政策办事，坚决执行勤俭节约的方针，严格执行规定的设计标准。

②完整、准确地反映涉及内容的原则。编制设计概算时，要认真了解设计意图，根据设计文件、图样准确计算工程量，避免重算和漏算。设计修改后，要及时修正概算。

③结合拟建工程的实际，反映工程所在地当时价格水平的原则。为提高设计概算的准确性，要求实事求是地对工程所在地的建设条件，可能影响造价的各种因素进行认真的调查研究。在此基础上正确使用定额指标、税率和价格等各项编制依据，按照现行工程造价的构成，根据有关部门发布的价格信息及价格调整指数，考虑建设期的价格变换因素，使概算尽可能地反映设计内容、施工条件和实际价格。

2）设计概算的编制依据

设计概算的编制依据包括：

①国家、行业和地方政府有关建设和造价管理的法律、法规和方针政策。

②批准的建设项目的设计任务书（或批准的可行性研究文件）和主管部门的有关规定。

③初步设计项目一览表。

④能满足编制设计概算的各专业的设计图样、文字说明和主要设备表。包括：

a. 土建工程中建筑专业提交的建筑平、立、剖面图和初步设计文字说明（应说明或注明装修标准、门窗尺寸）；结构专业提交的结构平面布置图、构件截面尺寸、特殊构件配筋率。

b. 给水排水、电气、采暖通风、空气调节、动力等专业的平面布置图或文字说明和主要设备表。

c. 室外工程有关各专业提交的平面布置图。

d. 总图专业提交的建设场地的地形图、场地设计标高及道路、排水沟、挡土墙、围墙等构筑物的断面尺寸。

⑤正常的施工组织设计。

⑥当地和主管部门的现行建筑工程和专业安装工程的概算定额（或预算定额、综合预算定额，本节下同）、单位估价表、材料及构配件预算价格、工程费用定额和有关费用规定的文件等资料。

⑦现行的有关设备原价及运杂费率。

⑧现行的有关其他费用定额、指标和价格。

⑨建设场地的自然条件和施工条件。

⑩类似工程的概预算及技术经济指标。

⑪建设单位提供的有关工程造价的其他资料。

7.2.2 设计概算的编制方法

编制建设项目设计概算，首先编制单位工程的设计概算，然后再逐级汇总，形成单项工程综合概算及建设项目总概算。下面分别介绍单位工程概算、单项工程综合概算和建设项目总概算的编制。

1)单位工程概算的编制方法

单位工程概算是计算一个独立建筑物或构筑物中每个专业工程所需工程费用的文件，分为以下两类：建筑工程概算，设备及安装工程概算。单位工程概算文件应包括：建筑（安装）工程直接工程费计算表，建筑（安装）工程工人、材料、机械台班价差表，建筑（安装）工程费用构成表。

(1)单位建筑工程概算的编制方法

建筑工程概算的编制方法有概算定额法、概算指标法、类似工程预算法等。

①概算定额法。概算定额法又称扩大单价法或扩大结构定额法，是采用概算定额编制建筑工程概算的方法。根据初步设计图样资料和概算定额的项目划分计算出工程量，然后套用概算定额单价（基价）。计算汇总后，再计取有关费用，便可得出单位工程概算造价。

概算定额法要求初步设计达到一定深度，建筑结构比较明确，能按照初步设计的平面、立面、剖面图样计算出楼地面、墙身、门窗和屋面等分部工程（或扩大结构件）项目的工程量时，才可采用。

概算定额法编制设计概算的步骤：

a. 列出单位工程中分项工程或扩大分项工程的项目名称，并计算其工程量；

b. 确定各分部分项工程项目的概算定额单价；

c. 计算分部分项工程的有关直接工程费，合计得到单位工程直接工程费总和；

d. 按照有关规定标准计算措施项目费，合计得到单位工程直接费；

e. 按照一定的取费标准计算间接费和利税；

f. 计算单位工程概算造价；

g. 计算单位建筑工程经济技术指标。

②概算指标法。概算指标法是采用直接工程费指标，用拟建的厂房、住宅的建筑面积（或体积）乘以技术条件相同工程的概算指标，得出直接工程费，然后按规定计算出措施项目费、规费、企业管理费、利润和税金等，编制出单位工程概算的方法。

概算指标法的适用范围是当初步设计深度不够，不能准确地计算出工程量，但工程设计技术比较成熟而又有类似工程概算指标可以利用时，可采用此法。

由于拟建工程往往与类似工程的概算指标的技术条件不尽相同，而且概算指标编制年份的设备、材料、人工等价格与拟建工程当时当地的价格也不会一样。因此，必须对其进行调整。设计对象的结构特征与概算指标有局部差异时按以下公式调整：

$$\text{结构变化修正概算指标(元/m}^2\text{)} = J+Q_1P_1-Q_2P_2 \quad (7.1)$$

式中　J——原概算指标；

Q_1——换入新结构的数量；

Q_2——换出旧结构的数量；

P_1——换入新结构的单价；

P_2——换出旧结构的单价。

或

结构变化修正概算指标的工、料、机数量=原概算指标的工、料、机 数量+换入结构件工程量×相应定额工、料、机消耗量-换出结构件工程量×相应定额工、料、机消耗量

以上两种方法，前者是直接修正结构件指标单价，后者是修正结构件指标工料机械数量。

设备、人工、材料、机械台班费用按以下公式调整：

设备、人工、材料、机械修正概算费用=原概算指标的设备、人工、材料、机械费用+∑(换入设备、人工、材料、机械数量×拟建地区相应单价)-∑(换出设备、人工、材料、机械数量×原概算指标设备、人工、材料、机械单价)

③类似工程预算法。

类似工程预算法是利用技术条件与设计对象类似的已完工程或在建工程的工程造价资料来编制拟建工程设计概算的方法。

类似工程预算法适用于拟建工程初步设计与已完工程或在建工程的设计类似而又没有可用的概算指标时采用，但必须对建筑结构差异和价差进行调整。通常有两种方法：

a. 类似工程造价资料有具体的人工、材料、机械台班的用量时，可按类似工程预算造价资料中的主要材料用量、工日数量、机械台班用量乘以拟建工程所在地的主要材料预算价格、人工单价、机械台班单价，再乘以当地的综合费率，即可得出所需的造价指标；

b. 类似工程造价资料只有人工、材料、机械台班和措施项目费、规费和企业管理费时，可按下面公式调整

$$D=AK \quad (7.2)$$

$$K=a\%K_1+b\%K_2+c\%K_3+d\%K_4+e\%K_5$$

式中　D——拟建工程单方预算造价；

A——类似工程单方预算造价；

K——综合调整系数；

$a\%,b\%,c\%,d\%,e\%$——类似工程预算的人工费、材料费、机械台班费、措施项目费、规费和企业管理费占预算造价的比重，如：$a\%$=类似工程人工费(或工资标准)/类似工程预算造价×100%，$b\%,c\%,d\%,e\%$类同。

K_1,K_2,K_3,K_4,K_5——拟建工程地区与类似工程预算造价在人工费、材料费、机械台班费、措施项目费、规费和企业管理费之间的差异系数。如：K_1=拟

建工程概算的人工费(或工资标准)/类似工程预算人工费(或地区工资标准)K_2,K_3,K_4,K_5 类同。

(2)设备购置及安装单位工程概算的编制方法

设备购置费是设备原价与设备运杂费之和。设备原价根据初步设计的设备清单计算,若有多台设备,汇总设备原价求出设备总原价;运杂费率按有关规定计取,乘以设备总原价,得到设备运杂费。

设备安装工程费概算编制方法的选择要考虑初步设计深度及要求明确的程度。其主要编制方法有预算单价法、扩大单价法、设备价值百分比法、综合吨位指标法。

①预算单价法。当初步设计较深、有详细的设备清单时,可直接按安装工程预算定额单价编制安装工程概算,概算编制程序基本同安装工程施工图预算。该法具有计算比较具体、精确性较高的优点。

②扩大单价法。当初步设计深度不够,设备清单不完备,只有主体设备或仅有成套设备质量时,可采用主体设备、成套设备的综合扩大安装单价来编制概算。

③设备价值百分比法,又称安装设备百分比法。当初步设计深度不够,只有设备出厂价而无详细规格、质量时,安装费可按占设备费的百分比计算。其百分比值(即安装费率)由主管部门制订或由设计单位根据已完类似工程确定。该法常用于价格波动不大的定型产品和通用设备产品,数学表达式为:

设备安装费=设备原价×安装费率(%)

④综合吨位指标法。当初步设计提供的设备清单有规格和设备质量时,可采用综合吨位指标编制概算,综合吨位指标由主管部门或由设计院根据已完类似工程资料确定。该法常用于设备价格波动较大的非标准设备和引进设备的安装工程概算,数学表达式为

设备安装费=设备吨重×每吨设备安装费指标(元/t)

2)单项工程综合概算的编制方法

单项工程综合概算是确定单项工程建设费用的综合性文件,是由单项工程综合各专业的单位工程概算汇总而成的,是建设项目总概算的组成部分。

单项工程综合概算的内容:当建设项目只有一个单项工程时,单项工程综合概算文件也为总概算文件,不再单独编制总概算文件,一般包括编制说明、综合概算表,工程建设其他费用概算、建设期贷款利息概算、预备费概算等。当建设项目有多个单项工程时,单项工程综合概算文件一般主要包括综合概算表。

①编制说明。

a.工程概况。简述建设项目性质、特点、生产规模、建设周期、建设地点等主要情况。引进项目要说明引进内容以及与国内配套工程等主要情况。

b.编制依据。包括国家和有关部门的规定、设计文件。现行概算定额或概算指标、设备材料的预算价格和费用指标等。

c.编制方法。说明设计概算是采用概算定额法,还是采用概算指标法,或其他方法。

d.其他必要的说明。

②综合概算表。

综合概算表是根据单项工程所辖范围内的各单位工程概算等基础资料、按照国家或部委所规定统一表格进行编制。

工业建设项目综合概算表由建筑工程和设备及安装工程两大部分组成;民用项目综合概算表仅建筑工程一项。

综合概算一般应包括建筑工程费用,安装工程费用,设备购置及工器具及生产家具购置费。当不编制总概算时,还应包括工程建设其他费用、建设期贷款利息、预备费等费用项目。

单项工程综合概算表的结构形式与总概算表是相同的,见表7.1。

表7.1　单项工程综合概算表

建设项目名称:　　　　单项工程名称:　　　　单位:万元　　　　共 页 第 页

序号	概算编号	工程项目和费用名称	概算价值							其中:引进部分	
			设计规模和主要工程量	建筑工程	安装工程	设备购置	工器具及生产家具购置	其他	总价	美元	折合人民币
1	2	3	4	5	6	7	8	9	10	11	12

编制人:　　　　　　　　审定人:

3)建设项目总概算的编制方法

(1)总概算的含义

建设项目总概算是设计文件的重要组成部分,是确定整个建设项目从筹建到竣工交付使用所预计花费的全部费用文件。它是由各单项工程综合概算、工程建设其他费用、建设期贷款利息、预备费、经营性项目的铺底资金概算组成,按照主管部门规定的统一表格编制而成。

(2)总概算的内容

设计总概算文件一般应包括编制说明、总概算表、各单项工程综合概算、工程建设其他费用概算表、主要建筑安装材料汇总表。独立装订成册的总概算文件宜加封面、签署(扉页)和目录。现将有关主要问题说明如下:

①编制说明。编制说明的内容与单项工程综合概算文件相同。

②总概算表。

③工程建设其他费用概算表。按国家或地区或部委所规定的项目和标准确定,并按统一格式编制。

④主要建筑安装材料汇总表。针对每一个单项工程列出钢筋、水泥、木材等主要建筑材料的消耗量。

本章总结框图

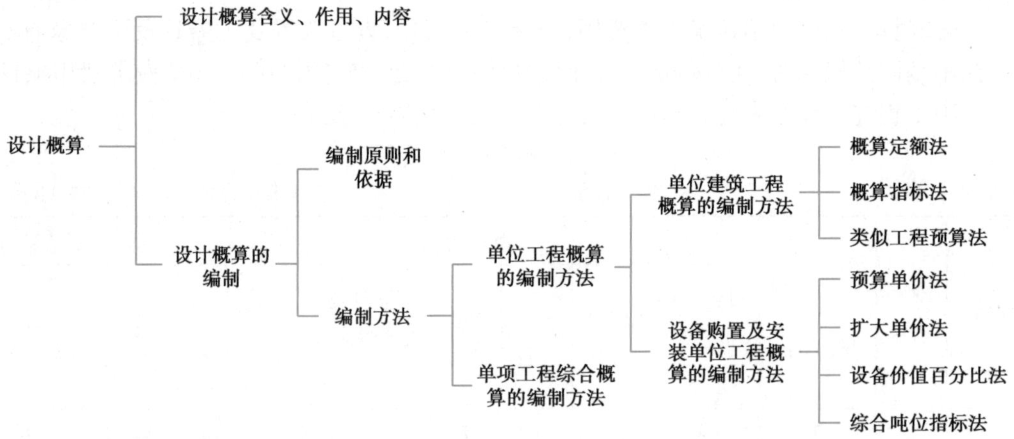

思考题

1. 设计概算的含义和编制依据是什么？
2. 什么是单位工程概算？它包括哪些内容？
3. 编制单位工程概算的方法及其选用的依据是什么？
4. 什么是单项工程概算？编制方法是什么？

第8章 施工图预算的编制与计价

【本章导读】

内容及要求:施工图预算的作用及包含内容。通过本章的学习,了解施工图预算编制的两种方法,熟悉施工图预算的编制步骤,掌握工料单价法编制单位工程施工图预算的步骤。

重点:施工图预算编制的依据和步骤。

难点:实物量法和工料单价法的应用。

某新建工程,为戊类厂房,主要功能为堆放混凝土生产需要的材料(石子、河沙)及放置转运材料需要的机械设备。本工程地上为3层工业厂房,无地下室部分。地上±0.00 m标高至24.35 m标高为钢筋混凝土框架结构,24.35 m标高以上为钢桁架结构。总建筑面积为17 775 m^2。

本工程为工业厂房,内有设备层、堆料仓,结构采用混凝土框架+钢桁架形式,如何准确编制施工图预算,就需要用到本章讲述的内容。

8.1 施工图预算概述

8.1.1 施工图预算的含义

施工图预算是以施工图设计文件为依据,在工程施工前对工程项目的投资进行的预测与计算。施工图预算的成果文件称为施工图预算书,简称施工图预算。

施工图预算既可以是工程招标投标前或招标投标时,基于施工图纸,按照预算定额、取费标准、各类工程计价信息等计算得到的计划或预期价格,也可以是工程中标后施工企业根据自身的企业定额、资源市场价格以及市场供求及竞争关系计算得到的实际预算价格。

8.1.2 施工图预算的作用

施工图预算作为建设工程建设程序中一个重要的技术经济文件,在工程建设实施过程中具有十分重要的作用,可以归纳为以下几个方面:

1)对投资方的作用

施工图预算是控制造价及资金合理使用的依据,投资方按施工图预算造价筹集建设资金,并控制资金的合理使用;施工图预算是确定招标控制价的依据,这是由于招标控制价通常是在施工图预算的基础上考虑工程的特殊施工措施、工程质量要求、目标工期、招标工程范围以外自然条件等因素进行编制的;施工图预算也是投资方拨付工程款及办理工程结算的依据。

2)对施工企业的作用

施工企业投标报价时需要根据施工图预算,结合企业的投标策略确定报价;施工图预算既是施工企业安排调配施工力量,组织材料供应的依据,也是施工企业控制工程成本和根据施工图预算确定的中标价格是施工企业收取工程款的依据。企业只有合理利用各项资源,采取先进的技术和管理方法,将成本控制在施工图预算价格以内,才能获得良好的经济效益。

3)对其他方面的作用

对于工程咨询单位来说,可以客观、准确地为委托方做出施工图预算,以强化投资方对工程造价的控制,有利于节省投资,提高建设项目的投资效益。对于工程造价管理部门来说,施工图预算是监督、检查执行定额标准,合理确定工程造价,测算造价指数的依据。

8.1.3 施工图预算的内容

1)施工图预算文件的组成

施工图预算由建设项目总预算、单项工程综合预算和单位工程综合预算组成。建设项目总预算由单项工程综合预算汇总而成,单项工程综合预算由组成本单项工程的各单位工程预算汇总而成,单位工程预算包括建筑工程预算和设备及安装工程预算。

施工图预算根据建设项目实际情况可采用三级预算编制或二级预算编制形式。当建设项目有多个单项工程时,应采用三级预算编制形式。三级预算编制形式由建设项目总预算、单项工程综合预算、单位工程预算组成。当建设项目只有一个单项工程时,应采用二级预算编制形式。二级预算编制形式由建设项目总预算和单位工程预算组成。

采用三级预算编制形式的工程预算文件包括:封面、签署页及目录、编制说明、总预算表、综合预算表、单位工程预算表、附件等内容。采用二级预算编制形式的工程预算文件包括:封面、签署页及目录、编制说明,总预算表、单位工程预算表、附件等内容。

2)施工图预算的内容

按照预算文件的不同,施工图预算的内容有所不同。建设项目总预算是反映施工图设计阶段建设项目投资总额的造价文件,是施工图预算文件的主要组成部分,由组成该建设项目的各个单项工程综合预算和相关费用组成。具体包括:建筑安装工程费、设备及工器具购置费、工程建设其他费用、预备费、建设期利息及铺底流动资金。施工图总预算应控制在已批准的设计总概算投资范围以内。

单项工程综合预算是反映施工图设计阶段一个单项工程(设计单元)造价的文件,是总预算的组成部分,由构成该单项工程的各个单位工程施工图预算组成。其编制的费用项目是各单项工程的建筑安装工程费和设备及工器具购置费总和。

单位工程预算是依据单位工程施工图设计文件、现行预算定额以及人工、材料和施工机具台班价格等,按照规定的计价方法编制的工程造价文件。以房屋建筑工程为例,包括单位建筑工程预算和单位设备及安装工程预算。单位建筑工程预算是建筑工程各专业工程施工图预算的总称,按其工程性质分为一般土建工程预算、给排水工程预算、采暖通风工程预算、燃气工程预算、电气照明工程预算、弱电工程预算、特殊构筑物(如烟囱、水塔等)工程预算等。安装工程预算是安装工程各专业单位工程预算的总称,安装工程预算按其工程性质分为机械设备安装工程预算、电气设备安装工程预算、工业管道安装工程预算和热力设备安装工程预算等。

8.2 施工图预算编制方法

8.2.1 施工图预算的编制依据

1)施工图预算的编制依据

①国家、行业和地方有关规定;

②预算定额或企业定额、单位估价表等;

③施工图设计文件及相关标准图集和规范;

④项目相关文件、合同、协议等;

⑤工程所在地的人工、材料、设备、施工机具单价、工程造价指标指数等;

⑥施工组织设计和施工方案;

⑦项目的管理模式、发包模式及施工条件;

⑧其他应提供的资料。

2)施工图预算的编制原则

①施工图预算的编制应保证编制依据的适用性和时效性。

②完整、准确地反映设计内容的原则。在编制施工图预算时,要认真了解设计意图,根据设计文件、图纸准确计算工程量,避免重复和漏算。

③坚持结合拟建工程的实际,反映工程所在地当时价格水平的原则。编制施工图预算时,要求实事求是地对工程所在地的建设条件、可能影响造价的各种因素进行认真的调查研究。按照现行工程造价的构成,考虑建设期的价格变化因素,使施工图预算尽可能地反映设计内容、实际施工条件和实际价格。

8.2.2 施工图预算的编制

1)单位工程施工图预算的编制

(1)建筑安装工程费计算

以房屋建筑工程为例,单位工程施工图预算包括建筑工程费、安装工程费、设备及工器具购置费。建筑安装工程费常用计算方法有实物量法和单价法,其中,单价法分为工料单价法和全费用综合单价法。

实物量法是依据施工图纸和预算定额的项目划分及工程量计算规则,先计算出分项工程量,然后套用预算定额(或企业定额)来编制施工图预算的方法。工料单价法是用事先编制好的分项工程的单位估价表来编制施工图预算的方法。全费用综合单价法是指根据招标人按照国家统一的工程量计算规则提供的工程数量,采用全费用综合单价的形式计算工程造价的方法。在单价法中,使用较多的还是工料单价法。

目前,我国以政府投资为主的工程项目,例如电力、铁路、公路等工程,仍主要采用定额计价的方法编制施工图预算,不同行业对施工图预算编制均有具体的规定,但基本原理和方法较为接近。本节以房屋建筑工程为例,介绍实物量法和工料单价法。

①实物量法。用实物量法编制单位工程施工图预算,就是根据施工图计算的各分项工程量分别乘以预算定额(或企业定额)中人工、材料、施工机具台班的定额消耗量,分类汇总得出该单位工程所需的全部人工、材料、施工机具台班消耗数量,然后再乘以当时当地人工日单价、各种材料单价、施工机械台班单价、施工仪器仪表台班单价,求出相应的直接费。在此基础上,通过取费的方式计算企业管理费、利润、规费和税金等费用。实物量法编制施工图预算的公式如下:

$$\begin{aligned}\text{单位工程直接费} &= \text{综合工日消耗量} \times \text{综合工日单价} + \sum(\text{各种材料消耗量} \times \\ &\quad \text{相应材料单价}) + \sum(\text{各种施工机械消耗量} \times \text{相应施工机械台班单价}) + \\ &\quad \sum(\text{各施工仪器仪表消耗量} \times \text{相应施工仪器仪表台班单价})\end{aligned} \tag{8.1}$$

$$\text{单位工程预算造价} = \text{单位工程直接费} + \text{企业管理费} + \text{利润} + \text{规费} + \text{税金} \tag{8.2}$$

a. 准备资料、熟悉施工图纸。收集编制施工图预算的编制依据。包括预算定额或企业定额,取费标准,当时当地人工、材料、施工机具市场价格等。熟悉施工图等基础资料。熟悉施工图纸、有关的通用标准图、图纸会审记录、设计变更通知等资料,并检查施工图纸是否齐全、尺寸是否清楚,了解设计意图,掌握工程全貌。了解施工组织设计和施工现场情况。全面分析各分项工程,充分了解施工组织设计和施工方案,如工程进度、施工方法、人员使用、材料消耗、施工机械、技术措施等内容,注意影响费用的关键因素;核实施工现场情况,包括工程所在地地质、地形、地貌等情况,工程实地情况、当地气象资料、当地材料供应地点及运距等情况;了解工程布置、地形条件、施工条件、料场开采条件、场内外交通运输条件等。

b. 列项并计算工程量。按照预算定额(或企业定额)子目将单位工程划分为若干分项工程,按照施工图纸尺寸和定额规定的工程量计算规则进行工程量计算。一般借助工程计价软件,通过建模的方式由软件系统自动计算工程量,点选适合的定额,以确保软件系统对工程的计量是按预算定额中规定的工程量计算规则进行;计量单位应与定额中相应的分项工程的计量单位保持一致;输入系统的原始数据应以施工图纸上的设计尺寸及有关数据为准,注意分项子目不能重复列项计算,也不能漏项少算。

c. 套用预算定额(或企业定额),计算人工、材料、机具台班消耗量。根据预算定额(或企业定额)所列单位分项工程人工工日、材料、施工机具台班的消耗数量,分别乘以各分项工程的工程量,统计汇总出完成各分项工程所需消耗的各类人工工日、各类材料和各类施工机具台班数量。此步骤也通过计价软件进行统计计算。

d. 计算并汇总直接费。调用当时当地人工工资单价、材料预算单价、施工机械台班单价、施工仪器仪表台班单价,分别乘以人工、材料、机具台班消耗量,汇总即得到单位工程直接费。

e. 计算其他各项费用,汇总造价。根据规定的税率、费率和相应的计取基础,分别计算企业管理费、利润、规费和税金。将上述所有费用汇总即可得到单位工程预算造价。与此同时,计算工程的技术经济指标,如单方造价等。费率标准可在计价软件中设定,上述计算过程由系统自动完成。

f. 复核、填写封面、编制说明。检查人工、材料、机具台班的消耗量计算是否准确,有无漏算、重算或多算;检查采用的人工、材料、机具台班实际价格是否合理。封面应写明工程编号、工程名称、预算总造价和单方造价等,撰写编制说明,将封面、编制说明、预算费用汇总表、人材机实物量汇总表、工程预算分析表等按顺序编排并装订成册,便完成了施工图预算的编制工作。

【例 8.1】　某市一住宅楼土建工程,该工程主体设计采用七层轻框架结构、钢筋混凝土筏式基础,单位工程预算采用该市当时的建筑工程预算定额及单位估价表编制,以基础部分为例,用实物量法编制的施工图预算的结果见表 8.1—表 8.4。

表 8.1　某住宅建筑工程基础部分预算书(实物量法)人工实物量汇总表

项目编号	工程或费用名称	计量单位	工程量	人工实物量	
				单位用量	合计用量
1	平整场地	m^2	1 393.59	0.058	80.828 2
2	挖土机挖土(砂砾坚土)	m^3	2 781.73	0.029 8	82.895 6
3	干铺土石屑层	m^3	892.68	0.444	396.349 9
4	C10 混凝土基础垫层(10 cm 内)	m^3	110.03	2.211	243.276 3
5	C20 带形钢筋混凝土基础(有梁式)	m^3	372.32	2.097	780.755 0
6	C20 独立式钢筋混凝土基础	m^3	43.26	1.813	78.430 4
7	C20 矩形钢筋混凝土柱(1.8 m 外)	m^3	9.23	6.323	58.361 3
8	矩形柱与异形柱差价	元	61.00		
9	M5 砂浆砌砖基础	m^3	34.99	1.053	36.844 5
10	C10 带形无筋混凝土基础	m^3	54.22	1.8	97.596 0
11	满堂脚手架(3.6 m 内)	m^2	370.13	0.093 2	34.496 1
12	槽底钎探	m^2	1 233.77	0.0578	71.311 9
13	回填土(夯填)	m^3	1 260.94	0.22	277.406 8
14	基础抹隔潮层(有防水粉)	元	130.00		
	合计				2 238.55

表8.2　机具台班实物量汇总表

项目编号	工程或费用名称	计量单位	工程量	机械实物量							
				蛙式打夯机/台班		挖土机/台班		推土机/台班		其他机械费/元	
				单位用量	合计用量	单位用量	合计用量	单位用量	合计用量	单位用量	合计用量
1	平整场地	m^2	1 393.59								
2	挖土机挖土(砂砾坚土)	m^3	2 781.73			0.024	66.76	0.001	2.78		
3	干铺土石屑层	m^3	892.68	0.024	21.42						
4	C10混凝土基础垫层(10 cm内)	m^3	110.03							3.68	404.91
5	C20带形钢筋混凝土基础(有梁式)	m^3	372.32							5.53	2 058.93
6	C20独立式钢筋混凝土基础	m^3	43.26							4.90	211.97
7	C20矩形钢筋混凝土柱(1.8 m外)	m^3	9.23							17.19	158.66
8	矩形柱与异形柱差价	元	61.00								
9	M5砂浆砌砖基础	m^3	34.99							0.61	21.34
10	C10带形无筋混凝土基础	m^3	54.22							4.60	249.40
11	满堂脚手架(3.6 m内)	m^2	370.13							0.09	33.31
12	槽底钎探	m^2	1 233.77								
13	回填土(夯填)	m^3	1 260.94	0.059	74.40						
14	基础抹隔潮层(有防水粉)	元	130.00								
	合计				95.82		66.76		2.78		3 138.52

表 8.3　材料实物量汇总表

项目编号	工程或费用名称	计量单位	工程量	材料实物量													
				土石屑		C10 素混凝土		C20 钢筋混凝土		M5 水泥砂浆		机砖/千块		脚手架材料费/元		黄土	
				单位用量	合计用量	单位用量	合计用量	单位用量	合计用量	单位用量	合计用量	单位用量	合计用量	单位用量	合计用量	单位用量	合计用量
1	平整场地	m^2	1 393.59														
2	挖土机挖土（砂砾坚土）	m^3	2 781.73														
3	干铺土石屑层	m^3	892.68	1.34	1 196.19												
4	C10 混凝土基础垫层（10 cm 内）	m^3	110.03			1.01	111.13										
5	C20 带形钢筋混凝土基础（有梁式）	m^3	372.32					1.015	377.90								
6	C20 独立式钢筋混凝土基础	m^3	43.26					1.015	43.91								
7	C20 矩形钢筋混凝土柱（1.8 m 外）	m^3	9.23					1.015	9.37								
8	矩形柱与异形柱差价	元	61.00														
9	M5 砂浆砌砖基础	m^3	34.99							0.24	8.40	0.51	17.84				
10	C10 带形无筋混凝土基础	m^3	54.22			1.015	55.03										

续表

项目编号	工程或费用名称	计量单位	工程量	材料实物量													
				土石屑		C10 素混凝土		C20 钢筋混凝土		M5 水泥砂浆		机砖/千块		脚手架材料费/元		黄土	
				单位用量	合计用量	单位用量	合计用量	单位用量	合计用量	单位用量	合计用量	单位用量	合计用量	单位用量	合计用量	单位用量	合计用量
11	满堂脚手架（3.6 m 内）	m^2	370.13											0.26	96.23		
12	槽底钎探	m^2	1 233.77														
13	回填土（夯填）	m^3	1 260.94													1.5	1 891.41
14	基础抹隔潮层（有防水粉）	元	130.00														
	合计				1 196.19		166.16		431.18		8.40		17. 84		96.23		1 891.41

表8.4 某住宅楼建筑工程基础部分预算书(实物量法)人工、材料、机具费用汇总表

序号	人工、材料、机具或费用名称	计量单位	实物工程数量	价值/元	
				当时当地单价	合价
1	人工	工日	2 238.55	95.00	212 662.25
2	土石屑	m^3	1 196.19	140.00	167 466.60
3	C10 素混凝土	m^3	166.16	345.00	57 325.20
4	C20 钢筋混凝土	m^3	431.18	900.00	388 062.00
5	M5 主体砂浆	m^3	8.40	194.97	1 637.75
6	机砖	千块	17.84	580.00	10 347.20
7	脚手架材料费	元	96.23		96.23
8	黄土	m^3	1 891.41	15.00	28 371.15
9	蛙式打夯机	台班	95.82	10.28	985.03
10	挖土机	台班	66.76	892.10	59 556.60
11	推土机	台班	2.78	452.70	1 258.51
12	其他机械费	元	3 138.52		3 138.52
13	矩形柱与异形柱差价	元	61.00		61.00
14	基础抹隔潮层费	元	130.00		130.00
	人材机费小计	元			931 098.04

注:其他各项费用在土建工程预算书汇总时计列。

②工料单价法。工料单价法采用的分项工程单价为工料单价,将各分项工程量乘以对应分项工程单价后的合计值汇总后,再计取企业管理费、利润、规费和税金,汇总各项费用得到单位工程的施工图预算造价。工料单价法中的单价一般采用单位估价表中的各分项工程工料单价(定额基价)。工料单价法计算公式如下:

$$单位工程预算造价 = (\sum 分项工程量 \times 分项工程工料单价) + 企业管理费 + 利润 + 规费 + 税金 \quad (8.3)$$

a. 准备工作。本步骤与实物量法基本相同,不同的是需要收集适用的单位估价表, 定额中已含有定额基价的则无需单位估价表。

b. 列项并计算工程量。本步骤与实物量法相同。

c. 套用定额单价,计算直接费。核对工程量计算结果后,套用单位估价表中的工料单价(或定额基价),用工料单价乘以工程量得出合价,汇总合价得到单位工程直接费。套用工料单价时,若分部分项工程的主要材料品种与单位估价表(或预算定额)中所列材料不一致,需要按实际使用材料价格换算工料单价后再套用,分项工程施工工艺条件与单位估价表(或定额)不一致而造成人工、机具的数量增减时,需要调整用量后再套用。上述工作同样可通过计价软件进行套用和计算。

d.编制工料分析表。依据单位估价表(或定额),将各分项工程对应的定额项目表中每项材料和人工的定额消耗量分别乘以该分项工程工程量,得到该分项工程工料消耗量,将各分项工程工料消耗量按类别加以汇总,得出单位工程人工、材料的消耗数量。借助计价软件可完成工料分析统计工作,分项工程工料分析表见表8.5。

表8.5 分项工程工料分析表

项目名称: 编号:

序号	定额编号	分项工程名称	单位	工程量	人工(工日)	主要材料			其他材料费/元
						材料1	材料2	……	

编制人: 审核人:

e.计算主材费并调整直接费。许多定额项目基价为不完全价格,即未包括主材费用在内。因此还应单独计算出主材费,计算完成后将主材费的价差并入人材机费用合计。主材费按当时当地的市场价格计取。由于工料单价法采用的是事先编制好的单位估价表,其价格水平不能代表预算编制时的价格水平,一般需采用调价系数或指数进行调价,将价差并入直接费合计。

f.按计价程序计取其他费用并汇总造价。本步骤与实物量法相同。

g.复核,填写封面、编制说明。本步骤与实物量法相同。

工料单价法与实物量法首尾部分的步骤基本相同,所不同的主要是中间两个步骤,即:实物量法套用的是预算定额(或企业定额)人工工日、材料、施工机具台班消耗量,工料单价法套用的是单位估价表工料单价或定额基价。实物量法采用的是当时当地的各类人工工日、材料、施工机具台班的实际单价,工料单价法采用的单位估价表或定额编制时期的各类人工工日、材料、施工机具台班单价,需要用调价系数或指数进行调整。

【例8.2】 仍以例8.1所示工程为例来说明工料单价法编制施工图预算的过程。表8.6是采用工料单价法编制的单位工程(基础部分)施工图预算表。

表8.6 某住宅楼建筑工程基础部分预算书(工料单价法)

工程定额编号	工程或费用名称	计量单位	工程量	价值/元	
				工料单价	合价
(1)	(2)	(3)	(4)	(5)	(6)
1042	平整场地	m^2	1 393.59	3.04	4 236.51
1063	挖土机挖土(砂砾坚土)	m^3	2 781.73	9.74	27 094.05
1092	干铺土石屑层	m^3	892.68	145.8	130 152.74
1090	C10混凝土基础垫层(10 cm内)	m^3	110.03	388.78	42 777.46
5006	C20带形钢筋混凝土基础(有梁式)	m^3	372.32	1 103.66	410 914.69
5014	C20独立式钢筋混凝土基础	m^3	43.26	929	40 188.54

续表

工程定额编号	工程或费用名称	计量单位	工程量	价值/元	
				工料单价	合价
5047	C20 矩形钢筋混凝土柱(1.8 m 外)	m^3	9.23	599.72	5 535.42
13002	矩形柱与异形柱差价	元	61.00		61.00
3001	M5 砂浆砌砖基础	m^3	34.99	523.17	18 305.72
5003	C10 带形无筋混凝土基础	m^3	54.22	423.23	22 947.53
4028	满堂脚手架(3.6 m 内)	m^2	370.13	11.06	4 093.64
1047	槽底钎探	m^2	1 233.77	6.65	8 204.57
1040	回填土(夯填)	m^3	1 260.94	30	37 828.20
3004	基础抹隔潮层(有防水粉)	元	130.00		130.00
	人材机费小计				752 370.07

注:其他各项费用在土建工程预算书汇总时计列。

③预算编制方法的发展趋势。随着工程造价管理信息化进程推进,预算的编制将不限于通过传统的预算定额计价,大数据、云计算、物联网等新一代信息技术的应用,能够在工程现场实时采集或引用历史项目资料形成自成长的造价数据库,配合市场化的价格信息,估价人员能够采用更为智能、便捷、精准的数据和方法编制施工图预算。另外,随着 BIM 的深度应用,与概算编制类似,通过构建施工图设计的 BIM 模型,直接完成工程计量,调用相应的数据库价格信息,即可形成施工图设计深度的概算文件。数字化、智能化仍将是施工图预算编制的发展方向。

(2)设备及工器具购置费计算

设备购置费由设备原价和设备运杂费构成;未到达固定资产标准的工器具购置费一般以设备购置费为计算基数,按照规定的费率计算。设备及工器具购置费编制方法及内容参照设计概算相关内容。

(3)单位工程施工图预算书编制

单位工程施工图预算由建筑安装工程费和设备及工器具购置费组成,将计算好的建筑安装工程费和设备及工器具购置费相加,即得到单位工程施工图预算,即:

$$单位工程施工图预算=建筑安装工程预算+设备及工器具购置费 \tag{8.4}$$

单位工程施工图预算书由单位建筑工程预算书和单位设备及安装工程预算书组成。单位建筑工程预算书主要由建筑工程预算表和建筑工程取费表组成,单位设备及安装工程预算书则主要由设备及安装工程预算表和设备安装工程取费表构成,具体表格形式见表 8.7—表 8.10。

表 8.7　建筑工程预算表

单项工程预算编号：　　　　工程名称(单位工程)：　　　　共 页　第 页

序号	定额号	工程项目或定额名称	单位	数量	单价/元	其中:人工费/元	合价/元	其中:人工费/元
一		土石方工程						
1	××	×××××						
2	××	×××××						
二		砌筑工程						
1	××	×××××						
2	××	×××××						
三		楼地面工程						
1	××	×××××						
2	××	×××××						
		定额人材机费合计						

编制人：　　　　审核人：

表 8.8　建筑工程取费表

单项工程预算编号：　　　　工程名称(单位工程)　　　　共 页　第 页

序号	工程项目或费用名称	表达式	费率/%	合价/元
1	定额人材机费			
2	其中:人工费			
3	其中:材料费			
4	其中:机械费			
5	企业管理费			
6	利润			
7	规费			
8	税金			
9	单位建筑工程费用			

编制人：　　　　审核人：

表8.9　设备及安装工程预算表

单项工程预算编号：　　　　工程名称(单位工程)：　　　　共 页　第 页

序号	定额号	工程项目或定额名称	单位	数量	单价/元	其中:人工费/元	合价/元	其中:人工费/元
一		设备安装						
1	××	×××××						
2	××	×××××						
二		管道安装						
1	××	×××××						
2	××	×××××						
三		防腐保温						
1	××	×××××						
2	××	×××××						
		定额人材机费合计						

编制人：　　　　审核人：

表8.10　设备及安装工程取费表

单项工程预算编号：　　　　工程名称(单位工程)：　　　　共 页　第 页

序号	工程项目或费用名称	表达式	费率/%	合价/元
1	定额人材机费			
2	其中:人工费			
3	其中:材料费			
4	其中:机械费			
5	其中:设备费			
6	企业管理费			
7	利润			
8	规费			
9	税金			
10	单位设备及安装工程费用			

编制人：　　　　审核人：

2)单项工程综合预算的编制

单项工程综合预算造价由组成该单项工程的各个单位工程预算造价汇总而成。

单项工程综合预算书主要由综合预算表构成,综合预算表格式见表8.11。

表8.11 综合预算表

综合预算编号: 工程名称: 单位:万元 共 页 第 页

序号	预算编号	工程项目或费用名称	设计规模或主要工程量	建筑工程费	设备及工器具购置费	安装工程费	合计	其中:引进部分	
								美元	折合人民币
一		主要工程							
1		×××××							
2		×××××							
二		辅助工程							
1		×××××							
2		×××××							
三		配套工程							
1		×××××							
2		×××××							
		各单项工程预算费用合计							

编制人: 审核人: 项目负责人:

3)建设项目总预算的编制

建设项目总预算由组成该建设项目的各个单项工程综合预算,以及经计算的工程建设其他费、预备费和建设期利息和铺底流动资金汇总而成。三级预算编制中总预算由综合预算和工程建设其他费、预备费、建设期利息及铺底流动资金汇总而成。

工程建设其他费、预备费、建设期利息及铺底流动资金具体编制方法可参照第2章相关内容。以建设项目施工图预算编制时为界线,若上述费用已经发生,按合理发生金额列计,如果未发生,按照原概算内容和本阶段的计费原则计算列入。

采用三级预算编制形式的工程预算文件包括:封面、签署页及目录、编制说明、总预算表、综合预算表、单位工程预算表、附件七项内容。其中,总预算表的格式见表8.12。

表 8.12　总预算表

序号	预算编号	工程项目或费用名称	建筑工程费	设备及工器具购置费	安装工程费	其他费用	合计	其中：引进部分		占总投资比例/%
								美元	折合人民币	
一		工程费用								
1		主要工程								
		×××××								
		×××××								
2		辅助工程								
		×××××								
3		配套工程								
		×××××								
二		其他费用								
1		×××××								
2		×××××								
三		预备费								
四		专项费用								
1		×××××								
2		×××××								
		建设项目预算总投资								

编制人：　　　　　　　　　　　　审核人：　　　　　　　　　　　　项目负责人：

8.3　建筑工程施工图预算编制实例

8.3.1　案例背景

某住宅工程位于重庆主城区，共二层，建筑及结构如图 8.1—图 8.15 所示。

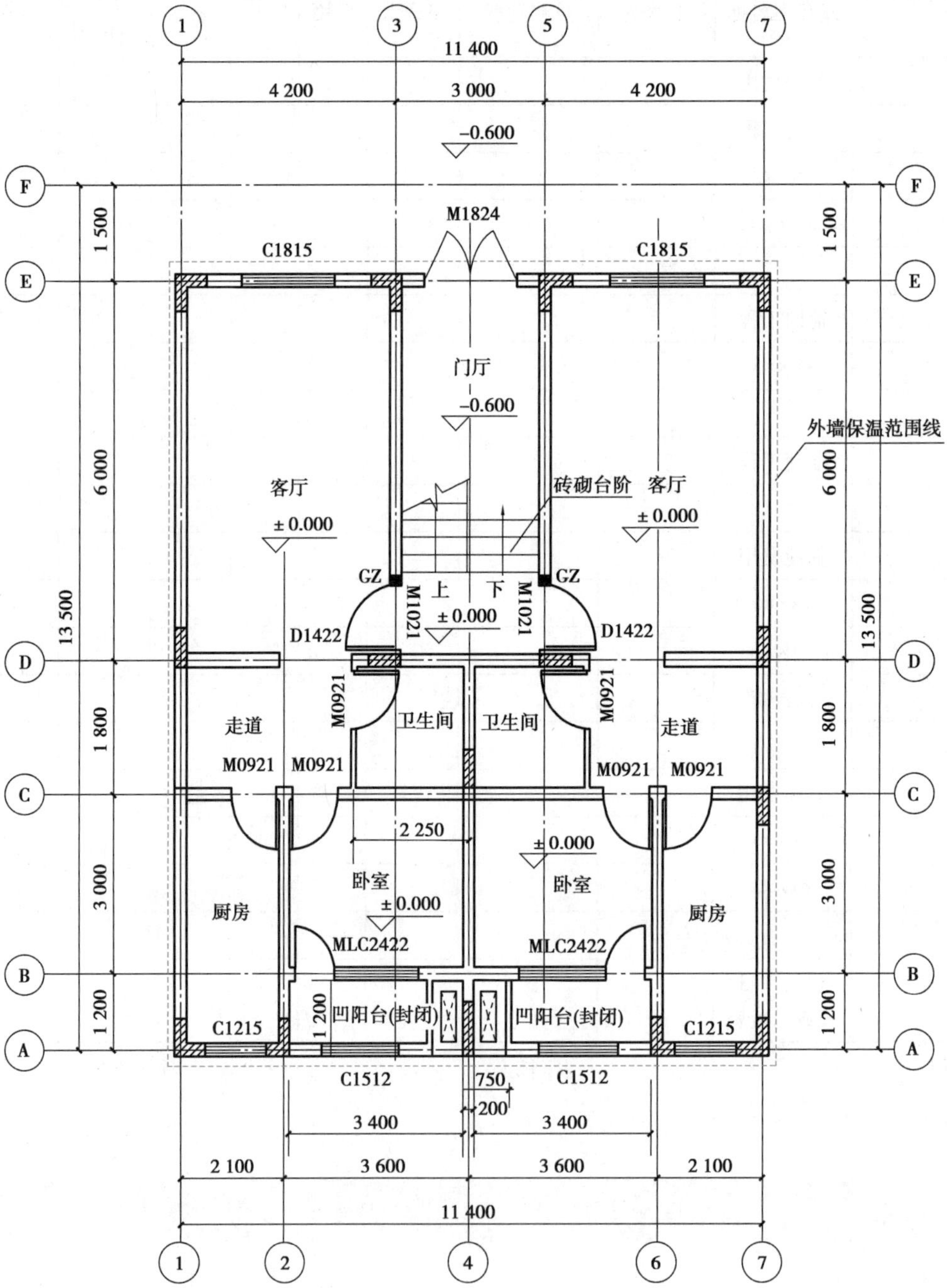
11 400
4 200
3 000
4 200
-0.600
M1824
C1815
C1815
门厅
-0.600
外墙保温范围线
客厅
±0.000
砖砌台阶
客厅
±0.000
GZ
GZ
上
下
M1021
M1021
±0.000
D1422
D1422
M0921
M0921
走道
卫生间
卫生间
走道
M0921
M0921
M0921
M0921
2 250
±0.000
卧室
±0.000
卧室
厨房
厨房
MLC2422
MLC2422
凹阳台(封闭)
凹阳台(封闭)
C1215
C1215
C1512
C1512
750
200
3 400
3 400
2 100
3 600
3 600
2 100
11 400
1 500
6 000
1 800
3 000
1 200
13 500
1 200

图 8.1　一层平面图

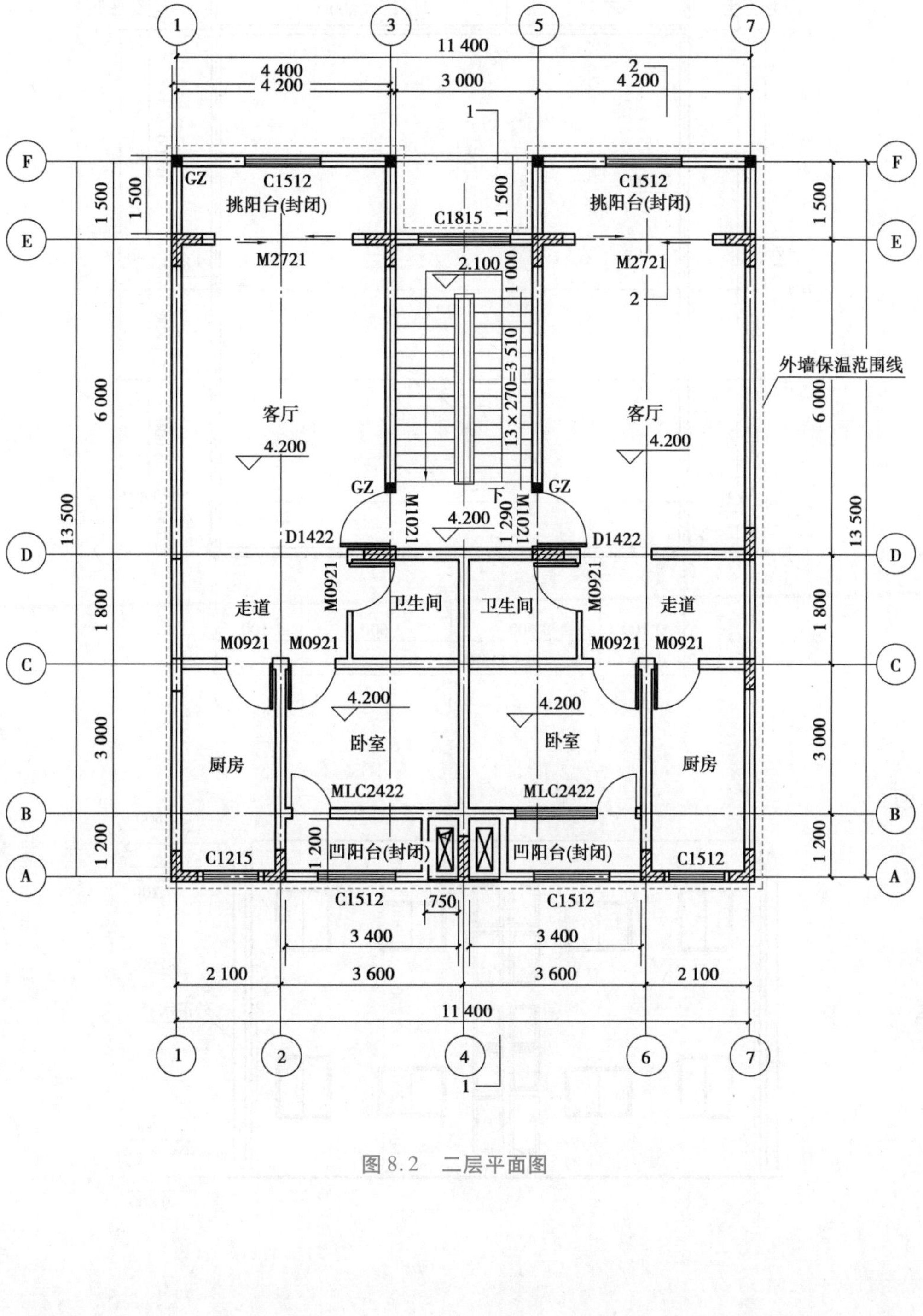

11 400
4 400
4 200
3 000
4 200
C1512
挑阳台(封闭)
C1815
M2721
客厅
4.200
GZ
M1021
D1422
走道
卫生间
M0921
厨房
卧室
MLC2422
凹阳台(封闭)
C1215
C1512
750
3 400
2 100
3 600
外墙保温范围线
13 500
6 000
1 800
3 000
1 200
1 500
1 000
13×270=3 510
1 290
2.100

图8.2　二层平面图

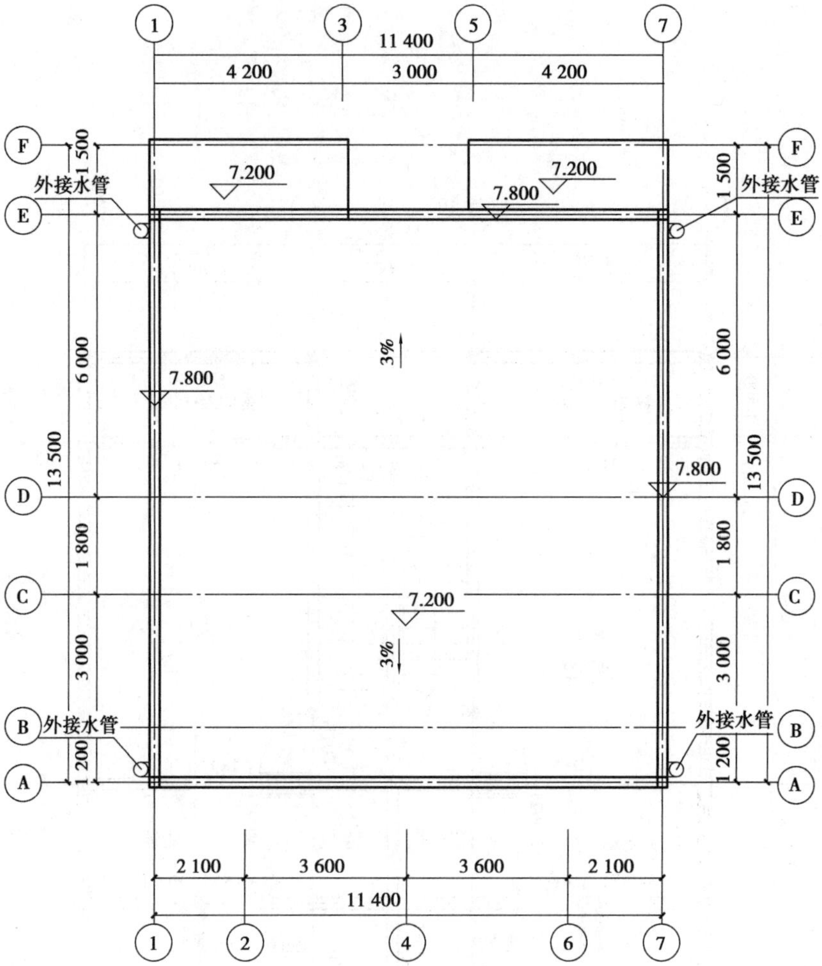

图 8.3　顶层平面图

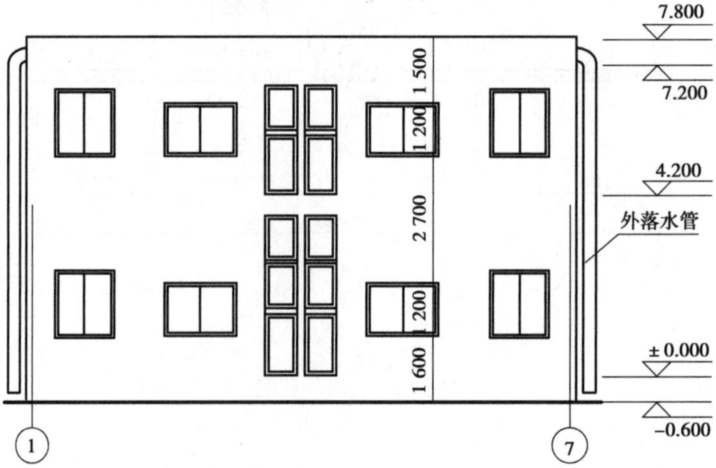

图 8.4　正立面图

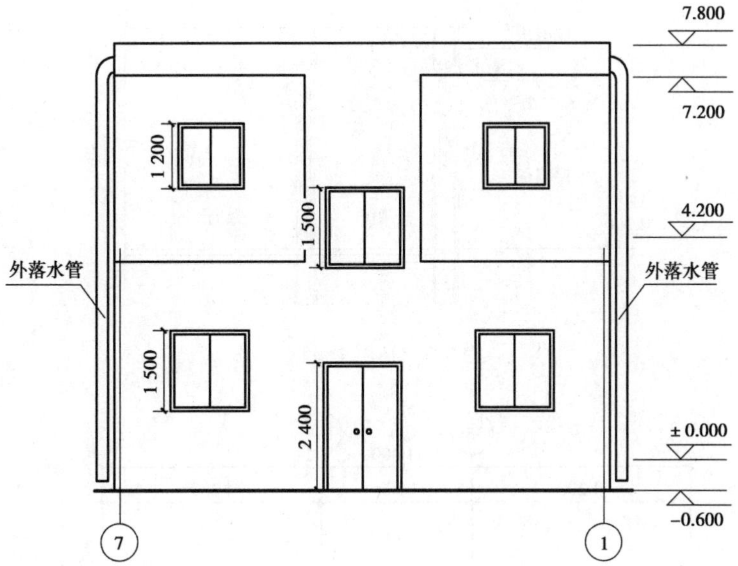

图 8.5　背立面图

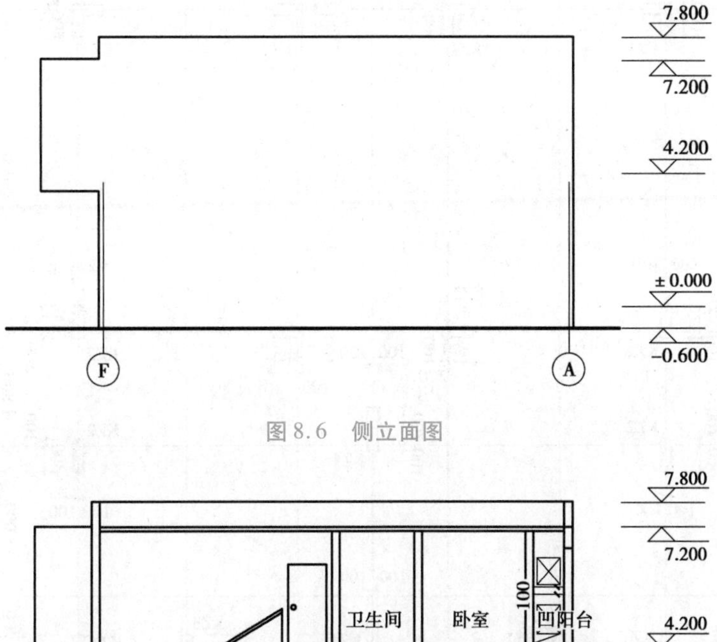

图 8.6　侧立面图

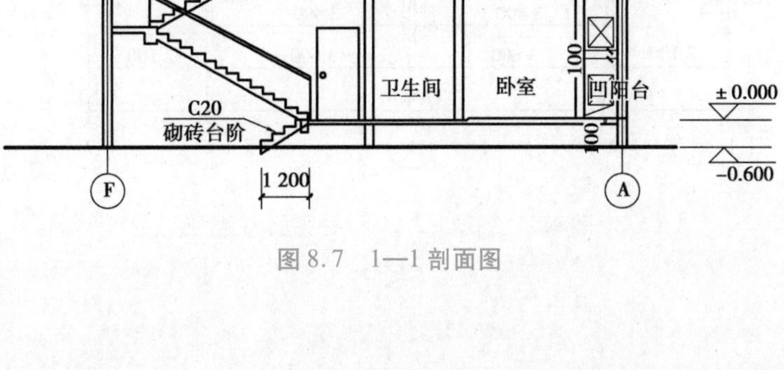

图 8.7　1—1 剖面图

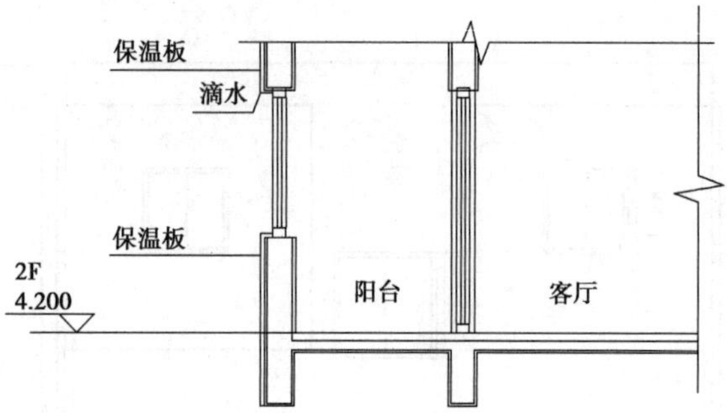

图 8.8　1—1 剖面图

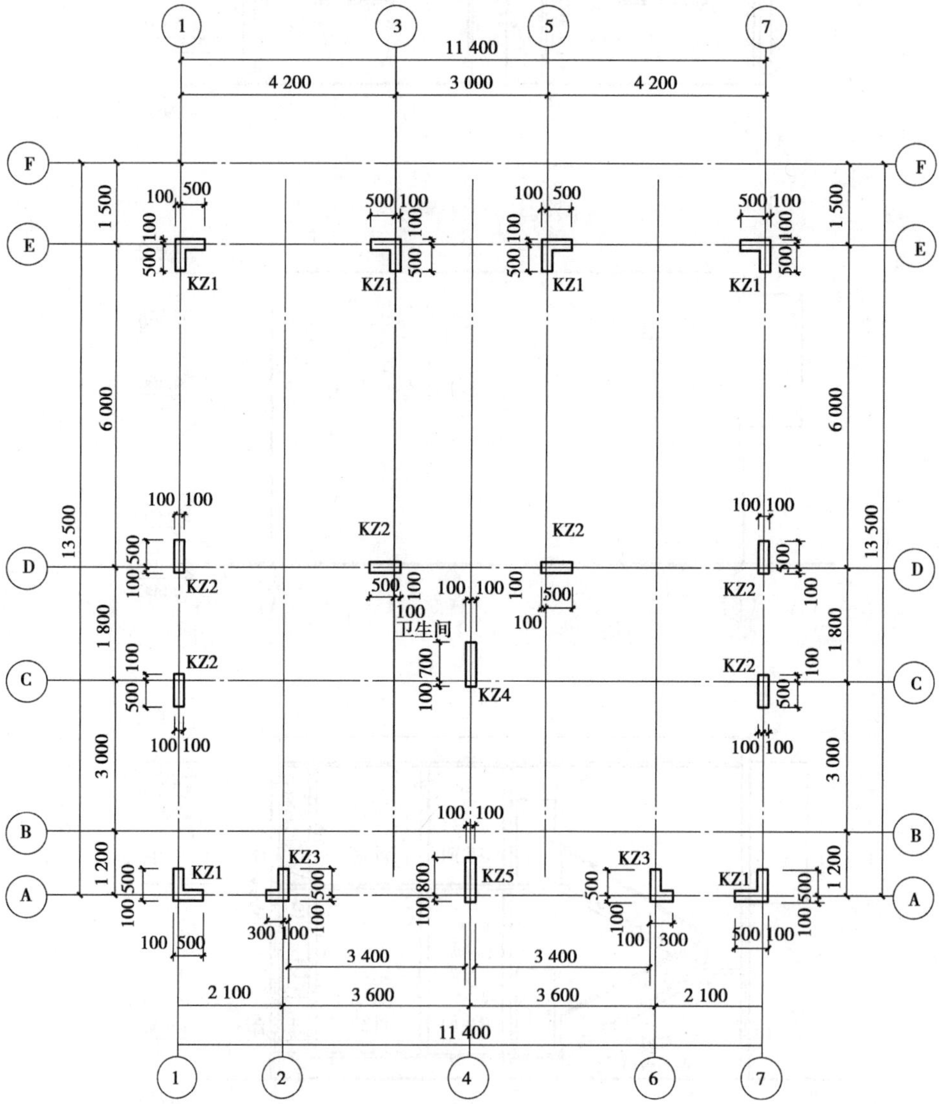

图 8.9　基顶～7.20 m 柱平面布置图

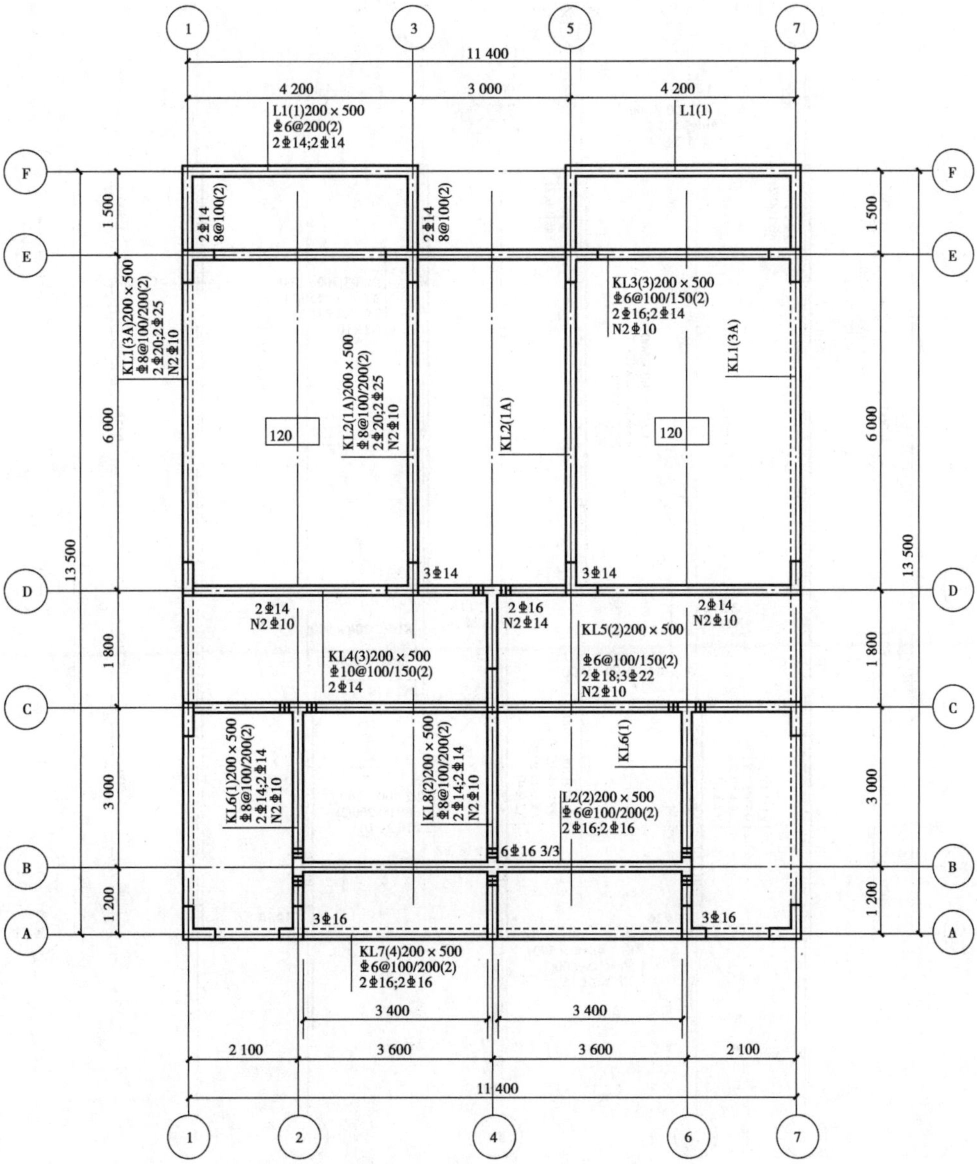

图8.10　4.20 m梁布置图

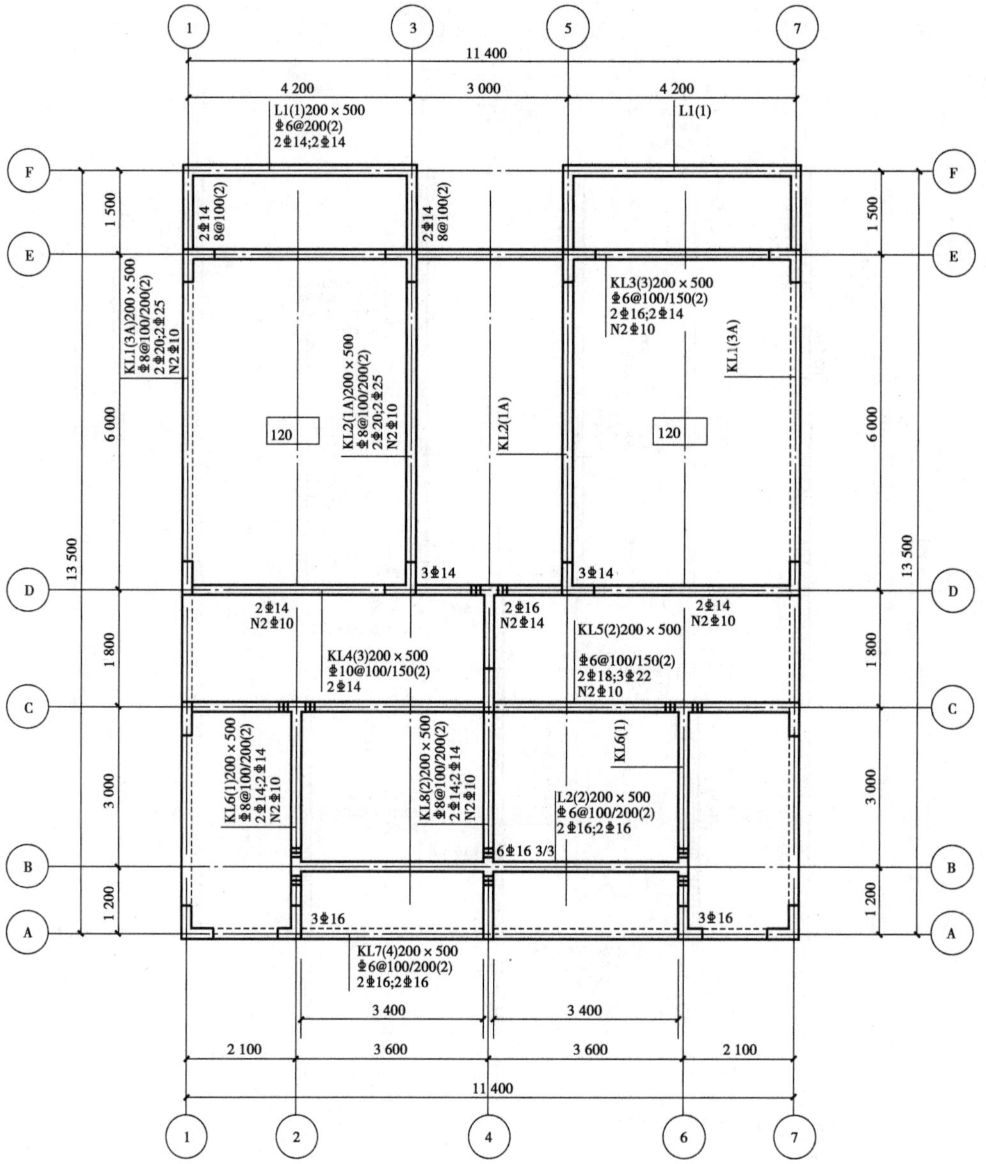

图 8.11　7.20 m 梁布置图

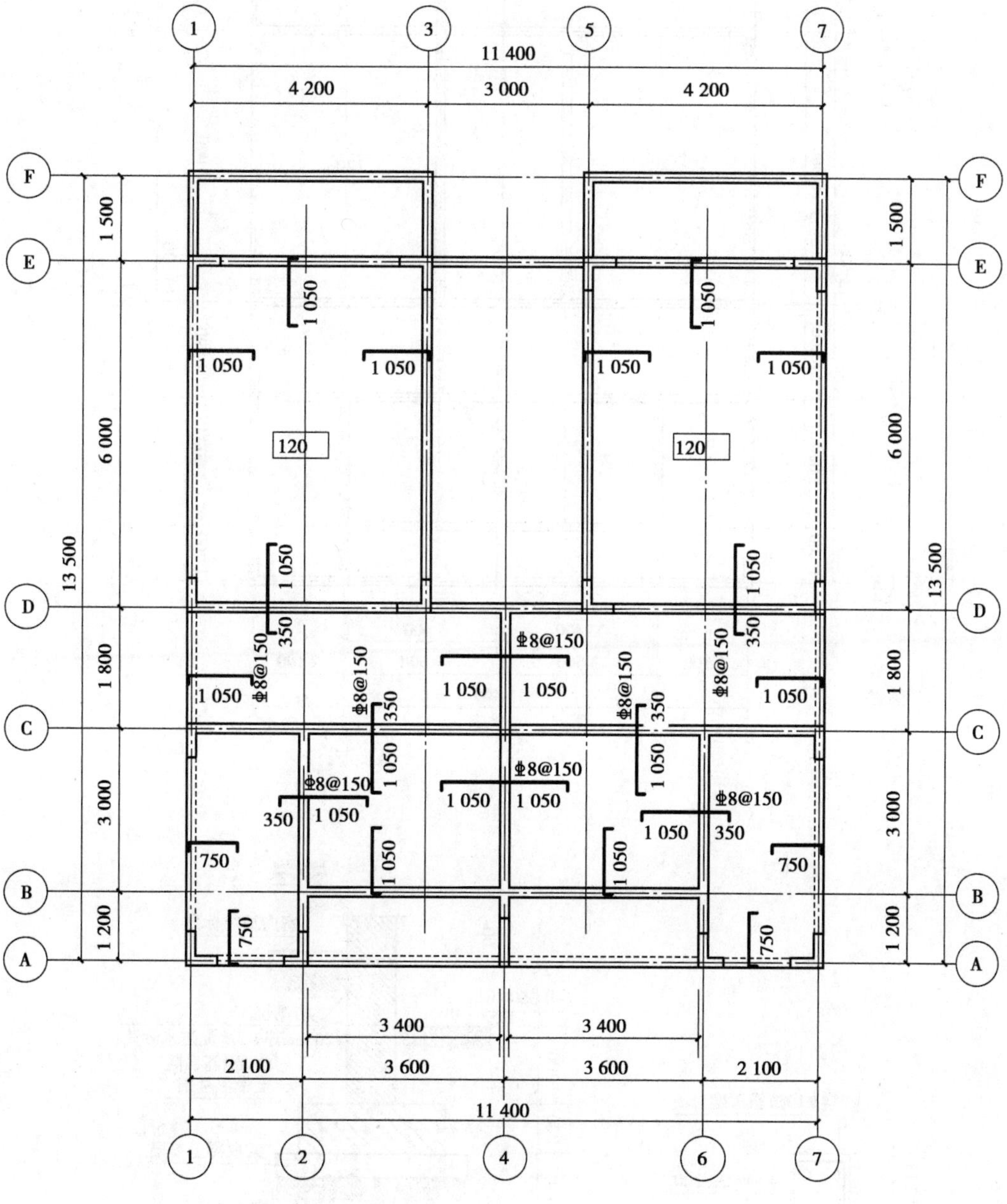

图 8.12　4.20 m 板布置图(未注明板厚为 120 mm)

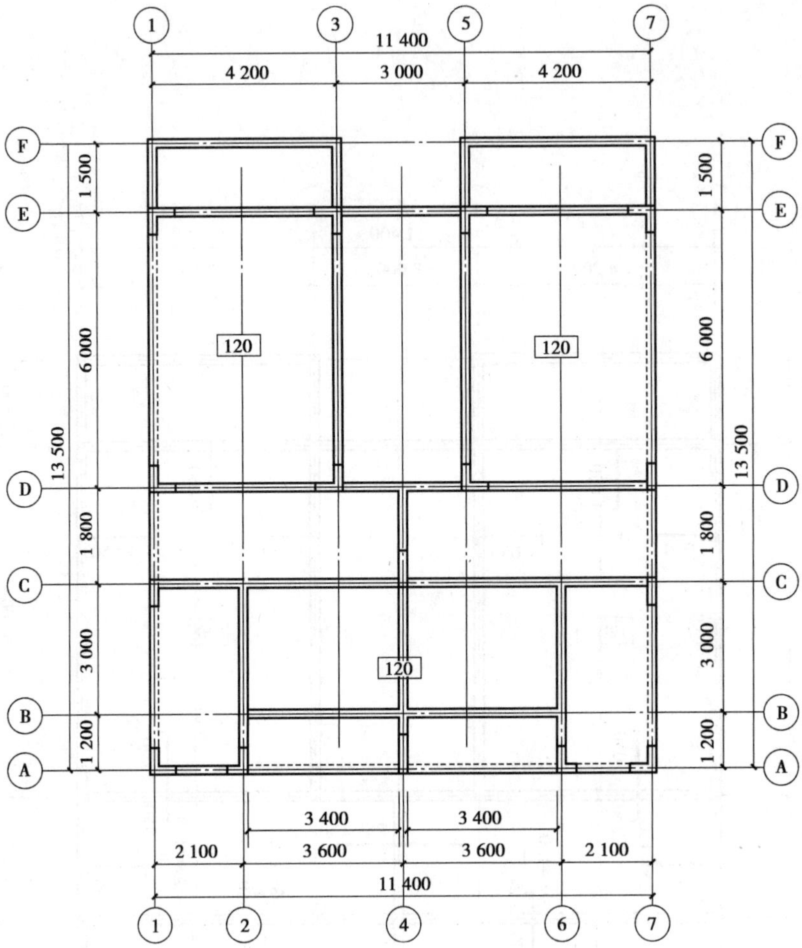

图 8.13　7.20 m 板布置图

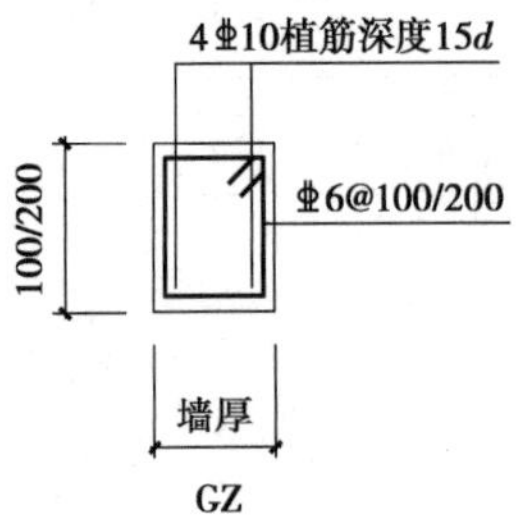

图 8.14　构造柱大样

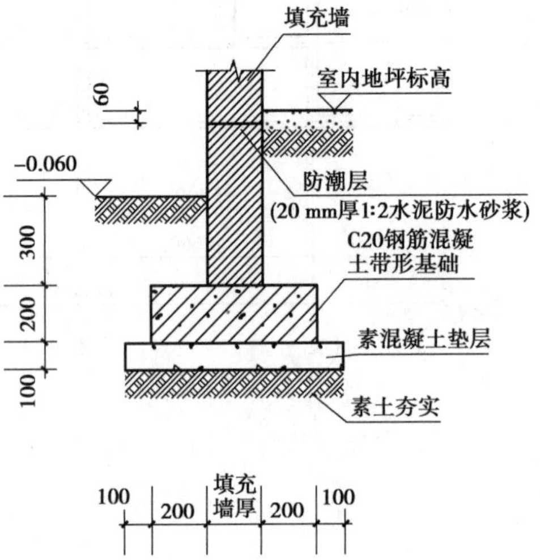

图 8.15　基础大样

8.3.2　本工程设计说明

①设计室外地坪标高-0.60 m,已平基到位。

②基础:地勘报告显示-1.2 m 以下为持力层,以上全为土方。

③主体结构:基础、柱、梁、板、楼梯混凝土构件均为 C30 商品混凝土,其余构件为 C20 商品混凝土;屋面压顶尺寸为 200 mm×60 mm;空调板厚 100 mm;楼梯折算厚度按 200 mm 计算。

④砌体:所有砌体砂浆采用 M5 水泥砂浆。±0.00 m 以下及女儿墙为页岩标准砖 200 mm×95 mm×53 mm; ±0. 00 m 以上外墙为 200 mm 厚壁型页岩空心砖,卫生间为页岩标准砖 200 mm×95 mm×53 mm,其余内墙为 200 mm 页岩空心砖;构造柱除标注位置外砖墙净长大于 4 m 的需设置构造柱。墙体防潮层设于-0.06 m 处采用 20 mm 厚 1∶2 防水砂浆。砖砌台阶不计算。墙体不设置砌体加筋。

⑤门窗:门窗表见表 8.13,门窗洞口上设现浇钢筋混凝土过梁,截面为 200 mm×180 mm,过梁两端各伸出洞边 250 mm;未注明的门垛宽为 100 mm,过梁不计算植筋。

表 8.13　门窗表

序号	门窗编号	洞口尺寸(mm)	门窗材质	备注
1	M1824	1 800×2 400	防盗门	
2	M1021	1 000×2 100	防盗门	
3	M0921	900×2 100	成品木门	有门套线
4	M2721	2 700×2 100	铝合金门	
5	MLC2422	900×2 200+1 500×1 200	铝合金门窗	窗台高 1 000 mm
6	C1815	1 800×1 500	铝合金推拉窗	窗台高 1 000 mm
7	C1512	1 500×1 200	铝合金推拉窗	窗台高 1 000 mm
8	C1215	1 200×1 500	铝合金推拉窗	窗台高 1 000 mm

⑥楼地面:地面垫层 100 mm 厚 C20 混凝土;楼梯采用 20 mm 厚 1∶2.5 水泥砂浆面层;卫生间面层做法:20 mm 厚 1∶2.5 水泥砂浆找平层,刷聚氨酯防水涂料 2 mm 一道,防水上翻高度 1.8 m,不考虑卫生间下沉;其余面层为 30 mm 厚水泥瓜米石(石屑)浆。

⑦屋面:1∶8 水泥陶粒找坡,最薄不小于 60 mm 厚;20 mm 厚 1∶2.5 水泥砂浆找平层;聚氨酯防水涂料 2 mm 厚一道;改性沥青防水自粘卷材 3 mm 厚一道;40 mm 厚商品混凝土 C20 刚性层,内配钢筋网片(钢筋网片含量 1 kg/m^2);屋面排水管采用 ϕ114 塑料落水管。

⑧内墙(含空调间)及天棚:水泥砂浆墙面抹灰,不同界面挂钢丝网,每边 150 mm(内墙面抹灰钢丝网工程量按墙面抹灰面积的 30% 计算);满刮腻子两遍(女儿墙内侧不刮腻子)。

⑨外墙:水泥砂浆墙面抹灰,满挂钢丝网,外墙保温采用保温装饰一体板 50 mm(外墙门窗洞口侧壁工程量按 8 m^2 计取)。

⑩室外悬挑板顶面及底面采用水泥砂浆抹面;散水采用 100 mm 厚商品混凝土,宽度按 800 mm 宽考虑。

8.3.3 本工程计价说明

①基础仅计算轴线①、④、⑦、Ⓐ、Ⓓ、Ⓔ基础，其余基础不计算。轴线①、④、⑦、Ⓐ、Ⓓ、Ⓔ基础开挖土方，用于基础及房心回填，土方不足时采用借土回填，外借回填土仅计算人工装车机械运输，运距2 km。混凝土垫层按原槽计算。土石方开挖、回填场内运距综合考虑按20 m计算。

②钢筋含量见表8.14，其中箍筋占20%，ϕ10 mm以内高强钢筋占15%，ϕ10 mm以上高强钢筋占65%；电渣压力焊接15个/t，机械连接按10个/t计算（工程量四舍五入）。

表8.14 钢筋含量表

序号	构件	含量	序号	构件	含量
1	混凝土基础	50 kg/m^3	5	楼梯	30 kg/m^3
2	柱	180 kg/m^3	6	悬挑板	110 kg/m^3
3	梁	130 kg/m^3	7	构造柱	100 kg/m^3
4	板	100 kg/m^3	8	压顶	100 kg/m^3

③墙体顶部斜砌砖和底部三匹砖工程量为：一层顶部为3.2 m^3，一层底部为3.36 m^3，二层顶部为3.3 m^3，二层底部为3.42 m^3。

④楼梯栏杆、外墙百叶不计算。

⑤为简便计算，保温层不考虑计算建筑面积。

⑥本工程材料价格见表8.15，其余人材机价格执行2018年计价定额价格，不作调整。

表8.15 材料价格表

序号	材料价格	单位	含税价（元）	不含税价（元）
1	成品木门扇	m^2	306.16	270.94
2	成品门窗套线	m	15.31	13.55
3	3 mm厚SBS改性沥青自粘卷材	m^2	25.80	22.83

⑦本工程预计开工时间为2019年9月，按一般计税法计算。

⑧住宅分户验收费不计取，暂列金额按10万元计取。

8.3.4 问题

请根据题设已知条件及《房屋建筑与装饰工程工程量计算规范》（GB 50854—2013）、《重庆市建设工程工程量计算规则》（CQJLGZ—2013）、《重庆市建设工程费用定额》（CQFYDE—2018）、《重庆市房屋建筑与装饰工程计算定额》（CQJZZSDE—2018），编制工程量清单并计算单位工程造价。

8.3.5 求解

选择分部分项及技术措施项目清单→清单工程量及定额工程量计算→计算综合单价→

计算分部分项清单→计算措施项目清单→计算其他项目清单→计算规费税金→单位工程费汇总。

1)计算工程量

选择分部分项及技术措施项目清单,计算工程量,结果详见表 8.16。

表 8.16　工程量计算表

序号	项目编码	项目名称	计量单位	工程量计算式	工程量合计
1	011701001001	综合脚手架 层高 4.8 m	m^2	清单工程量: 一层建筑面积: ①—⑦/Ⓐ—Ⓔ轴:$S_1=(11.4+0.1\times2)\times(12+0.1\times2)-1.2\times(0.75\times2-0.1)=139.84(m^2)$	139.84
			m^2	定额工程量: 一层附加面积:空调间 $S'=1.2\times(0.75\times2-0.1)=1.68(m^2)$ 小计:$S_{脚手架}=S_1+S'=139.84+1.68=141.52(m^2)$	141.52
2	011701001002	综合脚手架 层高 3.6 m 以内	m^2	清单工程量: 二层建筑面积: ①—⑦/Ⓔ—Ⓕ轴:$S_{2.1}=4.4\times1.5\times1\div2\times2=6.60(m^2)$ ①—⑦/Ⓐ—Ⓔ轴:$S_{2.2}=(11.4+0.1\times2)\times(12+0.1\times2)-1.2\times(0.75\times2-0.1)=139.84(m^2)$ $S_2=S_{2.1}+S_{2.2}=6.60+139.48=146.44(m^2)$	146.44
			m^2	定额工程量: 二层附加面积:空调间 $S'=1.2\times(0.75\times2-0.1)=1.68(m^2)$ 小计:$S_{脚手架}=S_2+S'=146.44+1.68=148.12(m^2)$	148.12
3	011703001002	垂直运输 4.8 m	m^2	清单工程量:同综合脚手架面积	139.84
			m^2	定额工程量:同综合脚手架面积	141.52
4	011703001001	垂直运输 3.6 m 以内	m^2	清单工程量:同综合脚手架面积	146.44
			m^2	定额工程量:同综合脚手架面积	148.12
5	010101003001	挖沟槽土方	m^3	清单工程量: 1.垫层原槽开挖土方: 外墙中心线:$L_{外}=(11.4+1.2+3+1.8+6)\times2=46.80(m)$ 内墙垫层净长线:$L_{内}=(11.4-0.4\times2)+(1.2+3+1.8-0.4\times2)=15.80(m)$ 垫层土方开挖:$V_1=0.8\times0.1\times(46.80+15.80)=5.01(m^3)$ 2.垫层以上基础部分: 外墙中心线:$L_{外}=46.80(m)$ 内墙基槽净长线:$L_{内}=(11.4-0.7\times2)+(1.2+3+1.8-0.7\times2)=14.60(m)$ 开挖深度:$H=0.3+0.2=0.50(m)$	47.99

续表

序号	项目编码	项目名称	计量单位	工程量计算式	工程量合计
5	010101003001	挖沟槽土方	m^3	开挖宽度:$B=(0.2\times3+0.4\times2)=1.40$(m) 沟槽土方开挖:$V_2=S\times(L_{外}+L_{内})=1.40\times0.50\times(46.80+14.60)=42.98(m^3)$ 3. 挖基槽土方工程量合计:$V=V_1+V_2=5.01+42.98=47.99(m^3)$	47.99
				定额工程量:同清单工程量	
6	010501002001	带形基础混凝土	m^3	清单工程量: 外墙中心线:$L_{外}=(11.4+1.2+3+1.8+6)\times2=46.80$(m) 内墙混凝土基础净长线:$L_{内}=(11.4-0.3\times2)+(1.2+3+1.8-0.3\times2)=16.20$(m) 混凝土基础工程量:$V=0.6\times0.2\times(46.80+16.20)=7.56(m^3)$	7.56
				定额工程量:同清单工程量	
7	010501001001	垫层混凝土	m^3	清单工程量: 外墙中心线:$L_{外}=46.80$(m) 内墙垫层混凝土净长线:$L_{内}=(11.4-0.4\times2)+(1.2+3+1.8-0.4\times2)=15.80$(m) 垫层混凝土:$V=0.8\times0.1\times(46.80+15.80)=5.01(m^3)$	5.01
				定额工程量: 垫层混凝土:$V=(0.8+0.02\times2)\times(0.1+0.02)\times(46.80+15.80)=6.31(m^3)$	6.31
8	011702001001	带形基础模板	m^3	清单工程量: $S=(46.80+16.20)\times(0.2\times2)=25.20(m^3)$	25.20
				定额工程量:同清单工程量	
9	010103001001	沟槽土方回填	m^3	清单工程量: -0.6 m 以下砖基础体积:$V=0.2\times0.3\times[46.8+(11.4-0.1\times2)+(1.2+3+1.8-0.1\times2)]=3.83(m^3)$ 沟槽土方回填体积:$V=47.99-5.01-7.56-3.83=31.59(m^3)$	31.59
				定额工程量:同清单工程量	
10	010103001002	房心回填	m^3	清单工程量: 客厅:$S=(4.2-0.1\times2)\times(6-0.1\times2)\times2=46.40(m^3)$ $V=46.40\times(0.6-0.1-0.03)=21.81(m^3)$ (其余计算式略) 小计:$21.81+\cdots=51.01(m^3)$	51.01
				定额工程量:同清单工程量	

续表

序号	项目编码	项目名称	计量单位	工程量计算式	工程量合计
11	010103002001	外借土方回填	m^3	清单工程量: 51.01+31.59−47.99=34.61(m^3)	34.61
				定额工程量:同清单工程量	
12	010401001001	砖基础	m^3	清单工程量: 200 mm 厚实心砖(±0.00(m)以下) ①—③/Ⓔ轴:墙长度 L_1=4.2−0.5×2=3.20(m) 墙高:H_1=0.3+0.6=0.90(m) 体积:$V_1=L_1×H_1$×0.2=3.20×0.90×0.2=0.58(m^3) (其余计算式略) 砖基础小计:V=0.58+…=14.27(m^3)	14.27
				定额工程量: 砖基础:14.27(m^3) 防潮层: 外墙中心线:$L_外$=(11.4+1.2+3+1.8+6)×2=46.80(m) S=46.80×0.2=9.36(m^2)	14.27 9.36
13	010503005002	过梁混凝土	m^3	清单工程量: ①—③/Ⓒ轴 M0921 处过梁:(0.9×2+0.4+0.25×2)×0.2×0.18=0.10(m^3) (其余计算式略) 小计:V=0.10+…=2.45(m^3)	2.45
				定额工程量:同清单工程量	
14	011702009001	过梁模板	m^2	清单工程量: ①—③/Ⓒ轴 M0921 处过梁模板:S=(0.9×2+0.4+0.25×2)×(0.18×2+0.2)=1.65(m^2) 小计:S=1.65+…=12.25(m^2)	12.25
				定额工程量:同清单工程量	
15	010502002001	构造柱混凝土	m^3	清单工程量: 0.2×0.2×(7.2−0.5−4.2)×4+0.2×0.2×(7.8−7.2−0.06)×12+0.2×0.2×(4.2+0.9−0.5)×4+0.2×0.2×(7.2−4.2−0.5)×4=1.80(m^3)	1.80
				定额工程量:同清单工程量	
16	011702003001	构造柱模板	m^2	清单工程量: (0.2+0.2)×(7.2−0.5−4.2)×4+(0.2+0.2)×(7.8−7.2−0.06)×12+0.2×3×(4.2+0.9−0.5)×2+0.2×2×(4.2+0.9−0.5)×2+0.2×3×(7.2−4.2−0.5)×2+0.2×2×(7.2−4.2−0.5)×2=20.79(m^2)	20.79
				定额工程量:同清单工程量	

续表

序号	项目编码	项目名称	计量单位	工程量计算式	工程量合计
17	010401003001	实心砖墙 200 mm 厚	m^3	清单工程量： 一层卫生间： 长度：$L_1=(2.25+0.05)\times2\times2+(1.8+0.1\times2)-(0.6\times2+0.7)=9.3$(m) 墙高：$H_1=4.2-0.5=3.70$(m) 体积：$V_1=L_1\times H_1\times0.2=9.30\times3.70\times0.2=6.88$($m^3$) （其余计算式略） 小计：$V=6.88+\cdots=15.73$($m^3$) 定额工程量：同清单工程量	15.73
18	010401003002	实心砖墙 100 mm 厚	m^3	清单工程量： 一层卫生间砖： 长度：$L=(1.8-0.1\times2)\times2=3.20$(m) 墙高：$H=4.2-0.12=4.08$(m) 过梁：$V_1=(0.9+0.25)\times0.1\times0.18\times2=0.04$($m^3$) 门洞：$V_2=0.9\times2.1\times0.1\times2=0.38$($m^3$) 砖体积：$V_3=L\times H\times0.1-V_1-V_2=3.20\times0.1\times4.08-0.04-0.38=0.89$($m^3$) （其余计算式略） 小计：$V=0.89+\cdots=1.37$($m^3$) 定额工程量：同清单工程量	1.37
19	010401005001	厚壁型页岩空心砖墙	m^3	清单工程量： 外墙： 一层①—③/Ⓔ轴： 长度：$L_1=4.2-0.5\times2=3.20$(m) 墙高：$H=4.2-0.5=3.70$(m) 过梁：$V_1=(1.8+0.25\times2)\times0.2\times0.18=0.08$($m^3$) 洞口体积：$V_2=1.8\times1.5\times0.2=0.54$($m^3$) 顶部砖墙：$V_3=L_1\times0.2\times0.2=3.20\times0.2\times0.2=0.13$($m^3$) 砖墙体积：$V=L_1\times H\times0.2-V_1-V_2-V_3=3.20\times3.7\times0.2-0.08-0.54-0.13=1.62$($m^3$) （其余计算式略） 小计：$V=1.62+\cdots=41.51$($m^3$) 定额工程量：同清单工程量	41.51
20	010401005002	空心砖墙	m^3	清单工程量： 内墙空心砖 200 mm 厚： 一层①—③/Ⓓ轴： 长度：$L_1=2.1-0.1+3.6-2.25-0.1=3.25$(m) 墙高：$H=4.2-0.5=3.70$(m)	40.19

续表

序号	项目编码	项目名称	计量单位	工程量计算式	工程量合计
20	010401005002	空心砖墙	m^3	过梁:$V_1=(1.4+0.25\times2)\times0.2\times0.18=0.07(m^3)$ 洞口体积:$V_2=1.4\times2.2\times0.2=0.62(m^3)$ 顶部底部 200 mm 高砖:$V_3=L_1\times0.2\times0.2+(L_1-1.4)\times0.2\times0.2=0.20(m^3)$ $V=L\times H\times0.2-V_1-V_2-V_3=3.25\times3.70\times0.2-0.07-0.62-0.20=1.52(m^3)$ (其余计算式略) 小计:$V=1.52+\cdots=40.19(m^3)$ 定额工程量:同清单工程量	40.19
21	010401012001	零星砌砖	m^3	清单工程量: 一层底部 200 mm 高零星砖砌体:3.36 m^3(已知) 二层顶部 200 mm 高零星砖砌体:3.30 m^3(已知) 二层底部 200 mm 高零星砖砌体:3.42 m^3(已知) 小计:$V=3.36+3.30+3.42=10.08(m^3)$ 定额工程量:同清单工程量	10.08
22	010401012002	零星砌砖	m^3	清单工程量: 一层顶部 200 mm 高零星砖砌体(超高):$V=3.20(m^3)$ 定额工程量:同清单工程量	3.20
23	010502003001	薄壁柱混凝土	m^3	清单工程量: KZ1 柱高:$H=7.2+0.6+0.3=8.10(m)$ 截面积:$S=(0.6+0.4)\times0.2=0.20(m^2)$ 数量:$n=6$ 个 体积:$V=0.20\times8.10\times6=9.72(m^3)$ KZ2 柱高:$H=7.2+0.6+0.3=8.10(m)$ 截面积:$S=0.2\times0.6=0.12(m^2)$ 数量:$n=6$ 个 体积:$V=0.12\times8.10\times6=5.83(m^3)$ (其余计算式略) 小计:$V=9.72+5.83+\cdots=20.90(m^3)$ 定额工程量:同清单工程量	20.90
24	011702004001	柱模板	m^2	清单工程量: 二层:KZ1$=(0.2+0.6+0.5-0.1)\times2\times3\times6-[(0.2\times3\times0.5\times4+0.4\times3\times0.12\times4)+(0.2\times4\times0.5\times2)+(0.4\times3\times0.12+0.4\times0.1)\times2]=40.26(m^2)$ KZ2$=(0.2+0.6)\times2\times3\times6-[(0.2\times3\times0.5\times4+0.4\times0.12\times4)+(0.2\times3\times0.5\times2+0.4\times0.12\times2+0.6\times0.12\times2)]=26.57(m^2)$ (其余计算式略) 小计:$V=40.26+26.57+\cdots=89.57(m^2)$ 定额工程量:同清单工程量	89.57

续表

序号	项目编码	项目名称	计量单位	工程量计算式	工程量合计
25	011702004002	柱模板超高	m^2	清单工程量: 一层:KZ1=(0.2+0.6+0.5−0.1)×2×(4.2+0.6+0.3)×6−[(0.2×3×0.5×4+0.4×3×0.12×4)+(0.2×4×0.5×2)+(0.4×3×0.12+0.4×0.1)×2]=70.50(m^2) KZ2=(0.2+0.6)×2×(4.2+0.6+0.3)×6−[(0.2×3×0.5×4+0.4×0.12×4)+(0.2×3×0.5×2+0.4×0.12×2+0.6×0.12×2)]=46.73(m^2) (其余计算式略) 小计:V=70.50+46.73+…=156.99(m^2) 定额工程量:同清单工程量	156.99
26	010505001001	有梁板混凝土	m^3	清单工程量: 4.2 m 层梁: KL1 梁长:L=13.5+0.1×2−0.6×4−1.5=9.80(m) 截面积:S=0.2×0.5=0.10(m^2) 数量:n=2 体积:V=0.1×9.8×2=1.96(m^3) (其余计算式略) 小计:1.96+…=17.66(m^3) 4.2 m 层板:①—⑦/Ⓓ—Ⓔ轴 LB1=(4.2−0.1×2)×(6−0.1×2)×0.12×2=4×5.8×0.12×2=5.57(m^3) 7.2 m 层板: LB 楼梯间顶板=(3−0.1×2)×(6−0.1×2)×0.1=1.62(m^3) (其余计算式略) 小计:5.57+1.62+…=26.82(m^3) 合计:V=17.66+26.82=44.48(m^3) 定额工程量:同清单工程量	44.48
27	011702014001	有梁板模板	m^2	清单工程量: 7.2 m 层梁: KL1=[9.8×(0.5+0.2)+ 9.8×(0.5−0.12)×2]=21.17(m^2) (其余计算式略) 小计:21.17+…=88.01(m^2) 7.2 m 层板:(4.2−0.1×2)×(6−0.1×2)×2+(2.1+3.6−0.1×2)×(1.8−0.1×2)×2+(2.1−0.1×2)×(1.2+3−0.1×2)×2+(3.6−0.1×2)×(3−0.1×2)×2+(3.6−0.1×2)×(1.2−0.1×2)+(3−0.1×2)×(6−0.1×2)= 117.88(m^2) (其余计算式略) 合计:V=88.01+117.88=205.89(m^2) 定额工程量:同清单工程量	205.89

续表

序号	项目编码	项目名称	计量单位	工程量计算式	工程量合计
28	011702014002	有梁板模板（超高）	m^2	清单工程量： 4.2 m 层梁： KL1＝[9.8×(0.5+0.2)+9.8×(0.5−0.12)]×2＝21.17(m^2) （其余计算式略） 小计：21.17+…＝89.42(m^2) 4.2 m 层板：(4.2−0.1×2)×(6−0.1×2)×2+(2.1+3.6−0.1×2)×(1.8−0.1×2)×2+(2.1−0.1×2)×(1.2+3−0.1×2)×2+(3.6−0.1×2)×(3−0.1×2)×2+(3.6−0.1×2)×(1.2−0.1×2)×2＝105.04(m^2) 合计：V＝89.42+105.04＝194.46(m^2)	194.46
			m^2	定额工程量： 梁超高：89.42 m^2 板超高：105.04 m^2	89.42 105.04
29	010505008001	悬挑板混凝土	m^3	清单工程量： 阳台：V_1＝[1.5×0.2×0.5×4+(4.2−0.1×2)×0.2×0.5×2+(4.2−0.1×2)×(1.5−0.1×2)×0.12×2]×2＝5.30(m^3) 空调板：V_2＝[(0.75−0.1)×(1.2−0.1+0.1)]×2×2×0.1＝0.31(m^3) 小计：V＝V_1+V_2＝5.30+0.31＝5.61(m^3)	5.61
			m^2	定额工程量： 阳台：S＝1.5×(4.2+0.1×2)×2×2＝26.40(m^2) 折算系数：26.40×1.2＝31.68(m^2) 空调板：[(0.75−0.1)×(1.2−0.1+0.1)]×2×2＝3.12(m^2) 小计：S＝31.68+3.12＝34.80(m^2)	34.80
30	011702023001	悬挑板模板	m^2	清单工程量： 31.68+3.12＝34.80(m^2)	34.80
				定额工程量：同清单工程量	
31	010506001001	直行楼梯	m^2	清单工程量： (3−0.1×2)×(6−0.1×2)＝16.24(m^2)	16.24
				定额工程量：同清单工程量	
32	011702024001	直行楼梯模板	m^2	清单工程量： (3−0.1×2)×(6−0.1×2)＝16.24(m^2)	16.24
				定额工程量：同清单工程量	

续表

序号	项目编码	项目名称	计量单位	工程量计算式	工程量合计
33	010507001001	散水	m^2	清单工程量： (11.4+0.2+0.8×2)×(13.5−1.5+0.2+0.8×2)−(11.4+0.2)×(13.5−1.5+0.2)=40.64(m^2)	40.64
				定额工程量：同清单工程量	
34	010507005001	压顶混凝土	m^3	清单工程量： [11.4+(13.5−1.5)]×2×0.06×0.2=0.56(m^3)	0.56
				定额工程量：同清单工程量	
35	011702025001	压顶模板	m^2	清单工程量：0.06×2×(93.6÷2)=5.62(m^2)	5.62
			m^3	定额工程量：[11.4+(13.5−1.5)]×2×0.06×0.2=0.56(m^3)	0.56
36	010515001001	ϕ10 mm 以内高强钢筋	t	清单工程量： [(7.56+5.01)×0.05+20.9×0.18+17.66×0.13+26.82×0.1+16.24×0.03+5.61×0.11+1.8×0.1+0.56×0.1]×0.15=1.606(t)	1.606
				定额工程量：同清单工程量	
37	010515001002	ϕ10 mm 以上高强钢筋	t	清单工程量： [(7.56+5.01)×0.05+20.9×0.18+17.66×0.13+26.82×0.1+16.24×0.03+5.61×0.11+1.8×0.1+0.56×0.1]×0.65=6.960(t)	6.960
38	010515001003	箍筋	t	清单工程量： [(7.56+5.01)×0.05+20.9×0.18+17.66×0.13+26.82×0.1+16.24×0.03+5.61×0.11+1.8×0.1+0.56×0.1]×0.2=2.142(t)	2.142
				定额工程量：同清单工程量	
39	010516003001	机械连接	个	清单工程量： (1.819+7.884+2.426)×10=122 个	122
				定额工程量：同清单工程量	
40	010516B02001	电渣压力焊	个	清单工程量： (1.819+7.884+2.426)×15=182 个	182
				定额工程量：同清单工程量	
41	010801001001	木质门带套	m^2	清单工程量： M0921：0.9×2.1×12=22.68(m^2)	22.68
			m^2/m	定额工程量： M0921：0.9×2.1×12=22.68(m^2) 门套线(0.9+2.1×2)×12=61.20(m)	22.68 61.20

续表

序号	项目编码	项目名称	计量单位	工程量计算式	工程量合计
42	010802001001	防盗门	m^2	清单工程量: M1021:1×2.1×4=8.40(m^2) M1824:1.8×2.4=4.32(m^2) 小计:8.4+4.32=12.72(m^2)	12.72
				定额工程量:同清单工程量	
43	010802001001	铝合金门	m^2	清单工程量: M2721:2.7×2.1×2=11.34(m^2) MLC2422:0.9×2.2×4=7.92(m^2)(窗另计) 小计 11.34+7.92=19.26(m^2)	19.26
				定额工程量:同清单工程量	
44	010807001001	铝合金窗	m^2	清单工程量: MLC2422:1.2×1.5×4=7.20(m^2) C1815:1.8×1.5×3=8.10(m^2) C1512:1.5×1.2×6=10.80(m^2) C1215:1.2×1.5×4=7.20(m^2) 小计:7.20+8.10+10.80+7.20=33.30(m^2)	33.30
				定额工程量:同清单工程量	
45	010902001001	屋面卷材防水	m^2	清单工程量: S=(11.4−0.1×2)×(1.2+3+1.8+6−0.1×2)+(11.4−0.1×2+12−0.1×2)×2×(0.25+0.04)=145.50(m^2)	145.50
				定额工程量:同清单工程量	
46	010902002001	屋面涂膜防水	m^2	清单工程量: S=(11.4−0.1×2)×(1.2+3+1.8+6−0.1×2)+(11.4−0.1×2+12−0.1×2)×2×(0.25+0.04)=145.50(m^2)	145.50
				定额工程量:同清单工程量	
47	010902003001	屋面刚性层	m^2	清单工程量: S=(11.4−0.1×2)×(1.2+3+1.8+6−0.1×2)=132.16(m^2)	132.16
			m^2/t	定额工程量: 刚性层工程量:S=132.16(m^2) 钢筋网片工程量:132.16 m^2×0.001 t/m^2=0.132 t	132.16 0.132
48	010902004001	屋面排水管	m	清单工程量: L=(7.2+0.6)×4=31.20(m)	31.20
				定额工程量:同清单工程量	

续表

序号	项目编码	项目名称	计量单位	工程量计算式	工程量合计
49	010904002001	卫生间防水	m^2	清单工程量： 楼面 $S_1=(2.25-0.1-0.05)\times(1.8-0.1\times2)\times2\times2=13.44(m^2)$ 墙面 $S_2=[(2.25-0.1-0.05)\times2+(1.8-0.1\times2)\times2]\times1.8\times2\times2-0.9\times1.8\times2\times2=46.80(m^2)$ 小计：$S=S_1+S_2=60.24(m^2)$	60.24
			m^2	定额工程量： 楼面 $S_1=13.44\ m^2$ 墙面 $S_2=46.80\ m^2$	13.44 46.80
50	011001001001	屋面保温	m^3	清单工程量： 屋面保温平均厚度：$H=(6-0.1)\times3\%\div2+0.06=0.15(m)$ 体积：$V=(12-0.1\times2)\times(11.4-0.1\times2)\times0.15=19.82(m^3)$	19.82
				定额工程量：同清单工程量	
51	011001003001	外墙保温	m^2	清单工程量： 正立面：$L=11.4+0.1\times2+0.05\times2=11.70(m)$ $H=7.8+0.6=8.40(m)$ 门窗洞口面积：$S_1=1.2\times1.5\times4+1.5\times12\times4=14.40(m^2)$ 空调洞口面积：$S_2=(0.75-0.1-0.05)\times(7.2-0.1-0.5)\times2=7.20(m^2)$ 小计：$S=L\times H-S_1-S_2=11.70\times8.40-14.40-7.20=76.68(m^2)$ （其余计算式略） 门窗洞口侧壁（已知）：$8.00(m^2)$ 合计：$76.68+\cdots+8.00=370.90(m^2)$	370.90
				定额工程量：同清单工程量	
52	010501001002	楼地面垫层	m^3	清单工程量： 一层客厅：$S=(4.2-0.1\times2)\times(6-0.1\times2)\times2=46.40(m^2)$ （其余计算式略） 小计：$S=46.40+\cdots=111.72(m^2)$ 垫层厚度：$H=0.1(m)$ $V=111.72\times0.1=11.17(m^3)$	11.17
				定额工程量：同清单工程量	
53	011101001001	水泥砂浆找平	m^2	清单工程量： 卫生间：$S=(2.25-0.1-0.05)\times(1.8-0.1\times2)\times2\times2=13.44(m^2)$ 空调板顶面：$S=(0.75-0.1-0.05)\times(1.2-0.1)\times2\times2=2.64(m^2)$	29.28

续表

序号	项目编码	项目名称	计量单位	工程量计算式	工程量合计
53	011101001001	水泥砂浆找平	m^2	挑阳台板顶面:$S=(4.2+0.1+0.1)\times(1.5-0.1+0.1)\times2=13.20(m^2)$ 小计:$S=13.44+2.64+13.20=29.28(m^2)$	29.28
				定额工程量:同清单工程量	
54	011106001001	楼梯水泥砂浆楼面	m^2	清单工程量: $S=(3-0.1\times2)\times(6-0.1\times2)=16.24(m^2)$	16.24
				定额工程量:同清单工程量	
55	011101003001	瓜米石楼地面	m^2	清单工程量: 一层客厅:$S=(4.2-0.1\times2)\times(6-0.1\times2)\times2=46.40(m^2)$ (其余计算式略) 小计:$S=46.40+\cdots=226.84(m^2)$	226.84
				定额工程量:同清单工程量	
56	011201001001	内墙墙面抹灰	m^2	清单工程量: 一、墙面抹灰面积 一层客厅: 混凝土墙长:$L_1=(0.5-0.1)\times5\times2=4.00(m)$ 混凝土墙高:$H_1=4.2-0.12=4.08(m)$ 混凝土墙抹灰面积:$S_1=L_1\times H_1=4.00\times4.08=16.32(m^2)$ 砖墙长:$L_2=(4.2-0.1\times2)\times2\times2+(6-0.1\times2)\times2\times2-4.00=35.20(m)$ 墙高:$H_2=4.2-0\ 5=3.70(m)$ 洞口面积:$S_2=1.8\times1.5\times2+1\times2.1\times2+1.4\times2.2\times2=15.76(m^2)$ 砖墙抹灰面积:$S_1=L_1\times H_1-S_2=35.2\times3.70-15.76=114.48(m^2)$ (其余计算式略) 二、梁侧面混凝土面抹灰面积 一层客厅: 梁长:$L=[(4.2-0.5\times2)\times2+(6-0.5\times2)\times2]\times2=32.80(m)$ 梁抹灰高:$H=0.5-0.12=0.38(m)$ 梁侧面抹灰面积:$S=L\times H=32.80\times0.38=12.46(m^2)$ (其余计算式略) 小计:$S=12.46+\cdots=130.87(m^2)$ 三、女儿墙抹灰内侧工程量(砖墙): 立面:$S_1=[11.4-0.1\times2+(13.5-1.5-0.1\times2)]\times2\times(7.8-7.2)=27.60(m^2)$	1 025.63

续表

序号	项目编码	项目名称	计量单位	工程量计算式	工程量合计
56	011201001001	内墙墙面抹灰	m^2	压顶平面：$S_2=[11.4+(13.5-1.5)]\times2\times0.2=9.36(m^2)$ $S=S_1+S_2=27.60+9.36=36.96(m^2)$ 四、内墙面抹灰清单工程量合计 $S=16.32+114.48+130.67+36.96=1\ 025.63(m^2)$	1 025.63
			m^2	定额工程量： 混凝土墙抹灰工程量：$S=16.32+130.67+\cdots=239.92(m^2)$ 砖墙抹灰工程量：$S=114.48+36.96+\cdots=785.71(m^2)$ 不同材质挂钢丝网工程量：$S=(239.92+785.71)\times0.3=307.69(m^2)$	239.92 785.71 307.69
57	011201001002	外墙抹灰	m^2	清单工程量： 正立面： 长度外墙外边线：$L=11.4+0.1\times2=11.60(m)$ 高度：$H=7.8+0.6=8.40(m)$ 门窗洞口面积：$S_1=1.2\times1.5\times4+1.5\times1.2\times4=14.40(m^2)$ 空调洞口面积：$S_2=(0.75-0.1-0.05)\times(7.2-0.1-0.5)\times2=7.20(m^2)$ 抹灰面积：$S=L\times H-S_1-S_2=11.60\times8.40-14.40-7.20=75.84(m^2)$ （其余计算式略） 小计：$S=75.84+\cdots=386.41(m^2)$	386.41
			m^2	定额工程量： 正立面： 柱：$L_1=(0.5+0.1)\times2+(0.3+0.1)\times2+(0.1+0.1)=2.20(m)$ $H_1=7.8+0.6=8.40(m)$ 梁：$L_2=(2.1-0.5-0.3)\times2+3.4\times2=9.40(m)$ $H_2=0.5(m)$ 混凝土抹灰面积：$S=L_1\times H_1+L_2\times H_2\times2=2.2\times8.40+9.40\times0.5\times2=27.88(m^2)$ （其余计算式略） 小计：混凝土抹灰面积 $S=27.88+\cdots=107.16(m^2)$ 砖墙面抹灰面积：$S=386.41-107.16=279.25(m^2)$ 满挂钢丝网面积：$S=386.41(m^2)$	107.16 279.25 386.41

续表

<table>
<tr><th>序号</th><th>项目编码</th><th>项目名称</th><th>计量单位</th><th>工程量计算式</th><th>工程量合计</th></tr>
<tr><td rowspan="2">58</td><td rowspan="2">011301001001</td><td rowspan="2">天棚抹灰面积</td><td rowspan="2">m^2</td><td>清单工程量：
一、室内天棚
一层客厅：$S=(4.2-0.1\times2)\times(6-0.1\times2)\times2=46.40(m^2)$
二、空调板
$S=(0.75-0.1-0.05)\times(1.2-0.1)\times2\times2=2.64(m^2)$
三、挑阳台
$[(4.2-0.1\times2)\times(1.5-0.1\times2)+(4.2+1.5-0.1+1.5-0.1)\times0.2+(4.2-0.1-0.1)\times(0.5-0.12)+(1.5-0.1-0.1)\times(0.5-0.12)\times2]\times2=18.22(m^2)$
（其余计算式略）
小计：$S=46.40+2.64+18.22+\cdots=276.69(m^2)$</td><td>276.69</td></tr>
<tr><td>定额工程量：
一层客厅：$S=46.40(m^2)$
空调板：$S=2.64(m^2)$
挑阳台：$S=4.2\times1.5\times2\times1.3=16.38(m^2)$
小计：$S=46.40+2.64+16.38+\cdots=274.85(m^2)$</td><td>274.85</td></tr>
<tr><td rowspan="2">59</td><td rowspan="2">011407001001</td><td rowspan="2">内墙面刮腻子</td><td rowspan="2">m^2</td><td>清单工程量：
混凝土墙面：$S=16.32+\cdots=97.17(m^2)$
梁侧面：$S=130.87(m^2)$
砖墙面：$S=114.48+\cdots=721.03(m^2)$
小计：$S=97.17+130.87+721.03=949.07(m^2)$</td><td rowspan="2">949.07</td></tr>
<tr><td>定额工程量：同清单工程量</td></tr>
<tr><td rowspan="2">60</td><td rowspan="2">011407002001</td><td rowspan="2">天棚刮腻子</td><td rowspan="2">m^2</td><td>清单工程量：
一层客厅：$S=(4.2-0.1\times2)\times(6-0.1\times2)\times2=46.40(m^2)$
（其余计算式略）
小计：$46.4+\cdots=255.83(m^2)$</td><td rowspan="2">255.83</td></tr>
<tr><td>定额工程量：同清单工程量</td></tr>
</table>

2）计算综合单价

（1）计算定额综合单价

①建筑子目示例：计算 200 mm 厚现拌砂浆 M5 砖墙子目综合单价，依据重庆市建设工程费用定额（CQFYDE—2018），房屋建筑工程综合单价中的企业管理费、利润、一般风险费应根据不同专业工程费率进行调整，计算结果见表 8.17。

表 8.17 综合单价计算程序表

定额编号及名称:AD0032　　200 砖墙水泥砂浆　　现拌砂浆 M5　　单位:10 m^3

序号	名称	一般计税法计算式	2018 定额费率及单价		调整后	
			费率(%)	单价(元)	费率(%)	单价(元)
1	定额综合单价	1.1+…+1.6		5 398.02		5 427.42
1.1	定额人工费			1 883.47		1 883.47
1.2	定额材料费			2 682.51		2 682.51
1.3	定额施工机具使用费			76.90		76.90
1.4	企业管理费	(1.1+1.3)×费率	24.10	472.45	25.60	501.85
1.5	利润	(1.1+1.3)×费率	12.92	253.28	12.92	253.28
1.6	一般风险费	(1.1+1.3)×费率	1.50	29.41	1.50	29.41
2	人材机价差	2.1+2.2+2.3		0.00		0.00
2.1	人工费价差			0.00		0.00
2.2	材料费价差			0.00		0.00
2.3	施工机具使用费价差	2.3.1+2.3.2		0.00		0.00
2.3.1	机上人工费价差			0.00		0.00
2.3.2	燃料动力费价差			0.00		0.00
3	其他风险费			0.00		0.00
4	综合单价	1+2+3		5 398.02		5 427.42

②装饰子目示例:计算成品木门扇安装子目定额综合单价,应先计算材料价差,然后计算定额子目综合单价,依据《重庆市建设工程费用定额》(CQFYDE—2018),装饰工程执行定额综合单价不作调整。计算结果详见表 8.18、表 8.19。

表 8.18 材料价差计算表

定额编号及名称:LD0033　　成品木门扇安装　　单位:10 m^2

序号	名称	单位	消耗量	定额单价	市场单价	价差
			1	2	3	4=1×(3-2)
1	成品木门窗	m	10.000	170.94	270.94	1 000.00

表 8.19　综合单价计算程序表

定额编号及名称:LD0033　　成品木门扇安装　　单位:10 m^2

序号	名称	一般计税法计算式	2018 定额费率及单价		调整后	
			费率(%)	单价(元)	费率(%)	单价(元)
1	定额综合单价	1.1+…+1.6		1 942.57		1 942.57
1.1	定额人工费			146.63		146.63
1.2	定额材料费			1 756.32		1 756.32
1.3	定额施工机具使用费					
1.4	企业管理费	1.1×费率	17.54	22.89	17.54	22.89
1.5	利润	1.1×费率	10.85	14.09	10.85	14.09
1.6	一般风险费	1.1×费率	2.00	2.64	2.00	2.64
2	未计价材料					
3	人材机价差	3.1+3.2+3.3		0.00		1 000.00
3.1	人工费价差			0.00		0.00
3.2	材料费价差			0.00		1 000.00
3.3	施工机具使用费价差	3.3.1+3.3.2		0.00		0.00
3.3.1	机上人工费价差			0.00		0.00
3.3.2	燃料动力费价差			0.00		0.00
4	其他风险费			0.00		0.00
5	综合单价	1+2+3+4		1 942.57		2 942.57

同理计算出 LD0101 门窗套线综合单价为 211.62 元/10 m。

(2)计算清单综合单价

①200 mm 厚现拌砂浆 M5 砖墙清单综合单价计算。

200 mm 厚现拌砂浆 M5 砖墙,清单工程量等于定额工程量,因此清单综合单价等于定额综合单价:5 427.42 元/10 m^3 =542.74 元/m^3,具体见表 8.20。

②木质门带套清单综合单价计算。

木质门带套清单综合单价=(木门工程量×木门定额综合单价+门套线定额工程量×门套线定额综合单价)/木门工程量=(22.68×294.26+61.2×21.16)/22.68=351.36 元/m^2,具体见表 8.21。

表 8.20 200 mm 厚现拌砂浆 M5 砖墙清单综合单价分析表

项目编码	010401003001	项目名称		实心砖墙 200 mm					计量单位		m³		综合单价		542.74
定额编号	定额项目名称	单位	数量	定额综合单价									人材机价差	其他风险费	合价
				定额人工费	定额材料费	定额施工机具使用费	企业管理费		利润		一般风险费用				
							4	5	6	7	8	9			12
				1	2	3	费率（%）	（1+3）×（4）	费率（%）	（1+3）×（6）	费率（%）	（1+3）×（8）	10	11	1+2+3+5+7+9+10+11
AD0032	200 砖墙水泥砂浆现拌砂浆 M5	10 m³	0.1	188.35	268.25	7.69	25.6	50.19	12.92	25.33	1.5	2.94	0	0	542.74
合计				188.35	268.25	7.69	—	50.19	—	25.33	—	2.94	0	0	542.74

人工、材料及机械名称	单位	数量	定额单价	市场单价	价差合计	市场合价	备注
1. 人工							
砌筑综合工	工日	1.637 8	115	115	0	188.35	
2. 材料							
（1）计价材料							
水	m³	0.204 8	4.42	4.42	0	0.91	
标准砖 200×95×53	千块	0.768	291.26	291.26	0	223.69	
水泥砂浆（特细砂）稠度 70～90 mm M5	m³	0.24	183.45	183.45	0	44.03	
水泥 32.5R	kg	75.36	0.31	0.31	0	23.36	
特细砂	t	0.321 6	63.11	63.11	0	20.3	
（2）其他材料费							
3. 机械							
（1）机上人工							
机上人工	工日	0.057	120	120	0	6.84	
（2）燃油动力费							
电	kW · h	0.353	0.7	0.7	0	0.25	

表 8.21　木质门带套清单综合单价分析表

项目编码	010801002001	项目名称		木质门带套					计量单位		m^2		综合单价		351.36
定额编号	定额项目名称	单位	数量	定额综合单价									人材机价差	其他风险费	合价
				定额人工费	定额材料费	定额施工机具使用费	企业管理费		利润		一般风险费用				
				1	2	3	4	5	6	7	8	9	10	11	12
							费率（%）	（1+3）×（4）	费率（%）	（1+3）×（6）	费率（%）	（1+3）×（8）			1+2+3+5+7+9+10+11
LD0033	成品木门扇安装	10 m^2	0.1	14.66	175.63	0	15.61	2.29	9.61	1.41	1.8	0.26	100	0	294.26
LD0101	门窗套线成品	10 m	0.269 8	13.49	25.66	0	15.61	2.11	9.61	1.3	1.8	0.24	14.3	0	57.1
合计				28.16	201.29	0	—	4.4	—	2.71	—	0.51	114.3	0	351.36
人工、材料及机械名称					单位	数量	定额单价		市场单价		价差合计		市场合价		备注
1. 人工															
木工综合工					工日	0.225 2	125		125		0		28.15		
2. 材料															
（1）计价材料															
木材锯材					m^3	0.000 3	1 547.01		1 547.01		0		0.46		
成品木门扇					m^2	1	170.94		270.94		100		270.94		
门窗套线					m	2.860 3	8.55		13.55		14.3		38.76		
（2）其他材料费															
其他材料费					元	—	—		1		—		5.43		
3. 机械															
（1）机上人工															
（2）燃油动力费															

(3)计算分部分项工程清单

分部分项工程清单结果见表8.22。

表8.22 分部分项工程清单计价表

序号	项目编码	项目名称	项目特征	计量单位	工程量	金额(元)		
						综合单价	合价	其中暂估价
	A.1	土石方工程						
1	010101003001	挖沟槽土方	[项目特征] 土壤类别:综合 开挖方式:人工开挖 挖土深度:2 m以内 场内运距:20 m	m^3	47.99	77.08	3 699.07	
2	010103001001	沟槽回填	[项目特征] 密实度要求:人工夯填 填方材料品种:综合 填方粒径要求:综合 填方来源、运距:场内转运20 m	m^3	31.59	56.15	1 773.78	
3	010103002001	外借回填土方	[项目特征] 1.品种:土方 2.运距:2 km	m^3	34.61	29.61	1 024.8	
4	010103001002	房心回填	[项目特征] 1.填方材料品种:综合 2.填方粒径要求:综合 3.填方来源、运距:场内综合20 m	m^3	51.01	20.45	1 043.15	
	A.4	砌筑工程						
1	010401001001	砖基础	[项目特征] 1.砖品种、规格、强度等级:页岩标准砖200 mm×95 mm×53 mm 2.砂浆强度等级:M5 水泥 砂浆 3.防潮层材料种类:20 mm 1∶2防水砂浆	m^3	14.27	476.07	6 793.52	
2	010401003001	实心砖墙200 mm	[项目特征] 1.砖品种、规格、强度等级:页岩标准砖200 mm×95 mm×53 mm 2.墙体类型:内墙 3.砂浆强度等级、配合比:M5水泥砂浆	m^3	15.73	542.74	8 537.3	

续表

序号	项目编码	项目名称	项目特征	计量单位	工程量	金额(元)		
						综合单价	合价	其中暂估价
3	010401003002	实心砖墙 100 mm	[项目特征] 1. 砖品种、规格、强度等级：页岩标准砖 200 mm×95 mm×53 mm 2. 墙体类型：内墙 3. 砂浆强度等级、配合比：M5 水泥砂浆	m^3	1.37	555.25	760.69	
4	010401005001	空心砖墙厚壁型	[项目特征] 1. 砖品种、规格、强度等级：厚壁型页岩空心砖 2. 墙体类型：外墙 3. 砂浆强度等级、配合比：M5 水泥砂浆	m^3	41.51	476.88	19 795.29	
5	010401005002	空心砖墙	[项目特征] 1. 砖品种、规格、强度等级：页岩空心砖 2. 墙体类型：内墙 3. 砂浆强度等级、配合比：M5 水泥砂浆	m^3	40.19	416.63	16 744.36	
6	010401012001	零星砌砖	[项目特征] 1. 零星砌砖名称、部位：3.6 m 以内墙 2. 砖品种、规格、强度等级：页岩标准砖 3. 砂浆强度等级、配合比：M5 水泥砂浆	m^3	10.08	670.23	6 755.92	
7	010401012002	零星砌砖	[项目特征] 1. 零星砌砖名称、部位：4.8 m 内墙 2. 砖品种、规格、强度等级：页岩标准砖 3. 砂浆强度等级、配合比：M5 水泥砂浆	m^3	3.20	786.8	2 517.76	
	A.5	混凝土及钢筋混凝土工程						
1	010501001001	基础垫层	[项目特征] 1. 混凝土种类：商品混凝土 2. 混凝土强度等级：C20	m^3	5.01	413.96	2 073.94	

续表

序号	项目编码	项目名称	项目特征	计量单位	工程量	金额(元)		
						综合单价	合价	其中暂估价
2	010501001002	楼地面垫层	[项目特征] 1. 混凝土种类:商品混凝土 2. 混凝土强度等级:C20	m^3	11.07	317.5	3 514.73	
3	010501002001	带形基础	[项目特征] 1. 混凝土种类:商品混凝土 2. 混凝土强度等级:C30	m^3	7.56	328.67	2 484.75	
4	010502003001	异形柱	[项目特征] 1. 柱形状:薄壁柱 2. 混凝土种类:商品混凝土 3. 混凝土强度等级:C30	m^3	20.90	335.87	7 019.68	
5	010505001001	有梁板	[项目特征] 1. 混凝土种类:商品混凝土 2. 混凝土强度等级:C30	m^3	44.48	326.43	14 519.61	
6	010502002001	构造柱	[项目特征] 1. 混凝土种类:商品混凝土 2. 混凝土强度等级:C20	m^3	1.80	424.28	763.7	
7	010503005001	过梁	[项目特征] 1. 混凝土种类:商品混凝土 2. 混凝土强度等级:C20	m^3	2.45	394.5	966.53	
8	010505008001	悬挑板	[项目特征] 1. 混凝土种类:商品混凝土 2. 混凝土强度等级:C30	m^3	5.61	250.32	1 404.3	
9	010506001001	直形楼梯	[项目特征] 1. 混凝土种类:商品混凝土 2. 混凝土强度等级:C30	m^2	16.24	108.33	1 759.28	
10	010507001001	散水、坡道	[项目特征] 1. 垫层材料种类、厚度: 混凝土 100 mm 2. 混凝土种类:商品混凝土 3. 混凝土强度等级:C20	m^2	40.64	52.12	2 118.16	

续表

序号	项目编码	项目名称	项目特征	计量单位	工程量	金额(元)		
						综合单价	合价	其中暂估价
11	010507005001	压顶	[项目特征] 混凝土种类:商品混凝土 混凝土强度等级:C30	m^3	0.56	457.36	256.12	
12	010515001001	现浇构件钢筋	[项目特征] 钢筋种类、规格:高强钢筋 ϕ10 mm 以内	t	1.606	4 465.56	7 171.69	
13	010515001002	现浇构件钢筋	[项目特征] 钢筋种类、规格:高强钢筋 ϕ10 mm 以上	t	6.960	4 341.73	30 218.44	
14	010515001003	现浇构件钢筋	[项目特征] 钢筋种类、规格:箍筋	t	2.142	5 062.35	10 843.55	
15	010516003001	机械连接	[项目特征] 1. 螺纹套筒种类:螺纹套筒 2. 规格:ϕ16 mm 及以上	个	122	15.07	1 838.54	
16	010516B02001	电渣压力焊	[项目特征] 钢筋规格:ϕ14 mm 及以上	个	182	7.59	1 381.38	
	A.8		门窗工程					
1	010801002001	木质门带套	[项目特征] 镶嵌玻璃品种、厚度:成品木质门带套	m^2	22.68	351.36	7 968.84	
2	010802004001	防盗门	[项目特征] 门框或扇外围尺寸:防盗门	m^2	12.72	588.43	7 484.83	
3	010802001001	金属(塑钢)门	[项目特征] 门框、扇材质:铝合金推拉门	m^2	19.26	267.62	5 154.36	
4	010807001001	金属(塑钢、断桥)窗	[项目特征] 框、扇材质:铝合金推拉窗	m^2	33.30	256.46	8 540.12	
	A.9		屋面及防水工程					
1	010902001001	屋面卷材防水	[项目特征] 1. 卷材品种、规格、厚度:3 mm 厚 SBS 改性沥青自粘卷材 2. 防水层数:一遍 3. 防水层做法:铺贴	m^2	145.50	37.8	5 499.9	

续表

序号	项目编码	项目名称	项目特征	计量单位	工程量	金额(元)		
						综合单价	合价	其中暂估价
2	010902002001	屋面涂膜防水	[现目特征] 1. 防水膜品种:聚氨酯防 水涂料 2. 涂膜厚度、遍数:2 mm,一遍	m^2	145.50	39.38	5 729.79	
3	010902003001	屋面刚性层	[项目特征] 1. 刚性层厚度:40 mm 厚 2. 混凝土种类:商品混凝土 3. 混凝土强度等级:C20 4. 钢筋规格、型号:钢筋网片	m^2	132.16	34.08	4 504.01	
4	010902004001	屋面排水管	[项目特征] 排水管品种、规格:塑料管 ϕ114 mm	m	31.20	29.82	930.38	
5	010904002001	楼(地)面涂膜防水卫生间	[项目特征] 1. 防水膜品种:聚氨酯防水涂料 2. 涂膜厚度、遍数:2 mm	m^2	60.24	35.81	2 157.19	
	A.10	保温、隔热、防腐工程						
1	011001001001	保温隔热屋面	[项目特征] 保温隔热材料品种、规格、厚度:1∶8 水泥陶粒,最薄处 60 mm	m^3	19.82	224.42	4 448	
2	011001003001	保温隔热墙面	[项目特征] 1. 保温隔热部位:外墙 2. 保温隔热材料品种、规格及厚度:保温装饰一体板,50 mm 3. 粘结材料种类及做法:聚合物粘结砂浆	m^2	370.90	283.19	105 035.17	
	A.11	楼地面装饰工程						
1	011101006001	平面砂浆找平层	[项目特征] 1. 找平层厚度:20 mm 2. 砂浆种类及配合比:1∶2.5 水泥砂浆找平层	m^2	29.28	17.64	516.5	

续表

序号	项目编码	项目名称	项目特征	计量单位	工程量	金额(元)		
						综合单价	合价	其中暂估价
2	011101001001	水泥砂浆楼地面楼梯	[项目特征] 面层厚度、砂浆配合比:20 mm 厚 1∶2.5 水泥砂浆	m^2	16.24	77.05	1 251.29	
3	011101003002	瓜米石楼地面	[项目特征] 面层厚度、混凝土强度等级:瓜米石楼地面 30 mm	m^2	226.84	34.41	7 805.56	
	A.12	墙、柱面装饰与隔断、幕墙工程						
1	011201001001	墙面一般抹灰	[项目特征] 1.墙体类型:内墙面 2.钢丝网:不同材质交界处	m^2	1 025.63	24.23	24 851.01	
2	011201001002	墙面一般抹灰	[项目特征] 1.墙体类型:外墙面 2.钢丝网:满挂	m^2	386.41	38	14 683.58	
	A.13	天棚工程						
1	011301001001	天棚抹灰	[项目特征] 1.基层类型:混凝土 2.抹灰厚度、材料种类:水泥砂浆抹灰	m^2	276.69	20.62	5 705.35	
	A.14	油漆、涂料、裱糊工程						
1	011406003001	满刮腻子内墙	[项目特征] 1.基层类型:抹灰面 2.刮腻子遍数:满刮腻子两遍	m^2	949.07	7.96	7 554.6	
2	011406003002	满刮腻子天棚	[项目特征] 1.基层类型:抹灰面 2.刮腻子遍数:满刮腻子两遍	m^2	255.83	10.04	2 568.53	
		合计					380 169.05	

(4)计算措施项目清单计价

①计算施工技术措施项目清单,结果见表 8.23。

表 8.23 施工技术措施项目清单计价表

序号	项目编码	项目名称	项目特征	计量单位	工程量	金额(元)		
						综合单价	合价	其中暂估价
	一	施工技术措施项目					68 526.16	
1	011701001001	综合脚手架层高 4.8 m	[项目特征] 建筑结构形式:住宅 檐口高度:20 m 以内	m^2	142.24	32.36	4 602.89	
2	011701001002	综合脚手架层高 3.6 m 以内	[项目特征] 建筑结构形式:住宅 檐口高度:20 m 以内	m^2	148.79	27.03	4 021.79	
3	011702004001	异形柱	[项目特征] 1. 柱截面形状:薄壁柱 2. 高度:3.60 m 以内	m^2	89.57	65.5	5 866.84	
4	011702004002	异形柱超高	[项目特征] 1. 柱截面形状:薄壁柱 2. 高度:4.80 m	m^2	156.99	75.9	11 915.54	
5	011702001001	基础	[项目特征] 基础类型:带形基础	m^2	25.20	40.22	1 013.54	
6	011702003001	构造柱		m^2	20.79	58.24	1 210.81	
7	011702014001	有梁板	[项目特征] 支撑高度:3.6 m 以内	m^2	205.89	56.82	11 698.67	
8	011702014002	有梁板	[项目特征] 支撑高度:4.8 m	m^2	194.46	68.24	13 269.95	
9	011702023001	悬挑板	[项目特征] 1. 构件类型:悬挑板 2. 板厚度:100 mm	m^2	34.80	76.13	2 649.32	
10	011702024001	楼梯	[项目特征] 类型:楼梯	m^2	16.24	143.49	2 330.28	
11	011702025001	其他现浇构件(压顶)	[项目特征] 构件类型:压顶	m^2	5.62	101.83	572.28	
12	011702009001	过梁		m^2	12.25	74.82	916.55	
13	011703001001	垂直运输层高 4.8 m	[项目特征] 建筑物建筑类型及结构形式:框架结构	m^2	142.24	31.73	4 513.28	
14	011703001002	垂直运输层高 3.6 m 以内	[项目特征] 建筑物建筑类型及结构形式:框架结构	m^2	148.79	26.51	3 944.42	
合计							68 526.16	

②计算施工组织措施项目清单,结果见表 8.24。

表 8.24　施工组织措施项目清单计价表

序号	项目编码	项目名称	计算基础	费率(%)	金额	调整费率(%)	调整后金额(元)	备注
1	011707B16001	组织措施费	分部分项人工费+分部分项机械费+技术措施人工费+技术措施机械费	6.88	10 000.17			
2	011707001001	安全文明施工费	税前合计	3.59	20 624.89			
3	011707B15001	建设工程竣工档案编制费	分部分项人工费+分部分项机械费+技术措施人工费+技术措施机械费	0.56	813.97			
4	011707B14001	住宅工程质量分户验收费	建筑面积	0				
合计					31 439.03			

③措施项目汇总,见表 8.25。

表 8.25　措施项目汇总表

序号	项目名称	金额(元)	
		合价	其中:暂估价
1	施工技术措施项目	68 526.16	
2	施工组织措施项目	31 439.03	
2.1	安全文明施工费	20 624.89	
2.2	建设工程竣工档案编制费	813.97	
2.3	住宅工程质量分户验收费		
措施项目费合计=1+2		99 965.19	

(5)其他项目清单计价汇总

其他项目清单计价汇总结果见表 8.26。

表 8.26　其他项目清单计价汇总表

序号	项目名称	计量单位	金额(元)	备注
1	暂列金额	项	100 000	
2	暂估价	项		
2.1	材料(工程设备)暂估价	项		
2.2	专业工程暂估价	项		

续表

序号	项目名称	计量单位	金额(元)	备注
3	计日工	项		
4	总承包服务费	项		
5	索赔与现场签证	项		
合计			100 000	

(6)计算规费、税金项目

计算规费、税金项目结果见表8.27。

表8.27 规费、税金项目计价表

序号	项目名称	计算基础	费率(%)	金额(元)
1	规费	分部分项人工费+分部分项机械费+技术措施项目人工费+技术措施项目机械费	10.32	15 000.25
2	税金	2.1+2.2+2.3		59 989.55
2.1	增值税	分部分项工程费+措施项目费+其他项目费+规费-甲供材料费	9	53 562.10
2.2	附加税	增值税	12	6 427.45
2.3	环境保护税	按实计算		
合计				74 989.80

(7)单位工程汇总

单位工程汇总结果见表8.28。

表8.28 单位工程汇总表

序号	汇总内容	金额(元)	其中:暂估价(元)
1	分部分项工程费	380 169.05	
1.1	A.1 土石方工程	7 540.8	
1.2	A.4 砌筑工程	61 904.84	
1.3	A.5 混凝土及钢筋混凝土工程	88 334.40	
1.4	A.8 门窗工程	29 148.15	
1.5	A.9 屋面及防水工程	18 821.27	
1.6	A.10 保温、隔热、防腐工程	109 483.17	
1.7	A.11 楼地面装饰工程	9 573.35	
1.8	A.12 墙、柱面装饰与隔断、幕墙工程	39 534.59	
1.9	A.13 天棚工程	5 705.35	

续表

序号	汇总内容	金额(元)	其中:暂估价(元)
1.10	A.14 油漆、涂料、裱糊工程	10 123.13	
2	措施项目费	99 965.19	
2.1	其中:安全文明施工费	20 624.89	
3	其他项目费	100 000.00	
4	规费	15 000.25	
5	税金	59 989.55	
单位工程合计=1+2+3+4+5		655 124.04	

8.4　装饰装修工程施工图预算编制实例

8.4.1　案例背景

某公司文化沙龙室内装修工程,如图 8.16 至图 8.23 所示。试计算图示装修工程清单工程量(窗帘不计算)、编制分部分项工程量清单并计算综合单价。

本工程位于 14 层,垂直运输高度 45 m,天棚采用 60 系列轻钢龙骨铝扣板吊顶,地面采用实木木地板木质踢脚线,墙面为米色墙布饰面,具体做法见节点大样图。

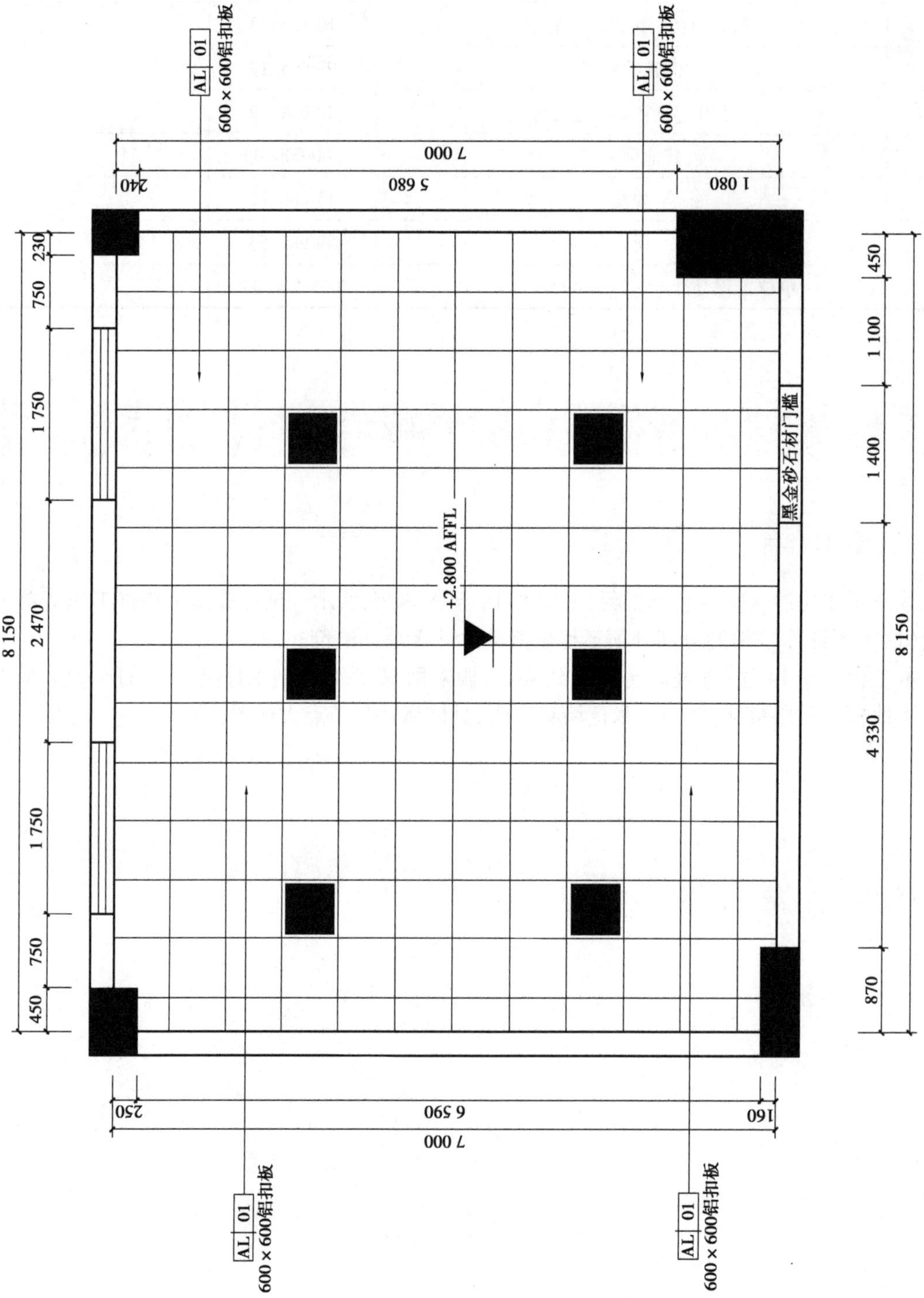
AL 01
600×600铝扣板
AL 01
600×600铝扣板
7 000
240
5 680
1 080
8 150
230
750
1 750
2 470
1 750
750
450
+2.800 AFFL
黑金砂石材门槛
450
1 100
1 400
8 150
4 330
870
250
6 590
160
7 000
AL 01
600×600铝扣板
AL 01
600×600铝扣板

图8.16 天棚布置图

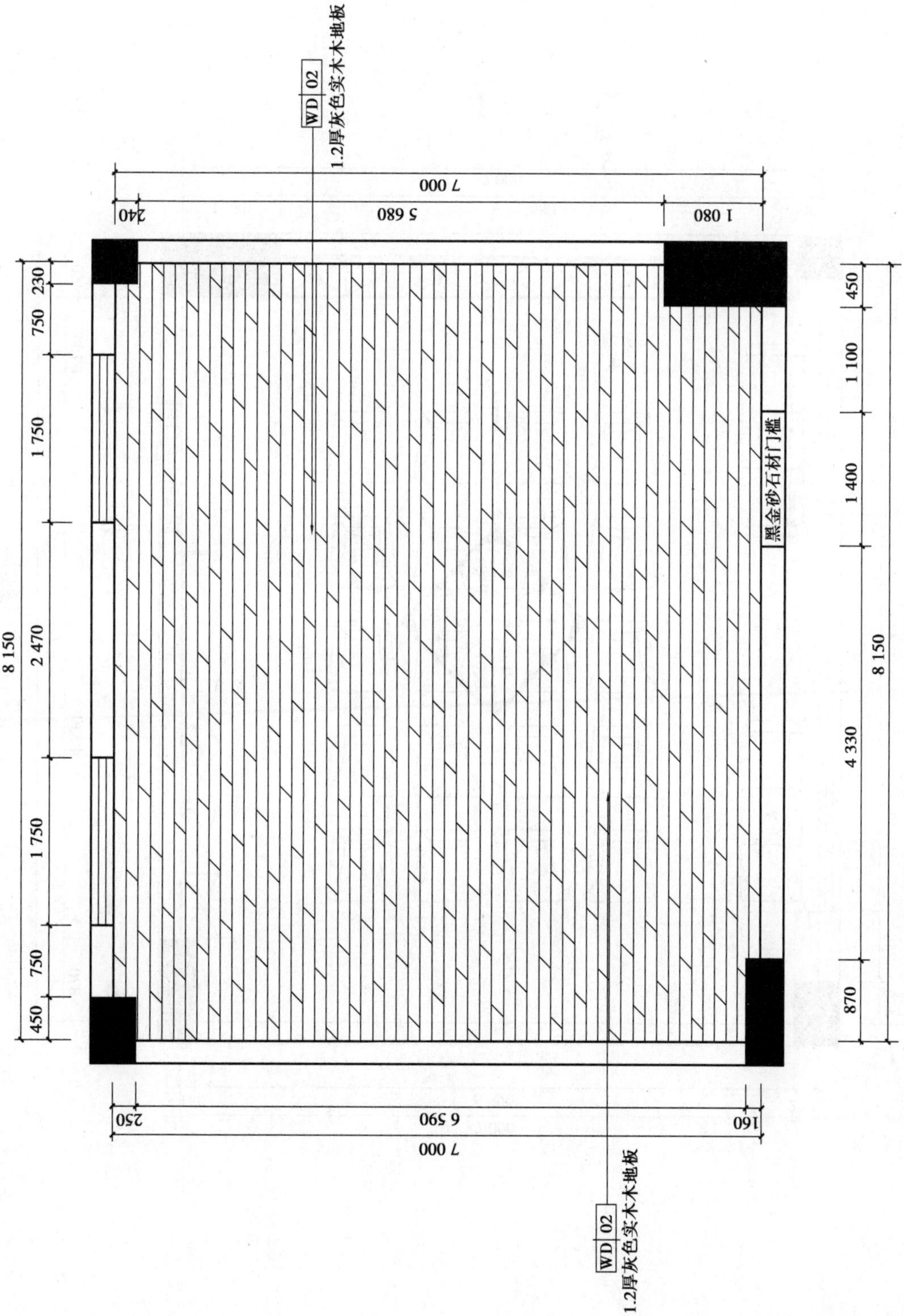
WD 02
1.2厚灰色实木地板
7 000
240
5 680
1 080
230
750
1 750
2 470
1 750
750
450
8 150
450
1 100
1 400
4 330
870
8 150
黑金砂石材门槛
250
6 590
160
7 000
WD 02
1.2厚灰色实木地板

图8.17　地面布置图

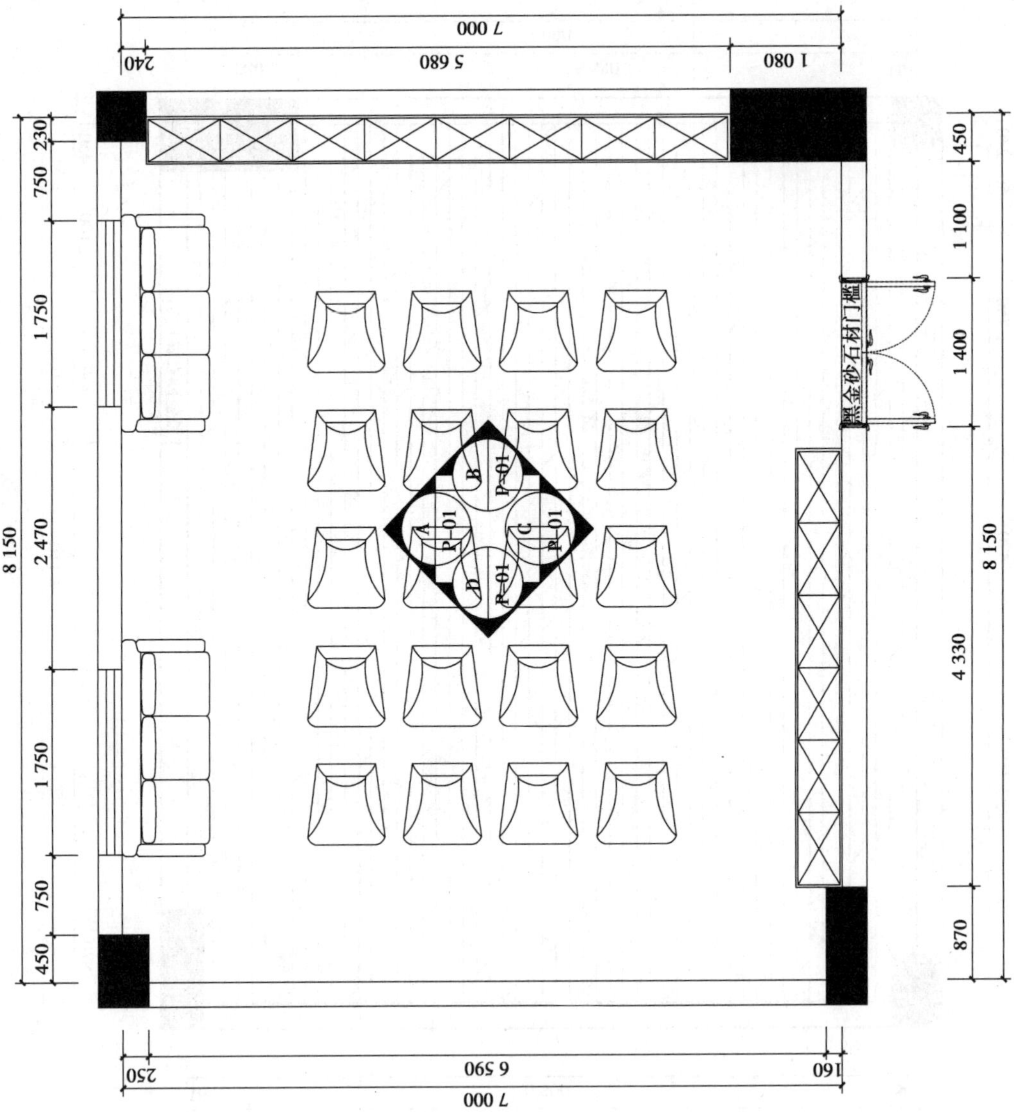
7 000
240
5 680
1 080
230
750
1 750
2 470
1 750
750
450
8 150
450
1 100
1 400
4 330
870
8 150
250
6 590
160
7 000
黑金砂石材门槛
A
P-01
B
P-01
C
P-01
D
P-01

图8.18　分区索引图

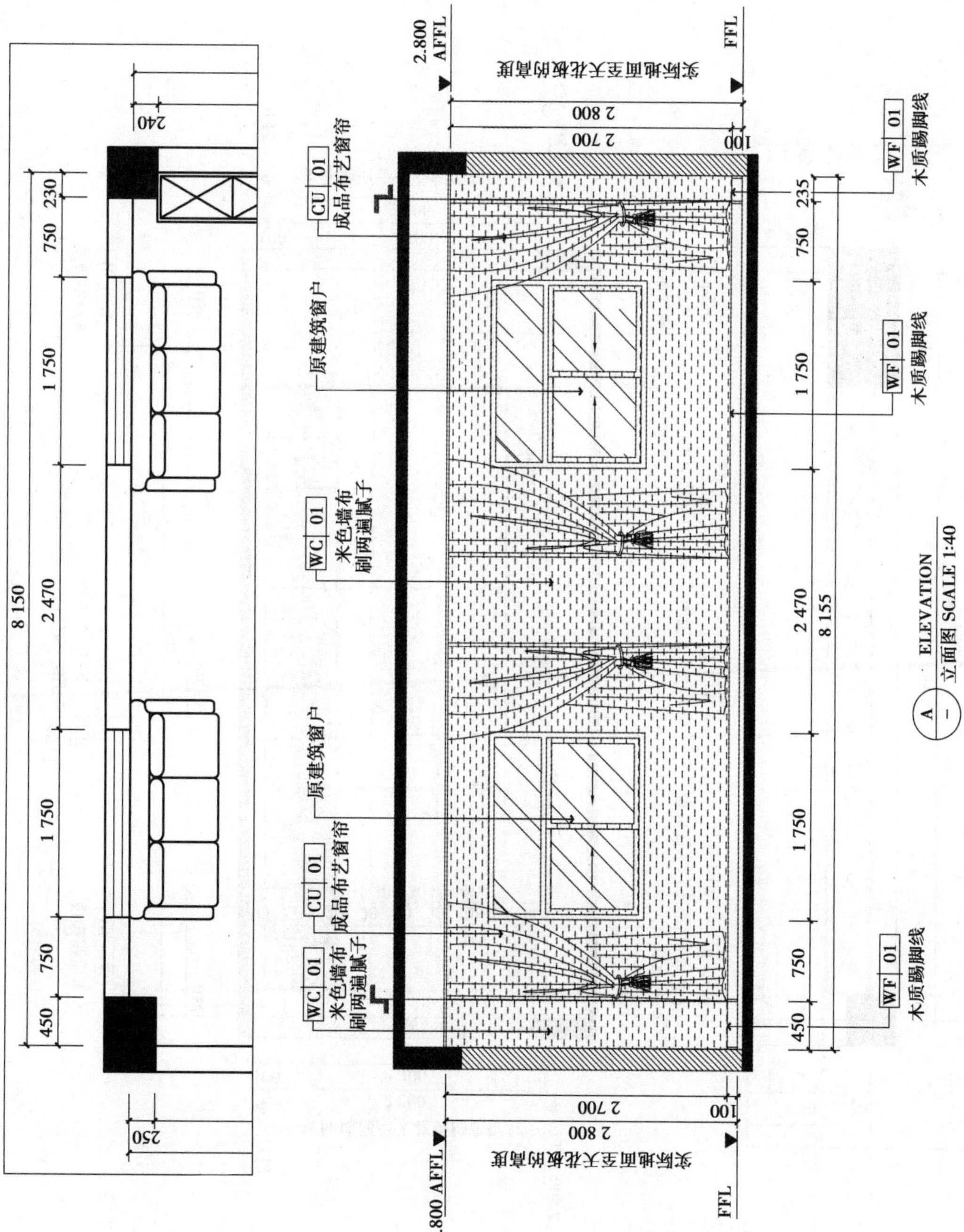
8 150
450
750
1 750
2 470
1 750
750
230
240
250
2.800 AFFL
FFL
实际地面至天花板的高度
2 800
2 700
100
CU 01
成品布艺窗帘
原建筑窗户
WC 01
米色墙布
刷两遍腻子
WF 01
木质踢脚线
235
8 155
A
ELEVATION
立面图 SCALE 1:40

图8.19 Ⓐ立面图

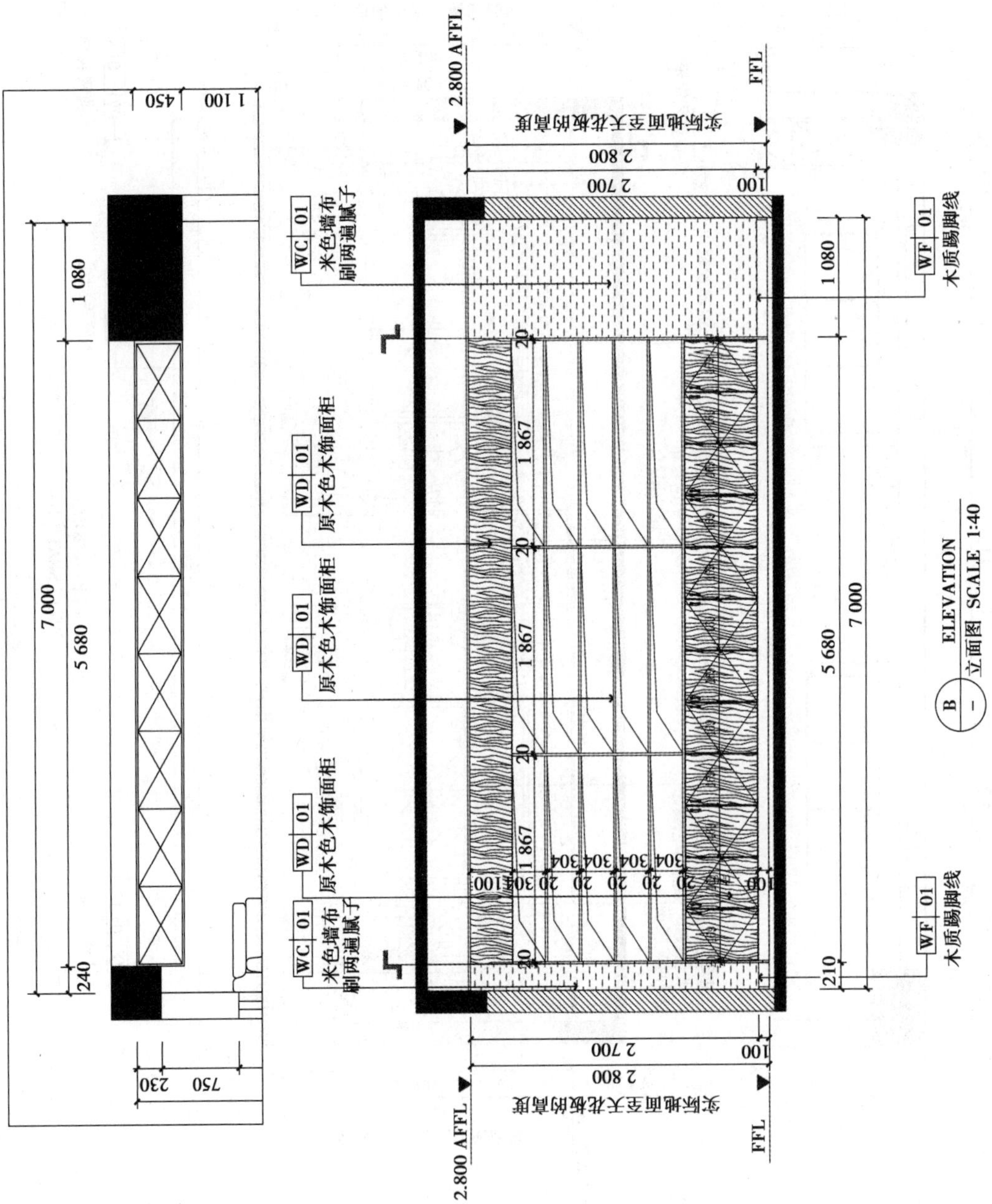

2.800 AFFL
FFL
实际地面至天花板的高度
2 800
2 700
100
WC 01
米色墙布
刷两遍腻子
WD 01
原木色木饰面柜
WF 01
木质踢脚线
1 867
304
20
1 080
5 680
7 000
210
240
450
1 100
230
750
ELEVATION
立面图 SCALE 1:40

图8.20 Ⓑ立面图

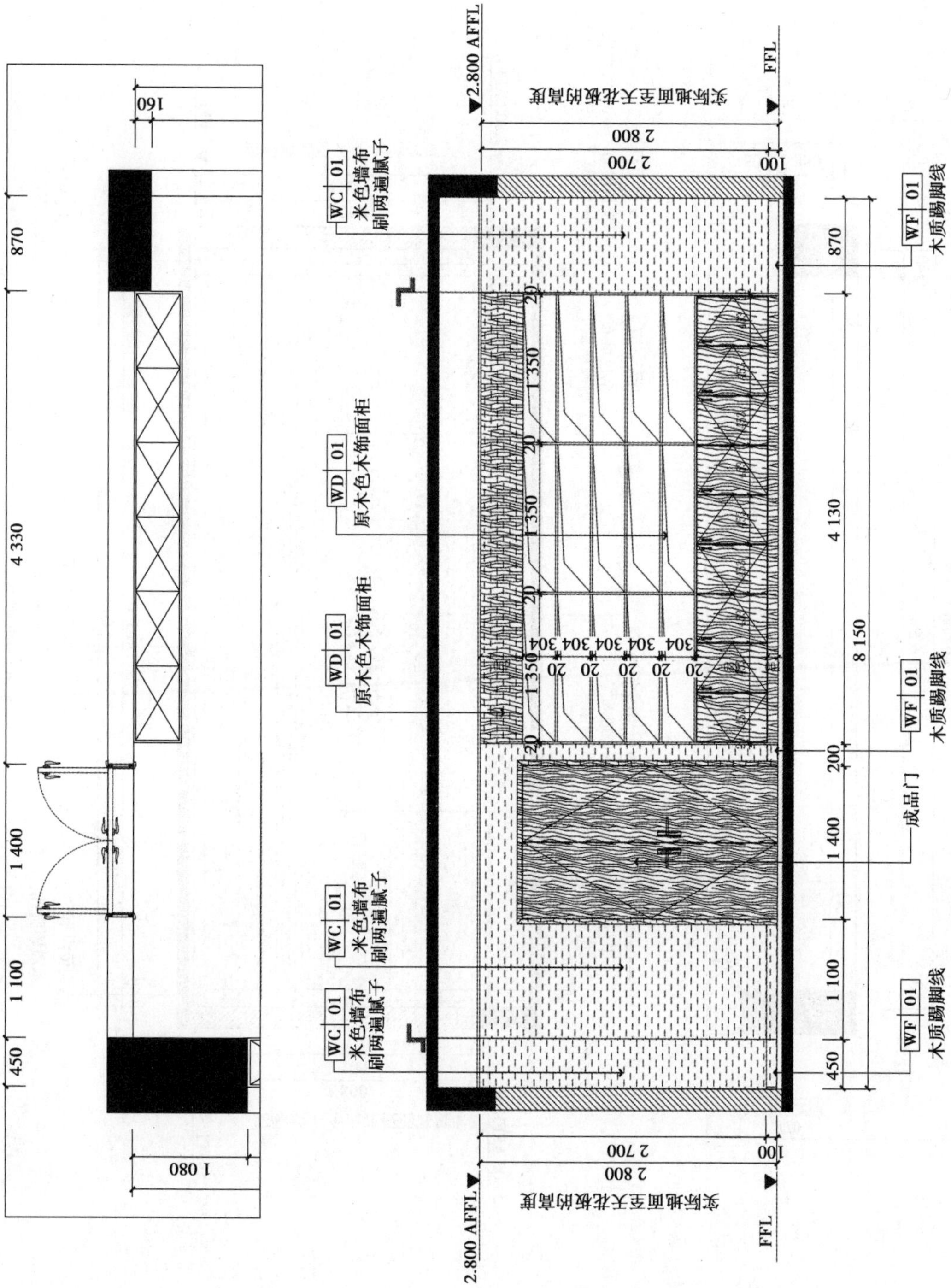
2.800 AFFL
FFL
实际地面至天花板的高度
2 800
2 700
100
WC 01
米色墙布
刷两遍腻子
WD 01
原木色木饰面柜
WF 01
木质踢脚线
成品门
870
4 130
8 150
200
1 400
1 100
450
1 350
20
304
4 330
160
1 080

图8.21　Ⓒ立面图

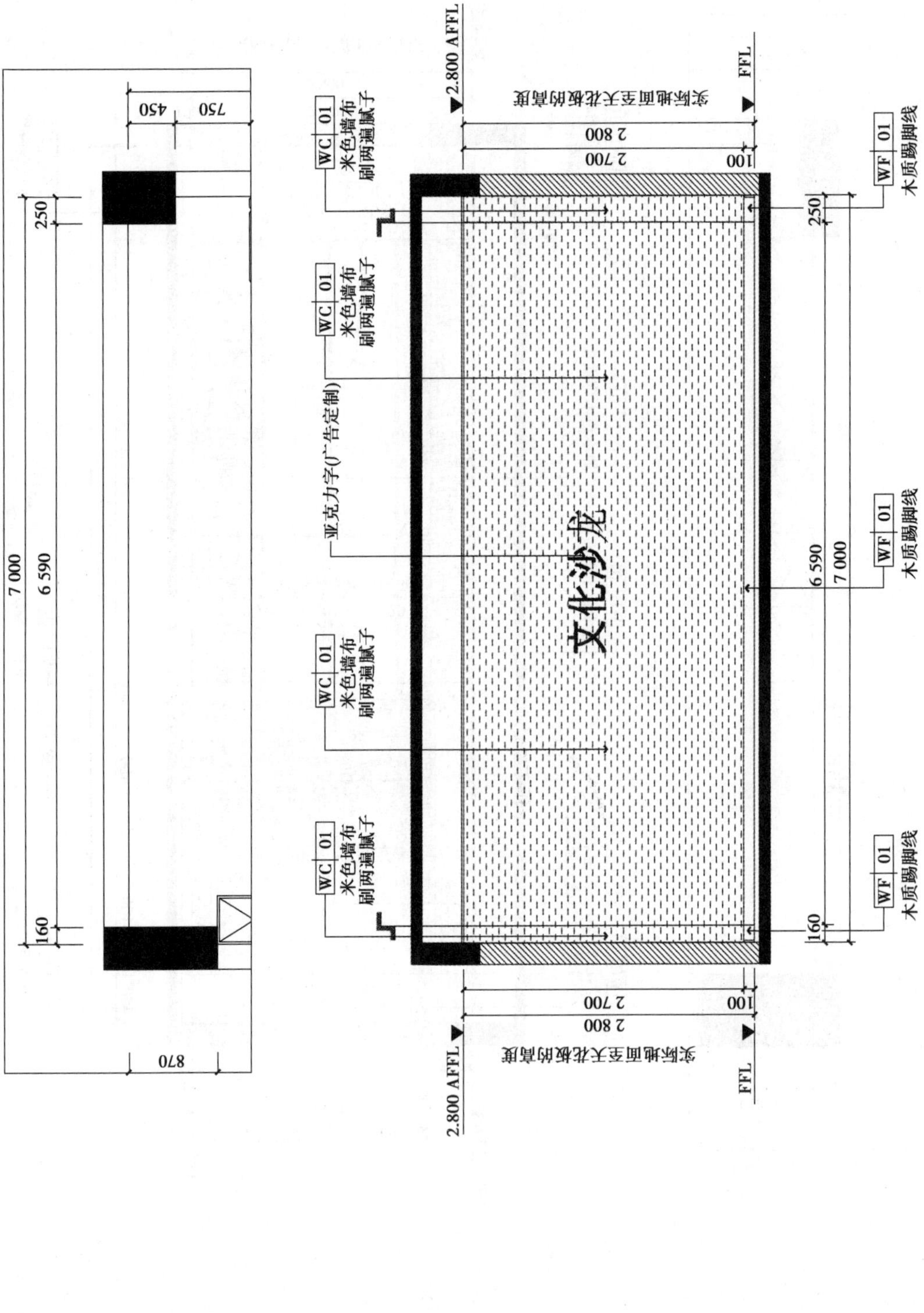
7 000
6 590
250
160
450
750
870
WC 01
米色墙布
刷两遍腻子
亚克力字(广告定制)
文化沙龙
WF 01
木质踢脚线
2.800 AFFL
FFL
实际地面至天花板的高度
2 800
2 700
100

图8.22 Ⓓ立面图

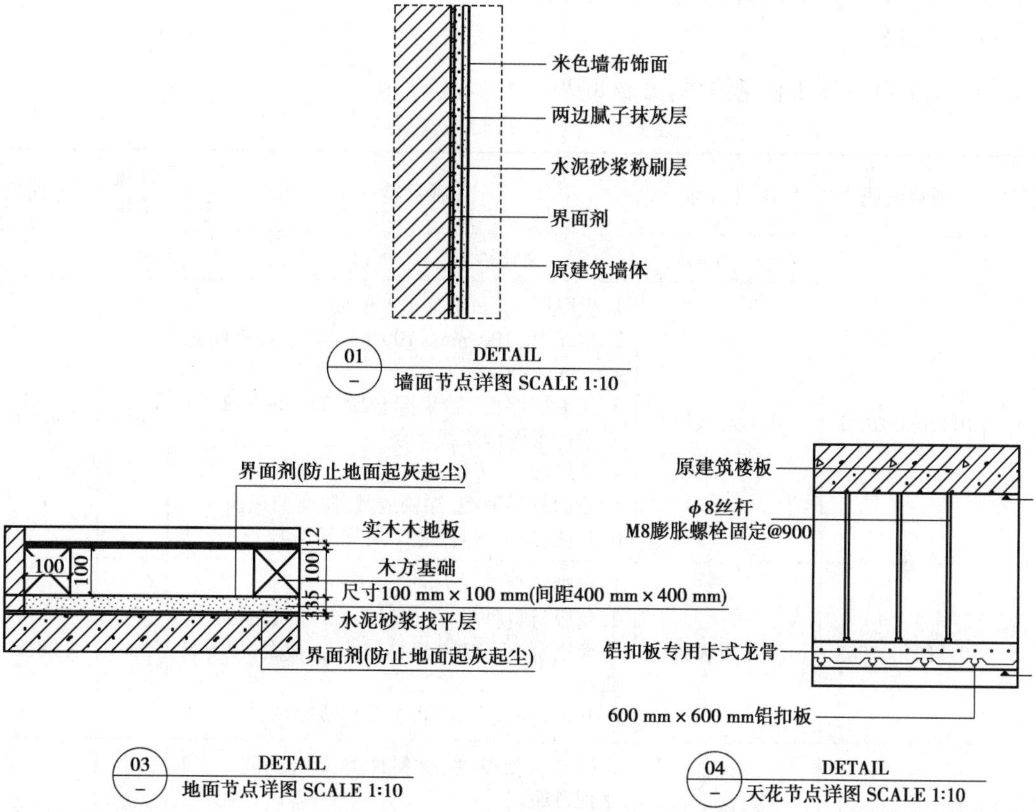

图 8.23　节点大样图

8.4.2　计算

1)清单工程量

①实木木地板:7×8.15−0.25×0.45−0.24×0.23−0.87×0.16−0.45×1.08=56.26(m^2)。

②木质踢脚线:(8.15+7)×2−1.4=28.9(m)。

③门槛石:0.2×1.4=0.28(m^2)。

④铝扣板吊顶:7×8.15−0.6×0.6×6=54.89(m^2)。

注:根据清单计算规则,吊顶天棚按设计图示尺寸以水平投影面积计算。不扣除间壁墙、检查口、附墙烟囱、柱垛和管道所占面积,扣除单个大于 0.3 m^2 的孔洞、独立柱及与天棚相连的窗帘盒所占的面积。因此,扣减灯盘所占面积 0.6×0.6×6=2.16(m^2)。

⑤墙布:(8.15+7)×2×2.7−1.75×1.5×2−1.4×2−(5.68+4.13)×2.7=47.27(m^2)。

⑥木饰面柜:5.68+4.13=9.81(m)。

2)定额工程量

除吊顶龙骨外,定额工程量同清单工程量。

根据定额计算规则,各种吊顶天棚龙骨按墙与墙之间面积以“m^2”计算(多级造型、拱弧形、工艺穹顶天棚、斜平顶龙骨按设计展开面积计算),不扣除窗帘盒、检修孔、附墙烟囱、柱、垛和管道、灯槽、灯孔所占面积，即吊顶龙骨：7×8.15=57.05(m^2)。

3）清单计价

①列出分部分项工程量清单，见表8.29。

表8.29 分部分项工程量清单

序号	项目编码	项目名称	项目特征	计量单位	工程量
		文化沙龙			
1	011104002001	实木木地板	1. 板厚度：12 mm 厚实木地板 2. 木龙骨：100 mm×100 mm 木方基础间距 400 mm×400 mm 3. 找平层厚度、砂浆配合比：35 mm 厚 1：2 干硬性水泥砂浆找平层 4. 基层做法：界面剂两遍 5. 防护材料种类、涂刷遍数：防腐油三遍 6. 其他：满足设计、施工及规范要求	m^2	56.26
2	011105005003	木质踢脚线	1. 踢脚线高度：8 cm 2. 基层材料种类、规格：15 mm 厚阻燃板 3. 面层材料品种、规格、颜色：成品木质踢脚线 4. 其他：满足设计、施工及规范要求	m	28.9
3	011108001001	门槛石	1. 贴结合层厚度、材料种类：20 mm 厚 1：2 水泥砂浆 2. 面层材料品种、规格、颜色：20 mm 厚黑金砂石材	m^2	0.28
4	011302001005	铝扣板吊顶	1. 吊顶形式、吊杆规格、高度：60 系列轻钢龙骨，ϕ8 mm 丝杆 2. 龙骨材料种类、规格、中距：铝扣板专用卡式龙骨 3. 面层材料品种、规格：600 mm×600 mm 铝扣板 4. 其他：满足设计、施工及规范要求	m^2	54.89
5	011408002001	墙布墙面	1. 基层做法：刷界面剂两遍 2. 裱糊部位：米色墙布墙面 3. 找平层种类、厚度：20 mm 1：2 水泥砂浆抹灰 4. 腻子种类、遍数：刮普通腻子两遍 5. 其他：满足设计、施工及规范要求	m^2	47.27
6	011501001001	成品原木色木饰面柜	1. 台柜规格：详见设计 2. 其他：满足设计、施工及规范要求	m	9.81

②利用造价软件计算出相应的清单综合单价，计价表子目的套用参见表8.30中的定额编号栏。

表 8.30　分部分项工程量清单计价表(带定额子目)

序号	编码	项目名称	项目特征及 主要工程内容	单位	工程量	综合 单价	综合合价
1	011104002001	实木木地板	1. 板厚度:12 mm 实木木地板 2. 木龙骨:100 mm×100 mm 木方基础间距 400 mm×400 mm 3. 找平层厚度、砂浆配合比:35 mm 厚 1:2 干硬性水泥砂浆找平层 4. 基层做法:界面剂两遍 5. 防护材料种类、涂刷遍数:防腐油三遍 6. 其他:满足设计、施工及规范要求	m^2	56.26	280.45	15 778.12
	LA0033	实木地板安装　成品		10 m^2	5.626	1 309.71	7 368.43
	LA0031 换	楼地面　木龙骨		10 m^2	5.626	836.99	4 708.91
	LE0118 换	木材面刷防腐油一遍　单价×3		10 m^2	5.626	147.38	829.16
	AL0001 换	水泥砂浆找平层厚度 20 mm　在混凝土或硬基层上现拌　实际厚度(mm):35		100 m^2	0.562 6	3 599.21	2 024.92
	AM0032 换	其他砂浆界面剂一遍混凝土基层　单价×2		100 m^2	0.562 6	1 504.52	846.44
2	011105005003	木质踢脚线	1. 踢脚线高度:8 cm 2. 基层材料种类、规格:15 mm 厚阻燃板 3. 面层材料品种、规格、颜色:成品木质踢脚线 4. 其他:满足设计、施工及规范要求	m	28.9	33.46	966.99
	LA0053	成品木踢脚板　安在木龙骨、木夹板上		10 m	2.89	334.58	966.94
3	011108001001	门槛石	1. 贴结合层厚度、材料种类:20 mm 厚 1:2 水泥砂浆 2. 面层材料品种、规格、颜色:20 mm 厚黑金砂石材	m^2	0.28	217.21	60.82

续表

序号	编码	项目名称	项目特征及 主要工程内容	单位	工程量	综合 单价	综合合价
	LA0071	石材零星项目，水泥砂浆		10 m^2	0.028	2 172.07	60.82
4	011302001005	铝扣板吊顶	1. 吊顶形式、吊杆规格、高度：60 系列轻钢龙骨，ϕ8 mm 丝杆 2. 龙骨材料种类、规格、中距：铝扣板专用卡式龙骨 3. 面层材料品种、规格：600 mm×600 mm 铝扣板 4. 其他：满足设计、施工及规范要求	m^2	54.89	129.82	7 125.82
	LC0011	装配式 U 形轻钢天棚龙骨（上人型）面层规格（mm）600×600 平面		10 m^2	5.705	496.49	2 832.48
	LC0081	天棚面层方形铝扣板安装		10 m^2	5.489	782.2	4 293.5
5	011408002001	墙布墙面	1. 基层做法：刷界面剂两遍 2. 裱糊部位：米色墙布墙面 3. 找平层种类、厚度：20 mm 厚 1 : 2 水泥砂浆抹灰 4. 腻子种类、遍数：刮普通腻子两遍 5. 其他：满足设计、施工及规范要求	m^2	47.27	159.2	7 525.38
	AM0002	墙面、墙裙水泥砂浆抹灰　砖墙　内墙　干混商品砂浆		100 m^2	0.4727	2 803.14	1 325.04
	LE0176	抹灰面刮成品腻子粉二遍		10 m^2	4.727	78.69	371.97
	AM0033 换	其他砂浆界面剂一遍　其他基层面　单价×2		100 m^2	0.472 7	1 866.5	882.29
	LE0236	墙面贴装饰纸（布）织物面料		10 m^2	4.727	1 046.28	4 945.77

续表

序号	编码	项目名称	项目特征及主要工程内容	单位	工程量	综合单价	综合合价
6	011501001001	成品原木色木饰面柜	1. 台柜规格:详见设计 2. 其他:满足设计、施工及规范要求	m	9.81	600	5 886
	补充主材 001	成品原木色木饰面柜		m	9.81	600	5 886

8.5　安装工程施工图预算编制实例

8.5.1　案例一(管道安装工程)

某办公楼卫生间给排水系统工程设计,如图 8.24 所示。给水管道系统及卫生器具有关分部分项工程量清单项目的统一编码,见表 8.31。

表 8.31　分部分项工程清单项目的统一编码

项目编码	项目名称	项目编码	项目名称
030801001	镀锌钢管	030801002	钢管
030801003	承插铸铁管	030803001	螺纹阀门
030803003	焊接法兰阀门	030804003	洗脸盆
030804012	大便器	030804013	小便器
030804015	排水栓	030804016	水龙头
030804017	地漏	030804018	地面扫除口

1)问题

根据图 8.24 所示,按照《建设工程工程量清单计价规范》(GB 50500—2013)及其有关规定,完成以下内容:

①计算出所有给水管道的清单工程量,并写出其计算过程。

②编列出给水管道系统及卫生器具的分部分项工程量清单项目,相关数据填入表 8.32 内。

表 8.32　分部分项工程清单表

序号	项目编码	项目名称	计量单位	工程数量

续表

序号	项目编码	项目名称	计量单位	工程数量

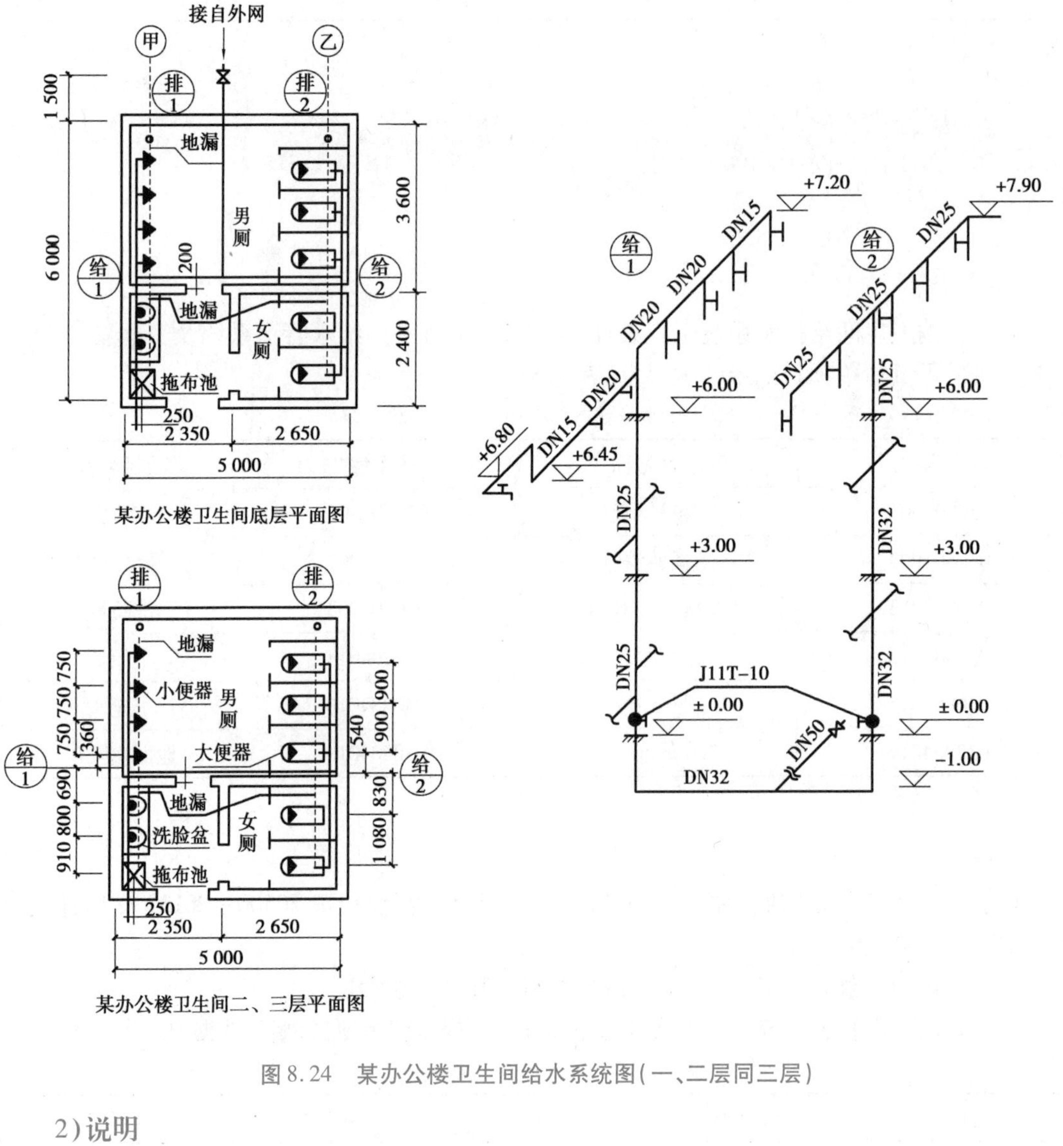

图 8.24　某办公楼卫生间给水系统图(一、二层同三层)

2)说明

①图 8.24 所示为某办公楼卫生间,共 3 层,层高为 3 m,图中平面尺寸以 mm 计,标高均以 m 计。墙体厚度为 240 mm。

②给水管道均为镀锌钢管,螺纹连接。给水管道与墙体的中心距离为 200 mm。

③卫生器具全部为明装,安装要求均符合《全国统一安装工程预算定额》所指定标准图的

要求,给水管道工程量计算至与大便器、小便器、洗面盆支管连接处止。其安装方式为:蹲式大便器为手压阀冲洗;挂式小便器为延时自闭式冲洗阀;洗脸盆为普通冷水嘴;混凝土拖布池为500 mm×600 m,落地式安装,普通水龙头,排水地漏带水封;立管检查口设在一、三层排水立管上,距地面0.5 m处。

④给排水管道穿外墙均采用防水钢套管,穿内墙及楼板均采用普通钢套管。

⑤给排水管道安装完毕,按规范进行消毒、冲洗、水压试验和试漏。

3)求解过程

(1)给水管道工程量的计算

DN50的镀锌钢管工程量的计算式:

1.5+(3.6−0.2)=1.5+3.4=4.9 (m)

DN32的镀锌钢管工程量的计算式:

(5−0.2−0.2)+[(1+0.45)+(1+1.9+3)]=11.95 (m)

DN25的镀锌钢管工程量的计算式:

(6.45−0.45)+(7.9−4.9)+(1.08+0.83+0.54+0.9+0.9)×3=21.75 (m)

DN20的镀锌钢管工程量的计算式:

(7.2−6.45)+[(0.69+0.8)+(0.36+0.75+0.75)]×3=10.80 (m)

DN15的镀锌钢管工程量的计算式:

[0.91+0.25+(6.8−6.45)+0.75]×3=2.26×3=6.78 (m)

(2)分部分项工程量清单表

分部分项工程量清单表,见表8.33。

表8.33 分部分项工程量清单表

序号	项目编码	项目名称	计量单位	工程数量
1	030801001001	室内给水管道 DN50 镀锌钢管 螺纹连接 普通钢套管	m	4.90
2	030801001002	室内给水管道 DN32 镀锌钢管 螺纹连接 普通钢套管	m	11.95
3	030801001003	室内给水管道 DN25 镀锌钢管 螺纹连接普通钢套管	m	21.75
4	030801001004	室内给水管道 DN20 镀锌钢管 螺纹连接 普通钢套管	m	10.80
5	030801001005	室内给水管道 DN15 镀锌钢管 螺纹连接	m	6.78
6	030803003001	螺纹阀门 DN50	个	1
7	030803003002	螺纹阀门 J11T-10 DN32	个	2
8	030804003001	洗脸盆(普通冷水嘴,上配水)	组	6
9	030804012001	大便器(手压阀冲洗)	套	15
10	030804013001	小便器(延时自闭式阀冲洗)	套	12

续表

序号	项目编码	项目名称	计量单位	工程数量
11	030804016001	水龙头（普通水嘴）	个	3
12	030804017001	地漏（带水封）	个	12

8.5.2 案例二（电气安装工程）

某控制室照明系统中 1 回路如图 8.25 所示。

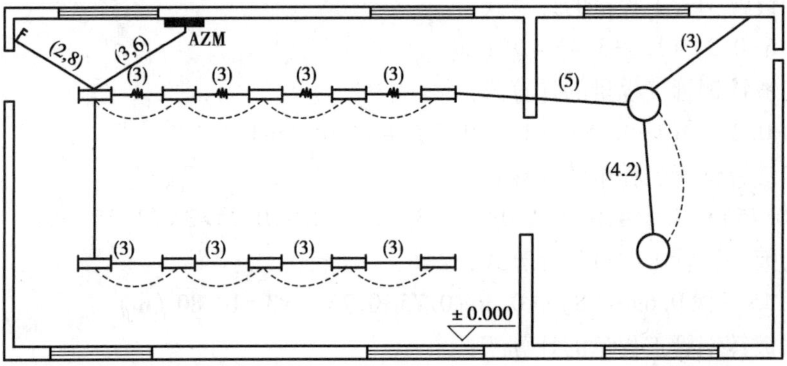

序号	图例	名称型号规格	备注
1		双管荧光灯 YG2-2　2×40 W	吸顶
2	○	装饰灯 FZS-164 1×100 W	
3		单联单控暗开关 10 A,250 V	安装高度 1.4 m
4		双联单控暗开关 10 A,250 V	
5		照明配电箱 AZM 400 mm×200 mm×120 mm 宽×高×厚	箱底高度 1.6 m

图 8.25　某控制室照明系统平面图

说明：

①照明配电箱 AZM 由本层总配电箱引来，配电箱为嵌入式安装。

②管路均为镀锌钢管 $\phi15$ 沿墙、楼板暗配，顶管敷管标高 4.50 m，管内穿绝缘导线 ZRBV-500 2.5 mm^2。

③配管水平长度见括号内数字，单位为 m。

1)问题

①根据图 8.25 所示内容和《建设工程工程量清单计价规范》（GB 50500—2013）的相关规

定,列式计算管线工程量(管内穿线不考虑预留长度),并根据表 8.34 给定的统一项目编码,编制分部分项工程量清单表,填入表 8.35 中。

表 8.34　工程量清单统一项目编码

项目编码	项目名称	项目编码	项目名称
030404017	配电箱	030411004	电气配线
030404034	控制开关	030412001	普通吸顶灯及其他灯具
030411006	接线盒	030412005	荧光灯
030411001	电气配管		

表 8.35　分部分项工程量清单表

序号	项目编码	项目名称	项目特征描述	计量单位	工程量

②对工程量清单进行组价,编制分部分项工程量清单计价表。

2)求解

(1)问题 1

镀锌钢管 $\phi15$ 工程量:

(4.5−1.6−0.2)+3.6+(4.5−1.4)+2.8+3×8+4.8+5+4.2+3+(4.5−1.4)

=2.7+3.6+3.1+2.8+24+4.8+5+4.2+6.1

=56.300(m)

阻燃绝缘导线 ZRBV-500 2.5 mm^2 工程量:

2.7×2+3.6×2+(4.5−1.4)×2+2.8×2+3×4×3+3×4×2+4.8×2+5×2+4.2×2+[3+(4.5−1.4)]×2

=5.4+7.2+6.2+5.6+36+24+9.6+10+8.4+12.2

=124.600(m)

表 8.36　分部分项工程量清单表

序号	项目编码	项目名称	项目特征	计量单位	工程量
1	030412005001	荧光灯	[项目特征] 1. 名称:荧光灯 2. 型号:YG2-2 双管 3. 规格:40 W 4. 安装形式:吸顶安装	套	10

续表

序号	项目编码	项目名称	项目特征	计量单位	工程量
2	030412001001	吸顶灯	[项目特征] 1. 名称:吸顶灯 2. 型号:FZS-164 3. 规格:1×100 W 4. 类型:吸顶安装	套	2
3	030404017001	配电箱	[项目特征] 1. 名称:配电箱 AZM 2. 规格:400 mm×200 mm×120 mm 3. 安装方式:嵌入式安装	台	1
4	030404034001	单联单控开关	[项目特征] 1. 名称:单联单控开关 2. 材质:详见设计 3. 规格:10 A,250 V 4. 安装方式:暗装	个	1
5	030404034002	双联单控开关	[项目特征] 1. 名称:双联单控开关 2. 材质:详见设计 3. 规格:10 A,250 V 4. 安装方式:暗装	个	1
6	030411001001	镀锌钢管 DN15	[项目特征] 1. 名称:镀锌钢管 2. 规格:DN15 3. 敷设方式:暗敷设 4. 接地要求:详见设计	m	56.3
7	030411006001	接线盒	[项目特征] 1. 名称:接线盒 2. 安装形式:暗敷设	个	12
8	030411006002	开关盒	[项目特征] 1. 名称:开关盒 2. 安装形式:暗敷设	个	2
9	030411004001	配线 ZRBV-500 2.5 mm^2	[项目特征] 1. 名称:管内配线 2. 型号、规格:ZRBV-500 2.5 mm^2 3. 配线部位:配管内	m	124.6

(2)问题 2

编制分部分项工程量清单计价表,见表 8.37。

表 8.37　分部分项工程量清单计价表（带定额子目）

序号	编码	项目名称	项目特征	单位	工程量	综合单价	综合合价
1	030412005001	荧光灯	[项目特征] 1. 名称:荧光灯 2. 型号:YG2-2 双管 3. 规格:40 W 4. 安装形式:吸顶安装	套	10	170.45	1 704.5
	CD2083	荧光灯 吸顶式双管		10 套	1	1 704.53	1 704.53
2	030412001001	吸顶灯	[项目特征] 1. 名称:吸顶灯 2. 型号:FZS-164 3. 规格:1×100 W 4. 类型:吸顶安装	套	2	73.33	146.66
	CD1785	吸顶灯具 灯罩周长(mm)以内 800		10 套	0.2	733.34	146.67
3	030404017001	配电箱	[项目特征] 1. 名称:配电箱 AZM 2. 规格:400 mm×200 mm×120 mm 3. 安装方式:嵌入式安装	台	1	1 014.35	1 014.35
	CD0337	成套配电箱安装悬挂嵌入式半周长(m 以内):1.0		台	1	1 014.35	1 014.35
4	030404034001	单联单控开关	[项目特征] 1. 名称:单联单控开关 2. 材质:详见设计 3. 规格:10 A,250 V 4. 安装方式:暗装	个	1	26.82	26.82
	CD0428	照明开关 翘板暗开关 单控三联以下		10 套	0.1	268.19	26.82
5	030404034002	双联单控开关	[项目特征] 1. 名称:双联单控开关 2. 材质:详见设计 3. 规格:10 A,250 V 4. 安装方式:暗装	个	1	30.31	30.31
	CD0428	照明开关 翘板暗开关 单控三联以下		10 套	0.1	303.07	30.31

续表

序号	编码	项目名称	项目特征	单位	工程量	综合单价	综合合价
6	030411001001	镀锌钢管 DN15	[项目特征] 1. 名称:镀锌钢管 2. 规格:DN15 3. 敷设方式:暗敷设 4. 接地要求:详见设计	m	56.3	16.33	919.38
	CD1363	砖、混凝土结构暗配　镀锌钢管公称直径(mm以内):15		100 m	0.563	1 633.18	919.48
7	030411006001	接线盒	[项目特征] 1. 名称:接线盒 2. 安装形式:暗敷设	个	12	7.65	91.8
	CD1772	暗装　接线盒		10 个	1.2	76.53	91.84
8	030411006002	开关盒	[项目特征] 1. 名称:开关盒 2. 安装形式:暗敷设	个	2	6.86	13.72
	CD1771	暗装　开关盒插座盒		10 个	0.2	68.64	13.73
9	030411004001	配线 ZRBV-500 2.5 mm^2	[项目特征] 1. 名称:管内配线 2. 型号、规格:ZRBV-500 2.5 mm^2 3. 配线部位:配管内	m	124.6	3.19	397.47
	CD1602	照明线路　导线截面积(mm^2 以内) 铜芯2.5		100 m 单线	1.246	319.04	397.52

8.6 市政工程施工图预算编制实例

8.6.1 案例背景

某道路工程全长912 m,总宽26 m,其中车行道宽16 m,两侧人行道各宽5 m。两侧共有182个1.2 m×1.2 m树池,植树框为110 cm×10 cm×15 cm 花岗石成品。路缘石为150 mm×400 mm成品花岗石路缘石。

车行道结构层:基层30 cm+20 cm（多渣基层+6%水稳层),面层沥青混凝土6 cm+5 cm+4 cm（AC25+AC16+SMA13),透层和稀浆封层按规范设置。

人行道:10 cm(混凝土 C15 垫层)+5 cm(透水砖),透水砖用1∶2.5 水泥砂浆砌筑。车行道、人行道横断面大样图,如图8.26 所示。

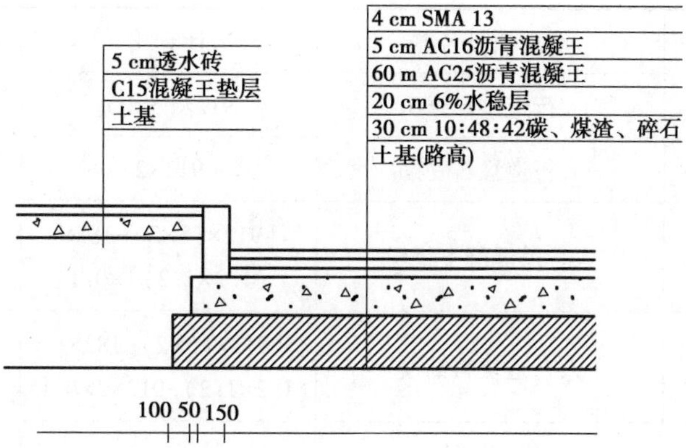

图 8.26　车行道、人行道横断面大样图

8.6.2　要求

①根据本实例条件编制工程量清单及清单计价。

②本实例沥青混凝土和水稳层均按商品考虑。

③本实例根据《重庆市市政工程计价定额》(CQSZDE—2018)编制预算。

④本工程不考虑路基土石方。

8.6.3　求解

①清单工程量计算见表 8.38。

表 8.38　清单工程量表

序号	清单项目编码	清单项目名称	计算式	工程量合计	计量单位
		道路基层			
1	040202001001	路床整形	912×(16+0.3×2)	15 139.2	m^2
2	040202006001	多渣基层	912×(16+0.3×2)	15 139.2	m^2
3	040202015002	6% 水稳层	912×(16+0.2×2)	14 956.8	m^2
		道路面层			
4	040203004001	封层	912×16	14 592	m^2
5	040203006001	AC25 沥青混凝土厚 6 cm	912×16	14 592	m^2
6	040203006002	AC16 沥青混凝土厚 5 cm	912×16	14 592	m^2
7	040203003001	透层、粘层	912×16	14 592	m^2
8	040203006003	SMA13 沥青混凝土厚 4 cm	912×16	14 592	m^2
		人行道			

续表

序号	清单项目编码	清单项目名称	计算式	工程量合计	计量单位
9	040204001001	人行道整形碾压	912×(5×2)	9 120	m^2
	040204004001	人行道缘石安砌	912×2	1 824	
10	04B001	人行道混凝土垫层	[912×(5×2)-182×(1.2×1.2)]×0.1	885.792	m^3
11	040204002001	人行道块料铺设	912×(5×2)-182×(1.2×1.2)-912×2×0.15	8 584.32	m^2
12	040204007001	树池砌筑		182	个

②编制分部分项工程量清单价计价表,见表 8.39。

③编制措施项目清单计价表、规费税金项目计价表、单位工程汇总表,见表 8.40—表 8.43。

表 8.39 分部分项工程量清单价计价表(带定额子目)

序号	编码	项目名称	项目特征及主要工程内容	单位	工程量	综合单价	综合合价
1	040202001001	路床(槽)整形	1. 部位:路床 2. 范围:要求计算范围	m^2	15 139.2	4.89	74 030.69
	DB0111	路床碾压		100 m^2	151.392	489.05	74 038.26
2	040202006001	石灰、粉煤灰、碎(砾)石	1. 配合比:生石灰:炉渣:碎石=10∶48∶42 2. 碎(砾)石规格:碎石粒径 20~60 mm 3. 厚度:30 cm	m^2	15 139.2	87.91	1 330 887.07
	DB0126 换	拌和机拌和 生石灰:煤渣:碎石=10∶48∶42 压实厚度 10 cm 实际厚度(cm):30		100 m^2	151.392	8 790.75	1 330 849.22
3	040202015002	6% 水稳层	1. 水泥含量:6% 2. 石料规格:碎石粒径 4~40 mm 3. 厚度:20cm	m^2	14 956.8	58.56	875 870.21
	DB0170	商品水稳层 20 cm 厚		100 m^2	149.568	5 855.96	875 864.23

续表

序号	编码	项目名称	项目特征及主要工程内容	单位	工程量	综合单价	综合合价
4	040203004001	封层	1. 材料品种：石油沥青60#—100# 2. 喷油量：1.0 kg/m^2	m^2	14 592	5.61	81 861.12
	DB0202	封层油（刮油撒砂）沥青用量1.0 kg/m^2		100 m^2	145.92	561.06	81 869.88
5	040203006001	AC25 沥青混凝土厚 6 cm	1. 沥青品种：商品沥青混凝土 2. 沥青混凝土种类：AC25 3. 厚度：6 cm	m^2	14 592	63.85	931 699.2
	DB0228	粗粒式沥青混凝土路面　机械摊铺（厚度）6 cm		100 m^2	145.92	6 384.64	931 646.67
6	040203006002	AC16 沥青混凝土厚 5 cm	1. 沥青品种：商品沥青混凝土 2. 沥青混凝土种类：AC16 3. 厚度：5 cm	m^2	14592	53.39	779 066.88
	DB0232	中粒式沥青混凝土路面 机械摊铺（厚度）5 cm		100 m^2	145.92	5 338.5	778 993.92
7	040203003001	透层、粘层	1. 材料品种：石油沥青60#—100# 2. 喷油量：0.6 kg/m^2	m^2	14 592	2.08	30 351.36
	DB0199	黏结油 沥青用量0.6 kg/m^2		100 m^2	145.92	208.01	30 352.82
8	040203006003	SMA-13 沥青混凝土厚 4 cm	1. 沥青品种：商品沥青玛蹄脂混合料 2. 沥青混凝土种类：SMA-13 3. 厚度：4 cm	m^2	14 592	54.81	799 787.52
	DB0248	沥青玛蹄脂碎石混合料　细粒式 SMA-13 4 cm		100 m^2	145.92	5 481.23	799 821.08

续表

序号	编码	项目名称	项目特征及 主要工程内容	单位	工程量	综合单价	综合合价
9	040204001001	人行道整形碾压	1. 部位:人行道土基 2. 范围:人行道图示范围	m^2	9 120	2.98	27 177.6
	DB0303	路肩及人行道整形碾压		100 m^2	91.2	298.34	27 208.61
10	04B001	人行道混凝土垫层	1. 混凝土种类:C15 商品混凝土 2. 铺筑厚度:10 cm	m^3	885.79	427.99	379 109.26
	DB0307	混凝土垫层 商品混凝土		10 m^3	88.579	4 279.85	379 104.83
11	040204002001	人行道块料铺设	1. 块料品种、规格:透水砖 200 mm×100 mm×50 mm 2. 基础、垫层:材料品种、厚度:1∶2.5 水泥砂浆,厚 2 cm	m^2	8 584.32	62.37	535 404.04
	DB0314	人行道透水砖水泥砂浆粘贴		100 m^2	85.843 2	6 236.85	535 391.16
12	040204007001	树池砌筑	1. 材料品种、规格:110 cm×10 cm×15 cm 成品植树框 2. 树池尺寸:120 cm×120 cm	个	182	133.89	24 367.98
	DB0331	树池砌筑 安砌植树框(10 cm×15 cm×50 cm)石质		100 m	8.736	2 789.35	24 367.76

表 8.40　施工技术措施项目清单计价表

序号	项目编码	项目名称	项目特征	计量单位	工程量	金额/元		
						综合单价	合价	其中：暂估价
	一	施工技术措施项目					11 905.46	
1	041106001001	大型机械设备进出场及安拆	[项目特征] 1.机械设备名称:机械综合 2.机械设备规格型号:投标人自行综合考虑 3.其他要求:满足设计、规范、施工、验收要求	项	1	11 905.46	11 905.46	
合计							11 905.46	

表 8.41　施工组织措施项目清单计价表

序号	项目编码	项目名称	计算基础	费率/%	金额/元	调整费率/%	调整后金额/元	备注
1	041109B24001	组织措施费	分部分项人工费+分部分项机械费+技术措施人工费+技术措施机械费	13.31	87 865.86			
2	041109001001	安全文明施工费	税前合计	3	181 467.97			
3	041109B23001	建设工程竣工档案编制费	分部分项人工费+分部分项机械费+技术措施人工费+技术措施机械费	0.59	3 894.88			
合计						273 228.71		

表 8.42　规费、税金项目计价表

序号	项目名称	计算基础	费率/%	金额/元
1	规费	专业工程规费(人+机)	11.46	75 653.1
2	税金	2.1+ 2.2+ 2.3		628 024.34
2.1	增值税	分部分项工程费+措施项目费+其他项目费+规费	9	560 736.02
2.2	附加税	增值税	12	67 288.32
2.3	环境保护税	按实计算		
合计				703 677.44

表 8.43　单位工程汇总表

序号	汇总内容	金额/元	其中:暂估价/元
1	分部分项工程费	5 869 612.93	
1.1	市政工程	5 869 612.93	
2	措施项目费	285 134.17	
2.1	其中:安全文明施工费	181 467.97	
3	其他项目费		
4	规费	75 653.1	—
5	税金	628 024.34	—
合计=1+2+3+4+5		6 858 424.54	

8.7　园林绿化工程施工图预算编制实例

8.7.1　案例背景

某公园的种植设计平面图如图 8.27、图 8.28 所示,试计算图示的绿化工程的清单工程量、编制分部分项工程清单并按 2018 重庆市园林绿化工程计价定额规则计价。

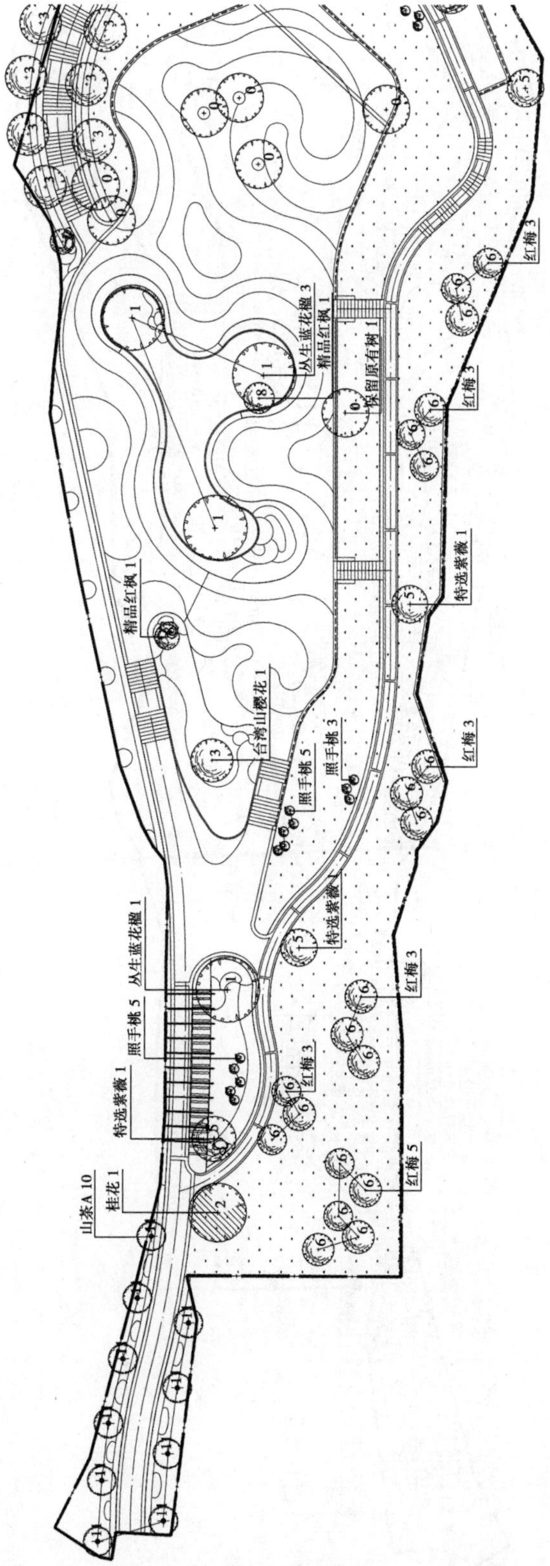
从生蓝花楹 3
精品红枫 1
保留原有树 1
红梅 3
红梅 3
特选紫薇 1
精品红枫 1
台湾山樱花 1
照手桃 5
照手桃 3
红梅 3
特选紫薇 1
红梅 3
从生蓝花楹 1
照手桃 5
特选紫薇 1
红梅 3
红梅 5
山茶A 10
桂花 1

图8.27　乔、灌木平面图

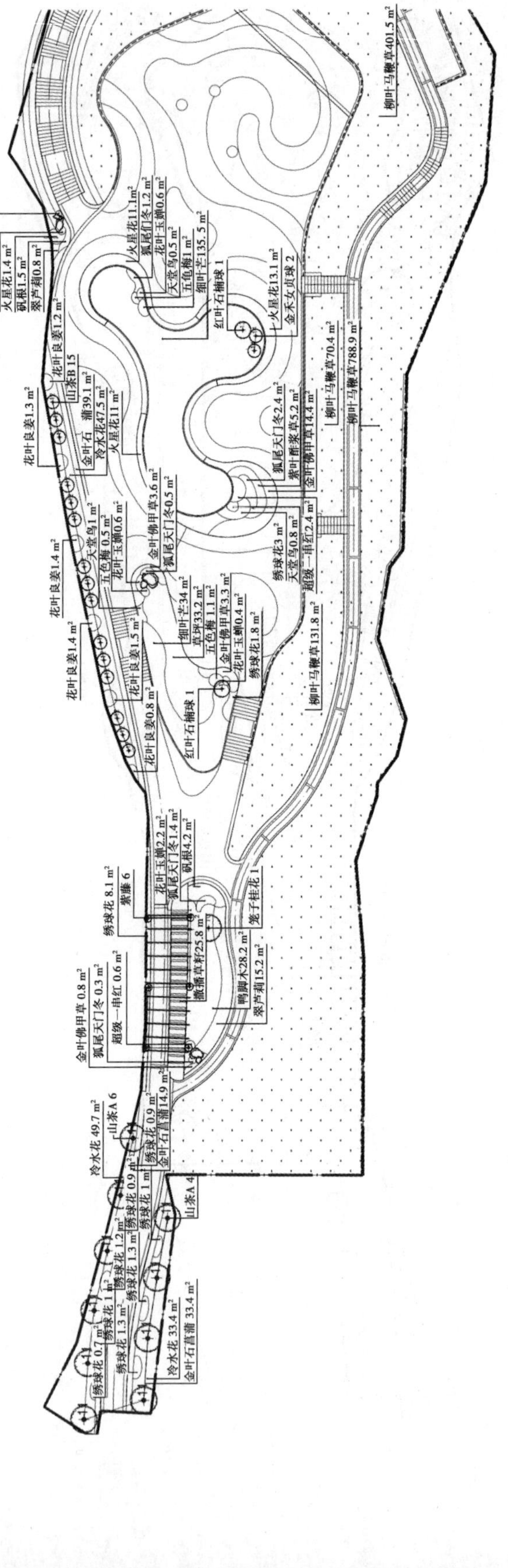

图8.28 灌木球、地被平面图

8.7.2 求解

1)工程量清单编制

①依据设计平面图得出植物统计列表,见表 8.44。

表 8.44　植物统计列表

名称	规格/cm			数量	单位
	胸(地)径	高度	冠幅		
丛生蓝花楹	单株 18 ~ 20	750 ~ 850	500 ~ 550	4	株
桂花	16 ~ 18	550 ~ 600	400 ~ 500	1	株
台湾山樱花	15	450 ~ 550	350 ~ 400	1	株
特选紫薇	8 ~ 10	400 ~ 450	300 ~ 350	3	株
照手桃	基径 4 ~ 7	300 ~ 350	80 ~ 100	13	株
紫藤	4 ~ 5	300 以上	—	6	株
红梅	基径 12	300 ~ 350	300 ~ 350	20	株
山茶 A	7 ~ 9	280 ~ 330	200 ~ 250	10	株
山茶 B	—	150 ~ 180	100 ~ 120	15	株
笼子桂花	—	250 ~ 300	200 ~ 250	1	株
精品红枫	基径 10 ~ 12	250 ~ 300	250 ~ 300	2	株
红叶石楠球	—	100 ~ 120	150 ~ 160	2	株
金禾女贞球	—	90 ~ 100	120 ~ 130	2	株
天堂鸟	120 ~ 130	50 ~ 60	2.3	m^2	16 株/m^2
花叶玉婵	60 ~ 70	30 ~ 40	4.1	m^2	25 丛/m^2
花叶良姜	60 ~ 70	50 ~ 60	7.6	m^2	16 株/m^2
翠芦莉	50 ~ 70	30 ~ 35	16	m^2	36 株/m^2
超级一串红	50 ~ 60	34 ~ 45	3.2	m^2	9 盆/m^2
鸭脚木	35 ~ 40	30 ~ 35	28.2	m^2	64 株/m^2
细叶杧	35 ~ 40	25 ~ 30	169.5	m^2	49 窝/m^2
火星花	30 ~ 45	30 ~ 35	36.6	m^2	25 株/m^2
狐尾天门冬	30 ~ 40	25 ~ 30	5.8	m^2	16 株/m^2
柳叶马鞭草	30 ~ 40	20 ~ 30	1 392.6	m^2	64 株/m^2
绣球花	30 ~ 35	25 ~ 50	21.2	m^2	16 株/m^2
五色梅	25 ~ 30	20 ~ 25	2.6	m^2	49 株/m^2
矾根	20 ~ 25	15 ~ 20	5.7	m^2	81 株/m^2
金叶石菖蒲	20 ~ 25	15 ~ 20	87.4	m^2	100 株/m^2
冷水花	20 ~ 25	20 ~ 25	130.6	m^2	64 株/m^2

续表

名称	规格/cm			数量	单位
	胸(地)径	高度	冠幅		
紫叶酢浆草	15～25	25～30	5.2	m^2	64 盆/m^2
金叶佛甲草	—	—	22.1	m^2	
草坪	—	—	33.2	m^2	
撒播草籽	—	—	25.8	m^2	

②根据《工程量清单项目计量规范》列出分部分项工程量清单，见表8.45。

表8.45　分部分项工程量清单

序号	项目编码	项目名称	项目特征	计量单位	工程量
1	050101010001	整理绿化用地	1.回填土质要求:满足设计及规范要求 2.取土运距:投标人根据现场实际情况自行考虑 3.回填厚度:满足设计及规范要求 4.弃渣运距:投标人根据现场实际情况自行考虑	m^2	1 999.7
2	050102001001	丛生蓝花楹	1.种类:丛生蓝花楹 2.胸径:单株 18～20 cm 3.高度:750～850 cm 4.冠幅:500～550 cm 5.其他要求:3 株/丛拼栽,树形优美,全冠,熟货 6.养护期:1 年	株	4
3	050102001002	桂花	1.种类:桂花 2.胸径:16～18 cm 3.高度:550～600 cm 4.冠幅:400～500 cm 5.其他要求:树冠自然圆整,全冠,熟货 6.养护期:1 年	株	1
4	050102001003	台湾山樱花	1.种类:台湾山樱花 2.胸径:15 cm 3.高度:450～550 cm 4.冠幅:350～450 cm 5.其他要求:树形优美,全冠 6.养护期:1 年	株	1
5	050102001004	特选紫薇	1.种类:特选紫薇 2.胸径:8～10 cm 3.高度:400～450 cm 4.冠幅:300～350 cm 5.其他要求:树干直立,枝叶茂盛 6.养护期:1 年	株	3

续表

序号	项目编码	项目名称	项目特征	计量单位	工程量
6	050102001005	照手桃	1. 种类:照手桃 2. 基径:4～7 cm 3. 高度:300～350 cm 4. 冠幅:80～100 cm 5. 其他要求:枝叶茂盛,全冠,熟货 6. 养护期:1年	株	13
7	050102001006	红梅	1. 种类:红梅 2. 基径:12 cm 3. 高度:300～350 cm 4. 冠幅:300～350 cm 5. 其他要求:树形自然开展 6. 养护期:1年	株	20
8	050102001007	精品红枫	1. 种类:精品红枫 2. 基径:10～12 cm 3. 高度:250～300 cm 4. 冠幅:250～300 cm 5. 其他要求:枝叶茂盛,全冠,熟货 6. 养护期:1年	株	2
9	050102001008	紫藤	1. 植物种类:紫藤 2. 胸径:4～5 cm 3. 高度:300 cm以上 4. 其他要求:植株健壮,无病虫害,熟货 5. 养护期:1年	株	6
10	050102002001	山茶A	1. 种类:山茶A 2. 胸径:7～9 cm 3. 高度:280～330 cm 4. 冠幅:200～250 cm 5. 其他要求:植株健壮,无病虫害,熟货 6. 养护期:1年	株	10
……	省略部分清单				
31	050102008008	冷水花	1. 花卉种类:冷水花 2. 高度:20～25 cm 3. 冠幅:20～25 cm 4. 种植密度:64株/m^2 5. 其他要求:密植不露土 6. 养护期:1年	m^2	130.6
32	050102012002	草坪	1. 草皮种类:细叶结缕草,秋季补播黑麦草 2. 铺种方式:满铺不露土 3. 养护期:1年	m^2	33.2
33	050102013001	喷播植草	1. 草(灌木)籽种类:撒播花籽或草籽(黑麦草) 2. 养护期:1年	m^2	25.8

2)清单计价

①利用造价软件计算出相应的清单综合单价，见表8.46。其中，人工工资的单价为126元/工日，材料单价采用2022年6月重庆市主城区信息价，其主材定价参见表8.47，机械台班单价按照《2018重庆市建设工程施工机械台班定额》。

表8.46　主材价格表

序号	名称、规格及型号	计量单位	单价/元
1	特选紫薇胸径或地径:8 ~ 10 cm,高度:450 ~ 550 cm,冠幅300 ~ 350 cm	株	570
2	红梅基径12 cm、高度300 ~ 350 cm、冠幅300 ~ 350 cm	株	1 600
3	笼子桂花高度150 ~ 180 cm、冠幅100 ~ 120 cm	株	140
4	花叶玉婵高度60 ~ 70 cm、冠幅30 ~ 40 cm,种植密度25丛/m^2	m^2	100
5	花叶良姜高度60 ~ 70 cm、冠幅50 ~ 60 cm,种植密度16株/m^2	m^2	10.5
6	翠芦莉高度60 ~ 70 cm、冠幅50 ~ 60 cm,种植密度16株/m^2	m^2	32
7	超级一串红高度50 ~ 60 cm、冠幅34 ~ 450 cm,种植密度9盆/m^2	m^2	90
8	天堂鸟高度120 ~ 130 cm、冠幅50 ~ 60 cm,种植密度16株/m^2	m^2	430
9	鸭脚木高度35 ~ 40 cm、冠幅30 ~ 35 cm、种植密度64株/m^2	m^2	80.64
10	细叶芒高度35 ~ 40 cm、冠幅25 ~ 30 cm、种植密度49窝/m^2盆苗	m^2	49
11	冷水花高度20 ~ 25 cm、冠幅20 ~ 25 cm、种植密度64株/m^2	m^2	70.4
12	紫叶酢浆草高度15 ~ 25 cm、冠幅25 ~ 30 cm、种植密度64株/m^2	m^2	88.32
13	火星花高度35 ~ 45 cm、冠幅30 ~ 35 cm、种植密度25株/m^2	m^2	62.5
14	狐尾天门冬高度30 ~ 40 cm、冠幅25 ~ 30 cm、种植密度16株/m^2	m^2	32
15	柳叶马鞭草高度30 ~ 40 cm、冠幅20 ~ 30 cm、种植密度64株/m^2	m^2	64
16	绣球花高度30 ~ 35 cm、冠幅25 ~ 50 cm、种植密度16株/m^2	m^2	32
17	五色梅高度25 ~ 30 cm、冠幅20 ~ 25 cm、种植密度49株/m^2	m^2	107.8
18	矾根高度20 ~ 25 cm、冠幅15 ~ 20 cm、种植密度81株/m^2	m^2	810
19	金叶石菖蒲高度20 ~ 25 cm、冠幅15 ~ 20 cm、种植密度100株/m^2	m^2	135
20	丛生蓝花楹胸径或地径:单株18 ~ 20 cm,高度750 ~ 850 cm,冠幅500 ~ 550 cm	株	5 000
21	桂花胸径或地径16 ~ 18 cm,高度550 ~ 600 cm,冠幅400 ~ 500 cm	株	6 485
22	台湾山樱花胸径或地径15 cm,高度450 ~ 550 cm,冠幅350 ~ 450 cm	株	2 458.72
23	精品红枫基径10 ~ 12 cm,高度250 ~ 300 cm,冠幅250 ~ 300 cm	株	37
24	照手桃基径4 ~ 7 cm,高度300 ~ 350 cm,冠幅80 ~ 100 cm	株	130
25	紫藤胸径4 ~ 5 cm,高度300 cm以上	株	3.88

续表

序号	名称、规格及型号	计量单位	单价/元
26	山茶B高度150~180 cm、冠幅100~120 cm	株	160.19
27	红叶石楠球高度100~120 cm,冠幅150~160 cm	株	206.42
28	金禾女贞球高度90~100 cm,冠幅120~130 cm	株	169.72
29	山茶A胸径7~9 cm,高度280~330 cm,冠幅200~250 cm	株	500.92
30	草皮	m^2	9.26
31	金叶佛甲草	m^2	80
32	撒播花籽或草籽(黑麦草)综合	kg	11.8

表8.47　分部分项工程量清单计价表(带定额子目)

序号	编码	项目名称	项目特征及主要工程内容	单位	工程量	综合单价/元	综合合价/元
1	050101010001	整理绿化用地	1.回填土质要求:满足设计及规范要求 2.取土运距:投标人根据现场实际情况自行考虑 3.回填厚度:满足设计及规范要求 4.弃渣运距:投标人根据现场实际情况自行考虑	m^2	1 999.7	4.3	8 598.71
	借KA0018	种植层　绿地细平整		10 m^2	199.97	42.97	8 592.71
2	050102001001	丛生蓝花楹	1.种类:丛生蓝花楹 2.胸径:单株18~20 cm 3.高度:750~850 cm 4.冠幅:500~550 cm 5.其他要求:3株/丛拼栽,树形优美,全冠,熟货 6.养护期:1年	株	4	5 259.95	21 039.8
	EA0079	栽植乔木(带土球)土球直径(mm)1 200以内		株	4	5 192.85	20 771.4
	借KA0084	树木支撑　树棍桩　三脚桩		株	4	17.31	69.24
	EA0189	落叶乔木胸径(mm)200以内		10株/年	0.4	497.94	199.18

续表

序号	编码	项目名称	项目特征及 主要工程内容	单位	工程量	综合单价 /元	综合合价 /元
3	050102001002	桂花	1. 种类:桂花 2. 胸径:16 ~ 18 cm 3. 高度:550 ~ 600 cm 4. 冠幅:400 ~ 500 cm 5. 其他要求:树冠自然圆整,全冠,熟货 6. 养护期:1 年	株	1	6 744.95	6 744.95
	EA0079	栽植乔木(带土球)土球直径(mm)1 200 以内		株	1	6 677.85	6 677.85
	借 KA0084	树木支撑 树棍桩 三脚桩		株	1	17.31	17.31
	EA0189	落叶乔木胸径(mm)200 以内		10 株/年	0.1	497.94	49.79
4	050102001003	台湾山樱花	1. 种类:台湾山樱花 2. 胸径:15 cm 3. 高度:450 ~ 550 cm 4. 冠幅:350 ~ 450 cm 5. 其他要求:树形优美,全冠 6. 养护期:1 年	株	1	2 655.67	2 655.67
	EA0078	栽植乔木(带土球)土球直径(mm)1 000 以内		株	1	2 588.57	2 588.57
	借 KA0084	树木支撑 树棍桩 三脚桩		株	1	17.31	17.31
	EA0189	落叶乔木 胸径(mm)200 以内		10 株/年	0.1	497.94	49.79
5	050102001004	特选紫薇	1. 种类:特选紫薇 2. 胸径:8 ~ 10 cm 3. 高度:400 ~ 450 cm 4. 冠幅:300 ~ 350 cm 5. 其他要求:树干直立,枝叶茂盛 6. 养护期:1 年	株	3	697.52	2 092.56
	EA0077	栽植乔木(带土球)土球直径(mm) 800 以内		株	3	651.69	1 955.07
	借 KA0085	树木支撑 树棍桩 一字桩		株	3	17.31	51.93

续表

序号	编码	项目名称	项目特征及 主要工程内容	单位	工程量	综合单价 /元	综合合价 /元
	借 KA0111	绿化养护　落叶乔木胸径(mm)100 以内		10 株/年	0.3	285.16	85.55
6	050102001005	照手桃	1. 种类:照手桃 2. 基径:4 ~ 7 cm 3. 高度:300 ~ 350 cm 4. 冠幅:80 ~ 100 cm 5. 其他要求:枝叶茂盛,全冠,熟货 6. 养护期:1 年	株	13	215.86	2 806.18
	借 KA0021	栽植乔木(带土球)土球直径(mm)600 以内		株	13	170.03	2 210.39
	借 KA0085	树木支撑　树棍桩　一字桩		株	13	17.31	225.03
	借 KA0111	绿化养护　落叶乔木胸径(mm)100 以内		10 株/年	1.3	285.16	370.71
7	050102001006	红梅	1. 种类:红梅 2. 基径:12 cm 3. 高度:300 ~ 350 cm 4. 冠幅:300 ~ 350 cm 5. 其他要求:树形自然开展 6. 养护期:1 年	株	20	1748.79	34 975.8
	EA0077	栽植乔木(带土球)土球直径(mm) 800 以内		株	20	1 681.69	33 633.8
	借 KA0084	树木支撑　树棍桩　三脚桩		株	20	17.31	346.2
	EA0189	落叶乔木胸径(mm) 200 以内		10 株/年	2	497.94	995.88
8	050102001007	精品红枫	1. 种类:精品红枫 2. 基径:10 ~ 12 cm 3. 高度:250 ~ 300 cm 4. 冠幅:250 ~ 300 cm 5. 其他要求:枝叶茂盛,全冠,熟货 6. 养护期:1 年	株	2	185.79	371.58

续表

序号	编码	项目名称	项目特征及 主要工程内容	单位	工程量	综合单价 /元	综合合价 /元
	EA0077	栽植乔木(带土球)土球直径(mm)800以内		株	2	118.69	237.38
	借 KA0084	树木支撑 树棍桩 三脚桩		株	2	17.31	34.62
	EA0189	落叶乔木胸径(mm)200以内		10株/年	0.2	497.94	99.59
9	050102001008	紫藤	1. 植物种类:紫藤 2. 胸径:4~5 cm 3. 高度:300 cm以上 4. 其他要求:植株健壮,无病虫害,熟货 5. 养护期:1年	株	6	38.56	231.36
	借 KA0020	栽植乔木(带土球)土球直径(mm)400以内		株	6	18.21	109.26
	借 KA0110	绿化养护 落叶乔木胸径(mm)50以内		10株/年	0.6	203.52	122.11
10	050102002001	山茶A	1. 种类:山茶A 2. 胸径:7~9 cm 3. 高度:280~330 cm 4. 冠幅:200~250 cm 5. 其他要求:植株健壮,无病虫害,熟货 6. 养护期:1年	株	10	579.63	5 796.3
	EA0112	栽植灌木(带土球)土球直径(mm)800以内		株	10	569.21	5 692.1
	借 KA0116	绿化养护 常绿灌木冠丛高(m)2.5以内		10株/年	1	104.19	104.19
……	省略部分清单						
31	050102008008	冷水花	1. 花卉种类:冷水花 2. 高度:20~25 cm 3. 冠幅:20~25 cm 4. 种植密度:64株/m^2 5. 其他要求:密植不露土 6. 养护期:1年	m^2	130.6	105.96	13 838.38

续表

序号	编码	项目名称	项目特征及主要工程内容	单位	工程量	综合单价/元	综合合价/元
	借 KA0075	露地花卉栽植 草本花		10 m^2	13.06	925.99	12 093.43
	借 KA0146	绿化养护　花卉及球根		10 m^2/年	13.06	133.55	1 744.16
32	050102012002	草坪	1. 草皮种类：细叶结缕草，秋季补播黑麦草 2. 铺种方式：满铺不露土 3. 养护期：1 年	m^2	33.2	32.5	1 079
	借 KA0080	铺种草皮　满铺		10 m^2	3.32	242.88	806.36
	借 KA0150	绿化养护　暖地型草坪　满铺		10 m^2/年	3.32	82.14	272.7
33	050102013001	喷播植草	1. 草(灌木)籽种类：撒播花籽或草籽(黑麦草) 2. 养护期：1 年	m^2	25.8	8.36	215.69
	借 KA0082	铺种草皮　草籽播种		10 m^2	2.58	83.62	215.74

②编制措施项目清单计价表、规费税金项目计价表、单位工程预算汇总表，见表 8.48—表 8.50。

表 8.48　施工组织措施项目清单计价表

序号	项目编码	项目名称	计算基础	费率/%	金额/元	调整费率/%	调整后金额/元	备注
1	050405001001	安全文明施工费	分部分项人工费+人工价差_预算+技术措施人工费+技术措施人工价差_预算	6.73	4 364.15			
2	050405B13001	建设工程竣工档案编制费	分部分项人工费+技术措施人工费	0.09	55.58			
3	050405B14001	组织措施费	分部分项人工费+技术措施人工费	2.86	1 766.27			
合计					6 186			

表 8.49　规费、税金项目计价表

序号	项目名称	计算基础	费率/%	金额/元
1	规费	专业工程规费(人)	8.2	5 064.13
2	税金	2.1 + 2.2 + 2.3		30 543.88
2.1	增值税	分部分项工程费+措施项目费+其他项目费+规费	9	27 271.32
2.2	附加税	增值税	12	3 272.56
2.3	环境保护税	按实计算		
合计				35 608.01

表 8.50　单位工程汇总表

序号	汇总内容	金额/元	其中:暂估价/元
1	分部分项工程费	291 764.53	
2	措施项目费	6 186	
2.1	其中:安全文明施工费	4 364.15	
3	其他项目费		
4	规费	5 064.13	—
5	税金	30 543.88	—
合计=1+2+3+4+5		333 558.54	

本章总结框图

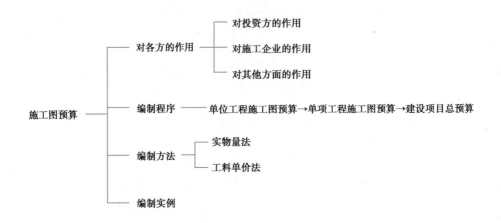

- 施工图预算
  - 对各方的作用
    - 对投资方的作用
    - 对施工企业的作用
    - 对其他方面的作用
  - 编制程序 —— 单位工程施工图预算→单项工程施工图预算→建设项目总预算
  - 编制方法
    - 实物量法
    - 工料单价法
  - 编制实例

思考题

1. 简述施工图预算的编制依据及方法。
2. 简述实物量法和工料单价法的编制步骤。

第9章 施工预算

【本章导读】

内容与要求：施工预算的作用及包含内容。通过本章的学习，了解施工预算的编制方法，熟悉施工预算的编制依据和编制步骤，掌握施工预算与施工图预算的对比方法。

重点：施工预算编制的依据和步骤。

难点：实物量法编制的应用。

某商住楼工程，地上33层，吊1层，地下4层（共38层），总建筑面积46 064.85 m^2。其中的地下车库，设263个地下车位，吊一层、一层、二层、三层为商业，四层以上为单栋住宅，居住户数298户，配套电梯3台。室外设计为硬质铺装，局部为绿化景观。

作为建筑施工企业，如何编制施工预算，合理计划控制企业劳动和物资消耗量，控制成本开支，就要用到本章讲述的内容。

9.1 施工预算概述

9.1.1 施工预算的概念

施工预算是编制实施性成本计划的主要依据，是施工企业为了加强企业内部经济核算，在施工图预算的控制下，依据企业的内部施工定额，以建筑安装单位工程为对象，根据施工图纸、施工定额、施工及验收规范、标准图集，施工组织设计（施工方案）编制的单位工程施工所需要的人工、材料、施工机械台班用量或费用的技术经济文件。

它是施工企业的内部文件，同时也是施工企业进行劳动调配、物资计划供应、控制成本开支，进行成本分析和班组经济核算的依据。

9.1.2 施工预算的内容

①工程量。根据施工图和施工定额口径计算的分项、分层、分段工程量。

②材料消耗量及材料费。根据工程量及施工定额中规定的材料消耗量(包括合理损耗量),计算出分项、分层、分段、分部位的材料需用量。最后汇总成为单位工程材料用量,并计算出相应的单位工程材料费。

③机械台班用量。根据分项工程量及机械台班消耗定额,计算单位工程所需的分机件的机械台班需用量,或按照施工方案的要求,确定常用的机件及台班数量,还要明确机械名称、型号、规格。

④按照有关规定计算的其他相关资料。例如,模板的合理需用量、混凝土量、预制构件和木构件及制品的加工订货量,五金明细表等。

9.1.3 施工预算的作用

①施工企业据以编制施工计划、材料需用计划、劳动力使用计划,以及对外加工订货计划,实行定额管理和计划管理。

②据以签发施工任务书,限额领料、实行班组经济核算以及奖励。

③据以检查和考核施工图预算编制的正确程度,以便控制成本、开展经济活动分析,督促技术节约措施的贯彻执行。

9.2 施工预算的编制

9.2.1 施工预算的编制步骤

1)收集资料

编制施工预算之前,首先应掌握工程项目所在地的现场情况,了解施工现场的环境、地质、施工平面布置等有关情况,尤其是对那些关系到施工进程能否顺利进行的外界条件应有全面的了解。然后按前面所述的编制依据,将有关原始资料收集齐全,熟悉施工图纸和会审记录,熟悉施工组织设计或施工方案,了解所采取的施工方法和施工技术措施,熟悉施工定额和工程量计算规则,了解定额的项目划分、工作内容、计量单位、有关附注说明以及施工定额与预算定额的异同点。了解和掌握上述内容,是编制好施工预算的必备前提条件,也是在编制前必须要做好的基本准备工作。

2)计算工程量

施工预算的工程项目,是根据已会审的施工图纸和施工方案规定的施工方法,按施工定额项目划分和项目顺序进行排列。有时为了签发施工任务单和适应两算对比分析的需要,也按照工程项目的施工程序或流水施工的分层、分段和施工图预算的项目顺序进行排列。

工程项目工程量的计算,是在复核施工图预算工程量的基础上,按施工预算要求列出的。除了新增项目需要补充计算工程量,其他可直接利用施工图预算的工程量而不必再算,但要根据施工组织设计或施工方案的要求，按分部、分层、分段进行划分。工程量的项目内容和计量单位，一定要与施工定额相一致，否则就无法套用定额。

3)查套施工定额

工程量计算完毕，经过汇总整理、列出工程项目，将这些工程项目名称、计量单位及工程数量逐项填入施工预算工料分析表后，即可查套定额，将查到的定额编号与工料消耗指标分别填入施工预算工料分析表的相应栏目里。

套用施工定额项目时，其定额工作内容必须与施工图纸的构造、做法相符合，所列分项工程名称、内容和计量单位必须与所套定额项目的工作内容和计量单位完全一致。如果工程内容和定额内容不完全一致，而定额规定允许换算或可系数调整时，则应在对定额进行换算后才可套用。对施工定额中的缺项，可借套其他类似定额或编制补充定额。编制的补充定额，应经权威部门批准后方可执行。

填写计量单位与工程数量时，注意采用定额单位及与之相对应的工程数量，这样就可以直接套用定额中的工、料消耗指标，而不必改动定额消耗指标的小数点位置，以免发生差错。填写工、料消耗指标时，人工部分应区别不同工种，材料部分应区别不同品种、规格和计量单位，分别进行填写。上述做法的目的是便于按不同的工种和不同的材料品种、规格分别进行汇总。

4)工料分析

按上述要求将"施工预算工料分析表"上的分部分项工程名称、定额单位、工程数量、定额编号、工料消耗指标等项目填写完毕后，即可进行工料分析，方法同施工图预算。

5)工料汇总

按分部工程分别将工料分析的结果进行汇总，最后再按单位工程进行汇总，并以此为依据编制单位工程工料计划，计算直接费和进行"两算"对比。

6)计算费用

根据上述汇总的工料数量与现行的工资标准、材料预算价格和机械台班单价，分别计算人工费、材料费和机械费，三者相加即为本分部工程或单位工程的施工预算直接费。最后再根据本地区或本企业的规定计算其他有关费用。

7)编写编制说明

施工预算的编制说明包括以下内容：

①工程概况及建设地点。

②编制的依据(如采用的定额、图纸、图集、施工组织设计等)。

③对设计图纸和说明书的审查意见及编制中的处理方法。

④所编工程的范围。

⑤在编制时所考虑的新技术、新材料、新工艺、冬雨期施工措施、安全措施等。

⑥工程中还存在还需要进一步解决的其他问题。

8)施工预算书的编制与整理

当上述工作全部完成后，需要将其整理成完整的施工预算书，作为施工企业进行成本管理、人员管理、机械设备管理及工程质量管理与控制的一份经济性文件。

9.2.2 施工预算的编制方法

施工预算编制方法主要有实物法、实物金额法和单位估价法三种。

1)实物法

它是根据施工图纸和施工定额,结合施工组织设计或施工方案所确定的施工技术措施,计算出工程量后,套用施工定额,分析汇总人工、材料数量,但不进行计价,通过实物消耗数量来反映其经济效果。

2)实物金额法

它是通过实物数量来计算人工费、材料费和直接费的一种方法。根据实物法算出的人工和各种材料的消耗量,分别乘以所在地区的工资标准和材料单价,求出人工费、材料费和直接费,以各项费用的多少来反映其经济效果。

3)单位估价法

它是根据施工图和施工定额的有关规定,结合施工技术措施,列出工程项目,计算工程量,套用施工定额单价,逐项计算后汇总直接费,并分析汇总人工和主要材料消耗量,同时列出明细表,最后汇编成册。

三种编制方法的主要区别在于计价方法的不同。实物法只计算实物消耗量,运用这些实物消耗量可向施工班组签发施工任务单和限额领料单;实物金额法是先分析、汇总人工和材料实物消耗量,再进行计价;单位估价法则是按分项工程分析进行计价。

以上各种方法的机械台班和机械费,均按照施工组织设计或施工方案要求,根据实际进场的机械数量计算。

9.3 施工预算与施工图预算的对比

施工企业为了进行经济分析,找出节约或超支的原因,研究确定必要的施工措施,以降低工程成本,必须进行“两算”对比分析。通过“两算”对比分析,找出企业计划与社会平均水平的差异,做到“先算后作”,胸中有数,从而控制实际成本的消耗;通过对比分析,可以找到主要问题和主要影响因素,采取防止超支的措施,尽可能地减少人工、材料和机具设备的消耗。这对制订人工、材料、机械设备消耗和资金运用等计划,有效控制实际成本消耗,促进施工项目经济效益的不断提高,改善施工企业与现场施工的项目管理等,都有着十分重要的意义。

9.3.1 “两算”对比内容

1)人工量及人工费对比

施工预算的人工数量及人工费比施工图预算一般要低6%左右。这是由于两者使用不同定额造成的。例如,砌砖墙项目中,砂子、标准砖和砂浆的场内水平运输距离,施工定额按50m考虑;而计价定额则包括了材料、半成品的超运距用工。同时,计价定额的人工消耗指标还考虑了在施工定额中未包括,而在一般正常施工条件下又不可避免发生的一些零星用工因素,如土建施工各工种之间的工序搭接所需停歇的时间;因工程质量检查和隐蔽工程验收而影响工人操作的时间;施工中不可避免的其他少数零星用工等。所以,施工定额的用工量一般都比预算定额低。

2)材料消耗量及材料费对比

施工定额的材料损耗率一般都低于计价定额,同时,编制施工预算时还要考虑扣除技术措施的材料节约量。所以,施工预算的材料消耗量及材料费一般低于施工图预算。

但由于两种定额之间的水平不一致,个别项目也会出现施工预算的材料消耗量大于施工图预算的情况,但总的水平应该是施工预算低于施工图预算。如果出现反常情况,则应进行分析研究,找出原因,制定相应的措施。

3)施工机具费对比

施工预算机具费指施工作业所发生的施工机械、仪器仪表使用费或其租赁费。而施工图预算的施工机具是计价定额综合确定的,与实际情况可能不一致。因此,施工机具部分只能采用两种预算的机具费进行对比分析。如果发生施工预算的机具费大量超支,而又无特殊原因时,则应考虑改变原施工方案,尽量做到不亏损而略有盈余。

4)周转材料使用费对比

周转材料主要指脚手架和模板。施工预算的脚手架是根据施工方案确定的搭设方式和材料计算的,施工图预算则综合了脚手架搭设方式,按不同结构和高度,以建筑面积为基数计算的;施工预算模板是按混凝土与模板的接触面积计算的,施工图预算的模板则按混凝土体积综合计算的。因此,周转材料宜按其发生的费用进行对比分析。

9.3.2 "两算"对比方法

"两算"对比方法通常有实物量对比法和实物金额对比法两种。在比较过程中又以施工预算所包含内容为准。

1)实物量对比法

实物量对比法是将"两算"中相同项目所需的人工、材料和机械台班消耗量进行比较,或者以分部工程或单位工程为对象,将"两算"的人工、材料汇总数量相比较。因"两算"各自的定额项目划分工作内容不一致,为使两者有可比性,常常需经过项目合并、换算之后才能进行对比。由于预算定额项目的综合性较施工定额项目大。故一般是合并施工预算项目的实物量,使其与预算定额项目相对应,然后进行对比。其基本方法为:

(1)人工消耗节约或超出数量的对比

节约或超出的工日数=施工图预算工日数-施工预算工日数　(9.1)

计算结果为正值,表示计划工日节约数量;为负值时,表示其超出数量。

计划工日降低(超出)率=计划工日节约数(或超出数)÷施工图预算工日数×100%　(9.2)

(2)材料和机械消耗节约或超出数量

材料和机械节约(或超出)数量=施工图预算某种材料或机械消耗量-施工预算某种材料或机械消耗量　(9.3)

计算结果为正值,表示材料和机械节约量;为负值,表示其超出数量。

某种材料或机械降低率(超出率)=材料或机械节约量(超出量)÷施工图预算材料或机械消耗量×100%　(9.4)

2)实物金额对比法

实物金额对比法是将施工图预算的人工费、材料费和机械费,与施工预算的人工费、材料费和机械费进行对比,分析其节约或超支的原因。其基本指标为:

(1)人工费节约或超出额

人工费节约或超出额=施工图预算人工费-施工预算人工费 (9.5)

计算结果为正值时,表示计划人工费节约额;为负值时,表示其超出额。

(2)材料费节约或超出额

材料费节约或超出额=施工图预算材料费-施工预算材料费 (9.6)

计算结果为正值时,表示计划材料费节约额;为负值时,表示其超出额。

(3)机械费节约或超出额

机械费节约或超出额=施工图预算机械费-施工预算机械费 (9.7)

计算结果为正值时,表示计划机械费节约额;为负值时,表示其超出额。

以上两种对比分析方法,主要是将施工图预算和施工预算各个被选择的经济指标进行对比,计算出其差额和降低或超出率,从中得出计划数值与实际数值的降低或超出信息,以便总结经验,提高项目管理水平。

本章总结框图

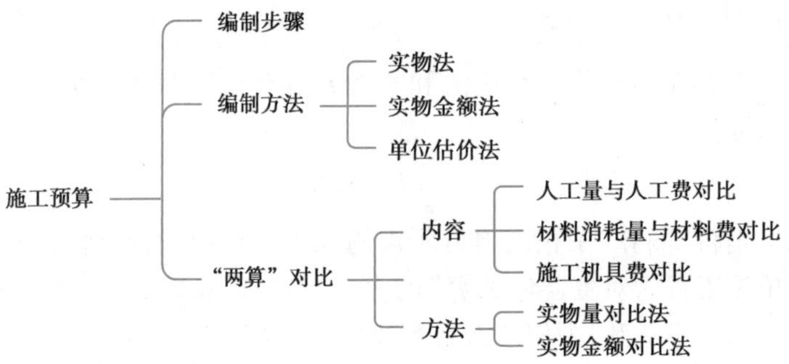

思考题

1. 什么是施工预算?它的作用是什么?
2. 简述施工预算的编制依据和编制方法。
3. “两算”对比的内容和方法有哪些?

第10章
合同价款管理

【本章导读】

内容与要求：招标投标阶段工程造价确定与控制的内容，施工招标投标的完整程序与合同价款的确定方法及工程变更与合同价款调整方法。通过本章学习，了解工程招标投标对工程造价的影响；熟悉招标投标阶段造价管理的内容与程序；掌握招标文件及招标控制价的编制；熟悉建设工程施工合同价的确定原则与方法；熟悉我国现行《建设工程施工合同（示范文本）》条件下的工程变更与合同价款调整的相关规定；熟悉我国现行工程量清单计价规范中对合同价款调整的相关规定；掌握工程价款结算的基本方法。

重点：招标文件和招标控制价的编制，投标报价的编制与常用报价策略，施工合同的类型，合同价款调整的相关规定。

难点：施工合同价格类型的选择，引起合同价款调整的事项及处理规定。

典型工程简介：

某综合娱乐体项目，占地面积约16万 m^2，总建筑面积约47万 m^2，采取“乐园+商业”无缝融合全新复合形态，融文化、游乐、购物、体验于一体，打造新娱乐、新空间、新体验特色文旅体验项目；分为东区、南区、西区、北区和中央娱乐区五大区域。中央娱乐区东西跨度约280 m，南北跨度约180 m，垂直高度60 m，采用球形双层自由曲面无柱超大跨度网架结构，进口ETFE、PTFE多层膜构造巨型透明穹顶，打造超大无柱游乐空间，提供365天室内恒温主题娱乐，预估建设投资31.5亿元。

该项目建筑构造复杂、建设体量大，设备种类多，涉及电梯、消防、空调、机电、游乐等各专业（其中还有不少进口设备），分包商管理协调难度大。需要签订各类施工合同和供货安装合同，合同类型的选择和合同价格的确定对控制投资起着至关重要的作用。

10.1 签约合同价的形成

10.1.1 建设工程招标投标概述

建设工程招标是指招标人(或招标单位)在发包工程项目前,依据法定程序,以公开招标或邀请招标方式,鼓励潜在的投标人依据招标文件参与竞争,通过评定,从中择优选定中标人的一种经济活动。

建设工程投标是指具有合法资格和能力的投标人(或投标单位),根据招标条件,在指定期限内填写标书,提出报价,并等候开标,决定能否中标的经济活动。这种方式是投标人之间的直接竞争,而不通过中间人,在规定的期限内以比较合适的条件达到招标人要达到的目的。招标单位又称发包单位,中标单位又称承包单位。

招标投标实质上是一种市场竞争行为。建设工程招标投标是以工程设计或施工,或以工程所需的物资、设备、建筑材料等为对象,在招标人和若干个投标人之间进行的。它是商品经济发展到一定阶段的产物。在市场经济条件下,它是一种最普遍、最常见的择优方式。招标人通过招标活动来选择条件优越者,使其力争用最优的技术、最佳的质量、最低的价格和最短的周期完成工程项目任务。投标人也通过这种方式选择项目和招标人,以使自己获得更丰厚的利润。

1)建设项目招标的范围

《中华人民共和国招标投标法》指出,凡在中华人民共和国境内进行下列工程建设项目,包括项目的勘察、设计、施工、监理以及与工程建设有关的重要设备、材料等的采购,必须进行招标:

①大型基础设施、公用事业等关系社会公共利益、公众安全的项目。

②全部或者部分使用国有资金投资或国家融资的项目。

③使用国际组织或者外国政府贷款、援助资金的项目。

《中华人民共和国招标投标法》第六十六条规定:涉及国家安全、国家秘密、抢险救灾或者属于利用扶贫资金实行以工代赈、需要使用农民工等特殊情况,不适宜进行招标的项目,可以不进行招标。除此以外,《中华人民共和国招标投标法实施条例》(国务院令〔2011〕第613号)第九条规定,有下列情形之一的,可以不进行招标:

①需要采用不可替代的专利或者专有技术。

②采购人依法能够自行建设、生产或者提供。

③已通过招标方式选定的特许经营项目投资人依法能够自行建设、生产或者提供。

④需要向原中标人采购工程、货物或者服务,否则将影响施工或者功能配套要求。

⑤国家规定的其他特殊情形。

2)建设工程招标的种类

(1)建设工程项目总承包招标

又称建设项目全过程招标,在国外称为“交钥匙”承包方式。它是指从项目建议书开始,包括可行性研究报告、勘察设计、设备材料询价与采购、工程施工、生产设备、投料试车,直到竣工投产、交付使用全面实行招标。工程总承包企业根据建设单位提出的工程使用要求,对项目建议书、可行性研究、勘察设计、设备询价与采购、材料订货、工程施工、职工培训、试生产、竣工投产等实行全面投标报价。

(2)建设工程勘察招标

建设工程勘察招标是指招标人就拟建工程的勘察任务发布公告,以法定方式吸引勘察单位竞争,经招标人审查获得投标资格的勘察单位按照招标文件的要求,在规定的时间内向招标人填报标书,招标人从中选择条件优越者完成勘察任务。

(3)建设工程设计招标

建设工程设计招标是指招标人就拟建工程的设计任务发布公告,以法定方式吸引设计单位参加竞争,经招标人审查获得投标资格的设计单位按照招标文件的要求,在规定的时间内向招标人填报标书,招标人从中择优确定中标单位来完成工程设计任务。设计招标主要是设计方案招标,工业项目可进行可行性研究方案招标。

(4)建设工程施工招标

建设工程施工招标是指招标人就拟建的工程发布公告,以法定方式吸引施工企业参加竞争,招标人从中选择条件优越者完成工程建设任务的法律行为。施工招标是建设项目招标中最有代表性的一种,下文的招标如不加确指,均指施工招标。

(5)建设工程监理招标

建设工程监理招标是指招标人为了委托监理任务的完成发布公告,以法定方式吸引监理单位参加竞争,招标人从中选择条件优越者的法律行为。

(6)建设工程材料设备招标

建设工程材料设备招标是指招标人就拟购买的材料设备发布公告,以法定方式吸引建设工程材料设备供应商参加竞争,招标人从中选择条件优越者。

3)建设工程招标的方式

建设工程招标方式按照竞争程度进行分类,可分为公开招标和邀请招标。

(1)公开招标

公开招标又称无限竞争性招标,是指由招标人在报刊、广播、电视、电子网络等公共传媒上公布招标公告,吸引众多投标人参加投标竞争,招标人从中择优选择中标单位的招标方式,是一种无限制的竞争方式。在选择公开招标方式上,应该注意其优缺点,以便于工程造价的有效控制。公开招标的项目,应当发布招标公告,编制招标文件。

公开招标的优点是:第一,由于投标人范围广,竞争激烈,招标人有较大的选择范围,一般情况下,招标人可以获得质优价廉的标的;第二,在国际竞争性招标中,可以引进先进的设备、技术和工程技术及管理经验;第三,可以保证所有合格的投标人都有参加投标的机会,有助于打破垄断,实行平等竞争。

公开招标也存在一些缺陷:第一,公开招标耗时长;第二,公开招标耗费大,所需准备的文件较多,投入的人力、物力大,招标文件要明确规范各种技术规格、评标标准以及买卖双方的义务等内容。

(2)邀请招标

邀请招标也称有限竞争性招标或选择性招标,是指招标人以投标邀请书的方式邀请特定的法人或者其他组织投标。招标人采用邀请招标方式的,应当向三个以上具备承担招标项目的能力、资信良好的特定法人或者其他组织发出投标邀请书。虽然招标组织工作比公开招标简单一些,但采用这种形式的前提是对投标人充分了解,由于邀请招标限制了充分的竞争,因此在我国建设市场中应尽量采用公开招标。

邀请招标的特点是:招标不采用公开的公告形式;只有接受邀请的投标人才是合格投标人;投标人的数量有限。

邀请招标与公开招标相比,优点是:不需要发布招标公告,节约费用和节省时间;由于对投标人以往的业绩和履约能力比较了解,减少了合同履行过程中承包方违约的风险。缺点是:由于邀请范围较小、选择面窄,可能排斥了某些在技术或报价上更有竞争实力的潜在投标人,投标竞争的激烈程度相对较小。

国有资金占控股或者主导地位的依法必须进行招标的项目,应当公开招标;但有下列情形之一的,可以邀请招标:技术复杂、有特殊要求或者受自然环境限制,只有少量潜在投标人可供选择;采用公开招标方式的费用占项目合同金额的比例过大。

4)招标投标阶段影响工程造价的因素

在招标投标阶段影响工程造价的因素是多方面的,识别、分析和评估该阶段工程造价影响因素,对合理选择造价控制方法和策略有重要作用,这为有效控制工程造价提供重要依据。招标投标阶段影响工程造价的因素,主要包括建筑市场的供需状况、建设单位(招标人)的价值取向、招标项目的特点、投标人的策略等。

(1)建筑市场的供需状况

建筑市场的供需状况是影响工程造价的重要因素之一,对工程造价的影响也是客观存在的。影响程度的大小取决于市场竞争的状况。当市场处于完全竞争时,其对工程造价的影响非常敏感,建筑市场的任何微小的变化均会反映在工程造价的变化上。当建筑市场处于不完全竞争时,其影响程度相对较小。固定资产投资增长影响建筑市场的供需状况,也必然影响建筑市场的竞争程度,在一定程度上通过工程造价高低反映出来。

(2)建设单位的价值取向

建设单位的价值取向反映在对招标工程的质量、进度、造价、安全和技术等方面。质量好、进度快、造价低是建设单位所期望的,但这并不理性,也不符合客观实际。质量、进度和造价等目标在一定意义上相互矛盾,任何商品的生产质量都有其质量标准,建筑产品也不例外,如果建设单位的质量目标超过国家标准,显然需要承包商投入更大的人力、物力、财力和时间,消耗增加,价格自然会提高。在某些情况下,建设单位可能以最短建筑周期为目标,力图尽快组织生产占领市场,这样,由于承包商施工资源不合理配置导致生产效率低下、成本增加,为保证适当的利润水平而提高投标报价。因此,质量好、进度快都在一定程度上影响工程造价,在招标投标中,必须结合实际情况做出合理选择。

(3)招标工程项目的特点

招标工程项目的特点与工程造价也有密切的关系,主要包括招标项目的技术含量、建设地点、建筑规模大小等。招标项目的技术含量是指完成项目所需要的技术支撑。当采用新的结构、施工工艺和施工方法时,存在一定技术风险和不确定性,要考虑一定风险因素,工程造价可能会提高。技术复杂,可能存在技术垄断,容易形成垄断价格。建设地点的环境既影响投标人的吸引力也影响建设成本,同时增加了设备材料的进场、临时设置的费用。建设规模的大小不同,各项费用的摊销也不同。大的规模可以带来成本的降低,这时,投标人会根据规模的大小实行不同的报价策略。

(4)投标人的策略

投标人作为建筑产品的生产者,其对建筑产品的定价与其投标的策略有密切关系。在报价过程中,除要考虑自身实力和市场条件外,还要考虑企业的经营策略和竞争程度。如果急于进入市场时,往往会报低价;竞争激烈又急于中标时也会报低价。

5)招标投标阶段工程造价控制的主要内容

(1)发包人选择合理的招标方式和承包模式

《中华人民共和国招标投标法》允许的招标方式有邀请招标和公开招标。邀请招标适用于国家投资的特殊项目和非国有经济投资的项目;公开招标适用于国家投资或国家投资占多数的项目,是最能体现公开、公正、公平原则的招标方式。选择合理的招标方式是合理确定合同价款的基础,对工程价格有重要影响。

常见的承包模式包括总承包模式、平行承包模式、联合承包模式和合作承包模式。不同的承包模式适用于不同类型的工程项目,不同的承包模式有不同的项目管理特点,对工程造价的影响也是不一样的。

总承包模式的总承包价格是前期确定的,建设单位承担较少风险;对总承包单位而言,时间长、任务重,不确定性因素多,因此风险大,但获得利润的潜力也比较大。

平行承包模式的总价合同不易在短期内确定,从而影响工程造价控制过程。工程招标任务量大,需控制多项合同价格,时间长、影响因素多,从而增加了工程造价的控制难度。但对大型复杂工程,如果分别招标,由于可参与竞争的投标人增多,业主可以获得有竞争性的商业报价,但协调难度增大、管理难度增加。

联合承包对承包人而言,合同结构简单,有利于工程造价控制。对联合体而言,可以集中各个成员在资金、技术和管理等方面的优势,增强竞争力和抗风险的能力。

合作承包模式与联合承包模式相比,建设单位的风险大,合作各方信任度不够。

(2)发包人合理编制招标文件,确定招标控制价

工程计量方法和投标报价方法的不同,将产生不同的合同价格,因此在招标前,应选择有利于降低工程造价、便于合同管理的工程计量方法和报价方法。评标方案对工程造价控制有比较大的影响,评标方案的产生、分析、评价和选择会对选择什么样的承包人有重要影响,是强调承包人的技术水平和管理能力,还是强调承包单位的工程报价,都会影响承包人的报价策略和决策。工程量清单是投标报价的依据,为投标人确定了工程造价计价的工程数量基准,招标人应该实事求是地保证其准确性和完整性,以减少因工程量计算错误和缺项带来的投资风险。招标控制价是指"招标人根据国家或省级、行业建设主管部门颁发的有关计价依据和办法,以及拟定的招标文件和招标工程量清单,结合工程具体情况编制的招标工程的最高投标限价",作为国有投资的项目必须编制,防止投标人串标提价等不良行为,其对工程投资控制有十分重要的意义和作用。

(3)规范开标、评标和定标

合理、有效、规范地开展开标、评标和定标活动,能有效监督招标过程,防止不良招标投标行为的产生,有助于保证工程造价的合理性,是招投标阶段工程造价控制的另一个重要内容。发包人应当按照相关规定确定中标单位,并对相关的进度、质量和价款等内容进行质询和谈

判，明确相关事项，以确保承包人和发包人等各方的利益不受损害。

(4)承包人合理编制投标报价文件

拟投标招标工程的承包商通过资格审查后，根据获取的招标文件，编制投标文件并对其做出实质性响应。在核实工程量清单的基础上依据企业定额进行工程计价，然后在广泛了解潜在竞争者、工程项目和自身情况的基础上，运用投标技巧和正确的投标策略来合理确定投标报价，以增加中标概率。该工作内容对承包单位确定有竞争力的价格又能够中标至关重要。

(5)做好合同谈判和合同价款确定工作

中标后，承包人参加质询，进行合同谈判。合同内容与条件将对工程实施阶段的各项行为产生实质性的影响，并在很大程度上影响承包人的收入和发包人的支出，各方都非常关注和重视。合同的内容和条件的确定主要在不同的合同格式中体现。合同形式在招标文件中确定，并在投标函中作出响应，目前的建筑工程合同格式一般采用三种：①国际咨询工程师联合会 FIDIC 合同条件订立的合同；②按照《建设工程施工合同(示范文本)》格式订立的合同；③由建设单位和施工单位协商订立的合同。

不同的合同格式适用于不同类型的工程。正确选择合适的合同类型，合理、有效地确定有关工程价款是保证合同顺利执行和造价有效控制的基础。如工程计量、价款结算方式、价款调整、索赔条件和风险分担条件等，为施工阶段的工程造价控制确立依据和原则，具有十分重要的意义和作用，因此，应重视该部分工作内容，做好合同谈判和确定合同价款工作。

10.1.2 施工招标概述

1)施工招标的概念

在建设项目各种招标活动中，施工招标最具有代表性。它是招标人就拟建的工程发布通告，用法定方式吸引施工企业投标竞争，进而通过法定程序从中选择技术能力强、管理水平高、信誉可靠且报价合理的承建单位来完成工程建设任务，并以签订合同的方式约束双方在施工过程中行为的法律行为。施工招标的特点之一是发包工作内容明确具体、各投标人编制的投标书在评标中易于横向比较。虽然投标人是按招标文件的工程量表中既定的工作内容和工程量编制标书、制订报价，但投标实际上是各施工单位完成该项目任务的技术、经济、管理等综合能力的竞争。

2)施工招标的一般程序

施工招标是一项非常规范的管理活动，以公开招标为例，一般应遵循以下流程：

(1)招标活动的准备工作

建设项目施工招标前，招标人应当办理有关的审批手续，确定招标方式以及划分标段。

①招标项目必须具备的基本条件。依法必须招标的工程建设项目，应当具备的基本条件有：a. 招标人已经依法成立；b. 初步设计及概算应当履行审批手续的，已经批准；c. 招标范围、招标方式和招标组织形式等应当履行核准手续的，已经核准；d. 有相应资金或资金来源已经落实；e. 有招标所需的设计图样及技术资料。

②确定招标方式。招标有公开招标和邀请招标两种方式，应按照《工程建设项目施工招标投标办法》的规定确定招标方式。

③标段的划分。招标人应当合理划分招标项目标段。一般情况下,一个项目应当作为一个整体进行招标。但是,对于大型项目,作为一个整体进行招标将大大降低招标的竞争性,因为符合招标条件的潜在投标人数量太少,这样就应当将招标项目划分为若干个标段分别进行招标。但也不能将标段划分得太小,太小的标段将失去对实力雄厚的潜在投标人的吸引力。一般可以将一个项目分解为单位工程及特殊专业工程分别招标,但不允许将单位工程肢解为分部、分项工程进行招标。标段的划分是招标活动中较为复杂的一项工作,应当综合考虑招标项目的专业要求、招标项目的管理要求、工程投资的影响及各项工作的衔接。

(2)资格预审公告或招标公告的编制与发布

招标公告是指采用公开招标方式的招标人(包括招标代理机构)向所有潜在的投标人发出的一种广泛的通告。招标公告的目的是使所有潜在的投标人都具有公平的投标竞争的机会。若在公开招标过程中采用资格预审程序,可用资格预审公告代替招标公告,资格预审后不再单独发布招标公告。

资格预审公告应当包括以下内容:

①招标条件。明确拟招标项目已符合前述的招标条件。

②项目概况与招标范围。说明本次招标项目的建设地点、规模、计划工期、招标范围、标段划分等。

③申请人的资格要求。包括对于申请人资质、业绩、人员、设备、资金等各方面的要求,以及是否接受联合体资格预审申请的要求。

④资格预审的方法。明确采用合格制或有限数量制。

⑤资格预审文件的获取。指获取资格预审文件的地点、时间和费用。

⑥资格预审申请文件的递交。说明递交资格预审申请文件的截止时间。

⑦发布公告的媒介。

⑧联系方式。

(3)资格审查

招标人可以根据招标项目本身的特点和需要进行资格审查,要求潜在投标人或者投标人提供满足其资格要求的文件,对潜在投标人或者投标人进行资格审查。资格审查可以分为资格预审和资格后审。资格预审是指在投标前对潜在投标人资质条件、业绩、信誉、技术、资金等多方面情况进行的资格审查,而资格后审是指在开标后对投标人进行的资格审查。采取资格预审的,招标人应当在资格预审文件中载明资格预审的条件、标准和方法;采取资格后审的,招标人应当在招标文件中载明对投标人资格要求的条件、标准和方法。除招标文件另有规定外,进行资格预审的,一般不再进行资格后审。

(4)编制和发售招标文件

招标文件应当包括招标项目的要求,对投标人资格审查的标准、投标报价要求和评标标准等所有实质性要求和条件以及拟签合同的主要条款。建设项目施工招标文件是由招标人(或其委托的咨询机构)编制,由招标人发布的,它既是投标单位编制投标文件的依据,也是招标人与中标人签订工程承包合同的基础。招标文件中提出的各项要求,对整个招标工作乃至承包发包双方都有约束力。

招标文件是指导整个工程招标投标工作全过程的纲领性文件,同时又是投标人编制投标书的依据。按照我国招标投标法的规定,招标文件应当包括招标项目的技术要求,对投标人资格审查的标准、投标报价要求和评标标准等实质性要求和条件以及签订合同的主要条款，体现出发包人对工程项目的投资控制、进度控制、质量控制的总体目标要求和工程项目特点。招标文件一般包括以下内容：投标人须知、评标办法、合同条款及格式、工程量清单（招标控制价）、图样、技术标准和要求、投标文件格式、规定的其他材料等。

招标文件一般发售给通过资格预审、获得投标资格的投标人。投标人在收到招标文件后，应认真核对，核对无误后应以书面形式予以确认；投标人若发现招标文件缺页或附件不全，应及时向招标人提出，以便补齐。如有疑问，应在规定的时间前以书面形式要求招标人对招标文件予以澄清。若招标人对已发出的招标文件进行必要修改，应当在投标截止时间15天前以书面形式修改招标文件，并通知所有已购买招标文件的投标人。

（5）踏勘现场与召开投标预备会

招标人根据招标项目的具体情况，可以组织投标人踏勘项目现场，向其介绍工程场地和相关环境的有关情况。招标人不得单独或者分别组织任何一个投标人进行现场踏勘。

投标人在领取招标文件、图样和有关技术资料及踏勘现场后提出的疑问，招标人可通过投标预备会进行解答，并以书面形式同时送达所有获得招标文件的投标人。召开投标预备会的目的在于澄清招标文件中的疑问，解答投标人对招标文件和勘查现场中所提出的疑问。

（6）建设项目施工投标

投标人应当按照招标文件的要求编制投标文件，并在招标文件规定的提交投标文件的截止时间前，将投标文件密封送达投标地点。招标人收到投标文件后，应当向投标人出具标明签收人和签收时间的凭证。在开标前，任何单位和个人不得开封投标文件。

（7）开标、评标、定标、签订合同

在建设项目施工招投标中，开标、评标和定标是招标程序中极为重要的环节。只有做出客观、公正的评标、定标，才能最终选择最合适的承包人，从而顺利进入建设项目施工的实施阶段。选定中标单位后，应在规定的时限内与其完成合同的签订工作。

10.1.3 招标控制价的编制

1）招标控制价的概念

工程招标控制价（又称拦标价、预算控制价或最高限价）是招标人根据国家或省级、行业管理部门颁发的有关计价依据和办法，以及拟定的招标文件和招标工程量清单，结合工程具体情况编制的招标工程的最高投标限价。

按照《建设工程工程量清单计价规范》（GB 50500—2013）的规定，国有资金投资的工程建设项目应实行工程量清单招标，并应编制招标控制价，作为招标人能够接受的最高交易价格。招标控制价超过批准的概算时，招标人应将其报原概算审批部门审核，投标人的投标报价高于招标控制价的，其投标应予以拒绝。招标控制价应由具有编制能力的招标人或受其委托，具有相应资质的工程造价咨询人编制。要注意的是，应由招标人负责编制招标控制价，当招标人不具有编制招标控制价的能力时，根据《工程造价咨询企业管理办法》（2020年修正版），可以委托具有工程造价咨询资质的工程造价咨询企业编制。工程造价咨询人不得同时接受招标人和投标人对同一工程的招标控制价和投标报价的编制。

招标控制价应在发布招标文件时公布，不应上浮或下调，同时，招标人应将招标控制价及有关资料报送工程所在地或有该工程管辖权的行业管理部门工程造价管理机构备查。招标控制价的作用决定了招标控制价不同于标底,无须保密。为体现招标的公平、公正,防止招标人有意抬高或压低工程造价,招标人应在招标文件中如实公布招标控制价,不得对所编制的招标控制价进行调整。招标人在招标文件中公布招标控制价时,应公布招标控制价各组成部分的详细内容,不得只公布招标控制价总价。

投标人具有对招标人不按规范规定编制招标控制价的行为进行投诉的权利;招投标监督机构和工程造价管理机构担负并履行对未按规定编制招标控制价的行为进行监督处理的责任。

2)招标控制价的编制

(1)招标控制价的编制依据主要包括以下内容:

①《建设工程工程量清单计价规范》(GB 50500—2013)。

②国家或省级、行业建设主管部门颁发的计价定额和计价办法。

③建设工程设计文件和相关资料。

④拟定的招标文件及招标工程量清单。

⑤与建设项目相关的标准、规范、技术资料。

⑥施工现场情况、工程特点及常规施工方案。

⑦工程造价管理机构发布的工程造价信息,当工程造价信息没有发布时,参照市场价。

⑧其他相关资料。

(2)招标控制价的编制内容

招标控制价的编制内容包括分部分项工程费、措施项目费、其他项目费、规费和税金,各个部分有不同的计价要求。

①分部分项工程费的编制要求。分部分项工程费应根据招标文件中的招标工程量清单给定的工程量乘以相应的综合单价汇总而成。招标文件提供了暂估单价的材料,应按暂估的单价计入综合单价。为使招标控制价与投标报价所包含的内容一致,综合单价中应包括招标文件中要求投标人所承担的风险内容及其范围(幅度)产生的风险费用。

②措施项目费的编制要求。措施项目费中的安全文明施工费应当按照国家或省级、行业建设主管部门的规定标准计价,该部分不得作为竞争性费用。对于可精确计量的措施项目,以"量"计算,即按其工程量以与分部分项工程清单单价相同的方式确定综合单价;对于不可精确计量的措施项目,则以"项"为单位,采用费率法按有关规定综合取定。采用费率法时,需确定某项费用的计费基数及费率,结果包括除规费、税金以外的全部费用。

③其他项目费的编制要求。

a.暂列金额。暂列金额可根据工程的复杂程度、设计深度、工程环境条件(包括地质、水文、气候条件等)进行估算,一般可以分部分项工程费的10%~15%为参考。

b.暂估单价。材料暂估单价应按照工程造价管理机构发布的工程造价信息中的材料单价计算,工程造价信息未发布的材料单价,其单价参考市场价格估算;专业工程暂估价应分不同专业,按有关计价规定估算。

c.计日工。在编制招标控制价时,对计日工中的人工单价和施工机械台班单价应按省级、行业建设主管部门或其授权的工程造价管理机构公布的单价计算;材料应按工程造价管理机构发布的工程造价信息中的材料单价计算,工程造价信息中未发布单价的材料,其价格应按市场调查确定的单价计算。

d. 总承包服务费。总承包服务费应按照省级或行业建设主管部门的规定计算，招标人仅要求对分包的专业工程进行总承包管理和协调时，按分包专业工程估算造价的1.5%计算；招标人要求对分包的专业工程进行总承包管理和协调，并同时要求提供配合服务时，根据配合服务内容和提出的要求，按分包专业工程估算造价的3% ~5%计算；招标人自行供应材料的，按招标人供应材料价值的1%计算。

④规费和税金的编制要求。规费和税金必须按国家或省级、行业建设主管部门的规定计算。

税金=(人工费+材料费+施工机具使用费+企业管理费+利润+规费)×增值税税率

(3)招标控制价的编制程序

建设项目招标控制价的编制程序如下：

①确定招标控制价的编制单位。

②收集编制资料，全套施工图纸及现场地质、水文、地上情况的有关资料。

③招标文件。

④其他资料，如人工、材料、设备及施工机械台班等要素的市场价格信息。

⑤参加交底会及现场勘察。

⑥编制招标控制价。

招标控制价编制的基本原理及计算程序，与工程量清单计价的基本原理及计价程序相同。建设项目招标控制价的计价程序见表10.1。

表10.1　建设项目招标控制价的计价程序表

工程名称：　　　　　　　　标段：　　　　　　　　　　　　　　　　　　　　　第　页共　页

序号	汇总内容	计算方法	金额/元
1	分部分项工程	按计价规定计算	
1.1			
1.2			
2	措施项目	按计价规定计算	
2.1	其中：安全文明施工费	按规定标准计算	
3	其他项目		
3.1	其中：暂列金额	按计价规定计算	
3.2	其中：专业工程暂估价	按计价规定计算	
3.3	其中：计日工	按计价规定计算	
3.4	其中：总承包服务费	按计价规定计算	
4	规费	按规定标准计算	
5	税金	(人工费+材料费+施工机具使用费+企业管理费+利润+规费)×增值税税率	
	招标控制价合计=1+2+3+4+5		

(4)编制招标控制价应注意的问题

①招标控制价必须适应目标工期的要求,对提前工期因素有所反映,并应将其计算依据、过程、结果列入招标控制价的综合说明中。

②招标控制价必须适应招标方的质量要求,对高于国家施工及验收规范的质量因素有所反映,并应将其计算依据、过程、结果列入招标控制价的综合说明中。据某些地区测算,建筑产品从合格到优良,其人工和材料的消耗量使成本相应增加3% ~5%。因此,招标控制价的计算应体现优质优价。

③招标控制价必须合理考虑招标工程的自然地理条件和招标工程范围等因素。若招标文件中规定将地下工程及“三通一平”等计入招标工程范围,则应将其费用正确地计入招标控制价。由于自然条件导致的施工不利因素也应考虑计入招标控制价。

④招标控制价采用的材料价格应是工程造价管理机构通过工程造价信息发布的材料价格,工程造价信息未发布材料单价的材料,其材料价格应通过市场调查确定。另外,未采用工程造价管理机构发布的工程造价信息时,需在招标文件或答疑补充文件中对招标控制价采用的与造价信息不一致的市场价格予以说明,采用的市场价格则应通过调查、分析确定。

⑤招标控制价中施工机械设备的选型直接关系到综合单价水平,应根据工程项目特点和施工条件,本着经济实用、先进高效的原则确定。

⑥招标控制价编制过程中应该正确、全面地使用行业和地方的计价定额与相关文件。

⑦在招标控制价的编制中,不可竞争的措施项目和规费、税金等费用的计算均属于强制性条款,应符合国家有关规定。

⑧在招标控制价的编制中,不同工程项目、不同施工单位会有不同的施工组织方法,所发生的措施费也会有所不同。因此,对于竞争性的措施费用,招标人应首先编制常规的施工组织设计或施工方案,然后经专家论证确认后再合理确定措施项目与费用。

⑨招标控制价应根据招标文件或合同条件的规定,按工程发承包模式确定相应的计价方式,考虑相应的风险费用。

10.1.4　投标文件及工程投标报价的编制

投标人根据招标文件及有关计算工程造价的计价依据,计算出投标报价,并在此基础上研究投标策略,提出有竞争力的投标报价,这对投标单位的成败和将来实际工程的盈亏起着决定性作用。

1)投标文件的编制

投标文件必须对招标文件的实质性要求和条件做出实质性的响应,任何对招标文件实质性的偏离都视为废标。因此,投标文件应完全按照招标文件的各项要求编制,主要包括以下内容:

①投标书。

②投标书附录。

③投标保证金或投标银行保函。

④法定代表人身份证明书。

⑤授权委托书。

⑥具有标价的工程量清单与报价表。

⑦辅助资料表。

⑧资格审查表。

⑨对招标文件中的合同协议条款内容的确认与响应。

⑩按照招标文件规定提交的其他资料。

2）投标报价的编制

投标报价的编制主要是投标人对招标工程所要发生的各种费用的计算，在进行投标报价时有必要根据招标文件进行工程量复核或计算。作为投标计算的必要条件，应预先确定施工方案和施工进度，此外，投标还必须与采用的合同形式相协调。报价是投标的关键性工作，报价是否合理直接关系到投标的成败。

（1）投标报价的编制原则

①根据招标文件中设定的发承包双方责任划分，作为考虑投标报价项目费用如何计算的基础，承发包双方的责任划分不同，会导致合同风险分摊不同，从而导致投标人选择不同的报价；根据工程承发包模式考虑投标报价的费用内容和计算深度。

②投标报价前须经技术经济比较，分析拟投标项目特点，确定投标工程的施工方案、技术措施，并作为投标报价的依据，并且投标人的投标报价不得低于工程成本。所谓工程成本，是指承包人为实施合同工程并达到质量标准。在确保安全施工的前提下，必须消耗或使用的人工、材料、施工机械台班及其管理等方面发生的费用和按规定缴纳的规费和税金。

③应以施工方案、技术措施等作为投标报价计算的基本条件；以反映企业技术和管理水平的企业定额作为计算人工、材料、施工机械台班消耗量的基本依据。

④充分利用现场考察、调研成果，市场价格信息乃行情资料编制基础标价，确定调价方法。

⑤报价计算方法要科学严谨、简明适用。

（2）投标报价的编制依据

①《建设工程工程量清单计价规范》（GB 50500—2013）。

②国家或省级、行业建设主管部门颁发的计价办法。

③企业定额，国家或省级、行业建设主管部门颁发的计价定额。

④招标文件、工程量清单及其补充通知、答疑纪要。

⑤建设工程设计文件及相关资料。

⑥施工现场情况、工程特点及拟定的投标施工组织设计或施工方案。

⑦与建设项目相关的标准、规范等技术资料。

⑧市场价格信息或工程造价管理机构发布的工程造价信息。

⑨其他的相关资料。

（3）投标报价的编制方法

工程量清单计价模式下进行投标报价时采用的是综合单价法。一般招标人或其委托的具有资质的中介机构，将拟建招标工程全部项目和内容按相关的计算规则计算出工程量，列在清单上作为招标文件的组成部分，供投标人逐项填报单价，计算出总价，作为投标报价，然后通过评标竞争，最终确定合同价。工程量清单报价由招标人给出工程量清单，投标人填报单价，单价应完全依据企业技术、管理水平等企业实力而定，以满足市场竞争的需要。

采取工程量清单综合单价计算投标报价时，投标人填入工程量清单中的单价是综合单价，应包括人工费、材料费、机械费、管理费、利润及风险等全部费用，将工程量与该单价相乘，再计取规费与税金，汇总后即得出投标总报价。

①分部分项工程和措施项目中的单价项目，应根据招标文件和招标工程量清单项目中的特征描述确定综合单价。清单项目的特征描述是确定综合单价的最重要依据之一。当出现招标工程量清单特征描述与设计图不符时，投标人应以招标工程量清单的项目特征描述为准，确定投标报价的综合单价。当施工中施工图或设计变更与招标工程量清单项目特征描述不一致时，发承包双方应按实际施工的项目特征依据合同约定重新确定综合单价。

对于招标工程量清单中提供了暂估单价的材料、工程设备，按暂估的单价计入综合单价。

对于招标文件中要求投标人承担的风险内容和范围，投标人应考虑到综合单价中。在施工过程中，当出现的风险内容及其范围（幅度）在招标文件规定的范围内时，合同价款不作调整。

②措施项目中的总价项目金额应根据招标文件及投标时拟定的施工组织设计或施工方案，采用综合单价方式报价（包括除规费、税金外的全部费用）自主确定。其中，安全文明施工费应按照国家或省级、行业级、行业主管部门的规定计算，不得作为竞争性费用。

由于各投标人拥有的施工装备、技术水平和采用的施工方法有所差异，招标人提出的措施项目清单是根据一般情况确定的，没有考虑不同投标人的"个性"，投标人投标时应根据自身编制的投标施工组织设计（或施工方案）确定措施项目。

③其他项目应按下列规定报价：a. 暂列金额应按招标工程量清单中列出的金额填写；b. 材料、工程设备暂估价应按招标工程量清单中列出的单价计入综合单价；c. 专业工程暂估价应按照招标工程量清单中列出的金额填写；d. 计日工应按招标工程量清单中列出的项目和数量，自主确定综合单价并计算计日工金额；e. 总承包服务费应根据招标工程量清单中列出的内容和提出的要求自主确定。

④规费和税金应按照国家或省级、行业建设主管部门的规定计算，不得作为竞争性费用。

⑤招标工程量清单与计价表中列明的所有需要填写单价和合价的项目，投标人均应填写且只允许有一个报价。未填写单价和合价的项目，视为此项费用已包含在已标价工程量清单中其他项目的单价和合价之中。当竣工结算时，此项目不得重新组价予以调整。

⑥投标总价应当与组成已标价工程量清单的分部分项工程费、措施项目费、其他项目费和规费、税金的合计金额相一致。即投标人在进行工程量清单招标的投标报价时，不能进行投标总价优惠（或降价、让利），投标人对投标报价的任何优惠均应反映在相应清单项目的综合单价中。

（4）投标报价的编制程序

投标报价的编制程序如图10.1所示，其过程一般包括以下内容：

①复核或计算工程量。工程招标文件中若提供工程量清单，在投标价格计算之前，要对工程量进行复核。若招标文件中没有提供工程量清单，则必须根据工程图计算全部工程量。若招标文件对工程量的计算方法有规定，应该按照规定的计算方法进行计算。

②确定单价，计算合价。计算单价时，应按照规定将构成分部分项工程的所有费用项目都归入其中，并按照招标文件中的工程量表的格式填写报价，即按照分部分项工程量内容填写单价和合价。一般来说，投标人应建立自己的标准价格数据库，并据此计算工程的投标价格。在应用单价数据库进行投标报价时，需要对选用的单价进行审核评价与调整，使之符合

拟投标工程的实际情况。

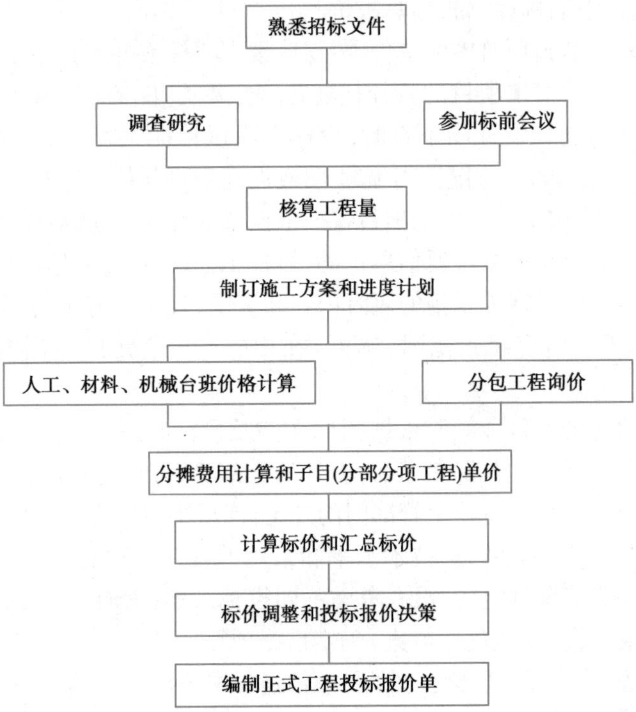

图 10.1　投标报价编制流程

③确定分包工程费用。来自分包人的工程分包费用是投标价格的一个重要组成部分,有时总包人投标报价中的相当部分来自分包工程。因此,在编制投标价格时需要一个适当的价格来衡量分包人的价格,需要确定分包工程的范围,对分包人的能力进行评估。

④确定利润。利润指的是投标人的预期利润。确定利润取值的目标是考虑可以获得最大的可能利润,又要保证投标价格具有一定的竞争性。投标报价时,投标人应该根据市场竞争情况确定该工程的利润率。

⑤确定风险费。风险费对投标人来说是一个未知数,风险的发生会影响实际利润水平。在投标时,应该根据该工程规模、技术复杂程度、工程所在地的实际情况,由有经验的专业人员对可能的风险因素进行逐项分析后确定一个比较合理的费用比率。

⑥确定投标价格。将所有的分部分项工程的合价汇总、取费后以计算出工程的总价。由于计算出来的价格可能重复,也可能漏算,甚至某些费用的预估有偏差等,因此还必须对计算出来的工程总价进行调整。调整总价应用多种方法从多角度对工程进行盈亏分析与预测,找出计算中的问题,以及分析可以通过采取哪些措施降低成本、增加盈利,确定最后的投标报价。

3)工程投标报价影响因素

投标报价过程中应该对投标报价因素进行调查研究,并对影响因素进行分析和评价,为投标报价决策提供依据。调查研究主要是对投标和中标后履行合同有影响的各种客观因素、业主和监理工程师的资信以及工程项目的具体情况等进行深入细致的了解和分析。具体包括以下内容:

(1)政治和法律方面

投标人首先应当了解在招标投标活动中以及在合同履行过程中有可能涉及的法律,也应当了解与项目有关的政治形势、国家政策等,即国家对该项目采取的是鼓励政策还是限制政策。

(2)自然条件

自然条件包括工程所在地的地理位置和地形、地貌;气象状况,包括气温、湿度、主导风向、年降水量等,洪水、台风及其他自然灾害状况等。

(3)市场状况

投标人调查市场情况是一项非常艰巨的工作,其内容也非常多,主要包括:建筑材料、施工机械设备、燃料、动力、水和生活用品的供应情况、价格水平、物价指数以及今后的变化趋势和预测;劳务市场情况,如工人技术水平、工资水平、有关劳动保护和福利待遇的规定等;金融市场情况,如银行贷款的难易程度以及银行贷款利率等。

对材料设备的市场情况尤其需要详细了解,包括原材料和设备的来源方式,购买的成本,来源国或厂家供货情况;材料、设备购买时的运输、税收、保险等方面的规定、手续、费用;施工设备的租赁、维修费用。

(4)工程项目方面的情况

这包括工作性质、规模、发包范围;工程的技术规程和对材料性能及工人技术水平的要求;总工期及分批竣工交付使用的要求;施工场地的地形、地质、地下水位、交通运输、给排水、通信条件的情况;工程项目资金来源;对购买器材和雇佣工人有无限制条件;工程价款的支付方式、外汇所占比例;监理工程师的资历、职业道德和工作作风等。

(5)招标人情况

这包括招标人的资信情况、履约态度、支付能力,在其他项目上有无拖欠工程款的情况,对实施工程需求的迫切程度等。

(6)投标人自身情况

投标人对自己内部情况、资料也应当进行归纳管理。这类资料主要用于招标人要求的资格审查。

(7)竞争对手资料

掌握竞争对手的情况,是投标策略中的一个重要环节,也是投标人参加投标能否获胜的重要因素。投标人在制订投标策略时必须考虑到竞争对手的情况。

4)投标报价的策略

投标报价策略是指投标人在投标竞争中的系统工作部署及其参与投标竞争的方式和手段。投标报价策略的实质是在保证质量与工期的条件下,寻求一个好的报价的技巧问题。承包商为了中标并获得期望的效益,投标程序全过程几乎都要研究投标报价技巧问题,并选择有效的报价策略。常用的投标报价策略有以下几种:

(1)灵活报价法

根据招标项目的不同特点采用不同报价投标报价时,既要考虑自身的优势和劣势,也要分析招标项目的特点,按照工程项目的不同特点、类别、施工条件等来选择报价技巧。

①遇到如下情况报价可高一些:施工条件差的工程;专业要求高的技术密集型工程,而本公司在这方面有专长,声望也较高;总价低的小工程,以及自己不愿做又不方便不投标的工

程；特殊的工程，如港口码头、地下开挖工程等；工期要求急的工程；投标对手少的工程；支付条件不理想的工程。

②遇到如下情况报价可低一些：施工条件好的工程，工作简单、工程量大而一般公司都可以做的工程；本公司目前急于打入某一市场、某一地区，或在该地区面临工程结束，机械设备等无工地转移时；本公司在附近有工程，而本项目又可利用该工程的设备、劳务，或有条件短期内突击完成的工程；投标对手多、竞争激烈的工程；非急需工程；支付条件好的工程。

(2)不平衡报价

不平衡报价是指在总价基本确定的前提下，调整项目和各个子项的报价，使其能够既不影响总报价，又在中标后可以获取较好的经济效益。通常采用的不平衡报价有下列几种情况：

①对能早日结算收回进度款的项目（如前期措施项目、土石方工程、基础工程等），可以适当提高报价，以利于资金周转；对后期项目（如装饰工程、设备安装等）可适当降低报价。

②经过工程量复核，估计今后工程量可能增加的项目，单价可适当提高，这样在最终结算时可更多盈利；而将来工程量可能减少的项目，其单价可适当降低，工程结算时损失不大。上述两点要统筹考虑，具体分析后再定。

③设计图不明确、估计修改后工程量要增加的，可以提高单价，而工程说明不清楚的，则可以降低单价，在工程实施阶段通过索赔再寻求提高单价的机会。

④对于工程量计算有错误的早期工程，如果不可能完成工程量表中的数量，则不能盲目抬高单价，需要具体分析后再确定。

⑤招标人要求采用包干报价的项目，宜报高价；对于暂定项目，其实施的可能性大的项目时，价格可高些；估计该工程不一定实施的项目则可定低价。

⑥有时招标文件要求投标人对工程量大的项目报"综合单价分析表"，投标时可将单价分析表中的人工费及机械设备费报得较高，而材料费报得较低。这主要是为了在今后补充项目报价时，可以参考选用"综合单价分析表"中较高的人工费和机械费，而材料则往往采用市场价，因此可获得较高的收益。

采用不平衡报价法，要注意单价调整时，不能太高也不能太低。一般来说，单价调整幅度不宜超过规定值，只有对投标单位具有特别优势的某些分项，才可适当增大调整幅度。

(3)多方案报价法

对于一些招标文件，若发现工程范围不很明确，条款不清楚或技术规范要求过于苛刻，则要在充分估计投标风险的基础上，准备"两个报价"，即是按原招标文件报一个价，然后再提出倘若合同做某些修改，报价可降低多少个百分点，以此吸引对方修改合同条件。但必须先按照招标文件报一个价，而不能只报备选方案的价格，否则可能会被当作"废标"处理。

(4)增加建议方案

有时招标文件中规定，可以提一个建议方案，即修改原设计方案。投标人这时应抓住机会，组织一些有经验的设计工程师和施工工程师，对原招标文件的设计和施工方案仔细研究，提出更为合理的方案以吸引发包人，促成自己的方案中标。这种新建议方案可以降低总造价，或使工期缩短，或使工程运用更为合理，但要注意对原招标方案一定也要报价。建议方案不要写得太具体，要保留方案的技术关键，防止发包人将此方案交给其他承包商。但建议方案一定要比较成熟且有良好的可操作性，防止中标后因此而可能给自己带来比较大的风险。

(5)无利润报价

缺乏竞争优势的承包商,在不得已的情况下,可在报价计算表中根本不考虑利润去夺标。这种办法一般在以下情况下采用:

①有可能在夺标后,将大部分工程分包给索价较低的分包商。

②对于分期建设的项目,先以低价获得首期工程,为以后赢得二期工程创造条件,以获得后期利润。

③在较长时期内,承包商没有在建工程项目,如果再不夺标,就难以维持生存。因此,虽本工程无利可图,只要能有一定的管理费维持公司的日常运转,就可设法度过暂时的困难,以图将来东山再起。

结合工程实际情况,还可以在诸如计日工单价的报价、暂定金额的报价、可供选择的项目的报价、分包商报价等方面制订相应的策略,以获得中标。

10.1.5　开标、评标、定标

1)开标

为了避免投标中的舞弊行为,开标应当在招标文件确定的提交投标文件截止时间的同一时间公开进行。特殊情况下可以征得建设行政主管部门同意后,暂缓或者推迟开标时间。开标由招标人主持并邀请所有投标人的法定代表人或其委托代理人准时参加,通常不应以投标人不参加开标为由将其投标作废标处理。对于逾期送达的或者未送达指定地点的、未按招标文件要求密封的投标文件,招标人不予受理。

2)评标

工程评标是招标程序中极为重要的环节。评标应由招标人依法组建的评标委员会负责。

其评标的目的是根据招标文件确定的标准和方法,对每一个投标人的投标文件进行评审和比较,以正确选择最优投标价的投标人。工程评标应遵循竞争优选、公正、公平、科学合理、质量好、信誉高、价格合理、工期适当、施工方案先进可行,反不正当竞争以及规范性与灵活性相结合的原则。评标一般分为初步评审和详细评审两个阶段,主要采用的评标方法包括经评审的最低中标价法和综合评价法。

(1)初步评审

初步评审即投标文件的响应性审查,分析招标文件是否实质上响应提示文件的所有条款、条件,无显著的差异或保留,主要包括以下四个方面:

①形式评审。包括投标人名称应当与营业执照、资质证书、安全生产许可证一致;投标函上有法人或其委托代理人签字或加盖单位章;投标文件格式符合要求等。

②资格评审。公开招标时核对是否为资格预审的投标人,邀请招标在此阶段应对投标人提交的资格材料进行审查。

③响应性评审。投标文件应实质上响应招标文件的所有条款、条件和规定,无显著差异和保留。

④施工组织设计和项目管理机构评审。包括施工方案与技术措施、质量、安全、环境保护管理体系与措施、工程进度计划与措施等,符合有关标准。

为了有助于投标文件的审查、评价和比较,明确、清楚地理解和表明相关条款,必要时评标委员会可以书面方式要求投标人对投标文件中某些含义不明确的内容进行澄清。但评标委员会不得向投标人提出带有暗示性或诱导性的问题,或向其明确投标文件中的遗漏和错误。同时,评标委员会不接受投标人主动提出的澄清。澄清的问题需经投标单位的法定代表人或授权代理人签字,作为招标文件的有效组成部分;但澄清的问题不允许更改投标价格和投标书中的实质性内容。

没有经过初步评审的投标书不得进入下一阶段。

(2)详细评审

经初步评审合格的投标文件,评标委员会应当根据招标文件确定的评标标准和方法,对其技术部分和商务部分作进一步评审。

①技术性评审。包括方案可行性评审和关键工序评审,劳务、材料、机械设备、质量控制措施评估以及对施工现场周围环境污染的保护措施等评估。具体内容有以下几点:

a. 施工方案的可行性。包括施工工艺与方法、施工机械的性能和数量选择、施工场地及临时设施安排,施工顺序及相互衔接。

b. 施工进度计划的可靠性。评审施工进度计划能否满足建设单位对工程竣工时间的要求,进度计划是否科学、严谨并切实可行,并审查保证施工进度计划的措施。

c. 工程材料和机械设备供应的技术性能符合设计、施工要求。评估投标书中关于主要材料和设备的样本、型号、规格和制造厂家等,判断其技术性能是否可靠和达到设计要求。分析组织结构模式,评价管理和技术人员的能力。

d. 施工质量的保证措施。评审质量控制和管理的措施,包括质量管理制度的严密性、质量管理人员的配备、质量检验仪器配备等。

e. 对施工安全管理措施进行评估,审查其措施的完整性、有效性和保障性。

f. 对技术建议和替代方案做出评审。评审这些建议和替代方案对工程质量和技术性能的影响,评估其可行性和技术经济的价值,考虑是否全部或部分采纳。

g. 对施工现场的周围环境污染的保护措施进行评估。审查其措施的有效性和持续性。

②商务性评审。审查报价数据计算的正确性,分析报价构成的合理性。具体内容有以下几点:

a. 投标报价数据计算的正确性。包括报价的范围和内容是否有遗漏和修改,报价中每一单项价格计算是否正确,汇总计算是否存在错误。

b. 报价构成的合理性。通过分析投标报价中有关措施项目费用、管理费用、主体工程和各个专业工程项目价格的比例关系,各单项工程合价以及其他项目费用,可以判断投标报价是否合理;对计日工报价,只填单价的机械台班费和人工费,进行合理性分析;分析投标书中所附的各阶段的资金需求计划是否与施工进度计划相一致,对付款要求是否合理;采用调值公式法调价时取用的基价和调值系数及调价幅度估算是否合理等。

c. 对建议方案的商务评审。分析投标人提出的财务、付款等建议方案,评估接受这些建议方案可能产生的好处及风险。

3)评标方法

评标方法的分析与选择,反映了招标人选择投标人的价值取向,在很大程度上决定了选择出的投标人对招标工程的适应性。评标方法的选择应该体现出公正、公平、公开,体现出针对性、有效性等,具体方法如下:

(1)经过评审的最低投标价法

这种方法是以评审价格作为衡量标准,按照经评审的投标价由低到高的顺序推荐中标候选人,但投标报价低于其成本的除外。评标价并非投标价,它是将详细评审标准规定的量化因素及量化标准进行价格折算,然后再计算其评标价。由于很多因素不能折算成价格,如施工组织结构、管理体系、人员素质等,因此这种方法的采用必须建立在严格的资格预审基础上。只要承包人通过了资格预审,就被认为具备了可靠的承包商条件,投标竞争只是一个价格的比较。评标价的其他构成要素还包括工期的提前时间、标书中的优惠、技术建议带来的经济效益等,这些条件都可以折算成价格作为评标价的折减因素。对其他可以折算为价格的因素,按照对招标人有利和不利的原则,按规定折减后,在投标报价中扣减和增加。

这种评审方法主要体现价格的竞争,通常适用于具有通用技术、性能标准或者招标人对其技术、性能没有特殊要求的招标项目。

(2)综合评分法

这种方法是指对满足招标文件实质性要求的投标文件,按照规定的评分标准进行打分,并按得分由高到低顺序推荐中标候选人。具体来说,是将评审内容分类后分别赋予不同权重,评标委员会依据评分标准打分,最后计算的累计分值反映投标人的综合水平,以得分最高的投标书为最优。这种方法由于需要评分涉及面较宽,每一项都要经过评委打分,可以全面地衡量投标人实际承建招标工程的综合能力。大型复杂工程及其他不宜采用经评审的最低投标价法的招标工程,一般应当采用综合评分法进行评审。

综合评分法的评标分值构成分为四个方面:施工组织设计、项目管理机构、投标报价以及其他评分因素。各方面所占比例和具体分值由招标人自行确定,并在招标文件中明确载明。在评标过程中,可以对投标文件按下式计算投标报价偏差率

$$偏差率=\frac{投标人报价-评标基准价}{评标基准价}\times 100\% \tag{10.1}$$

评标基准价的计算方法应在投标人须知前附表中予以明确。

4)定标

经过评标后,招标人就可以依据评标委员会推荐的中标候选人(一般限定在 1 ~3 人,并标明排列顺序)确定中标人。中标人的投标应当符合下列条件之一:

①能够最大限度满足招标文件中规定的各项综合评价标准。

②能够满足招标文件实质性要求,并且经评审的投标价格最低,但投标价格低于成本的除外。

中标人确定后,招标人应向中标人发出中标通知书。并同时将中标结果通知所有未中标的投标人。中标通知书对招标人和投标人具有法律效力。中标通知书发出后,招标人改变中标结果的,或者中标人放弃中标项目的,应当依法承担法律责任。招标人和中标人应当自中标通知书发出之日起 30 日内,按照招标文件和中标人的投标书订立书面合同。招标人和中标人不得再行订立背离合同实质性内容的其他协议。招标文件要求中标人提交履约保证金的,中标人应当提交。依法必须招标的项目,招标人应当自确定中标人之日起 15 日内,向有关行政监督部门提交招标投标情况的书面报告。

中标人不得向他人转让中标项目,也不得将中标项目肢解后分别向他人转让。中标人按照合同约定或者经招标人同意,可以将中标项目的部分非主体、非关键性工程分包给他人完

成。分包单位应当具备相应的资格条件,并不得再次分包。中标人应当就分包项目向招标人负责,分包人就分包项目承担连带责任。

10.1.6 建设工程施工合同价的确定

招标阶段工程造价控制主要体现在三个方面:获得竞争性的投标报价、有效评价合理报价、签订合同预先控制造价变更。确定合同价和签订严密的工程合同,使合同价得以稳妥实现是招标阶段重要的工作内容。

1)施工合同类型

根据《中华人民共和国民法典》《建设工程施工合同(示范文本)》以及《建设工程施工发包与承包计价管理办法》的规定,建设工程施工合同按计价方式的不同,可分为三种类型:总价合同、单价合同、成本加酬金合同。招标单位在招标前,就应根据施工难度、设计深度、建设要求等因素确定合同形式,不同的合同形式采用不同的合同单价。

(1)总价合同

总价合同指发承包双方约定以施工图及其预算和有关条件进行合同价款计算、调整和确认的建设工程施工合同。即以施工图、规范为基础,在工程任务内容明确、发包人的要求条件清楚、计价依据和要求确定的条件下,发承包双方依据承包人编制的施工图预算商谈并确定合同价款。当合同约定工程施工内容和有关条件(即风险范围)不发生变化时,发包人付给承包人的工程价款总额就不会发生变化。当工程施工内容和有关条件发生变化时,发承包双方根据变化情况和合同约定调整工程价款,但对工程量变化引起的合同价款调整应遵循以下原则:

①当合同价款是依据承包人根据施工图自行计算的工程量确定时,除工程变更造成的工程量变化外,合同约定的工程量是承包人完成的最终工程量,发承包双方不能以工程量变化作为合同价款调整的依据。

②当合同价款是依据发包人提供的工程量清单确定时,发承包双方应依据承包人最终实际完成的工程量(包括工程变更,工程量清单错、漏)调整确定工程合同价款。

这种合同类型能够使发包人在评标时易于确定报价最低的承包人、易于进行支付计算。但这类合同仅适用于工程量不大且能精确计算、工期较短、技术不太复杂、风险不大的项目,并要求发包人准备详细、全面的设计图和各项说明。

(2)单价合同

单价合同指发承包双方约定以工程量清单及其综合单价进行合同价款计算、调整和确认的建设工程施工合同。实行工程量清单计价的工程,一般应采用单价合同方式,即合同中的工程量清单项目综合单价在合同约定的条件内固定不变,超过合同约定条件时,依据合同约定进行调整;工程量清单项目及工程量依据承包人实际完成且应予计量的工程量确定。

这类合同的适用范围比较宽,其风险可以得到合理的分摊,并且能鼓励承包人通过提高工效等手段从成本节约中提高利润。

(3)成本加酬金合同

成本加酬金合同指发承包双方约定以施工工程成本再加合同约定酬金进行合同价款计算、调整和确认的建设工程施工合同。这种合同下,承包人不承担任何价格变化和工程量变化的风险,不利于发包人对工程造价的控制。在如下情况下,通常选择成本加酬金合同:

①工程特别复杂，工程技术、结构方案不能预先确定，或者尽管可以确定工程技术和结构方案，但不可能进行竞争性的招标活动并以总价合同或单价合同的形式确定承包人。

②时间特别紧迫，来不及进行详细的计划和商谈，如抢险、救灾工程。

成本加酬金合同有多种形式，主要有成本加固定费用合同、成本加固定比例费用合同、成本加资金合同等。

2）施工合同价格类型的选择

不同的合同价格类型对应不同的施工合同类型。一般来说，选择施工合同类型时建设单位具有一定的主动权，但也应该考虑施工单位的承受能力，考虑工程项目风险状况，分析影响合同类型选择的因素，以选择双方都认可的合同类型。影响合同类型选择的因素主要有以下几个方面：

（1）工程规模与工期

如果工程项目的规模小，工期较短，这类合同风险较小，发包人愿意选择总价合同。若工程项目规模大、工期长、不可见因素多，则不宜采用总价合同。

（2）工程复杂程度与施工难度

如果工程的复杂程度高，则意味着对承包商技术水平要求高，工程项目风险大，施工难度大。因此，承包人对合同的选择有较大的主动权，总价合同被选择的可能性小。

（3）工程设计深度

若工程设计详细，工程量明确，则三类合同都可以采用；若设计深度可以划分分部分项工程，但不能准确计算工程量，应优先选用单价合同。

（4）项目准备时间的长短

对各方的准备工作，对于不同的合同类型分别需要不同的准备时间和准备费用。总价合同需要的准备时间和准备费用最低，成本加酬金合同需要的准备时间和准备费用最高。可以根据工程项目对准备工作的要求来选择不同类型合同形式。

（5）工程项目的竞争情况

如果参与投标的承包商较多，则发包商拥有较多的主动权，可以按照总价合同、单价合同、成本加酬金合同的顺序选择；否则，应尽量选择承包商愿意采用的合同类型。

（6）项目的外部环境因素

项目的外部环境在很大程度上决定了项目的风险程度，若风险高，采用总价合同的可能性不大。外部环境因素包括工程所在地的政治局势、经济局势、劳动力素质、交通、周围自然环境等。如果项目的外部环境恶劣则意味着项目的成本高、风险大、不可预测的因素多，承包商很难接受总价合同方式，而较适合采用成本加酬金方式。选择合同类型时，不能单纯考虑某一方的利益，而应考虑到承包商的承受能力，应当综合考虑工程项目的各种因素，考虑有利于成本控制和风险控制的合同形式，确定双方能够互利共赢的合同形式。

一般而言，实行工程量清单计价的工程，应采用单价合同。即合同约定的工程价款中包含的工程量清单项目综合单价在约定条件内是固定的，不予调整，工程量允许调整。工程量清单项目综合单价在约定的条件外，允许调整。调整方式、方法应在合同中约定。单价合同在进行工程计量时，若发现招标工程量清单中出现缺项、工程量偏差，或因工程变更引起工程量的增减，应按承包人在履行合同义务中完成的工程量计算。

建设规模较小，技术难度较低，工期较短，且施工图设计已审查批准的建设工程可采用总价合同。采用总价合同，除工程变更外，其工程量不予调整。采用经审定批准的施工图及其预算方式发包形成的总价合同，由于承包人自行对施工图进行计量，因此，除按照工程变更规定引起的工程量增减外，总价合同各项目的工程量是承包人用于结算的最终工程量。这是与单价合同的本质区别。

紧急抢险、救灾以及施工技术特别复杂的建设工程可采用成本加酬金合同。

10.1.7 施工合同格式的选择

合同是招投标双方对招标成果的确认，是招标后、开工之前双方签订的工程施工、付款和结算的凭证。合同的形式应在招标文件中确定，投标人应在招标文件中作出响应。施工合同的格式在一定程度上决定了合同条件适用程度和合同条件设置的完整性，也为工程施工和合同管理提供了有效管理的前提条件。目前，在工程建设中比较典型的施工合同格式一般采用以下几种方式：

1）建设工程施工合同示范文本

我国于 2017 年修订并颁布了《建设工程施工合同（示范文本）》（GF-2017-0201）适用于房屋建筑工程、土木工程、线路管道和设备安装工程、装修工程等建设工程的施工承发包活动。合同当事人可结合建设工程具体情况，根据《建设工程施工合同（示范文本）》订立合同，并按照法律法规规定和合同约定承担相应的法律责任及合同权利义务。《建设工程施工合同（示范文本）》是公开招标的中小项目采用最多的一种合同格式。该合同由 3 部分组成：合同协议书、通用条款、专用条款。

国内建筑施工企业对该合同内容和条件较为熟悉，同时该合同内容完善，比较符合我国国情，因而在国内项目中广泛采用。

（1）合同协议书

《建设工程施工合同（示范文本）》合同协议书共计 13 条，主要包括工程概况、合同工期、质量标准、签约合同价和合同价格形式、项目经理、合同文件构成、承诺以及合同生效条件等重要内容，集中约定了合同当事人基本的合同权利义务。

（2）通用合同条款

通用合同条款是合同当事人根据《中华人民共和国建筑法》、《中华人民共和国合同法》（《中华人民共和国合同法》已于 2021 年 1 月 1 日失效，该法已并入《中华人民共和国民法典》，自民法典施行之日起同时废止。）等法律法规的规定，就工程建设的实施及相关事项，对合同当事人的权利义务做出的原则性约定。

通用合同条款共计 20 条，具体条款分别为：一般约定、发包人、承包人、监理人、工程质量、安全文明施工与环境保护、工期和进度、材料与设备、试验与检验、变更、价格调整、合同价格、计量与支付、验收和工程试车、竣工结算、缺陷责任与保修、违约、不可抗力、保险、索赔和争议解决。前述条款安排既考虑了现行法律法规对工程建设的有关要求，也考虑了建设工程施工管理的特殊需要。

（3）专用合同条款

专用合同条款是对通用合同条款原则性约定的细化、完善、补充、修改或另行约定的条款。合同当事人可以根据不同建设工程的特点及具体情况，通过双方的谈判、协商对相应的专用合同条款进行修改补充。在使用专用合同条款时，应注意以下事项：

①专用合同条款的编号应与相应的通用合同条款的编号一致。

②合同当事人可以通过对专用合同条款的修改，满足具体建设工程的特殊要求，避免直接修改通用合同条款。

③在专用合同条款中有横道线的地方，合同当事人可针对相应的通用合同条款进行细化、完善、补充、修改或另行约定；如无细化、完善、补充、修改或另行约定，则填写"无"或画"/"。

2）标准施工招标文件

为了规范施工招标文件编制活动，提高招标文件编制质量，促进招标投标活动的公开、公平和公正，我国于 2008 年实施了《中华人民共和国标准施工招标文件》（简称《标准施工招标文件》），并于 2012 年进行了修订。2012 年版《中华人民共和国简明标准施工招标文件》（简称《简明标准施工招标文件》）主要适用于工期不超过 12 个月、技术相对简单且设计和施工不是由同一承包人承担的小型项目施工招标。有关行业主管部门可以根据《简明标准施工招标文件》并结合本行业施工招标特点和管理需要，编制行业标准施工招标文件。行业标准施工招标文件重点对"专用合同条款""工程量清单""图纸""技术标准和要求"做出具体规定。

《简明标准施工招标文件》的第一章是招标公告（适用于公开招标）、投标邀请书（适用于邀请招标）。招标人按照格式发布招标公告或发出投标邀请书后，将实际发布的招标公告或实际发出的投标邀请书编入出售的招标文件中，作为投标邀请。

《简明标准施工招标文件》的第二章是投标人须知，第三章是评标办法，分别规定经评审的最低投标价法和综合评估法两种评标方法，供招标人根据招标项目具体特点和实际需要选择适用。招标人选择适用综合评估法的，各评审因素的评审标准、分值和权重等由招标人自主确定。

《简明标准施工招标文件》的第四章是合同条款及格式，第五章是工程量清单，第六章是图纸，第七章是技术标准和要求，第八章是投标文件格式。"技术标准和要求"由招标人根据招标项目具体特点和实际需要编制，其中的各项技术标准应符合国家强制性标准，不得要求或标明某一特定的专利、商标、名称、设计、原产地或生产供应者，不得含有倾向或者排斥潜在投标人的其他内容。

3）水利水电土建工程施工合同条件

为加强水利水电建设市场的管理，确保水利水电工程建设管理在公平、公正的基础上健康有序进行，我国于 2000 年颁布修改后的《水利水电土建工程施工合同条件》（GF-2000-0208）。

凡列入国家或地方建设计划的大中型水利水电工程，应使用《水利水电土建工程施工合同条件》，小型水利水电工程可参照使用。

4）FIDIC 施工合同条件

国际通用的规范合同文本称为 FIDIC 合同，是由国际咨询工程师联合会（法语全称为 Fédération Internationale Des Ingénieurs Conseils，FIDIC）专业委员会编制。世界银行、亚洲开发银行、非洲开发银行等国际金融组织的贷款项目和一些国家的国际工程项目常常采用 FIDIC 合同条件。该合同条件内容完善、国际上应用广泛。采用这种合同格式，可以有效控制施工过程中的造价控制行为，可以有效减少工程结算过程中的纠纷，但因其使用条件较严格，突出工程师的作用,在国内应用比较少。

10.2 合同价款调整

10.2.1 合同价款调整概述

1)合同价款调整的概念

合同价是发承包双方在工程合同中约定的工程造价。然而,承包人按合同约定完成了全部承包工作后,发包人应付给承包人的合同总金额往往不等于签约合同价。原因在于施工过程中出现了合同约定的价款调整事项,发承包双方对此进行了提出和确认。

所谓合同价款调整,是指在合同价款调整因素出现后,发承包双方根据合同约定,对合同价款进行变动的提出、计算和确认。

2)计价风险的分担原则风险

风险是一种客观存在、可能会带来损失的、不确定的状态,具有客观性、损失性、不确定性的特点,并且风险始终是与损失相联系的。工程建设具有单件性和建设周期长的特点,在工程施工过程中影响工程施工及工程造价的风险因素很多,因此,计价风险会直接影响合同价款与合同价款调整。

承包方无法预测、控制所有的风险,基于市场交易的公平性要求和工程施工中发承包双方权、责的对等性要求,发承包方双方应合理分摊风险。因此,《建设工程工程量清单计价规范》中明确规定:建设工程发承包,必须在招标文件、合同中明确计价中的风险内容及其范围,不得采用无限风险、所有风险或类似语句规定计价中的风险内容及范围。

计价风险分担的实质是发承包商双方对导致项目未来损失的责任的界定与划分,根据我国工程建设特点,投标人应完全承担的风险是技术风险和管理风险,如管理费和利润;应有限度承担的是市场风险,如材料价格,施工机具使用费;应由招标人完全承担的是法律、法规、规章政策变化的风险。

(1)发包人完全承担的计价风险

应由发包人完全承担的风险包括:

①国家法律、法规、规章和政策发生变化,此类变化主要体现在规费、税金的计价。

②省级或行业建设主管部门发布的人工费调整,但承包人对人工费或人工单价的报价高于发布的除外。根据我国目前工程建设的实际情况,各地建设主管部门均根据当地的有关规定发布人工成本信息或人工费调整,对此关系职工切身利益的人工费不应纳入风险,不应由承包人承担。

③由政府定价或政府指导价管理的原材料等价格进行调整。目前,我国仍有一些原材料价格实行政府定价或政府指导价,如水、电、燃油等,对此类原材料价格,按照以下规定进行合同价款调整:在合同约定的交付期限内价格调整时,按照交付的价格计价。逾期交付的,遇价格上涨时,按照原价格执行;价格下降时,按照新价格执行。逾期提取标的物或者逾期付款的,遇价格上涨时,按照新价格执行;价格下降时,按照原价格执行。

(2)发承包双方共担的计价风险

应由发承包双方共担、合理分摊的风险包括：

①市场物价波动。为应对市场物价波动，发承包双方应填写“承包人提供主要材料和工程设备一览表”作为合同附件，并应在合同中约定市场物价波动的调整范围和幅度。通常，材料价格的风险宜控制在 5% 以内，施工机械使用费的风险可控制在 10% 以内，超过者予以调整。

②不可抗力。当不可抗力发生，影响合同价款时，按照工程本身的损害、清理、修复由发包人承担，其他各自的损失各自承担的原则进行风险分担。

(3)承包人完全承担的计价风险

由于承包人使用机械设备、施工技术以及组织管理水平等自身原因造成施工费用增加的，由承包人全部承担。例如，由于承包人组织施工的技术方法、管理水平低下造成的管理费用超支或利润减少的风险全部由承包人承担。

3)合同价款调整的相关规定

合同履行过程中，引起合同价款调整的事项有很多，对合同价款调整做出相关规定的主要有《建设工程施工合同(示范文本)》(GF-2017-0201)、《建设工程工程量清单计价规范》(GB 50500—2013)等。

(1)《建设工程施工合同(示范文本)》相关规定

该文件规定了 2 项合同价款调整的事项，分别是：市场价格波动引起的调整，法律变化引起的调整。

①市场价格波动引起的调整。市场价格波动超过合同当事人约定的范围时，合同价格应当调整。可以采用价格指数进行调整，也可以采用造价信息进行价格调整。

②法律变化引起的调整。基准日期后，法律变化导致承包人在合同履行过程中所需要的费用增加时，由发包人承担由此增加的费用；减少时，应从合同价格中予以扣减。基准日期后，因法律变化造成工期延误时，工期应予以顺延。

(2)《建设工程工程量清单计价规范》相关规定

该文件规定了 15 项合同价款调整事项，包括：法律法规变化引起的合同价款调整，工程变更引起的合同价款调整，项目特征不符引起的合同价款调整；工程量清单缺项引起的合同价款调整；工程量偏差引起的合同价款调整；计日工引起的合同价款调整；物价变化引起的合同价款调整；暂估价引起的合同价款调整；不可抗力引起的合同价款调整；提前竣工(赶工补偿)引起的合同价款调整；误期赔偿引起的合同价款调整；索赔引起的合同价款调整；现场签证引起的合同价款调整；暂列金额引起的合同价款调整；其他调整事项引起的合同价款调整。

4)合同价款调整的分类

发承包双方按照合同约定调整合同价款的若干事项，大概包括 5 大类：①法律法规变化类。②工程变更类。工程变更类事项包括工程变更、项目特征不符、工程量清单缺项、工程量偏差、计日工。③物价变化类。物价变化类事项主要涉及物价变化和暂估价。④工程索赔类。工程索赔类事项主要涉及不可抗力、提前竣工(赶工补偿)、误期赔偿、索赔。⑤现场签证及其他类。现场签证是发承包双方在合同履约过程中，发包人现场代表与承包人现场代表就施工过程中涉及的责任事件所作的签证证明。其范围主要是对因业主方要求的合同外零星工作、非承包人责任事件以及合同工程内容因场地条件、地质水文,发包人要求不一致等进行签认证明。现场签证根据签证内容,有的可归工程变更类,有的可归索赔类,有的不涉及价款调整。

5)合同价款调整的处理规定

(1)承包人提出合同价款调增事项的时限要求

出现合同价款调增事项(不含工程量偏差、计日工、现场签证、索赔)后的14天内,承包人应向发包人提交合同价款调增报告并附上相关资料;承包人在14天内未提交合同价款调增报告的,应视为承包人对该事项不存在调整价款请求。工程量偏差的调整在竣工结算完成之前均可提出。计日工、现场签证、索赔的调整时限要求见下文。

(2)发包人提出合同价款调减事项的时限要求

出现合同价款调减事项(不含工程量偏差、索赔)后的14天内,发包人应向承包人提交合同价款调减报告并附相关资料;发包人在14天内未提交合同价款调减报告的,应视发包人对该事项不存在调整价款请求。

(3)合同价款调整的核实程序

发承包人应在收到承发包人合同价款调增(减)报告及相关资料之日起14天内对其核实,予以确认的应书面通知承发包人。当有疑问时,应向承发包人提出协商意见。发承包人在收到合同价款调增(减)报告之日起14天内未确认也未提出协商意见的,视为提交的合同价款调增(减)报告已被认可。发承包人提出协商意见的,承发包人应在收到协商意见后的14天内对其核实,予以确认的应书面通知发承包人。承发包人在收到协商意见后14天内既不确认也未提出不同意见的,视为提出的意见已被认可。

发包人与承包人对合同价款调整的不同意见不能达到一致的,只要对双方履约不产生实质影响,双方应继续履行合同义务,直到其按照合同约定的争议解决方式得到处理。

(4)合同价款调整的支付

经发承包双方确认调整的合同价款,作为追加(减)合同价款,与工程进度款或结算款同期支付。

10.2.2 法律法规变化引起的合同价款调整

在合同履行过程中,当国家的法律、法规、规章和政策发生变化引起工程造价增减变化时,发承包双方应当按照省级或行业建设主管部门或其授权的工程造价管理机构据此发布的规定调整合同价款。

1)合同价款调整基准日的确定

法律法规变化属于发包人完全承担的风险,发承包双方对因法律法规变化引起价款调整的风险划分是以基准日为界限的。在基准日之后发生法律法规变化,导致承包人在合同履行中所需工程费用发生增减时,合同价款予以调整,该风险由发包人承担。

对于实行招标的工程,以招标文件中规定的招标截止日前28天,对于不实行招标的工程,以合同签订前28天为基准日。

2)工期延误期间法律法规变化的合同价款调整规定

由于承包人原因导致工期延误,且调整时间在合同工程原定竣工时间之后,按不利于承包人的原则调整合同价款。即合同价款调增的不予调整,合同价款调减的予以调整。

3)法律法规变化引起合同价款调整的内容

法律法规变化导致的合同价款调整主要反映在规费和税金计价上。人工费和实行政府指导价的原材料价格的调整主要是价差调整,在下文详细讲解调整方法。

10.2.3　工程变更类合同价款调整

工程变更类包括工程变更、项目特征不符、工程量清单缺项、工程量偏差、计日工等事项。

1)工程变更

(1)工程变更的风险界定

工程变更是工程实施过程中由发包人或承包人提出,经发包人批准的工程项目工作内容、工作数量、质量要求、施工顺序与时间、施工条件、施工工艺或其他特征及合同条件等的改变。承包人虽有权提出变更,但不能擅自变更,必须得到发包人的批准。因此,工程变更的风险应完全由发包人承担。但工程变更指令发出后,承包人应当抓紧落实,如果承包人不能全面落实变更指令,则扩大的损失应当由承包人承担。

(2)工程变更的价款调整方法

①分部分项工程费的调整。工程变更引起已标价工程量清单项目或其工程数量发生变化时,应按照下列规定调整:

a.已标价工程量清单中有适用于变更工程项目的,且工程变更导致该清单项目的工程量变化不足 15%时,采用该项目的单价。当工程量变化超过 15%时,分两种情况:当工程量增加 15%以上时,增加部分工程量的综合单价应予调低;当工程量减少 15%以上时,减少后剩余部分工程量的综合单价应予调高。

b.已标价工程量清单中没有适用但有类似于变更工程项目的,可在合理范围内参照类似项目的单价。

c.已标价工程量清单中没有适用也没有类似于变更工程项目的,由承包人根据变更工程资料、计量规则和计价办法、工程造价管理机构发布的信息(参考)价格和承包人报价浮动率提出变更工程项目的单价,报发包人确认后调整。承包人报价浮动率可按下列公式计算:

招标工程:

$$\text{承包人报价浮动率}\ L=(1-\text{中标价}\div\text{招标控制价})\times 100\% \tag{10.2}$$

非招标工程:

$$\text{承包人报价浮动率}\ L=(1-\text{报价}\div\text{施工图预算})\times 100\% \tag{10.3}$$

注:上述公式中的中标价、招标控制价或报价值和施工图预算均不含安全文明施工费。

d.已标价工程量清单中没有适用也没有类似于变更工程项目,且工程造价管理机构发布的信息(参考)价格缺价的,由承包人根据变更工程资料、计量规则、计价办法和通过市场调查等取得的有合法数据的市场价格提出变更工程项目的单价,报发包人确认后调整。

②措施项目费的调整。工程变更引起措施项目发生变化的,承包人提出调整措施项目费的,应事先将拟实施的方案提交发包人确认,并详细说明与原方案措施项目相比的变化情况。拟实施的方案经发承包双方确认后执行,并应按照下列规定调整措施项目费:

a.安全文明施工费,按照实际发生变化的措施项目调整,不得浮动。

b. 采用单价计算的措施项目费，按照实际发生变化的措施项目，按前述分部分项工程费的调整方法确定单价。

c. 按总价（或系数）计算的措施项目费，除安全文明施工费外，按照实际发生变化的措施项目调整，但应考虑承包人报价浮动因素，即调整金额按照实际调整金额乘以上述承包人报价浮动率。

如果承包人未事先将拟实施的方案提交给发包人确认，则视为工程变更不引起措施项目费的调整或承包人放弃调整措施项目费的权利。

③删减工程或工作的补偿。如果发包人提出的工程变更，由于非承包人原因删减了合同中的某项原定工作或工程，致使承包人发生的费用或（和）得到的收益不能被包括在其他已支付或应支付的项目中，也未被包含在任何替代的工作或工程中，则承包人有权提出并得到合理的费用及利润补偿。

2）项目特征不符

（1）项目特征不符的风险界定

项目特征描述是确定综合单价的重要依据之一，承包人在投标报价时应依据发包人提供的招标工程量清单中的项目特征描述，确定其清单项目的综合单价。发包人在招标工程量清单中对项目特征的描述应被认为是准确的和全面的，并且与实际施工要求相符合。承包人应按照发包人提供的招标工程量清单，根据其项目特征描述的内容及有关要求实施合同工程，直到其被改变为止。因此，项目特征不符风险应由发包人承担。

（2）合同价款的调整方法

承包人应按照发包人提供的设计图纸实施工程合同，若在合同履行期间，出现设计图纸（包括设计变更）与招标工程量清单中任一项目的特征描述不符，且该变化引起该项目的工程造价发生增减变化的，发承包双方应当按照实际施工的项目特征，重新确定相应工程量清单项目的综合单价，并调整合同价款。

3）工程量清单缺项

（1）工程量清单缺项的风险界定

招标工程量清单必须作为招标文件的组成部分，其准确性和完整性由招标人负责。因此，招标工程量清单是否准确和完整，其责任应当由提供工程量清单的发包人负责，作为投标人的承包人不应承担因工程量清单的缺项、漏项以及计算错误带来的风险与损失。

（2）合同价款的调整方法

①分部分项工程费的调整。施工合同履行期间，由于招标工程量清单中分部分项工程出现缺项、漏项造成新增工程清单项目的，应按照工程变更事件中关于分部分项工程费的调整方法调整合同价款。

②措施项目费的调整。由于招标工程量清单中分部分项工程出现缺项、漏项引起措施项目发生变化的，应当按照工程变更事件中关于措施项目费的调整方法，在承包人提交的实施方案被发包人批准后，调整合同价款。若招标工程量清单中措施项目出现缺项，承包人应将新增措施项目实施方案提交发包人批准后，按照工程变更事件中的有关规定调整合同价款。

4)工程量偏差

(1)工程量偏差的风险界定

工程量偏差是指承包人根据发包人提供的图纸(包括由承包人提供经发包人批准的图纸)进行施工,按照现行国家计量规范规定的工程量计算规则,计算得到的完成合同工程项目应予计量的工程量与相应的招标工程量清单项目列出的工程量之间出现的量差。工程量偏差风险由发包人承担。

(2)合同价款的调整方法

施工合同履行期间,若应予计算的实际工程量与招标工程量清单列出的工程量之间出现偏差,或者因工程变更等非承包人原因导致工程量出现偏差,该偏差对工程量清单项目的综合单价将产生影响,是否调整综合单价以及如何调整,发承包双方应当在施工合同中约定。如果合同中没有约定或约定不明的,可以按以下原则办理。

①综合单价的调整原则。当应予计算的实际工程量与招标工程量清单出现的偏差(包括因工程变更等原因导致的工程量的偏差)超过 15% 时,对综合单价的调整原则为:当工程量增加 15% 以上时,其增加部分工程量的综合单价应予调低;当工程量减少 15% 以上时,减少后剩余部分工程量的综合单价应予调高。具体调整方法如下;

a. 当 $Q_1>1.15Q_0$ 时:

$$S=1.15Q_0\times P_0+(Q_1-1.15Q_0)\times P_1 \tag{10.4}$$

b. 当 $Q_1<0.85Q_0$ 时:

$$S=Q_1\times P_1 \tag{10.5}$$

式中　S——调整后的某一分部分项工程费结算价;

Q_1——最终完成的工程量;

Q_0——招标工程量清单中列出的工程量;

P_1——按照最终完成工程量重新调整后的综合单价;

P_0——承包人在工程量清单中填报的综合单价。

新综合单价 P_1 的确定方法:一是发承包双方协商确定;二是与招标控制价相联系。当工程量偏差项目出现承包人在工程量清单中填报的综合单价与发包人招标控制价相应清单项目的综合单价偏差超过 15% 时,工程量偏差项目综合单价的调整如下:

c. 当 $P_0<P_2\times(1-L)\times(1-15\%)$ 时,该类项目的综合单价 P_1 为:

$$P_1=P_2\times(1-L)\times(1-15\%) \tag{10.6}$$

d. 当 $P_0>P_2\times(1+15\%)$ 时,该类项目的综合单价 P_1 为:

$$P_1=P_2\times(1+15\%) \tag{10.7}$$

c. 当 $P_0>P_2\times(1-L)\times(1-15\%)$ 且 $P_0<P_2\times(1+15\%)$ 时,可不调整。

式中　P_0——承包人在工程量清单中填报的综合单价;

P_2——发包人招标控制价相应清单项目的综合单价;

L——承包人报价浮动率。

【例 10.1】　某工程项目招标工程量清单数量为 1 520 m^3,施工中由于设计变更调整为 1 824 m^3,该项目招标控制价的综合单价为 350 元/m^3,投标报价为 406 元/m^3,应如何调整?

【解】

1 824/1 520=120%,工程量增加超过 15%,需对单价作调整。

$$P_2 \times (1+15\%) = 350 \times (1+15\%) = 402.50(\text{元})$$

由于 406 元>402.50 元，该项目变更后的综合单价可以调整，调整为 402.50 元。

$$1\ 520 \times (1+15\%) \times 406 + (1\ 824 - 1520 \times 1.15) \times 402.50 = 740\ 278(\text{元})$$

②措施项目费的调整原则。当应予计算的实际工程量与招标工程量清单出现的偏差(包括因工程变更等原因导致的工程量偏差)超过 15%，且该变化引起措施项目相应发生变化时，如该措施项目是按系数或单一计价方式计价的，对措施项目费的调整原则为：工程量增加的，措施项目费调增；工程量减少的，措施项目费调减。至于具体的调整方法，则应由双方当事人在合同专用条款中约定。

5)计日工

(1)计日工风险界定

发包人通知承包人以计日工方式实施的零星工作，承包人应予执行。因此，计日工风险完全由发包人承担。

(2)合同价款的调整方法

采用计日工计价的任何一项变更工作，承包人应在该项变更的实施过程中，按合同约定提交以下报表和有关凭证送发包人复核：

①工作名称、内容和数量。

②投入该工作所有人员的姓名、工种、级别和耗用工时。

③投入该工作的材料名称、类别和数量。

④投入该工作的施工设备型号、台数和耗用台时。

⑤发包人要求提交的其他资料和凭证。

任一计日工项目实施结束，承包人应按照确认的计日工现场签证报告核实该类项目的工程数量，并根据核实的工程数量和承包人已标价工程量清单中的计日工单价计算，提出应付价款；已标价工程量清单中没有该类计日工单价的，由发承包双方按工程变更的有关规定商定计日工单价进行计算。

每个支付期末，承包人应与进度款同期向发包人提交本期间所有计日工记录的签证汇总表，以说明本期间自己认为有权得到的计日工金额，通过调整合同价款，列入进度款支付。

10.2.4 工程索赔类合同价款调整

工程索赔类主要包括不可抗力、提前竣工(赶工补偿)、误期赔偿、索赔等事项。

1)不可抗力

(1)不可抗力的范围

不可抗力是指合同双方在合同履行中出现的不能预见、不能避免和不能克服的客观情况。不可抗力的范围一般包括因战争、敌对行动(无论是否宣战)、入侵、外敌行为、军事政变、恐怖主义、骚动、暴动、空中飞行物坠落或其他非合同双方当事人责任或原因造成的罢工、停工、爆炸、火灾等，以及当地气象、地震、卫生等部门规定的情形。

双方当事人应当在合同专用条款中明确约定不可抗力的范围以及具体的判断标准。如果合同专业条款中未明确，但经国家相关部门认定为不可抗力的，按不可抗力事件进行索赔。

(2)不可抗力的风险界定

①费用的分担原则。因不可抗力事件导致的人员伤亡、财产损失及其费用增加，发承包

双方应按以下原则分别承担并调整合同价款和工期:

a.合同工程本身的损害、因工程损害导致第三方人员伤亡和财产损失以及运至施工场地用于施工的材料和待安装的设备的损害,由发包人承担。

b.发包人、承包人人员伤亡由其所在单位负责,并承担相应费用。

c.承包人的施工机械设备损坏及停工损失,由承包人承担。

d.停工期间,承包人应发包人要求留在施工场地的必要的管理人员及保卫人员的费用由发包人承担。

e.工程所需清理、修复费用,由发包人承担。

②工期的处理。因发生不可抗力事件导致工期延误的,工期相应顺延。发包人要求赶工的,承包人应采取赶工措施,赶工费用由发包人承担。

2)提前竣工(赶工补偿)

发包人应当依据相关工程的工期定额合理计算工期,压缩的工期天数不得超过定额工期的20%,超过20%的应在招标文件中明示增加赶工费用。

发包人要求合同工程提前竣工,应征得承包人同意后与承包人商定采取加快工程进度的措施,并修订合同工程进度计划。发包人应承担承包人由此增加的提前竣工(赶工补偿)费用。

发承包双方应在合同中约定提前竣工每日历天应补偿额度,此项费用应作为增加合同价款列入竣工结算文件中,与结算款一并支付。

3)误期赔偿

承包人未按照合同约定施工,导致实际进度迟于计划进度的,承包人应加快进度,实现合同工期。合同工程发生误期的,承包人应赔偿发包人由此造成的损失,并应按照合同约定向发包人支付误期赔偿费。即使承包人支付误期赔偿费,也不能免除承包人按照合同约定应承担的任何责任和应履行的任何义务。

发承包双方应在合同中约定误期赔偿费,并应明确每日历天应赔偿额度。误期赔偿费应列入竣工结算文件中,并应在结算款中扣除。

在工程竣工之前,合同工程内的某单项(位)工程已通过竣工验收,且该单项(位)工程接收证书中表明的竣工日期并未延误,而是合同工程的其他部分产生工期延误时,误期赔偿费应按照已颁发工程接收证书的单项(位)工程造价占合同价款的比例幅度予以扣减。

4)索赔

(1)索赔的概念及分类

工程索赔是指在工程合同履行过程中,当事人一方由于非自身原因而遭受经济损失或工期延误,通过合同约定或法律规定应由对方承担责任,而向对方提出工期和(或)费用补偿要求的行为。

①按索赔的当事人分类。

根据索赔的合同当事人不同,可以将工程索赔分为:

a.承包人与发包人之间的索赔。该类索赔发生在建设工程施工合同的双方当事人之间,既包括承包人向发包人的索赔,也包括发包人向承包人的索赔。但是在工程实践中,经常发生的索赔事件大都是承包人向发包人提出的,本书中所提及的索赔,如果未作特别说明,即是指此类情形。

b.总承包人与分包人之间的索赔。在建设工程分包合同履行过程中,索赔事件发生后,无论是发包人的原因还是总承包人的原因所致,分包人都只能向总承包人提出索赔要求,而不能直接向发包人提出。

②按索赔的目的和要求分类。

根据索赔的目的和要求不同,可以将工程索赔分为:

a.工期索赔。工期索赔一般是指工程合同履行过程中,由于非自身原因导致的工期延误,按照合同约定或法律规定,承包人向发包人提出工期补偿要求的行为。工期顺延的要求获得批准后,不仅可以免除承包人承担拖期违约赔偿金的责任,承包人还有可能因工期提前获得赶工补偿(或奖励)。

b.费用索赔。费用索赔是指工程承包合同履行过程中,当事人一方因非自身原因而遭受损失,按合同约定或法律规定应由对方承担责任,而向对方提出增加费用要求的行为。

③按索赔事件的性质分类。

根据索赔事件的性质不同,可以将工程索赔分为:

a.工程延误索赔。因发包人未按合同要求提供施工条件,或因发包人指令工程暂停或不可抗力事件等原因造成工期拖延的,承包人可以向发包人提出索赔;如果由于承包人原因导致工期拖延,发包人可以向承包人提出索赔。

b.加速施工索赔。由于发包人指令承包人加快施工速度、缩短工期引起承包人人力、物力、财力的额外开支,承包人提出的索赔。

c.工程变更索赔。由于发包人指令增加或减少工程量或增加附加工程、修改设计、变更工程顺序等,造成工期延长和(或)费用增加,承包人就此提出的索赔。

d.合同终止的索赔。由于发包人违约或发生不可抗力事件等原因造成合同非正常终止,承包人因此遭受经济损失而提出的索赔。如果由于承包人的原因导致合同非正常终止或者合同无法继续履行,发包人可以就此提出索赔。

e.不可预见的不利条件索赔。承包人在工程施工期间,施工现场遇到一个有经验的承包人通常不能合理预见的不利施工条件或外界障碍,例如,地质条件与发包人提供的资料不符,出现不可预见的地下水、地质断层、溶洞、地下障碍物等,承包人可以就因此遭受的损失提出索赔。

f.不可抗力事件的索赔。不可抗力造成损害的责任除专用合同条款另有约定外,不可抗力导致的人员伤亡、财产损失、费用增加和(或)工期延误等后果,由合同双方按以下原则承担:A.永久工程,包括已运至施工场地的材料和工程设备的损害,以及因工程损害造成的第三者人员伤亡和财产损失由发包人承担;B.承包人设备的损坏由承包人承担;C.发包人和承包人各自承担其人员伤亡和其他财产损失及其相关费用;D.承包人的停工损失由承包人承担,但停工期间应监理人要求照管工程和清理、修复工程的金额由发包人承担;E.不能按期竣工的,应合理延长工期,承包人不需支付逾期竣工违约金。发包人要求赶工的,承包人应采取赶工措施,赶工费用由发包人承担。

g.其他索赔。如因货币贬值、汇率变化、物价上涨、政策法令变化等原因引起的索赔。《中华人民共和国标准施工招标文件》(2007年版)的通用合同条款中,按照引起索赔事件的原因不同,对一方当事人提出的索赔可能给予合理工期、费用和(或)利润补偿的情况,分别作了相应的规定。其中,引起承包人索赔的事件以及可能得到的合理补偿内容见表 10.2。

表 10.2 《中华人民共和国标准施工招标文件》中承包人索赔的事件及可补偿内容

序号	条款号	索赔事件	可补偿内容		
			工期	费用	利润
1	1.6.1	迟延提供图纸	√	√	√
2	1.10.1	施工中发现文物、古迹	√	√	
3	2.3	迟延提供施工场地	√	√	√
4	4.11	施工中遇到不利物质条件	√	√	
5	5.2.4	提前向承包人提供材料、工程设备		√	
6	5.2.6	发包人提供材料、工程设备不合格或迟延提供或变更交货地点	√	√	√
7	8.3	承包人依据发包人提供的错误资料导致测量放线错误	√	√	√
8	9.2.6	因发包人原因造成承包人人员工伤事故		√	
9	11.3	因发包人原因造成工期延误	√	√	√
10	11.4	异常恶劣的气候条件导致工期延误	√		
11	11.6	承包人提前竣工		√	
12	12.2	发包人暂停施工造成工期延误	√	√	√
13	12.4.2	工程暂停后因发包人原因无法按时复工	√	√	√
14	13.1.3	因发包人原因导致承包人工程返工	√	√	√
15	13.5.3	监理人对已经覆盖的隐蔽工程要求重新检查且检查结果合格	√	√	√
16	13.6.2	因发包人提供的材料、工程设备造成工程不合格	√	√	√
17	14.1.3	承包人应监理人要求对材料、工程设备和工程重新检验且检验结果合格	√	√	√
18	16.2	法律的变化		√	
19	18.4.2	发包人在工程竣工前提前占用工程	√	√	√
20	18.6.2	因发包人原因导致工程试运行失败		√	√
21	19.2.3	工程移交后因发包人原因出现新的缺陷或损坏的修复		√	√
22	19.4	工程移交后因发包人原因出现的缺陷修复后的试验和试运行		√	
23	21.3.1(4)	因不可抗力停工期间应监理人要求照管、清理、修复工程		√	
24	21.3.1(4)	因不可抗力造成工期延误	√		
25	22.2.2	因发包人违约导致承包人暂停施工	√	√	√

(2)索赔成立的条件和依据

①索赔成立的条件。

承包人工程索赔成立的基本条件包括:

a. 索赔事件已造成承包人产生直接经济损失或工期延误。

b. 造成费用增加或工期延误的索赔事件是非因承包人原因发生的。

c. 承包人已经按照工程施工合同规定的期限和程序提交了索赔意向通知、索赔报告及相关证明材料。

②索赔的依据。

提出索赔和处理索赔都要依据下列文件或凭证：

a. 工程施工合同文件。工程施工合同是工程索赔中最关键和最主要的依据，工程施工期间，发承包双方关于工程的洽商、变更等书面协议或文件也是索赔的重要依据。

b. 国家法律、法规。国家制定的相关法律、行政法规是工程索赔的法律依据。工程项目所在地的地方性法规或地方政府规章也可以作为工程索赔的依据，但应当在施工合同专用条款中约定为工程合同的适用法律。

c. 国家、部门和地方有关的标准、规范和定额。在国家、部门和地方有关的标准、规范和定额中，对于工程建设的强制性标准，是合同双方必须严格执行的；对于非强制性标准，必须在合同中有明确规定的情况下才能作为索赔依据。

d. 工程施工合同履行过程中的索赔事件有关的各种凭证。这是承包人因索赔事件所遭受费用或工期损失的事实依据，它反映了工程的计划情况和实际情况。

(3)索赔费用的计算

①索赔费用的组成。

对于不同原因引起的索赔，承包人可索赔的具体费用内容是不完全一样的。但归纳起来，索赔费用的要素与工程造价的构成基本类似，一般可归结为人工费、材料费、施工机具使用费、管理费、保险费、保函手续费、利息、利润等。

a. 人工费。人工费的索赔包括增加工作内容的人工费、停工损失费和工作效率降低的损失费等，其中增加工作内容的人工费按照计日工费计算，停工损失费和工作效率降低的损失费按窝工费计算，窝工费的标准双方在合同中约定。

b. 材料费。材料费的索赔包括由于索赔事件的发生造成材料实际用量超过计划用量而增加的材料费、由于客观原因使材料价格大幅上涨、由于发包人原因导致工程延期期间的材料价格上涨和超期储存费用。材料费中应包括运输费、仓储费以及合理的损耗费用。如果由于承包商管理不善，造成材料损坏失效，则不能列入索赔款项内。

c. 施工机具使用费。施工机具使用费的索赔包括由于完成合同之外的额外工作所增加的机具使用费、因非承包人原因导致工效降低所增加的机具使用费、由于发包人或工程师指令错误或迟延导致机械停工的台班停滞费。可采用机械台班费、机械折旧费、设备租赁费等几种形式。当工作内容增加引起机械费索赔时，可按机械台班费计算。因窝工引起的机械费的索赔，当施工机械属于施工企业自有时，按照机械折旧费计算索赔费用，当施工机械是施工企业外部租赁时，索赔费用标准按照设备租赁费计算。

d. 管理费。包括现场管理费用和企业管理费用，由于计算方法有所不同，应该区别对待。主要是指工程延误期间增加的管理费。

e. 保险费。因发包人原因导致工程延期时，承包人必须办理工程保险、施工人员意外伤害保险等各项保险的延期手续，对于由此而增加的费用，承包人可以提出索赔。

f. 保函手续费。因发包人原因导致工程延期时，承包人必须办理相关履约保函的延期手续，对于由此而增加的手续费，承包人可以提出索赔。

g.利息。利息的索赔包括发包人拖延支付工程款的利息、发包人迟延退还工程质量保证金的利息、承包人垫资施工的垫资利息、发包人错误扣款的利息等。至于具体的利率标准,双方可以在合同中明确约定,没有约定或约定不明的,可以按照中国人民银行发布的同期同类贷款利率计算。

h.利润。一般来说,由于工程范围的变更、发包人提供的文件有缺陷或错误、发包人未能提供施工场地以及因发包人违约导致合同终止等事件引起的索赔,承包人都可以列入利润。比较特殊的是,根据《中华人民共和国标准施工招标文件》(2007年版)通用合同条款第11.3款的规定,对于因发包人原因暂停施工导致的工期延误,承包人有权要求发包人支付合理的利润。索赔利润的计算通常与原报价单中的利润百分率保持一致。但是应当注意的是,由于工程量清单中的单价是综合单价,已经包含人工费、材料费、施工机具使用费、企业管理费、利润以及一定范围内的风险费用,在索赔计算中不应重复计算。

施工索赔中以下几项费用是不允许索赔的:承包人对索赔事项的发生原因负有责任的有关费用;承包人对索赔事项未采取减轻措施,因而扩大的损失费用;承包人进行索赔工作的准备费用;索赔款在索赔处理期间的利息。

②费用索赔的计算方法。

索赔费用的计算应以赔偿实际损失为原则,包括直接损失和间接损失。索赔费用的计算方法通常有三种,即实际费用法、总费用法和修正的总费用法。

a.实际费用法。实际费用法又称分项法,即根据索赔事件所造成的损失或成本增加,按费用项目逐项进行分析、计算索赔金额的方法。这种方法比较复杂,但能客观反映施工单位的实际损失,比较合理,易于被当事人接受,在国际工程中被广泛采用。

由于索赔费用组成的多样化,不同原因引起的索赔,承包人可索赔的具体费用内容有所不同,必须具体问题具体分析。由于实际费用法所依据的是实际发生的成本记录或单据,所以,在施工过程中,系统而准确地积累记录资料是非常重要的。

b.总费用法。总费用法也被称为总成本法,是指当发生多次索赔事件后,重新计算工程的实际总费用,再从该实际总费用中减去投标报价时的估算总费用,即为索赔金额。总费用法计算索赔金额的公式如下:

$$\text{索赔金额}=\text{实际总费用}-\text{投标报价估算总费用} \tag{10.8}$$

但是,在总费用法的计算中,没有考虑实际总费用中可能包括由于承包商的原因(如施工组织不善)而增加的费用,投标报价估算总费用也可能因承包商为谋取中标而导致报价过低,因此,总费用法并不十分科学。只有在难以精确地确定某些索赔事件导致的各项费用的增加额时,才可以采用总费用法。

c.修正总费用法。修正的总费用法是对总费用的改进,即在总费用计算的原则上去掉一些不合理的因素,使其更为合理。修正的内容如下:

将计算索赔款的时段局限于受到索赔事件影响的时间,而不是整个施工期;

只计算受到索赔事件影响时段内的某项工作所受影响的损失,而不是计算该时段内所有施工工作所受的损失;

与该项工作无关的费用不列入总费用中;

对投标报价费用重新进行核算,即按受影响时段内该项工作的实际单价进行核算,乘以实际完成的该项工作的工程量,得出调整后的报价费用。

按修正后的总费用计算索赔金额的公式如下：

$$索赔金额=某项工作调整后的实际总费用-该项工作的报价费用 \quad (10.9)$$

修正的总费用法与总费用法相比，有了实质性的改进，它的准确程度已接近于实际费用法。

【例 10.2】 某施工合同约定，施工现场主导施工机械一台，由施工企业租得，台班单价为 300 元/台班，租赁费为 100 元/台班，人工工资为 40 元/工日，窝工补贴为 10 元/工日，以人工费为基数的综合费率为 35%，在施工过程中，发生了如下事件：①出现异常恶劣天气导致工程停工 2 天，人员窝工 30 个工日；②因恶劣天气导致场外道路中断，抢修道路用工 20 工日；③场外大面积停电，停工 2 天，人员窝工 10 工日。为此，施工企业可向业主索赔的费用为多少？

【解】

各事件的处理结果如下：

异常恶劣天气导致的停工通常不能进行费用索赔。

抢修道路用工的索赔额：20×40×(1+35%)＝1 080(元)

停电导致的索赔额：2×100+10×10＝300(元)

总索赔费用：1 080+300＝1 380(元)

(4)工期索赔的计算

工期索赔一般是指承包人依据合同对由于非自身原因导致的工期延误向发包人提出的工期顺延要求。

①工期索赔中应当注意的问题。

在工期索赔中特别应当注意以下问题：

a. 划清施工进度拖延的责任。因承包人原因造成的施工进度滞后，属于不可原谅的延期；只有承包人不应承担任何责任的延误，才是可原谅的延期。有时工程延期的原因中可能包含有双方责任，此时监理人应进行详细分析，分清责任比例，只有可原谅延期部分才能批准顺延合同工期。可原谅延期，又可细分为可原谅并给予补偿费用的延期和可原谅但不给予补偿费用的延期；后者是指非承包人责任的影响并未导致施工成本的额外支出，大多属于发包人应承担风险责任事件的影响，如因异常恶劣气候条件影响的停工等。

b. 被延误的工作应是处于施工进度计划关键线路上的施工内容。只有位于关键线路上的工作内容的滞后才会影响到竣工日期。但有时也应注意，既要看被延误的工作是否在批准进度计划的关键路线上，又要详细分析这一延误对后续工作的可能影响。若对非关键路线工作的影响时间较长，超过了该工作可用于自由支配的时间，也会导致进度计划中的非关键路线变为关键路线，其滞后将使总工期拖延。此时，应充分考虑该工作的自由时间，给予相应的工期顺延，并要求承包人修改施工进度计划。

②工期索赔的具体依据。

承包人向发包人提出工期索赔的具体依据主要包括：

a. 合同约定或双方认可的施工总进度计划。

b. 合同双方认可的详细进度计划。

c. 合同双方认可的对工期的修改文件。

d. 施工日志、气象资料。

e. 业主或工程师的变更指令。

f. 影响工期的干扰事件。

g. 受干扰后的实际工程进度等。

③工期索赔的计算方法。

a. 直接法。如果某干扰事件直接发生在关键线路上，造成总工期的延误，可以直接将该干扰事件的实际干扰时间（延误时间）作为工期索赔值。

b. 比例计算法。如果某干扰事件仅仅影响某单项工程、单位工程或分部分项工程的工期，要分析其对总工期的影响，可以采用比例计算法。

已知受干扰部分工程的延期时间：

$$\text{工期索赔值}=\text{受干扰部分工期拖延时间}\times\text{受干扰部分工程的合同价格}\div\text{原合同总价} \tag{10.10}$$

已知额外增加工程量的价格：

$$\text{工期索赔值}=\text{原合同总工期}\times\text{额外增加工程量的价格}\div\text{原合同总价} \tag{10.11}$$

比例计算法虽然简单方便，但有时不符合实际情况，而且比例计算法不适用于变更施工顺序、加速施工、删减工程量等事件的索赔。

c. 网络图分析法。网络图分析法是利用进度计划网络图，分析其关键线路。如果延误的工作为关键工作，则延误的时间为索赔的工期；如果延误的工作为非关键工作，当该工作由于延误超过时差而成为关键工作时，可以索赔延误时间与时差的差值；若该工作延误后仍为非关键工作，则不存在工期索赔问题。

该方法通过分析干扰事件发生前和发生后网络计划的计算工期之差来计算工期索赔值，可以用于各种干扰事件和多种干扰事件共同作用所引起的工期索赔。

④共同延误的处理。

在实际施工过程中，工期拖期很少是只由一方造成的，往往是由于两、三种原因同时发生（或相互作用）而形成的，故称为“共同延误”。在这种情况下，要具体分析哪一种原因的延误是有效的，应依据以下原则：

a. 首先判断造成拖期的哪一种原因是最先发生的，即确定“初始延误者”，它应对工程拖期负责。在初始延误发生作用期间，其他并发的拖延者不承担拖期责任。

b. 如果初始延误者是发包人原因，则在发包人原因造成的延误期内，承包人既可得到工期延长，又可得到经济补偿。

c. 如果初始延误者是客观原因，则在客观原因发生影响的延误期内，承包人可以得到工期延长，但很难得到费用补偿。

d. 如果初始延误者是承包人原因，则在承包人原因造成的延误期内，承包人既不能得到工期补偿，也不能得到费用补偿。

10.2.5　物价变化类合同价款调整

物价变化类主要包括物价波动和暂估价事项。

1）物价波动

施工合同履行期间，因人工、材料、工程设备和施工机械台班等价格波动影响合同价款时，发承包双方可以根据合同约定的调整方法对合同价款进行调整。因物价波动引起的合同价款调整方法有两种:一种是采用价格指数调整价格差额,另一种是采用造价信息调整价格差额。承包人采购材料和工程设备的,应在合同中约定主要材料、工程设备价格变化的范围或幅度,如没有约定,则材料、工程设备单价变化超过5%时,超过部分的价格按上述两种方法之一进行调整。

(1)价格指数调整价格差额

采用价格指数调整价格差额的方法,主要适用于施工中所用的材料品种较少,但每种材料使用量较大的土木工程,如公路、水坝等。

①价格调整公式。

因人工、材料、工程设备和施工机械台班等价格波动影响合同价款时,可根据招标人提供的承包人主要材料和设备一览表,及投标人在投标函附录中的价格指数和权重表中约定的数据,按以下价格调整公式计算差额并调整合同价款:

$$\Delta P=P_0\left[A+\left(B_1\times\frac{F_{t1}}{F_{01}}+B_2\times\frac{F_{t2}}{F_{02}}+B_3\times\frac{F_{t3}}{F_{03}}+\cdots+B_n\times\frac{F_{tn}}{F_{0n}}\right)-1\right] \tag{10.12}$$

式中 ΔP——需调整的价格差额;

P_0——约定的进度付款、竣工付款和最终结清等付款证书中承包人应得到的已完成工程量的金额;此项金额应不包括价格调整、不计质量保证金的扣留和支付、预付款的支付和扣回;变更及其他金额已按现行价格计价的,也不计在内;

A——定值权重(即不调部分的权重);

B_1、B_2、…、B_n——各可调因子的变值权重(即可调部分的权重),为各可调因子在投标函投标总报价中所占的比例;

F_{t1}、F_{t2}、…、F_{tn}——各可调因子的现行价格指数,指根据进度付款、竣工付款和最终结清等约定的付款证书相关周期最后一天的前42天的各可调因子的价格指数;

F_{01}、F_{02}、…、F_{0n}——各可调因子的基本价格指数,指基准日的各可调因子的价格指数。

以上价格调整公式中的各可调因子、定值和变值权重,以及基本价格指数及其来源在投标函附录价格指数和权重表中约定。价格指数应首先采用工程造价管理机构提供的价格指数,缺乏上述价格指数时,可采用工程造价管理机构提供的价格代替。

②暂时确定调整差额。

在计算调整差额时得不到现行价格指数的,可暂用上一次价格指数计算,并在以后的付款中再按实际价格指数进行调整。

③权重的调整。

按变更范围和内容所约定的变更,导致原定合同中的权重不合理时,由承包人和发包人协商后进行调整。

④工期延误后的价格调整。

由于发包人原因导致工期延误的,则对于计划进度日期(或竣工日期)后续施工的工程,在使用价格调整公式时,应采用计划进度日期(或竣工日期)与实际进度日期(或竣工日期)的两个价格指数中较高者作为现行价格指数;由于承包人原因导致工期延误的,则对于计划进度日期(或竣工日期)后续施工的工程,在使用价格调整公式时,应采用计划进度日期(或竣工日期)与实际进度日期(或竣工日期)的两个价格指数中较低者作为现行价格指数。

【例 10.3】　某直辖市城区道路扩建项目进行施工招标,投标截止日期为 2018 年 8 月 1 日。通过评标确定中标人后,签订的施工合同总价为 80 000 万元,工程于 2018 年 9 月 20 日开工。施工合同中约定:①预付款为合同总价的 5%,分 10 次按相同比例从每月应支付的工程进度款中扣还。②工程进度款按月支付,进度款金额包括:当月完成的清单子目的合同价款,当月确认的变更、索赔金额,当月价格调整金额,扣除合同约定应当抵扣的预付款和扣留的质量保证金。③质量保证金从月进度付款中按 3% 扣留,最高扣至合同总价的 3%。④工程价款结算时人工单价、钢材、水泥、沥青、砂石料以及机具使用费采用价格指数法给承包商以调价补偿,各项权重系数及价格指数见表 10.3。根据表 10.4 所列工程前 4 个月的完成情况,计算 11 月份应当实际支付给承包人的工程款数额。

表 10.3　工程调价因子权重系数及造价指数

	人工	钢材	水泥	沥青	砂石料	机具使用费	定值部分
权重系数	0.12	0.10	0.08	0.15	0.12	0.10	0.33
2018 年 7 月指数	91.7 元/日	78.95	106.97	99.92	114.57	115.18	—
2018 年 8 月指数	91.7 元/日	82.44	106.80	99.13	114.26	115.39	—
2018 年 9 月指数	91.7 元/日	86.53	108.11	99.09	114.03	115.41	—
2018 年 10 月指数	95.96 元/日	85.84	106.88	99.38	113.01	114.94	—
2018 年 11 月指数	95.96 元/日	86.75	107.27	99.66	116.08	114.91	—
2018 年 12 月指数	101.47 元/日	87.80	128.37	99.85	126.26	116.41	

表 10.4　2018 年 9—12 月工程完成情况

支付项目 \ 金额(万元)	9 月份	10 月份	11 月份	12 月份
截至当月完成的清单子目价款	1 200	3 510	6 950	9 840
当月确认的变更金额(调价前)	0	60	-110	100
当月确认的索赔金额(调价前)	0	10	30	50

【解】

①计算 11 月完成的清单子目的合同价款:6 950-3 510=3 440(万元)

②计算 11 月的价格调整金额:

$$(3\,340-110+30)\times\left[\left(0.33+0.12\times\frac{95.96}{91.7}+0.10\times\frac{86.75}{78.95}+0.08\times\frac{107.27}{106.97}+0.15\times\frac{99.66}{99.92}+0.12\times\frac{116.08}{114.57}+0.10\times\frac{114.91}{115.18}\right)-1\right]$$

$$=3\,360\times[(0.33+0.125\,6+0.109\,9+0.080\,2+0.149\,6+0.121\,6+0.099\,8)-1]$$

$$=3\,360\times0.016\,7=56.11(\text{万元})$$

说明:①由于当月变更和索赔金额不是按照现行价格计算的,所以应当计算在调价基数内;②基准日为 2018 年 7 月 3 日,所以应当选取 7 月的价格指数作为各可调因子的基本价格指数;③人工费缺少价格指数,可以用相应的人工单价代替。

③计算11月应当实际支付的金额:

11月份的应扣预付款:80 000×5%÷10=400(万元)

11月份的应扣质量保证金:(3 440−110+30+56.11)×3%=102.48(万元)

11月份应当实际支付的进度款金额:

$$3\ 440-110+30+56.11-400-102.48=2\ 913.63\text{(万元)}$$

(2)造价信息调整价格差额

采用造价信息调整价格差额的方法,主要适用于使用的材料品种较多,相对而言每种材料使用量较小的房屋建筑与装饰工程。

施工合同履行期间,因人工、材料、工程设备和施工机械台班价格波动影响合同价格时,人工、施工机具使用费按照国家或省、自治区、直辖市建设行政管理部门、行业建设管理部门或其授权的工程造价管理机构发布的人工成本信息、施工机械台班单价或施工机具使用费系数进行调整;需要进行价格调整的材料,其单价和采购数应由发包人复核,发包人确认需调整的材料单价及数量,作为调整合同价款差额的依据。

①人工单价的调整。

人工单价发生变化时,发承包双方应按省级或行业建设主管部门或其授权的工程造价管理机构发布的人工成本文件调整合同价款。

②材料和工程设备价格的调整。

材料、工程设备价格变化的价款调整,按照承包人提供的主要材料和工程设备一览表,根据发承包双方约定的风险范围,按以下规定进行调整:

a.如果承包人投标报价中材料单价低于基准单价,工程施工期间材料单价涨幅以基准单价为基础超过合同约定的风险幅度值时,或材料单价跌幅以投标报价为基础超过合同约定的风险幅度值时,其超过部分按实调整。

b.如果承包人投标报价中材料单价高于基准单价,工程施工期间材料单价跌幅以基准单价为基础超过合同约定的风险幅度值时,或材料单价涨幅以投标报价为基础超过合同约定的风险幅度值时,其超过部分按实调整。

c.如果承包人投标报价中材料单价等于基准单价,工程施工期间材料单价涨跌幅以基准单价为基础超过合同约定的风险幅度值时,其超过部分按实调整。

承包人应当在采购材料前将采购数量和新的材料单价报发包人核对,确认用于本合同工程时,发包人应当确认采购材料的数量和单价。发包人在收到承包人报送的确认资料后3个工作日不予答复的,视为已经认可,作为调整合同价款的依据。如果承包人未报经发包人核对即自行采购材料,再报包人确认调整合同价款的,如发包人不同意,则不作调整。

③施工机械台班单价或施工机具使用费的调整。

施工机械台班单价或施工机具使用费发生变化超过省级或行业建设主管部门或其授权的工程造价管理机构规定的范围时,按其规定调整合同价款。

【例10.4】 施工合同中约定,承包人承担的钢筋价格风险幅度为±5%,超出部分按照《建设工程工程量清单计价规范》(GB 50500—2013)中规定的造价信息法调差。已知投标人投标报价、基准期发布价格分别为5 000元/t、4 500元/t,2018年12月、2019年7月的造价信息发布价分别为4 200元/t、5 400元/t。则这两个月钢筋的实际结算价格应分别为多少?

【解】

①2018年12月信息价下降，应以较低的基准价基础计算合同约定的风险幅度：

$$4\,500\times(1-5\%)=4\,275(元/t)$$

因此钢筋每吨应下浮价格为：4 275−4 200＝75（元/t）

2018年12月实际结算价格为：5 000−75＝4 925（元/t）

②2019年7月信息价上涨，应以较高的投标价格为基础计算合同约定的风险幅度值：

$$5\,000\times(1+5\%)=5\,250(元/t)$$

因此钢筋每吨应上调价格为：5 400−5 250＝150（元/t）

2019年7月实际结算价格为：5 000+150＝5 150（元/t）

2）暂估价

暂估价是指招标人在工程量清单中提供的用于支付必然发生但暂时不能确定价格的材料、工程设备的单价以及专业工程的金额。

（1）给定暂估价的材料、工程设备

①不属于依法必须招标的项目。

发包人在招标工程量清单中给定暂估价的材料和工程设备不属于依法必须招标的，应由承包人按照合同约定采购，经发包人确认单价后以此为依据取代暂估价，调整合同价款。

②属于依法必须招标的项目。

发包人在招标工程量清单中给定暂估价的材料和工程设备属于依法必须招标的，应由发承包双方以招标的方式选择供应商。依法确定中标价格后，以此为依据取代暂估价，调整合同价款。

（2）给定暂估价的专业工程

①不属于依法必须招标的项目。

发包人在工程量清单中给定暂估价的专业工程不属于依法必须招标的，应按照前述工程变更事件的合同价款调整方法确定专业工程价款，并以此为依据取代专业工程暂估价，调整合同价款。

②属于依法必须招标的项目。

发包人在招标工程量清单中给定暂估价的专业工程，依法必须招标的，应当由发承包双方依法组织招标选择专业分包人，并接受有管辖权的建设工程招标投标管理机构的监督，还应符合下列要求：

a. 除合同另有约定外，承包人不参加投标的专业工程发包招标，应由承包人作为招标人，但拟定的招标文件、评标方法、评标结果应报送发包人批准。与组织招标工作有关的费用应当被认为已经包括在承包人的签约合同价（投标总报价）中。

b. 承包人参加投标的专业工程发包招标，应由发包人作为招标人，与组织招标工作有关的费用由发包人承担。同等条件下，应优先选择承包人中标。

c. 专业工程依法进行招标后，以中标价为依据取代专业工程暂估价，调整合同价款。

10.2.6 其他类合同价款调整

1）现场签证的提出

承包人应发包人要求完成合同以外的零星项目、非承包人责任事件等工作的，发包人应及时以书面形式向承包人发出指令，提供所需的相关资料；承包人在收到指令后，应及时向发包人提出现场签证要求。

承包人在施工过程中，若发现合同工程内容因场地条件、地质水文、发包人要求等不一致时，应提供所需的相关资料，并提交发包人签证认可，作为合同价款调整的依据。

2）现场签证的计算

①如果现场签证的工作已有相应的计日工单价，现场签证报告中应列明完成该签证工作所需的人工、材料、工程设备和施工机械台班的数量。

②如果现场签证的工作没有相应的计日工单价，应当在现场签证报告中列明完成该签证工作所需的人工、材料、工程设备和施工机械台班的数量及其单价。

现场签证工作完成后，承包人应按照现场签证内容计算价款，报送发包人确认后，作为增加合同价款，与进度款同期支付。

3）现场签证的限制

合同工程发生现场签证事项，未经发包人签证确认，承包人便擅自实施相关工作的，除非征得发包人书面同意，否则发生的费用应由承包人承担。

本章总结框图

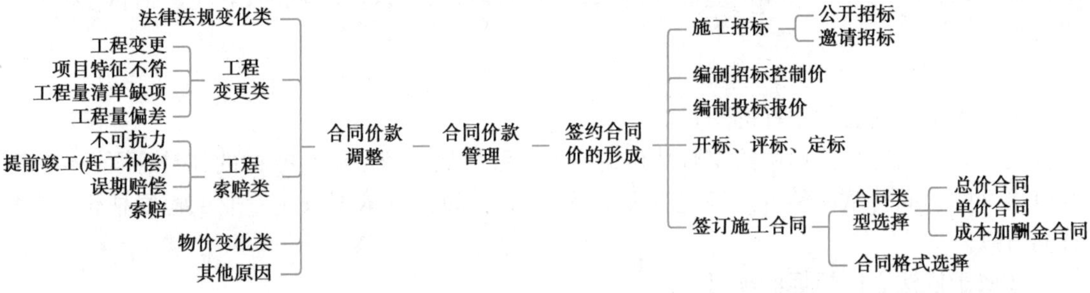

思考题

1. 什么是招标控制价？其意义是什么？
2. 简述投标报价的编制依据和编制方法。
3. 投标报价常用的策略有哪些？
4. 按照计价方式的不同，施工合同有哪几种类型？如何选择适当的合同类型？
5. 简述工程变更估价的确定方法。
6. 哪些情况下需要进行工程价款的调整？

第11章 工程结算与竣工决算

【本章导读】

内容与要求：通过本章的学习，掌握工程预付款、进度款支付及质保金的预留、返还等内容，熟悉过程结算、竣工结算的程序，了解竣工决算的编制方法。

重点：预付款的起扣点，进度款的支付，质保金的预留、返还，竣工决算的编制。

难点：进度款的支付、竣工结算和竣工决算的区别。

某垃圾焚烧发电项目主厂房工程，建筑面积22 656.23 m^2，主厂房为单层（局部六层），钢筋混凝土框架结构、排架结构，建筑高度48.9 m。工期14个月。施工合同专用条款对工程进度款支付、竣工结算等做了详细的约定。

进度款的支付、竣工结算的办理应紧扣施工合同相关条款，按照合同要求的计量、计价原则办理。

11.1 工程结算

11.1.1 工程价款结算的概念和内容

1）工程价款结算的概念

2021《建设工程工程量清单计价标准》（征求意见稿）中对工程结算的定义：发承包双方根据有关法律法规和合同约定，对合同工程在实施中、终止时、已完工后的工程项目进行的合同价格计算、调整和确认的活动。包括施工过程结算、竣工结算、合同解除结算。

2）工程价款结算的主要方式

建筑产品的规模大、生产周期长等特点，决定了其工程价款结算应采用不同的方式、方法单独结算。我国现行工程价款结算根据不同情况，主要有以下三种：

(1)按月结算与支付

按月结算与支付即实行按月支付进度款、竣工后清算的办法。合同工期在两个年度以上的工程，在年终进行工程盘点，办理年度结算。这是我国现行建筑安装工程较常用的一种结算方法。工程进度款的支付可以采取按月结算与支付。

(2)分段结算与支付

分段结算与支付即当年开工、当年不能竣工的工程按照工程形象进度，划分不同阶段支付工程进度款。例如：某工程分为基础完成、主体结构三层、主体结构封顶、竣工验收等几个形象阶段。分段结算可以按月预支工程款，具体划分应按照相关规定在合同中明确。

(3)双方约定的其他结算方式

双方可约定其他结算方式。

3)工程价款结算的依据

根据《建设项目工程结算编审规程》中的有关规定，工程价款结算的编制依据包括：国家有关法律、法规和规章制度；国家建设行政主管部门或有关部门发布的工程造价计价标准、计价办法等有关规定；施工发承包合同、专业分包合同及补充合同，有关材料、设备采购合同；招投标文件等相关可依据的材料。

4)工程价款结算的内容

按照2021《建设工程工程量清单计价标准》(征求意见稿)的相关规定，工程量清单计价模式下的合同价款的支付分为合同价款期中支付、施工过程结算、竣工结算与合同解除结算。大致可划分为以下几个内容：

①开工前工程预付款的支付。

②按照合同约定的时间、程序和方法支付进度款。进度款支付周期可按时间或按工程形象进度目标划分阶段节点。

③发承包人按照合同约定，在过程结算节点上对已完工程进行结算并支付。

④单位工程竣工后，编写单位工程竣工结算书，办理单位工程竣工结算。

⑤单项工程竣工后，办理单项工程竣工结算。

⑥最后一个单项工程竣工结算审查确认后15天内，汇总编写建设项目竣工总结算，送发包人后30天内审查完成。

发包人根据确认的竣工结算报告向承包人支付工程竣工结算价款，保留3%的质量保证金，待工程交付使用且质保期到期后清算，质保期内如有返修，发生费用应在质保金内扣除。

须注意的是，安全文明施工费与工程预付款、工程进度款、竣工结算款、工程质量保证金等一样，也属于工程价款结算的内容之一。

11.1.2　工程价款的结算与支付

1)工程预付款

(1)工程预付款的概念

施工企业承包工程,一般实行包工包料,这就需要有一定数量的备料周转金。在工程承包合同条款中,规定在开工前发包人拨付给承包人一定限额的工程预付备料款,即工程预付款。因此,工程预付款是建设工程施工合同订立后由发包人按照合同约定,在正式开工前预先支付给承包人的工程款,又称为预付备料款。主要用于承包人为合同工程施工购置材料、购置或租赁施工设备、修建临时设施以及组织施工人员进场。若发包人要求承包人采购价值较高的工程设备时,应向承包人支付工程设备预付款。其具体事宜由承发包双方根据建设行政主管部门的规定,结合工程款、建设工期和包工包料情况在合同中约定。

(2)工程预付款的确定方法

包工包料工程的预付款按照合同约定拨付,原则上预付款比例不低于合同金额(扣除暂列金额)的10%,不高于合同金额(扣除暂列金额)的30%。对重大工程项目,按年度计划逐年预付。预付款的总金额、分期拨付次数、每次付款金额、付款时间等应根据工程规模、工期长短等具体情况,在合同中约定。

工程预付款额度按各地区、各部门的规定不完全相同,主要是保证施工所需材料和构件的正常储备。一般是根据工程类型、施工工期、建筑安装工作量、承包方式、主要材料和构件费用占建安工作量的比例以及材料储备周期等因素经测算来确定。工期短的工程比工期长的工程要高;由施工单位自购材料的比由建设单位供应主要材料的要高;只包工不包料的工程,则可以不预付备料款。

工程预付款额度的确定有以下两种方法:

①百分比法。百分比法是按年度工作量的一定比例确定预付备料款额度的一种方法,由各地区各部门根据各自的条件从实际出发分别制定预付备料款比例。建筑工程一般不得超过当年建筑(包括水、电、暖、卫等)工程工作量的25%,大量采用预制构件以及工期在6个月以内的工程,可以适当增加;安装工程一般不得超过当年安装工作量的10%,安装材料用量较大的工程,可以适当增加;小型工程(一般是指30万元以下)可以不预付备料款,直接分阶段拨付工程进度款等。

②公式计算法。公式计算法是根据主要材料(含结构件等)占年度承包工程总价的比重、材料储备定额天数和年度施工天数等因素,通过公式计算预付备料款额度的一种方法。其计算公式如下:

$$\text{工程备料款数额}=\frac{\text{工程总价}\times\text{材料比重}(\%)}{\text{年度施工天数}}\times\text{材料储备天数} \tag{11.1}$$

式中的年度施工天数按日历天计算;材料储备天数由当地材料供应的在途天数、加工天数、整理天数、供应间隔天数、保险天数等因素决定。

(3)工程预付款的支付流程

①承包人应在签订合同或向发包人提供与预付款等额的预付款保函后向发包人提交预付款支付申请。

②发包人应在收到支付申请的7天内进行核实,向承包人发出预付款支付证书,并在签

发支付证书后的7天内向承包人支付预付款。

③发包人没有按合同约定按时支付预付款的，承包人可催告发包人支付；发包人在预付款期满后的7日内仍未支付的，承包人可在预付款期满后的第8天起暂停施工。发包人应承担由此增加的费用和延误的工期，并应向承包人支付合理利润。

(4)工程预付款的扣回

工程预付款是建设单位为了保证工程施工生产的顺利进行，而预支给承包人的一部分备料款，是发包人因承包人为准备施工而履行的协助义务，属于预支的性质。在工程施工进行到一定程度后，所需主要材料储备量和构配件的储备量逐步减少，当承包人取得相应的合同价款时，应以充抵工程价款的方式陆续扣回。抵扣方式应由双方当事人在和合同中明确约定。扣款的方法主要有两种：

①起扣点计算法。

以未施工工程所需主要材料及构件的价值等于预付款数额时扣起，从每次结算工程价款中，按材料及构件比重扣抵工程价款，至竣工之前全部扣清。因此，确定起扣点是工程预付款的关键，公式如下：

$$T=P-\frac{M}{N} \tag{11.2}$$

式中 T——起扣点，即工程预付款开始扣回时的累计完成工作量金额；

M——工程预付款数额；

N——主要材料及构件所占比重；

P——承包工程价款总额。

【例11.1】 某工程计划完成年度建筑安装工程工作量为700万元，根据合同规定工程预付款额度为20%，材料比例为60%，8月份累计完成建筑安装工作量500万元，当月完成建筑安装工作量100万元；9月份当月完成建筑安装工作量为90万元。试计算累计工作量起扣点，以及8、9月终结算时应该扣回工程预付款数额。

【解】

工程预付款数额为：

$$700\text{ 万元}\times20\% =140\text{ 万元}$$

累计工作量表示的起扣点为：

$$(700-140/60\%)\text{ 万元}=466.7\text{ 万元}$$

8月份应扣回工程预付款数额为：

$$(500-466.7)\text{ 万元}\times60\% =19.98\text{ 万元}$$

9月份应抵扣工程预付款数额为：

$$90\text{ 万元}\times60\% =54\text{ 万元}$$

②按合同约定扣款。

预付款的扣款方法由发包人和承包人通过洽商在合同中予以确定，一般是在承包人完成工程款金额累计达到合同总价的一定比例后，由承包人开始向发包人还款，发包人从每次应付给承包人的金额中扣回工程预付款，发包人至少在合同规定的完工期前将工程预付款的总计金额逐次扣回。

实际情况比较复杂，有些工程工期较短，无须分期扣回；有些工程工期较长，如跨年度施工,预付备料款可以少扣或不扣,并于次年按应预付工程款调整,多退少补。一般来说,跨年度工程,预计次年承包工程价值大于或相当于当年承包工程价值时,可以不扣回当年的预付备料款,如小于当年承包工程价值时,应按实际承包工程价值进行调整,在当年扣回部分预付备料款,并将未扣回部分转入次年,以此类推,直到竣工年度。

【例 11.2】　某工程的合同中估算工程量为 5 300 m^3,单价为 180 元/m^3。合同工期为 6 个月,合同中有关付款的条款如下:

①开工前业主向承包人支付估算合同总价 20% 的工程预付款。

②工程预付款从承包人获得累计工程款超过估算合同价的 30% 以后的下一个月起,至第 5 个月平均扣回。

承包人 1—6 月,每月实际完成工程量(m^3)分别为:800、1 000、1 200、1 200、1 200、500。

问题:工程预付款为多少? 工程预付款从哪个月起扣? 每月应扣工程预付款为多少?

【解】

估算合同总价:

$$5\ 300\ m^3 \times 180\ 元/m^3 = 95.4\ 万元$$

工程预付款:

$$95.4\ 万元 \times 20\% = 19.08\ 万元$$

预付款的起扣点:

$$95.4\ 万元 \times 30\% = 28.62\ 万元$$

1 月累计工程款:800 m^3×180 元/m^3 = 14.4 万元

2 月累计工程款:1 800 m^3×180 元/m^3 = 32.4 万元

由于 14.4+32.4>28.62,因此,预付款从第 3 个月起扣,从 3 月、4 月、5 月平均扣回。

每月扣回预付款:19.08 万元÷3=6.36 万元

2)安全文明施工费

(1)安全文明施工费的内容与范围

安全文明施工费与工程预付款、工程进度款、竣工结算款、工程质量保证金等一样,也属于工程价款结算的内容之一。安全文明施工费包括的内容和使用范围应当符合国家现行有关文件和计量规范的规定。工程建设项目因专业的不同、施工阶段的不同,对安全文明施工措施的要求也不一致。因此,工程计量规范针对不同的专业工程特点,规定了安全文明施工的内容和包含的范围,在此不再赘述。

(2)安全文明施工费的支付

发包人应在工程开工后 28 天内预付不低于当年施工进度计划的安全文明施工费总额的 50%,其余部分按照提前安排的原则进行分解,与进度款同期支付。发包人没有按时支付安全文明施工费的,承包人可催告发包人支付;发包人在付款期满后的 7 天仍未支付的,承包人有权暂停施工,发包人应承担违约责任。

(3)安全文明施工费的使用原则

承包人对安全文明施工费应当专款专用,在财务账目中单独列项备查,不得挪作他用,否则发包人有权要求其限期改正;逾期未改正的,可以责令其暂停施工,由此增加的费用和(或)延误的工期由承包人承担。

3)工程进度款支付

工程进度款是发包人在合同履行中,按照合同约定对付款周期内承包人完成的合同价款给予支付的款项,是合同价款期中结算支付的一种。进度款的支付周期应与合同约定的工程计量周期一致。

工程量的计量和付款周期可采用按月或按工程形象进度分段计量和结算的方式。承包单位在施工过程中,按逐月(或形象进度、或控制界面等)完成的工程数量计算各项费用,向发包单位(业主)办理工程进度款的支付。由此可见,工程进度款的额度以及支付需通过对已完工程量进行计量与复核来确定并实现。2007 版《标准施工招标文件》规定:已标价工程量清单中的单价子目工程量为估算工程量,用以确定工程进度款支付额度的工程量是承包人实际完成的,并按合同约定的计量方法进行计量。

(1)工程量计量与复核

工程计量是依据合同约定的计量规则和方法对承包人实际完成的工程数量进行确认和计算。

①工程量的计量程序。工程计量程序包括以下两个步骤:

承包人提交已完工程量报表。承包人应当按照合同约定的方法和时间,向监理人提交进度款支付申请单、已完工程量报表和有关计量资料。其中,已完工程量报表中的结算工程量是承包人实际完成的工程量。

监理人复核已完工程量。监理人应在收到承包人提交的工程量报告后 7 天内完成对承包人提交的工程量报表的审核并报送发包人,以确定当月实际完成的工程量。监理人对工程量有异议的,有权要求承包人进行共同复核或抽样复测。承包人应协助监理人进行复核或抽样复测并按监理人要求提供补充计量资料。承包人未按监理人要求参加复核或抽样复测的,监理人审核或修正的工程量视为承包人实际完成的工程量。监理人未在收到承包人提交的工程量报表后的 7 天内完成复核的,承包人提交的工程量报告中的工程量视为承包人实际完成的工程量,据此计算工程价款。

需注意的是,对于承包人超出设计图范围或因承包人原因造成返工的工程量,发包人不予计量。

②单价合同的工程计量与复核。在单价合同中,工程量必须以承包人完成合同工程应予计量的工程量确定。工程计量时,若发现招标工程量清单中出现缺项、工程量偏差,或因工程变更引起工程量增减时,应按承包人在履行合同义务中实际完成的工程量计算。

承包人应当按照合同约定的计量周期和时间向发包人提交当期已完工程量报告。发包人在收到报告后 7 天内核实,并将核实计量结果通知承包人。发包人未在约定时间内进行核实的,承包人提交的计量报告中所列的工程量视为承包人实际完成的工程量。

发包人认为需要进行现场计量核实时,应在计量前 24 小时通知承包人,承包人应为计量提供便利条件并派人参加。当双方均同意核实结果时,双方在上述记录上签字确认。承包人收到通知后不派人参加计量,视为认可发包人的计量核实结果。发包人不按照约定时间通知承包人,致使承包人未能派人参加计量,计量核实结果无效。

当承包人认为发包人核实后的计量结果有误时,应在收到计量结果通知后的 7 天内向发包人提出书面意见,并附上其认为正确的计量结果和详细的计算资料。发包人收到书面意见后,在 7 天内对承包人的计量结果进行复核后通知承包人。承包人对复核计量结果仍有异议的,按照合同约定的争议解决办法处理。

承包人完成已标价工程量清单中每个项目的工程量并经发包人核实无误后,发承包双方应对每个项目的历次计量报表进行汇总,以核实最终结算工程量,并在汇总表上签字确认。

③总价合同的工程计量与复核。采用工程量清单方式招标形成的总价合同,其工程量应按照上述单价合同的工程计量规定计算。

采用经审定批准的施工图及其预算方式发包形成的总价合同,除按照工程变更规定的工程量增减外,总价合同各项目的工程量应为承包人用于结算的最终工程量。由于总价合同的形成大多由承包人自行对施工图进行计量,除按照工程变更规定的工程量增减外,总价合同各项目的工程量是承包人用于结算的最终工程量。这是与单价合同的最本质区别。

总价合同约定的项目计量应以合同工程经审定批准的施工图为依据,发承包双方应在合同中约定工程计量的形象目标或时间节点进行计量。

承包人应在合同约定的每个计量周期内对已完成的工程进行计量,并向发包人提交达到工程形象目标完成的工程量和有关计量资料的报告。发包人应在收到报告后 7 天内对承包人提交的上述资料进行复核,以确定实际完成的工程量和工程形象目标。对其有异议的,应通知承包人进行共同复核。

(2)工程进度款的计算

工程进度款在计算时,应当按照计价方法不同区分为单价项目与总价项目两种。

①单价项目的价款计算。对于已标价工程量清单中的单价项目,按工程计量确认的工程量与综合单价计算;综合单价发生调整的,以发承包双方确认调整的综合单价计算进度款。也就是说,工程量以发承包双方确认的计量结果为依据;综合单价以已标价工程量清单中的综合单价为依据,若发承包双方确认调整了单价,以调整后的综合单价为依据。

②总价项目的价款计算。已标价工程量清单中的总价项目和采用经审定批准的施工图及其预算方式发包形成的总价合同,承包人应按合同中约定的进度款支付分解,分别列入进度款支付申请中的安全文明施工费和本周期应支付的总价项目的金额中。具体来说,是由承包人根据施工进度计划和总价构成、费用性质、计划发生时间和相应的工程量等因素,按计量周期进行分解,形成进度款支付分解表(表 11.1),在投标时提交,非招标工程在合同洽商时提交。在施工过程中,由于进度计划的调整,发承包双方应对支付分解进行调整。

表 11.1　总价项目进度款支付分解表

序号	项目名称	总价金额	首次支付	二次支付	三次支付	四次支付	五次支付
	安全文明施工费						
	夜间施工增加费						
	二次搬运费						
	社会保险费						
	住房公积金						

注:1. 本表由承包人在投标报价时根据发包人在招标文件明确的进度款支付周期与报价填写,签订合同时,发承包双方可就支付分解表协商调整后作为合同附件。

2. 单价合同使用本表,“支付”栏时间应与单价项目进度款支付周期相同。

3. 总价合同使用本表,“支付”栏时间应与约定的工程计量周期相同。

已标价工程量清单中的总价项目进度款支付分解可选择以下方法:a. 将各个总价项目的总金额按合同约定的计量周期平均支付;b. 按照各个总价项目的总金额占签约合同百分比,以及各个计量支付周期内所完成的单价项目的总金额,以百分比方式均摊支付;c. 按照各个总价项目组成的性质(如时间、与单价项目的关联性等)分解到形象进度计划或计量周期中,与单价项目一起支付。

采用经审定批准的施工图及其预算方式发包形成的总价合同,除由于工程变更形成的工程量增减予以调整外,其工程量不予调整。因此,总价合同的进度款支付应按照计量周期进行支付分解,以便进度款有序支付。

(3)工程进度款支付申请与支付

①进度款支付申请。承包人应在每个计量周期到期后的 7 天内向发包人提交已完工程进度款支付申请一式四份,详细说明此周期认为有权得到的款额,包括分包人已完工程的价款。支付申请应包括下列内容:a. 本周期已完成的工程价款(包括本周期已完成的合同项目金额、本周期应增加和扣减的变更金额、本周期应增加和扣减的其他合同价格调整金额);b. 本周期应扣减的返还预付款;c. 本周期应扣减的质量保证金;d. 本周期应增加和扣减的其他金额。e. 本周期应支付的金额;f. 累计已完成的工程价款;g. 累计已实际支付的工程价款。

其中,发包人提供的甲供材料金额,应按照发包人签约提供的单价和数量从税前扣除,不列入进度款支付金额中;发包人确认的合同价格调整金额应列入当期支付的进度款中,并同期支付。

②进度款支付比例。进度款的支付比例按照合同约定,按工程进度款总额计。根据《关于完善建设工程价款结算有关办法的通知》(财建〔2022〕183 号),政府机关、事业单位、国有企业建设工程进度款支付应不低于已完成工程价款的 80%。

③进度款审核与支付。发包人在收到承包人进度款支付申请后的 14 天内,对申请内容予以核实,确认后向承包人出具进度款支付证书并在支付证书签发后 14 天内支付进度款。若发承包双方对部分清单项目的计量结果出现争议,发包人应对无争议部分的工程计量结果向承包人出具进度款支付证书并支付进度款。

发包人逾期未签发进度款支付证书,则视为承包人提交的进度款支付申请已被发包人认可,承包人可向发包人发出催告付款的通知。发包人在收到通知后的 14 天内,按照承包人支付申请的金额向承包人支付进度款。

发包人逾期不支付工程进度款,承包人应及时向发包人发出要求付款的通知,发包人收到承包人通知后仍不能按要求付款,可与承包人协调签订延期付款协议,经承包人同意后可延期付款,协议应明确延期支付的时间和在应付期限逾期之日起计算应付的利息。

发包人不按约定支付进度款,双方未达成延期协议,导致施工无法进行,承包人有权暂停施工,发包人应承担由此增加的费用和延误的工期,向承包人支付合理利润,并承担违约责任。

在对已签发的进度款支付证书进行阶段汇总和复核中发现错误、遗漏或重复的,发包人和承包人均有权提出修正申请。经发包人和承包人同意的修正,应在下期进度付款或施工过程结算付款中支付或扣除。

4)施工过程结算

施工过程结算是指工程项目实施过程中,发承包双方依据施工合同,对约定结算周期(时间或进度节点)内完成的工程内容(包括现场签证、工程变更、索赔等)开展工程价款计算、调整、确认及支付等活动。其结算文件经发承包双方签署认可后,作为竣工结算文件的组成部分,竣工结算不再重新对该部分工程内容进行计量计价。

(1)施工过程结算编制依据

各地施工过程结算应根据合同约定的结算原则和结算资料,对已完工程进行计量计价。结算资料包括工程施工合同、补充协议、工程变更签证和现场签证以及经发承包双方认可的其他有效文件(招标文件、投标文件、中标通知书、施工图纸、施工方案、工程索赔、材料和设备价格确认单等)。

(2)施工过程结算支付

施工过程结算支付强调了施工过程结算审核的时效性,即施工过程结算节点工程完工后 14 天内,承包人应向发包人提交本结算周期施工过程结算文件。承包人未提交施工过程结算文件,经发包人催告后 14 天内仍未提交或没有明确答复的,发包人有权根据已有资料编制施工过程结算文件,作为办理施工过程结算和支付施工过程结算款的依据,承包人应予以认可。

承包人提交施工过程结算文件时,应同时提交计量、计价工程相应的自检质量合格证明材料和满足合同要求的相应验收资料。施工过程验收不代替竣工验收,不能免除或减轻竣工验收时发现因承包人原因导致工程质量不合格承包人应予以整改的义务,也不影响缺陷责任期周期及质量保修期周期。

另外,为体现对施工单位的付款保障力度,需要对进度款最低付款比例作规定,比如,可以要求发包人按照合同约定足额支付工程进度款,或者要求发包人按照不低于已完工程价款的 60%、不高于已完工程价款的 90% 向承包人支付工程进度款,目前还没有统一规定。

(3)施工过程结算对造价行业的影响

随着工程投资规模的扩大,过程结算的需求也逐渐显现。施工过程结算对造价行业的影响如下:

①重心将从竣工结算向期中计量支付转移。过程结算在施工过程中分段进行,能够进一步实现工程造价的动态控制,减少发承包双方或其委托的工程造价咨询机构的重复计量与核价工作;能够有效避免工程款拖欠引发农民工工资拖欠,进一步实现建筑业市场环境的优化。处在改革前沿的工程造价咨询中介机构如何努力面对挑战、提高企业核心竞争力、提高工程造价咨询成果文件质量水平、增强审核风险意识,已显得相当迫切。

②对造价咨询成果提出了更高的准确性与时效性要求。工程造价咨询服务是集技术、经济于一体的业务工作。全面推行工程过程结算,要求从业人员具有较高的专业技术技能,对造价咨询成果文件的准确性和时效性负责。

③对造价咨询服务现场沟通与驻场服务提出了更高的要求。造价咨询服务驻场专业工程师在委托方单位驻场,能及时有效地进行沟通,有效地反馈工程现场的实际情况,以更好地为委托方提供高质量的服务。

④为实现过程结算目标,未来在政府投资项目上很有可能推广“过程审计”。在政府投资项目上,实施过程结算强化了对施工过程造价的控制,可大大节省竣工结算编制和审计的时间,降低竣工结算难度,也有益于提高资金使用效率以及合同履约的风险防范。

5)工程竣工结算

(1)工程竣工结算的编制

工程完工后,发承包双方必须在合同约定时间内办理工程竣工结算。所谓工程竣工结算,是指工程项目完工并经竣工验收合格后,发承包双方按照施工合同的约定对所完成的工程项目进行的工程价款的计算、调整和确认。对承包人而言,工程竣工结算是按照合同规定的内容全部完成所承包的工程,经验收合格并符合合同要求后,向发包人进行的最终工程价款结算。编制规范的、准确的工程竣工结算是承包人的重要任务。工程竣工结算分为单位工程竣工结算、单项工程竣工结算和建设项目竣工总结算,由承包人或受其委托、具有相应资质的工程造价咨询人编制。

一般来说,单位工程竣工结算由承包人(或受其委托、具有相应资质的工程造价咨询人)编制,发包人(或受其委托、具有相应资质的工程造价咨询人)审查;实行总承包的工程,由具体承包人编制,在总承包人审查的基础上,发包人审查;单项工程竣工结算或建设项目竣工总结算由总(承)包人编制,发包人可直接进行审查,也可以委托具有相应资质的工程造价咨询机构进行审查;政府投资项目,由同级财政部门审查。单项工程竣工结算或建设项目竣工总结算经发承包人签字盖章后有效。当发承包双方或一方对工程造价咨询人出具的竣工结算文件有异议时,可向工程造价管理机构投诉,申请对其进行执业质量鉴定。

竣工结算办理完毕,发包人应将竣工结算文件报送工程所在地或有该工程管辖权的行业管理部门的工程造价管理机构备案,竣工结算文件作为工程竣工验收备案、交付使用的必备文件。

①竣工结算编制依据。

依据《建设工程工程量清单计价规范》,工程竣工结算的编制依据包括:

a.清单计价规范。

b.工程施工合同及补充协议。

c.发承包双方实施过程中已确认的工程量及其结算的合同价款。

d.发承包双方实施过程中已确认调整后追加(减)的合同价款。

e.建设工程设计文件及相关资料。

f.工程招投标文件。

g.其他依据。

②工程竣工结算的计价原则。

在工程量清单计价方式下,工程竣工结算的编制应当遵循的计价原则如下:

a.分部分项项目和措施项目中的单价项目应依据发承包双方确认的工程量和已标价工程量清单的综合单价计算;发生调整的,以发承包双方确认调整后的综合单价计算。

b.措施项目中的总价项目应依据已标价工程量清单的措施项目和金额计算;发生调整的,以发承包双方确认调整的金额计算。其中,安全文明施工费应按照国家或省级、行业建设主管部门的规定计算。施工过程中,国家或省级、行业建设主管部门对安全文明施工费进行了调整的,措施项目费中的安全文明施工费应做相应调整。

c.其他项目的竣工结算。其他项目应按下列规定计价:

计日工按发包人实际签证确认的事项计算。

暂估价按以下相应规定计算:若暂估价中的材料、工程设备是招标采购的,其单价按中标价在综合单价中调整;否则,其单价按发承包双方最终确认的单价在综合单价中调整。若暂估价中的专业工程是招标发包的,其专业工程费按中标价计算,否则,其专业工程费按发承包双方与分包人最终确认的金额计算。

总承包服务费依据已标价工程量清单的金额计算;发生调整的,以发承包双方确认调整的金额计算。

索赔事件产生的费用在办理竣工结算时应在其他项目费中反映。索赔费用依据发承包双方确认的索赔事项和金额计算。

现场签证发生的费用在办理竣工结算时应在其他项目费中反映。现场签证费用依据发承包双方签证资料确认的金额计算。

暂列金额在用于各项合同价款调整、索赔、现场签证的费用后,如有余额归发包人,若出现差额,则由发包人补足并反映在相应项目的价款中。

d.规费和税金的竣工结算。规费和税金必须按国家或省级、行业建设主管部门的规定计算。规费中的工程排污费应按工程所在地环境保护部门规定标准缴纳后按实列入。

发承包双方在合同工程实施过程中已经确认的工程计量结果和合同价款,在竣工结算办理时直接进入结算。工程合同价款按交付时间顺序可分为:工程预付款、工程进度款和工程竣工结算款,由于工程预付款已在工程进度款中扣回,因此,工程竣工结算价款等于工程进度款与工程竣工结算余款之和。可见,竣工结算与合同工程实施过程中的工程计量及其价款结算、进度款支付、合同价款调整等具有内在联系,除有争议的外,均应直接进入竣工结算,简化结算流程。

(2)竣工结算流程

《建设工程施工合同(示范文本)》和《建设工程工程量清单计价规范》中对竣工结算与复核的程序做了详细规定:

①承包人提交竣工结算文件。合同工程完工后,承包人应在经发承包双方确认的合同工程期中价款结算的基础上汇总编制完成竣工结算文件,并在提交竣工验收申请的同时向发包人提交竣工结算文件。

承包人未在合同约定的时间内提交竣工结算文件,经发包人催告后14天内仍未提交或没有明确答复的,发包人有权根据已有资料编制竣工结算文件,作为办理竣工结算和支付结算款的依据,承包人应予以认可。

②发包人审核竣工结算文件。发包人在收到承包人提交的竣工结算文件后的28天内核对。发包人经核实,认为承包人还应进一步补充资料和修改结算文件,应在上述时限内向承包人提出核实意见。承包人在收到核实意见后的28天内应按照发包人提出的合理要求补充资料,修改竣工结算文件,并再次提交给发包人复核后批准。

发包人在收到承包人再次提交的竣工结算文件后的28天内予以复核,将复核结果通知承包人。发包人、承包人对复核结果无异议的,应在7天内在竣工结算文件上签字确认,竣工结算办理完毕。发包人或承包人对复核结果认为有误的,无异议部分经双方签字确认办理不完全竣工结算;有异议部分由发承包双方协商解决;协商不成的,按照合同约定的争议解决的方式处理。

发包人在收到承包人竣工结算文件后的28天内,不核对竣工结算或未提出核对意见的,视为承包人提交的竣工结算文件已被发包人认可,竣工结算办理完毕。

承包人在收到发包人提出的核实意见后的28天内，不确认也未提出异议的，视为发包人提出的核实意见已被承包人认可，竣工结算办理完毕。

③发包人委托工程造价咨询机构审核竣工结算文件。发包人委托工程造价咨询机构核对竣工结算的，工程造价咨询人应在28天内核对完毕，核对结论与承包人竣工结算文件不一致的，应提交给承包人复核，承包人应在14天内将同意核对结论或不同意见的说明提交工程造价咨询机构。工程造价咨询机构收到承包人提出的异议后，应再次复核，复核无异议的，发承包双方应在7天内在竣工结算文件上签字确认，竣工结算办理完毕；复核后仍有异议的，对于无异议部分办理不完全竣工结算；有异议部分由发承包双方协商解决，协商不成的，按照合同约定的争议解决方式处理。

承包人逾期未提出书面异议，视为工程造价咨询人核对的竣工结算文件已经承包人认可。

④竣工结算文件的签认。对发包人或发包人委托的工程造价咨询人指派的专业人员与承包人指派的专业人员经核对后无异议并签名确认的竣工结算文件，除非发承包人能提出具体、详细的不同意见，发承包人都应在竣工结算文件上签名确认。如其中一方拒不签认的，将承担以下后果：a. 若发包人拒不签认的，承包人可不提供竣工验收备案资料，并有权拒绝与发包人或其上级部门委托的工程造价咨询人重新核对竣工结算文件；b. 若承包人拒不签认，发包人要求办理竣工验收备案的，承包人不得拒绝提供竣工验收资料，否则，由此造成的损失，承包人承担相应责任。

竣工结算文件经发承包双方签字确认后，发包人不得要求承包人与另一个或多个工程造价咨询人重复核对竣工结算，以避免当前实际存在的竣工结算一审再审、久审不结的现象。

⑤质量争议工程的竣工结算。

发包人对工程质量有异议，拒绝办理工程竣工结算的：

a. 已竣工验收或已竣工未验收但实际投入使用的工程，其质量争议应按该工程保修合同执行，竣工结算应按合同约定办理；

b. 已竣工未验收且未实际投入使用的工程以及停工、停建工程的质量争议，双方应当就有争议部分竣工结算暂缓办理，并就有争议的工程部分委托有资质的检测鉴定机构进行检测，根据检测结果确定解决方案，或按工程质量监督机构的处理决定执行后办理竣工结算。

(3)竣工结算款支付

竣工结算款是发包人签发的竣工结算支付证书中列明的应向承包人支付的结算款金额。竣工结算款支付流程如下：

①承包人根据办理的竣工结算文件，向发包人提交竣工结算款支付申请。申请应包括下列内容：a. 竣工结算合同价款总额；b. 累计已实际支付的合同价款；c. 应预留的质量保证金；d. 实际应支付的竣工结算款金额。

②发包人在收到承包人提交的竣工结算款支付申请后7天内予以核实，向承包人签发竣工结算支付证书。

③发包人签发竣工结算支付证书后的14天内，按照竣工结算支付证书列明的金额向承包人支付结算款。

发包人在收到承包人提交的竣工结算款支付申请后7天内不予核实，不向承包人签发竣工结算支付证书的，视为承包人的竣工结算款支付申请已被发包人认可；发包人在收到承包人提交的竣工结算款支付申请7天后的14天内,按照承包人提交的竣工结算款支付申请列明的金额向承包人支付结算款。

发包人未按规定的程序支付竣工结算款的,承包人可催告发包人支付,并有权获得延迟支付的利息。发包人在竣工结算支付证书签发后或者在收到承包人提交的竣工结算款支付申请7天后的56天内仍未支付的,除法律另有规定外,承包人可与发包人协商将该工程折价,也可直接向人民法院申请将该工程依法拍卖。承包人应就该工程折价或拍卖的价款优先受偿。

6)合同解除的价款结算与支付

发承包双方协商一致解除合同的,按照达成的协议办理结算和支付合同价款。

(1)不可抗力解除合同情形

由于不可抗力解除合同的,发包人除应向承包人支付合同解除之日前已完成工程但尚未支付的合同价款外,还应支付下列金额:

①合同中约定应由发包人承担的费用。

②已实施或部分实施的措施项目应付价款。

③承包人为合同工程合理订购且已交付的材料和工程设备货款,发包人一经支付此项货款,该材料和工程设备即成为发包人的财产。

④承包人撤离现场所需的合理费用,包括员工遣送费和临时工程拆除、施工设备运离现场的费用。

⑤承包人为完成合同工程而预期开支的任何合理费用,且该项费用未包括在本款其他各项支付之内。

发承包双方办理结算合同价款时,应扣除合同解除之日前发包人应向承包人收回的价款。当发包人应扣除的金额超过了应支付的金额,则承包人应在合同解除后的规定时间内将其差额退还给发包人。

(2)违约解除合同情形

①承包人违约。因承包人违约解除合同的,发包人应暂停向承包人支付任何价款。发包人应在合同解除后规定时间内核实合同解除时承包人已完成的全部合同价款以及按施工进度计划已运至现场的材料和工程设备货款,按合同约定核算承包人应支付的违约金以及造成损失的索赔金额,并将结果通知承包人。发承包双方应在规定时间内予以确认或提出意见,并办理结算合同价款。如果发包人应扣除的金额超过了应支付的金额,则承包人应在合同解除后的规定时间内将其差额退还给发包人。发承包双方不能就解除合同后的结算达成一致的,按照合同约定的争议解决方式处理。

②发包人违约。因发包人违约解除合同的,发包人除应按照有关不可抗力解除合同的规定向承包人支付各项价款外,还需按合同约定核算发包人应支付的违约金以及给承包人造成损失或损害的索赔金额费用。该笔费用应由承包人提出,发包人核实后应与承包人协商在确定后的规定时间内向承包人签发支付证书。协商不能达成一致的,按照合同约定的争议解决方式处理。

7)质量保证金

住房和城乡建设部、财政部发布的《建设工程质量保证金管理办法》(建质〔2017〕138号)

规定,建设工程质量保证金是指发包人与承包人在建设工程承包合同中约定,从应付的工程款中预留,用以保证承包人在缺陷责任期内对建设工程出现的缺陷进行维修的资金。

(1)缺陷责任期的确定

缺陷责任期是指承包人按照合同约定承担缺陷修复义务,且发包人预留质量保证金(已缴纳履约保证金的除外)的期限。

缺陷责任期从工程通过竣工验收之日起计,缺陷责任期一般为1年,最长不超过2年,由发承包双方在合同中约定。由于承包人原因导致工程无法按规定期限进行竣工验收的,缺陷责任期从实际通过竣工验收之日起计。由于发包人原因导致工程无法按规定期限进行竣工验收的,在承包人提交竣工验收报告90天后,工程自动进入缺陷责任期。

(2)质量保证金的预留、使用及返还

①质量保证金的预留。

发包人应按照合同约定方式预留质量保证金,质量保证金总预留比例不得高于工程价款结算总额的3%。合同约定由承包人以银行保函替代预留质量保证金的,保函金额不得高于工程价款结算总额的3%。在工程项目竣工前,已经缴纳履约保证金的,发包人不得同时预留工程质量保证金。采用工程质量保证担保、工程质量保险等其他方式的,发包人不得再预留质量保证金。

②质量保证金的使用。

缺陷责任期内,实行国库集中支付的政府投资项目,质量保证金的管理应按国库集中支付的有关规定执行。其他政府投资项目,质量保证金可以预留在财政部门或发包方。缺陷责任期内,如发包人被撤销,质量保证金随交付使用资产一并移交使用单位,由使用单位代行发包人职责。社会投资项目采用预留质量保证金方式的,发承包双方可以约定将质量保证金交由金融机构托管。

缺陷责任期内,由于承包人原因造成的缺陷,承包人应负责维修,并承担鉴定及维修费用。如承包人不维修也不承担费用,发包人可按合同约定从质量保证金或银行保函中扣除,费用超出质量保证金的,发包人可按合同约定向承包人进行索赔。承包人维修并承担相应费用后,不免除对工程的损失赔偿责任。由他人及不可抗力原因造成的缺陷,发包人负责组织维修,承包人不承担费用,且发包人不得从质量保证金中扣除费用。

③质量保证金的返还。

缺陷责任期内,承包人认真履行合同约定的责任,到期后,承包人向发包人申请返还质量保证金。

发包人在接到承包人的返还质量保证金申请后,应于14天内会同承包人按照合同约定的内容进行核实。如无异议,发包人应当按照约定将质量保证金返还给承包人。对返还期限没有约定或者约定不明确的,发包人应当在核实后14天内将质量保证金返还承包人,逾期未返还的,依法承担违约责任。发包人在接到承包人的返还质量保证金申请后14天内不予答复,经催告后14天内仍不予答复的,视同认可承包人的返还质量保证金申请。

8)最终结清

所谓最终结清,是指合同约定的缺陷责任期终止后,承包人已按合同规定完成全部剩余工作且质量合格的,发包人与承包人结清全部剩余款项的活动。

(1)最终结清申请单

缺陷责任期终止后,承包人已按合同规定完成全部剩余工作且质量合格的,发包人签发缺陷责任期终止证书,承包人可按合同约定的份数和期限向发包人提交最终结清申请单,并提供相关证明材料,详细说明承包人根据合同规定已经完成的全部工程价款金额以及承包人认为根据合同规定应进一步支付给他的其他款项。发包人对最终结清申请单内容有异议的,有权要求承包人进行修正和提供补充资料。承包人修正后,应再次向发包人提交修正后的最终结清申请单。

(2)最终支付证书

发包人应在收到承包人提交的最终结清申请单后的规定时间内予以核实,向承包人签发最终支付证书。发包人未在约定时间内核实,又未提出具体意见的,视为承包人提交的最终结清申请单已被发包人认可。

(3)最终结清付款

发包人应在签发最终结清支付证书后的规定时间内,按照最终结清支付证书列明的金额向承包人支付最终结清款。承包人按合同约定接受了竣工结算证书后,应被认为已无权提出在合同过程接收证书颁发前所发生的任何索赔。承包人在提交的最终结算申请中,只限于提出工程接收证书颁发后发生的索赔。提出索赔的期限自接受最终支付证书时止。发包人未按期支付的,承包人可催告发包人在合理的期限内支付,并有权获得延迟支付的利息。

最终结清时,如果承包人被扣留的质量保证金不足以抵减发包人工程缺陷修复费用的,承包人应承担不足部分的补偿责任。

最终结清付款涉及政府投资金的,按照国库集中支付等国家相关规定和专用合同条款的约定办理。

承包人对发包人支付的最终结清款有异议的,按照合同约定的争议解决方式处理。

11.2　竣工决算

11.2.1　竣工决算概述

1)竣工决算的概念

建设项目竣工决算是以实物数量和货币指标为计量单位,综合反映竣工项目从筹建开始到项目竣工交付使用为止的全部建设费用、建设成果和财务情况的总结性文件,是竣工验收报告的重要组成部分,竣工决算是正确核定新增固定资产价值、考核分析投资效果、建立健全经济责任制的依据,是反映建设项目实际造价和投资效果的文件。

2)竣工决算的作用

(1)竣工决算是国家对基本建设投资实行计划管理的重要手段

在基本建设项目从筹建到竣工投产或交付使用的全过程中,各项费用的实际发生额、基本建设投资计划的实际执行情况只能从建设单位编制的建设工程竣工决算中全面地反映出来。通过把竣工决算的各项费用数额与设计概算中的相应费用指标进行对比,可得出节约或超支的情况；通过分析节约或超支的原因，总结经验教训，加强投资计划管理，以提高基本建设投资效果。

(2)竣工决算是对基本建设实行“三算”对比的基本依据

“三算”对比是指设计概算、施工图预算和竣工决算的对比，这里的设计概算和施工图预算都是人们在建筑施工前不同建设阶段根据有关资料进行计算确定的拟建工程所需要的费用。在一定意义上，它们属于人们主观上的估算范畴。而建设工程竣工决算所确定的建设费用是人们在建设活动中实际支出的费用，它在“三算”对比中具有特殊的作用，能够直接反映出固定资产投资计划的完成情况和投资效果。

(3)竣工决算是确定建设单位新增资产价值的依据

在竣工决算中详细地计算了建设项目所有的建筑工程费、安装工程费、设备费和其他费用等新增固定资产总额及流动资金，可作为建设管理部门向企事业使用单位移交财产的依据。

(4)竣工决算是基本建设成果和财务的综合反映

建设工程竣工决算包括基本项目从筹建到建成投产(或使用)的全部费用，它除了用货币形式表示基本建设的实际成本和有关指标外，还包括建设工期、主要工程量、资产的实物量以及技术经济指标。它综合了工程的年度财务决算，全面反映了基本建设的主要情况。

11.2.2 竣工决算的内容

竣工决算由竣工财务决算说明书、竣工财务决算报表、工程竣工图和工程竣工造价对比分析四部分构成。其中，竣工财务决算说明书和竣工财务决算报表统称为建设项目竣工财务决算，是竣工决算的核心内容。

1)竣工财务决算报告情况说明书

竣工财务决算报告情况说明书主要反映竣工工程建设成果和经验，是对竣工决算报表进行分析和补充说明的文件，是全面考核分析工程投资与造价的书面总结。根据《基本建设竣工财务决算管理暂行办法》(财建〔2016〕503)号文，其内容包括：

①项目概况；

②会计账务处理、财产物资清理及债权债务的清偿情况；

③项目建设资金计划及到位情况，财政资金支出预算、投资计划及到位情况；

④项目建设资金使用、项目结余资金分配情况；

⑤项目概(预)算执行情况及分析，竣工实际完成投资与概算差异及原因分析；

⑥尾工工程情况；

⑦历次审计、检查、审核、稽察意见及整改落实情况；

⑧主要技术经济指标的分析、计算情况；

⑨项目管理经验、主要问题和建议；

⑩预备费动用情况；

⑪项目建设管理制度执行情况、政府采购情况、合同履行情况；

⑫征地拆迁补偿情况、移民安置情况；

⑬需说明的其他事项。

2)竣工财务决算报表

竣工财务决算报表是竣工决算内容的核心部分,根据大中型建设项目和小型建设项目分编制。大中型建设项目竣工决算报表包括建设项目竣工财务决算审批表、大中型建设项目概况表、大中型建设项目竣工财务决算表、大中型建设项目交付使用资产总表、建设项目交付使用资产明细表。小型建设项目竣工财务决算报表包括建设项目竣工财务决算审批表、竣工财务决算总表、建设项目交付使用资产明细表等。

(1)建设项目竣工财务决算审批表

建设项目竣工财务决算审批表(表 11.2)在竣工决算上报有关部门审批时使用,其格式是按照中央级小型项目审批要求设计的,地方级项目可按审批要求做适当修改,大、中、小型项目均要按照下列要求填报此表。

表 11.2　建设项目竣工财务决算审批表

<table>
<tr><td>建设项目法人
(建设单位)</td><td></td><td>建设性质</td><td></td></tr>
<tr><td>建设项目名称</td><td></td><td>主管部门</td><td></td></tr>
<tr><td colspan="4">开户银行意见:
盖　章
年　月　日</td></tr>
<tr><td colspan="4">专员办审批意见:
盖　章
年　月　日</td></tr>
<tr><td colspan="4">主管部门或地方财政部门审批意见:
盖　章
年　月　日</td></tr>
</table>

建设项目财务决算审批表的各栏内容按以下要求填报:

①建设性质按新建、扩建、改建、迁建和恢复建设项目等分类填列。

②主管部门是指建设单位的主管部门。

③所有建设项目均须先经开户银行签署意见后,按下列要求报批:a. 中央级小型建设项目属国家确定的重点项目,其竣工财务决算经主管部门审核后报财政部审批,或由财政部授权主管部门审批;其他项目竣工财务决算报主管部门审批,由主管部门签署审批意见。b. 中央级大中型建设项目竣工财务决算,经主管部门审核后报财政部审批。c. 地方级项目、地方级基本建设项目竣工财务决算的报批,由各省、自治区、直辖市、计划单列市财政厅(局)确定。

④已具备竣工验收条件的项目,3 个月内应及时填报审批表,如 3 个月内不办理竣工验收和固定资产移交手续的视为项目已正式投产,其费用不得从基建投资中支付,所实现的收入作为经营收入,不再作为基建收入管理。

(2)大中型建设项目概况表

大中型建设项目概况表(表 11.3)是用来反映建设项目总投资、基建投资支出、新增生产能力、主材消耗和主要技术经济指标等方面的概算与实际完成的情况，大中型建设项目概况表的各栏内容按以下要求填报：

①建设项目名称、建设地址、主要设计单位和主要施工单位，要按全称填列。

②表中所列新增生产能力、完成主要工程量、主要材料消耗的实际数据，根据建设单位统计资料和施工单位提供的有关成本核算资料填列。

③设计概算批准文号，是指最后经批准文件号。

④主要技术经济指标，包括单位面积造价、单位生产能力、单位投资增加的生产能力、单位生产成本和投资回收年限等反映投资效果的综合性指标，根据概算和主管部门规定的内容分别按概算和实际填列。

⑤基本建设支出是指建设项目从开工起至竣工为止发生的全部基建支出。包括形成资产价值的交付使用资产，即固定资产、流动资产、无形资产、其他资产支出，以及不形成资产价值按规定应核销的非经营性项目的待核销基建支出和转出投资。上述支出，应根据财政部门历年批准的“基建投资表”中的有关数据填列。

表 11.3　大中型建设项目概况表

<table>
<tr><td>建设项目(单项工程)名称</td><td colspan="2"></td><td>建设地址</td><td colspan="2"></td><td rowspan="9">基本建设支出</td><td>项目</td><td>概算/元</td><td>实际/元</td><td>备注</td></tr>
<tr><td rowspan="2">主要设计单位</td><td colspan="2" rowspan="2"></td><td rowspan="2">主要施工企业</td><td colspan="2" rowspan="2"></td><td>建筑安装工程投资</td><td></td><td></td><td></td></tr>
<tr><td>设备、工具、器具</td><td></td><td></td><td></td></tr>
<tr><td rowspan="2">占地面积</td><td>设计</td><td>实际</td><td rowspan="2">总投资/万元</td><td>设计</td><td>实际</td><td>待摊投资</td><td></td><td></td><td></td></tr>
<tr><td></td><td></td><td></td><td></td><td>其中：
建设单位管理费</td><td></td><td></td><td></td></tr>
<tr><td rowspan="2">新增生产能力</td><td colspan="3">能力(效益)名称</td><td>设计</td><td>实际</td><td>其他投资</td><td></td><td></td><td></td></tr>
<tr><td colspan="3"></td><td></td><td></td><td>待核销基建支出</td><td></td><td></td><td></td></tr>
<tr><td rowspan="2">建设起止时间</td><td colspan="2">设计</td><td colspan="3">从　年　月开工至
年　月竣工</td><td>非经营项目转出投资</td><td></td><td></td><td></td></tr>
<tr><td colspan="2">实际</td><td colspan="3">从　年　月开工至
年　月竣工</td><td>合计</td><td></td><td></td><td></td></tr>
<tr><td>设计概算批准文号</td><td colspan="10"></td></tr>
<tr><td rowspan="3">完成主要工程量</td><td colspan="5">建设规模</td><td colspan="5">设备/台、套、t</td></tr>
<tr><td colspan="2">设计</td><td colspan="3">实际</td><td colspan="2">设计</td><td colspan="3">实际</td></tr>
<tr><td colspan="2"></td><td colspan="3"></td><td colspan="2"></td><td colspan="3"></td></tr>
<tr><td rowspan="2">收尾工程</td><td colspan="2">工程项目、内容</td><td colspan="3">已完成投资额</td><td colspan="2">尚需投资额</td><td colspan="3">完成时间</td></tr>
<tr><td colspan="2"></td><td colspan="3"></td><td colspan="2"></td><td colspan="3"></td></tr>
</table>

填报大中型建设项目概况表时，还需要注意以下几点：a. 建筑安装工程投资支出、设备工

器具投资支出、待摊投资支出和其他投资支出构成建设项目的建设成本。b.待核销基建支出是指非经营性项目发生的江河清障、航道清淤、补助群众造林、水土保持、城市绿化、取消项目可行性研究费、项目报废及其他经财政部门认可的不能形成资产部分的投资，作待核销处理。在财政部门批复竣工决算后，冲销相应的资金。能够形成资产部分的投资，计入交付使用资产价值。c.非经营性项目转出投资支出是指非经营性项目为项目配套的专用设施投资，包括专用道路、专用通信设施、送变电站、地下管道等，产权归属本单位的，计入交付使用资产价值；产权不归属本单位的，作转出投资处理，冲销相应的资金。

⑥表中的"收尾工程"是指全部工程项目验收后还遗留的少量收尾工程，应明确填写收尾工程内容、完成时间，尚需投资额，完工后不再编制竣工决算。

(3)大中型建设项目竣工财务决算表

大中型建设项目竣工财务决算表(表11.4)用来反映建设项目的全部资金来源和资金运用情况，是考核和分析投资效果的依据。该表采用平衡表形式，即资金来源合计等于资金支出合计。大中型建设项目竣工财务决算表各栏按如下要求填报：

①表中的"资金来源"包括基建拨款、项目资本金、项目资本公积金、基建借款、上级拨入投资借款、企业债券资金、待冲基建支出、应付款和未交款以及上级拨入资金和留成收入等。

表11.4　大中型建设项目竣工财务决算表

资金来源	金额	资金占用	金额	补充资料
一、基建拨款		一、基本建设支出		1.基建投资借款期末余额
1.预算拨款		1.交付使用资产		
2.基建基金拨款		2.在建工程		
3.专项建设基金拨款		3.待核销基建支出		
4.进口设备转账拨款		4.非经营项目转出投资		
5.器材转账拨款		二、应收生产单位投资借款		2.应收生产单位投资借款期末数
6.煤代油专用基金拨款		三、拨付所属投资借款		
7.自筹资金拨款		四、器材		
8.其他拨款		其中：待处理器材损失		
二、项目资本金		五、货币资金		
1.国家资本		六、预付及应收款		3.基建结余资金
2.法人资本		七、有价证券		
3.个人资本		八、固定资产		
三、项目资本公积金		固定资产原值		
四、基建借款		减：累计折旧		
五、上级拨入投资借款		固定资产净值		
六、企业债券资金		固定资产清理		
七、待冲基建支出		待处理固定资产损失		

续表

资金来源	金额	资金占用	金额	补充资料
八、应付款				
九、未交款				
1. 未交税金				
2. 未交基建收入				
3. 未交基建包干结余				
4. 其他未交款				
十、上级拨入资金				
十一、留成收入				
合计		合计		

注:1. 项目资本金是经营性项目投资者按国家关于项目资本金制度的规定,筹集并投入项目的非负债资金。经营性项目筹集的资本金,在项目建设期间和生产经营期间,投资者除依法转让外,不得以任何方式抽走。竣工决算后,相应转为生产经营企业的国家资本金、法人资本金、个人资本金和外商资本金。

2. 项目资本公积金是指经营性项目对投资者实际缴付的出资额超出其资本金的差额(包括发行股票的溢价净收入)、接受捐赠的财产、外币资本折算差额等,在项目建设期间作为资本公积金。项目建成交付使用并办理竣工决算后,相应转为生产经营企业的资本公积金。

3. 基建收入是指在基本建设过程中形成的各项工程建设副产品变价净收入、负荷试车和试运行收入以及其他收入。需注意的是:基建收入应依法缴纳企业所得税,经营性项目基建收入的税后收入,相应转为生产经营企业的盈余公积金;非经营性项目基建收入的税后收入,相应转入行政事业单位的其他收入。

②表中的“预算拨款”“自筹资金拨款及其他拨款”“项目资本金”“基建借款”及“其他借款”等项目,是指自开工建设至竣工截止的累计数。应根据历年批复的年度基本建设财务决算和竣工年度的基本建设财务决算中资金平衡表相应项目的数字,经汇总后得出投资额。

③资金占用指建设项目从开工准备到竣工全过程的资金支出。主要包括基本建设支出、应收生产单位投资借款、库存器材、货币资金、有价证券和预付及应收款以及拨付所属投资借款和库存固定资产等。

④表中的“基建资金结余资金”是指竣工时的结余资金,应根据竣工财务决算表中有关项目计算填列,基建结余资金计算公式为:

$$\text{基建结余资金}=\text{基建拨款}+\text{项目资本}+\text{项目资本公积金}+\text{基建借款}+\text{企业债券资金}+\text{待冲基建支出}-\text{基本建设支出}-\text{应收生产单位投资借款} \quad (11.3)$$

(4)大中型建设项目交付使用资产总表

大中型建设项目交付使用资产总表(表11.5)是反映建设项目建成后,交付使用新增固定资产、流动资产、无形资产和递延资产的全部价值,作为财产交接、检查投资计划完成情况和分析投资效果的依据。小型项目不编制“交付使用资产总表”,直接编制“交付使用资产明细表”,大中型项目在编制“交付使用资产总表”的同时,还需编制“交付使用资产明细表”。大中型建设项目交付使用资产总表各栏按以下要求填报:

表 11.5　大中型建设项目交付使用资产总表

<table>
<tr><td rowspan="2">单项工程项目名称</td><td rowspan="2">总计</td><td colspan="5">固定资产</td><td rowspan="2">流动资产</td><td rowspan="2">无形资产</td><td rowspan="2">其他资产</td></tr>
<tr><td>建筑工程</td><td>安装工程</td><td>设备</td><td>其他</td><td>合计</td></tr>
<tr><td>1</td><td>2</td><td>3</td><td>4</td><td>5</td><td>6</td><td>7</td><td>8</td><td>9</td><td>10</td></tr>
<tr><td></td><td></td><td></td><td></td><td></td><td></td><td></td><td></td><td></td><td></td></tr>
<tr><td></td><td></td><td></td><td></td><td></td><td></td><td></td><td></td><td></td><td></td></tr>
</table>

表中各栏数据根据“交付使用资产明细表”各相应项目的汇总数分别填写，表中“总计栏”的总计数应与“竣工财务决算表”中交付使用资产的金额一致。

(5)建设项目交付使用资产明细表

建设项目交付使用资产明细表(表 11.6)是交付使用财产总表的具体化，反映交付使用固定资产、流动资产、无形资产和递延资产的详细内容，是使用单位建立资产明细账和登记新增资产价值的依据。建设项目交付使用资产明细表各栏根据交付使用资产的实际情况分别填写。

表 11.6　建设项目交付使用资产明细表

<table>
<tr><td rowspan="2">单项工程项目名称</td><td colspan="3">建筑工程</td><td colspan="6">设备、器具、家具</td><td colspan="2">流动资产</td><td colspan="2">无形资产</td><td colspan="2">其他资产</td></tr>
<tr><td>结构</td><td>面积</td><td>价值</td><td>名称</td><td>规格型号</td><td>单位</td><td>数量</td><td>价值</td><td>设备安装费</td><td>名称</td><td>价值</td><td>名称</td><td>价值</td><td>名称</td><td>价值</td></tr>
<tr><td></td><td></td><td></td><td></td><td></td><td></td><td></td><td></td><td></td><td></td><td></td><td></td><td></td><td></td><td></td><td></td></tr>
<tr><td></td><td></td><td></td><td></td><td></td><td></td><td></td><td></td><td></td><td></td><td></td><td></td><td></td><td></td><td></td><td></td></tr>
<tr><td>合计</td><td></td><td></td><td></td><td></td><td></td><td></td><td></td><td></td><td></td><td></td><td></td><td></td><td></td><td></td><td></td></tr>
</table>

(6)小型建设项目竣工财务决算总表

小型建设项目竣工财务决算总表(表 11.7)是大中型项目概况表与竣工财务决算表合并而成，用来反映小型建设项目的全部工程和财务情况。

表 11.7　小型建设项目竣工财务决算总表

<table>
<tr><td>建设项目名称</td><td colspan="3"></td><td colspan="2">建设地址</td><td colspan="2"></td><td colspan="2">资金来源</td><td colspan="2">资金运用</td></tr>
<tr><td rowspan="2">初步设计概算批准文号</td><td colspan="7" rowspan="2"></td><td>项目</td><td>金额/元</td><td>项目</td><td>金额/元</td></tr>
<tr><td rowspan="2">一、基建拨款
其中:预算拨款</td><td rowspan="2"></td><td>一、交付使用资产</td><td></td></tr>
<tr><td rowspan="3">占地面积</td><td>计划</td><td>实际</td><td rowspan="3">总投资/万元</td><td colspan="2">计划</td><td colspan="2">实际</td><td>二、待核销基建支出</td><td></td></tr>
<tr><td rowspan="2"></td><td rowspan="2"></td><td>固定资产</td><td>流动资产</td><td>固定资产</td><td>流动资产</td><td>二、项目资本金</td><td></td><td rowspan="2">三、非经营项目 转出投资</td><td rowspan="2"></td></tr>
<tr><td></td><td></td><td></td><td></td><td>三、项目资本公积金</td><td></td></tr>
</table>

续表

建设项目名称		建设地址		资金来源		资金运用	
新增生产能力	能力(效益)名称	设计	实际	四、基建借款		四、应收生产单位投资借款	
				五、上级拨入借款			
建设起止时间	计划	从 年 月 日开工 至 年 月 日竣工		六、企业债券资金		五、拨付所属投资借款	
	实际	从 年 月 日开工 至 年 月 日竣工		七、待冲基建支出		六、器材	
基建支出	项目	概算/元	实际/元	八、应付款		七、货币资金	
	建筑安装工程			九、未付款 其中: 未交基建收入 未交包干收入		八、预付及应收款	
						九、有价证券	
	设备工器具					十、原有固定资产	
	待摊投资 其中:建设单位管理费			十、上级拨入资金			
	其他投资			十一、留成收入			
	待核销基建支出						
	非经营性项目转出投资						

3)建设工程竣工图

建设工程竣工图是真实记录建筑物、构筑物情况的技术文件,是工程进行交工验收的依据,是重要的技术档案。国家规定各项新建、扩建、改建的基本建设工程,特别是隐蔽部位,在施工过程中应及时做好隐蔽工程检查记录,整理好设计变更文件,编制竣工图。编制竣工图的形式和深度,应根据不同情况区别对待,具体要求包括:

①按图竣工没有变动的,由施工单位在原施工图上加盖“竣工图”标志后,即作为竣工图。

②凡在施工过程中,虽有一般性设计变更,但能将原施工图加以修改补充作为竣工图的,可不重新绘制,由施工单位负责在原施工图(必须是新蓝图)上注明修改的部分,并出具设计变更通知单和施工说明,加盖“竣工图”标志后,作为竣工图。

③结构型式改变、施工工艺改变、平面布置改变等重大改变,不宜再在原施工图上修改的,应重新绘制改变后的竣工图。由设计原因造成的,由设计单位负责重新绘图;由施工原因造成的,由施工单位负责重新绘图;由其他原因造成的,由建设单位自行绘图或委托设计单位绘图。施工单位负责在新图上加盖“竣工图”标志,并附有关记录和说明,作为竣工图。

4)工程造价对比分析

工程造价对比分析是将决算报表中提供的实际数据与批准的概预算指标进行对比,以反映项目总造价和单方造价是节约还是超支,并在比较分析的基础上,总结经验教训。实际工作时,侧重分析主要实物工程量、主要材料消耗量、建设单位管理费等。

①考核主要实物工程量。对于实物工程量出入比较大的情况,必须查明原因。

②考核主要材料消耗量。根据主要材料实际超概算的消耗量,查明是在工程的哪个环节超出量最大,再进一步查明超耗的原因。

③考核建设单位管理费。建设单位管理费的取费标准要按照国家的有关规定,根据竣工决算报表中所列的建设单位管理费与概预算所列的建设单位管理费数额进行比较,依据规定查明是否存在多列或少列的费用项目,确定其节约超支的数额,并查明原因。

11.2.3　竣工决算的编制

1)竣工决算的编制依据

建设工程竣工决算编制的主要依据有:

①经批准的可行性研究报告及其投资估算书。

②经批准的初步设计或扩大初步设计及其概算或修正概算书。

③经批准的施工图设计及其施工图预算书。

④设计交底或图纸会审会议纪要。

⑤招标投标的标底、承包合同及工程结算资料。

⑥施工记录或施工签证单及其他施工发生的费用记录,如索赔报告与记录、停(交)工报告等。

⑦竣工图及各种竣工验收资料。

⑧历年基建资料、历年财务决算及批复文件。

⑨设备、材料调价文件和调价记录。

⑩有关财务核算制度、办法和其他有关资料、文件等。

2)竣工决算的编制要求

为了严格执行建设项目竣工验收制度,正确核定新增固定资产价值,考核分析投资效果,建立健全经济责任制,所有新建、扩建和改建的建设项目竣工后,都应及时、完整、正确地编制好竣工决算。建设单位要做好以下工作:

①按照规定组织竣工验收,保证竣工决算的及时性。对建设工程进行全面考核,所有建设项目(或单项工程)按照批准的设计文件所规定的内容建成后,具备了投产和使用条件的,都要及时组织验收。对于竣工验收中发现的问题,应及时查明原因,采取措施加以解决,以保证建设项目按时交付使用并及时编制竣工决算。

②积累、整理竣工项目资料,保证竣工决算的完整性。积累、整理竣工项目资料是编制竣工决算的基础工作,它关系到竣工决算的完整性和质量的好坏。因此,在建设过程中,建设单位必须随时收集项目建设的各种资料,并在竣工验收前对各种资料进行系统整理、分类立卷,为编制竣工决算提供完整的数据资料,为投产后加强固定资产管理提供依据。在工程竣工时,建设单位应将各种基础资料与竣工决算一起移交给生产单位或使用单位。

③清理、核对各项账目，保证竣工决算的正确性。工程竣工后，建设单位要认真核实各项交付使用资产的建设成本；做好各项账务、物资以及债权的清理结余工作，应偿还的要及时偿还，该收回的要及时收回，对各种结余的材料、设备、施工机械器具等要逐项清点核实、妥善保管，按照国家有关规定进行处理，不得任意侵占；对竣工后的结余资金，要按规定上交财政部门或上级主管部门。做完上述工作，在核实各项数字的基础上，正确编制从年初起到竣工月份为止的竣工年度财务决算。

按照规定竣工决算应在竣工项目办理验收交付手续后一个月内编好，并上报主管部门，有关财务成本部分还应送经办理审查签证。主管部门和财政部门对报送的竣工决算审批完成后，建设单位即可办理决算调整并结束有关工作。

3）竣工决算的编制步骤

①收集、整理、分析有关资料。从工程开始就按编制依据的要求收集、清点、整理有关资料，主要包括建设项目档案资料，如设计文件、施工记录、上级批文、概（预）算文件、工程结算的归集整理，财务处理、财产物资的盘点核实及债权债务的清偿，做到账账、账证、账实、账表相符。对各种设备、材料、工具、器具等要逐项盘点核实并填列清单，妥善保管或按照国家有关规定处理，不准任意侵占和挪用。

②清理各项财务、债务和结余物资。在收集、整理和分析有关资料时，要特别注意建设工程从筹建到竣工投产或使用的全部费用的各项账务及债权和债务的清理，做到工程完毕账目清晰。既要核对账目，又要查点库存实物的数量，做到账与物相等、账与账相符。对结余的各项材料、工器具和设备要逐项清点核实、妥善管理，并按规定及时处理、收回资金。对各种往来款项要及时进行全面清理，为编制竣工决算提供准确的数据和结果。

③核实工程变动情况。重新核实各单位工程和单项工程造价，将竣工资料与原设计图纸进行核实，确认实际变动情况。根据经审定的承包人竣工结算等原始资料，按照有关规定对原预算进行增减调整，重新核定建设项目实际造价。

④填写竣工决算报表。按照建设工程决算表格中的内容，根据编制依据中的有关资料进行统计或计算各个项目及其数量，并将其结果填到相应的表格栏内，完成所有报表的填写。

⑤编制建设工程竣工决算说明。按照建设工程竣工决算说明的内容要求，根据编制依据材料写在报表中的结果，编写文字说明。

⑥做好工程造价对比分析。

⑦清理、装订好竣工图。

⑧按国家规定程序上报相应上级主管部门审批、存档。

将上述编写的文字说明和填写的表格经核对无误装订成册，即为建设工程竣工决算文件。将其上报主管部门审查，并把其中的财务成本部分送交开户银行签证。竣工决算在上报主管部门的同时，抄送有关设计单位。

大、中型建设项目的竣工决算还应抄送财政部、建设银行总行和省、自治区、直辖市的财政局和建设银行分行各一份。建设工程竣工决算文件由建设单位负责组织人员编写，在竣工建设项目办理验收使用一个月之内完成。

4）新增资产价值确定

工程竣工投入运营后所花费的总投资应按会计制度和税法规定形成相应资产，这些新增资产分为固定资产、无形资产、流动资产和其他资产四大类。新增资产价值的确定是由建设单位核算。资产性质不同,其核算方法也不同。

(1)新增固定资产价值构成及确定

①新增固定资产价值构成包括:

a.工程费用,包括设备及工器具购置费、建筑工程费、安装工程费。

b.固定资产其他费用,主要有建设单位管理费、勘察设计费、研究试验费、工程监理费、工程保险费、联合试运转费、办公和生活家具购置费及引进技术和进口设备的其他费用。

c.预备费。

d.融资费用,包括建设期贷款利息和其他融资费用等。

②新增固定资产价值确定。新增固定资产价值确定是以独立发挥生产能力的单项工程为对象的。当单项工程建成经有关部门验收合格,正式移交生产或使用,即应计算新增固定资产价值。一次交付生产或使用的工程,一次计算新增固定资产价值;分期分批交付生产或使用的工程,应分期分批计算新增固定资产价值。

确定新增固定资产价值时应注意以下几种情况:

a.对于为提高产品质量、改善劳动条件、节约材料消耗、保护环境而建设的附属辅助工程,只要全部建成,正式验收交付使用后就要计入新增固定资产价值。

b.对于单项工程中不构成生产系统,但能独立发挥效益的非生产性项目,如住宅、食堂、医务所、幼儿园、生活服务网点等,在建成并交付使用后,也要计算新增固定资产价值。

c.凡购置达到固定资产标准不需安装的设备、工具、器具,应在交付使用后计入新增固定资产价值。

d.属于新增固定资产价值的其他投资,应随同受益工程交付使用一并计入。

③交付使用财产的成本,应按下列内容计算:

a.房屋、建筑物、管道、线路等固定资产成本包括建筑工程成本和应分摊的待摊投资。

b.动力设备和生产设备等固定资产成本包括需要安装设备的采购成本、安装成本、设备基础支架等建筑工程成本或砌筑锅炉及各种特殊炉的建筑工程成本、应分摊的待摊投资。

c.运输设备及其他不需要安装的设备、工具、器具、家具等固定资产一般仅计算采购成本,不计“待摊投资”。

④共同费用的分摊方法。新增固定资产的其他费用,属于整个建筑工程项目或两个以上单项工程的,在计算新增固定资产价值时,应在各单项工程中按比例分摊。一般情况下,建设单位管理费按建筑工程、安装工程、需安装设备价值总额按比例分摊,而土地征用费、勘察设计费等费用则按建筑工程造价分摊。

(2)新增无形资产价值的确定

无形资产是指能使企业拥有某种权利,能为企业带来长期经济效益,但没有实物形态的资产。无形资产包括专利权、商标权、专有技术、著作权、土地使用权、商誉等。

新增无形资产计价原则:

①投资者将无形资产作为资本金或者合作条件投入的,按照评估确认或合同协议约定的金额计价。

②购入的无形资产,按照实际支付价款计价。

③企业自创并依法确认的无形资产,按开发过程中的实际支出计价。

④企业接受捐赠的无形资产,按照发票凭证所载金额或者无形资产市场价计价等。

无形资产计价入账后,其价值从受益之日起,在有效使用期内分期摊销。

(3)新增流动资产价值的确定

流动资产是指可以在一年或超过一年的营业周期内变现或者耗用的资产,按流动资产占用形态可分为现金、存货、银行存款、短期投资、应收账款及预付账款等。

依据投资概算核拨的项目铺底流动资金,由建设单位直接移交使用单位。

(4)新增其他资产价值的确定

其他资产是指除固定资产、无形资产、流动资产以外的资产。形成其他资产原值的费用主要是生产准备费(含职工提前进厂费和培训费)、样品样机购置费等。其他资产按实际入账账面价值核算。

11.2.4 竣工决算的审核

项目决算批复部门应按照"先审核后批复"的原则建立健全项目决算评审和审核管理机制以及内部控制制度。由财政部批复的项目决算,一般先由财政部委托财政投资评审机构或有资质的中介机构(以下统称"评审机构")进行评审,根据评审结论,财政部审核后批复项目决算。委托评审机构实施项目竣工财务决算评审时,应当要求其遵循依法、独立、客观、公正的原则。项目建设单位可对评审机构在实施评审过程中的违法行为进行举报。由主管部门批复的项目决算参照上述程序办理。主管部门、财政部收到项目竣工财务决算后,根据《中央基本建设项目竣工财务决算审核批复操作规程》(财办建〔2018〕2 号)开展工作。

1)审核程序

(1)条件和权限审核

具体包括:

①审核项目是否为本部门批复范围。不属于本部门批复权限的项目决算,予以退回。

②审核项目或单项工程是否已完工。尾工工程超过 5% 的项目或单项工程,予以退回。

(2)资料完整性审核

具体包括:

①审核项目是否经有资质的中介机构进行决(结)算评审,是否附有完整的评审报告。对未经决(结)算评审(含审计署审计)的,委托评审机构进行决算审核。

②审核决算报告资料的完整性,检查决算报表和报告说明书是否按要求编制、项目有关资料复印件是否清晰、完整。决算报告资料报送不完整的,通知其限期补报有关资料,逾期未补报的,予以退回。需要补充说明材料或存在问题需要整改的,要求主管部门在限期内报送并督促项目建设单位进行整改,逾期未报或整改不到位的,予以退回。

其中,未经评审或审计署全面审计的项目决算,以及虽经评审或审计但主管部门、财政部审核发现存在以下问题或情形的,应当委托评审机构进行评审:

a. 评审报告内容简单、附件不完整、事实反映不清晰且未达到决算批复相关要求。

b. 决算报表填写的数据不完整,存在较多错误,表间勾稽关系不清晰、不正确,以及决算报告和报表数据不一致。

c. 项目存在严重超标准、超规模、超概算,挤占、挪用项目建设资金,待核销基建支出和转出投资无依据、不合理等问题。

d. 评审报告或有关部门历次核查、稽查和审计所提问题未整改完毕，存在重大问题未整改或整改落实不到位。

e. 建设单位未能提供审计署的全面审计报告。

f. 其他影响项目竣工财务决算完成投资等的重要事项。

评审机构进行了决(结)算评审的项目决算，或审计署已经进行全面审计的项目决算，财政部或主管部门审核未发现较大问题，项目建设程序合法、合规，报表数据正确无误，评审报告内容翔实、事实反映清晰、符合决算批复要求以及发现的问题均已整改到位的，可依据评审报告及审核结果批复项目决算。

审核中，评审发现项目建设管理存在严重问题并需要整改的，要及时督促项目建设单位限期整改；存在违法违纪的，依法移交有关机关处理。

审核未通过的，属评审报告问题的，退回评审机构补充完善；属项目本身不具备决算条件的，请项目建设单位(或报送单位)整改、补充完善或予以退回。

2)审核依据

审核工作依据以下文件：

①项目建设和管理的相关法律、法规、文件规定。

②国家、地方以及行业工程造价管理的有关规定。

③财政部颁布的基本建设财务管理及会计核算制度。

④本项目相关资料，包括项目初步设计及概算批复和调整批复文件、历年财政资金预算下达文件、项目决算报表及说明书、历年监督检查、审计意见及整改报告，必要时还可审核项目施工和采购合同、招标投标文件、工程结算资料以及其他影响项目决算结果的相关资料。

3)审核方式

审核工作主要是对项目建设单位提供的决算报告、评审机构提供的评审报告及社会中介机构提供的审计报告进行分析、判断，通过与审计署的审计意见进行比对，形成批复意见。

(1)政策性审核

政策性审核重点审核项目履行基本建设程序情况，资金来源、到位及使用管理情况，概算执行情况，招标履行及合同管理情况，待核销基建支出和转出投资的合规性，尾工工程及预留费用的比例和合理性等。

(2)技术性审核

技术性审核重点审核决算报表数据和表间勾稽关系、待摊投资支出情况、建筑安装工程和设备投资支出情况、待摊投资支出分摊计入交付使用资产情况以及项目造价控制情况等。

(3)评审结论审核

评审结论审核重点审核评审结论中投资审减(增)的金额和理由。

(4)意见分歧审核及处理

对于评审机构与项目建设单位就评审结论存在意见分歧的，应以国家有关规定及国家批准项目概算为依据进行核定，其中：

①评审审减投资属工程价款结算违反发承包双方合同约定及多计工程量、高估冒算等情况的，一律按评审机构的评审结论予以核定批复。

②评审审减投资属超国家批准项目概算、但项目运行使用确实需要的，原则上应先经项

目概算审批部门调整概算后，再按调整概算确认和批复。若自评审机构出具评审结论之日起3个月内未取得原项目概算审批部门的调整概算批复的，仍按评审结论予以批复。

4)审核内容

审核的主要内容包括工程价款结算、项目核算管理情况、项目建设资金管理情况、项目基本建设程序执行及建设管理情况、概(预)算执行情况、交付使用资产情况等。

(1)工程价款结算审核

工程价款结算审核主要包括评审机构对工程价款是否按有关规定和合同协议进行全面评审；评审机构对于多算和重复计算工程量、高估冒算建筑材料价格等问题是否予以审减；单位、单项工程造价是否在合理或国家标准范围内，是否存在严重偏离当地同期同类单位工程、单项工程造价水平的问题。

(2)项目核算管理情况审核

项目核算管理情况审核具体包括：

①建设成本核算是否准确。对于超过批准建设内容发生的支出、不符合合同协议的支出、非法收费和摊派，无发票或者发票项目不全、无审批手续、无责任人员签字的支出以及因设计单位、施工单位、供货单位等原因造成的工程报废损失等不属于本项目应当负担的支出，是否按规定予以审减。

②待摊费用支出及其分摊是否合理合规。

③待核销基建支出有无依据，是否合理合规。

④转出投资有无依据，是否已落实接收单位。

⑤决算报表所填写的数据是否完整，表内和表间勾稽关系是否清晰、正确。

⑥决算的内容和格式是否符合国家有关规定。

⑦决算资料报送是否完整、决算数据之间是否存在错误。

⑧与财务管理和会计核算有关的其他事项。

(3)项目建设资金管理情况审核

项目资金管理情况审核主要包括：

①资金筹集情况，如项目建设资金筹集是否符合国家有关规定；项目建设资金筹资成本控制是否合理。

②资金到位情况，如财政资金是否按批复的概算、预算及时足额拨付项目建设单位；自筹资金是否按批复的概算、计划及时筹集到位，是否有效控制了筹资成本。

③项目资金使用情况，如财政资金是否按规定专款专用，是否符合政府采购和国库集中支付等管理规定；结余资金在各投资者间的计算是否准确，应上缴财政的结余资金是否按规定在项目竣工后3个月内及时交回，是否存在擅自使用结余资金的情况。

(4)项目基本建设程序执行及建设管理情况审核

项目基本建设程序执行及建设管理情况审核主要包括：

①项目基本建设程序执行情况审核，主要审核项目决策程序是否科学规范，项目立项、可研、初步设计及概算和调整是否符合国家规定的审批权限等。

②项目建设管理情况审核，主要审核决算报告及评审或审计报告是否反映了建设管理情况；建设管理是否符合国家有关建设管理制度要求，是否建立和执行法人责任制、工程监理制、招标投标制、合同制；是否制订了相应的内控制度；内控制度是否健全、完善、有效；招标投

标执行情况和项目建设工期是否按批复要求有效控制。

(5)概(预)算执行情况审核

概(预)算执行情况审核主要包括是否按照批准的概(预)算内容实施,有无超标准、超规模、超概(预)算建设现象,有无概算外项目和擅自提高建设标准、扩大建设规模、未完成建设内容等问题;项目在建设过程中历次检查和审计所提的重大问题是否已经整改落实;尾工工程及预留费用是否控制在概算确定的范围内,预留的金额和比例是否合理。

(6)交付使用资产情况审核

交付使用资产情况审核主要包括项目形成资产是否真实、准确、全面,计价是否准确,资产接受单位是否落实;是否正确按资产类别划分固定资产、流动资产、无形资产;交付使用资产实际成本是否完整,是否符合交付条件,移交手续是否齐全。

本章总结框图

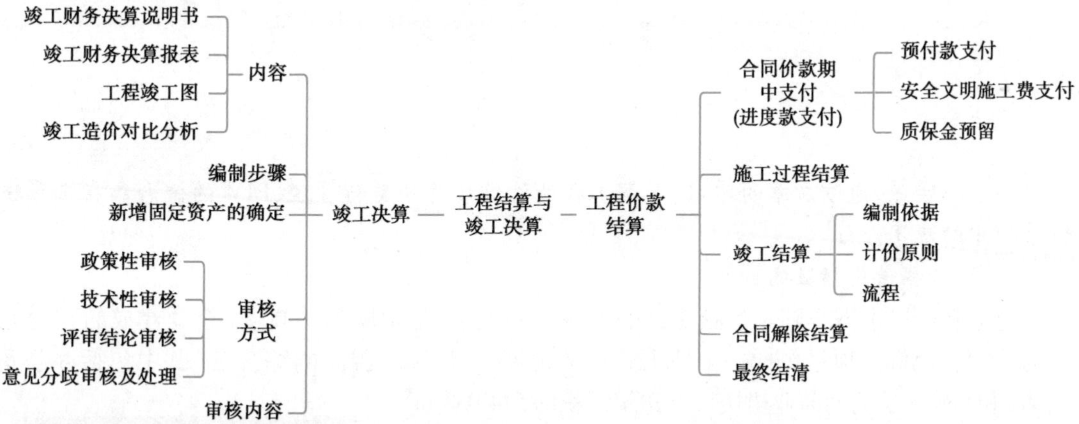

思考题

1. 什么是工程预付款？简述我国工程预付款的支付与扣回方法。
2. 简述我国进度款的结算办法。
3. 简述质量保证金的处理方法。
4. 竣工决算的编制依据有哪些？
5. 新增固定资产按资产性质分为哪几类？如何确定？

第12章 工程造价信息及信息化管理

【本章导读】

内容与要求：通过本章的学习，了解工程造价信息的分类与管理、BIM 的概念和在工程造价管理中的应用。

重点：工程造价指数的计算。

屹立在中国上海小陆家嘴核心区的上海中心大厦，是中国第一高楼（至今建成的），也是上海十大新地标。项目包括一个地下 5 层的地库、一幢 121 层高的综合塔（其中包括办公及酒店）和 1 幢 5 层高的商业裙楼。总建筑面积约 574 058 m^2，其中地上建筑面积约 410 139 m^2，地下建筑面积约 163 919 m^2。裙楼高度 32 m，塔楼结构高度 580 m，塔冠最高点为 632 m。庞大的体量，炫目的造型，总高为 632 m 的摩天大楼，如何能够顺利的得以设计和施工，这在很多人的脑海中都是一个巨大的问号。

上海中心大厦

上海中心大厦有两个玻璃正面，一内一外，主体形状为内圆外三角。这种设计降低了大楼的能耗且有利于环境保护；同时也让这种大型建筑项目更具有经济可行性。从顶层看，上海中心大厦的外形好像一个吉他拨片，随着高度的升高，每层扭曲近一度；这种设计能够延缓风流，使建筑经得起台风的考验。不仅如此，上海中心大厦项目还面临着四个挑战：①项目参与方众多；②分支系统非常复杂；③信息量大，有效传递难度大；④总投资预算 148 亿，成本控制难度大。

设计、施工的难题该如何解决呢？对于异型建筑来说，用通常的设计手段是无法准确定位这些异型点的。而且，上海中心大厦这个建筑又非常复杂，尤其是设备层和避难层，由于结构的原因，有很多杆件穿插在设备层中间，通过二维设计基本上是没有办法解决这个设计难题的，运用 BIM 通过三维设计完成了整个设备层的设计工作，有效地避免了杆件之间的相互碰撞。同时能完成机电复杂的管线优化设计，对幕墙、机电等结构的预留预埋也能模拟设计。在精确计算、快速出量方面，BIM 也充分发挥了其关键作用。

12.1　工程造价信息

12.1.1　工程造价信息的定义与分类

工程造价信息是一切有关工程造价的特征、状态及其变动的消息的组合。从该概念看，工程造价信息具有非常广泛的涵义，所有对工程造价的计价过程起作用的资料都可以称为工程造价信息。例如各种定额资料、标准规范、政策文件等。但是，最能体现信息动态性变化特征，并且在工程计价中起重要作用的工程造价信息主要包括价格信息、工程造价指数和已完工程信息等，这些可以直接认同为工程造价信息。

工程造价信息是指国家、各地区、各部门工程造价管理机构、行业组织以及信息服务企业发布的指导或服务建设工程计价的工程造价指数、指标、要素价格信息、典型工程数据库（典型工程案例）等。具体包括建设工程造价指数、建设工程人工、设备、材料、施工机械价格要素价格信息、综合指标信息等。工程造价信息体系的分类如图 12.1 所示。

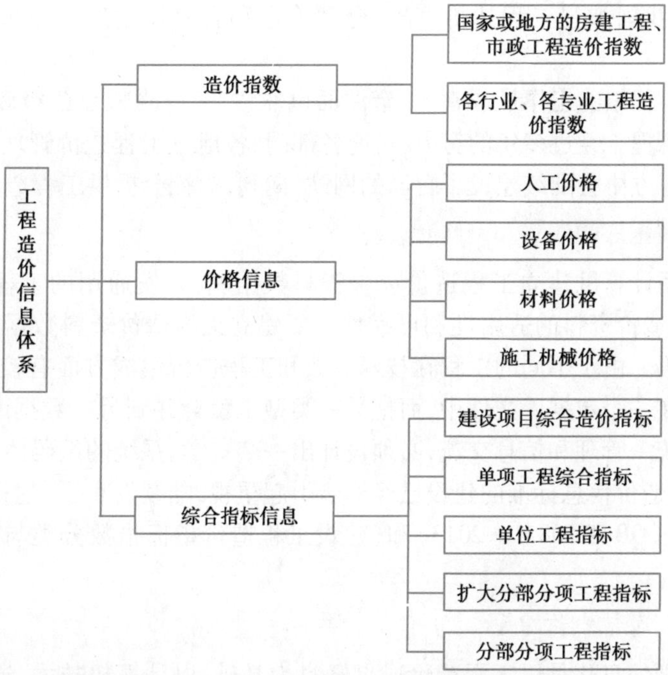

图 12.1　工程造价信息体系的分类

1）建设工程造价指数

建设工程造价指数包括国家或地方的房屋建筑工程、市政工程造价指数，以及各行业的各专业工程造价指数。

2）建设工程要素价格信息

建设工程要素价格信息包括建筑安装工程人工价格信息、材料价格信息、施工机械租赁价格信息，建设工程设备价格信息等。

3）建设工程综合指标信息

建设工程综合指标信息包括建设项目的综合造价指标、单项工程的综合指标、单位工程的指标、扩大分部分项工程指标和分部分项工程指标。建设工程综合指标信息可以以平均的综合指标表示，也可以以典型工程形式表示。

工程计价信息是保障工程建设人工、材料、施工机械要素间信息传递以及工程造价成果形成的主要支撑，是工程计价依据体系能够有效实施的基本保障，通过工程计价信息的及时更新将有利于工程造价活动各个层面的具体操作。

12.1.2 工程造价信息的管理

1）建立工程造价资料积累制度

1991 年 11 月，建设部就印发了关于《建立工程造价资料积累制度的几点意见》，标志着我国的工程造价资料积累制度正式建立起来。工程造价资料积累工作也正式开展。建立工程造价资料积累制度是工程造价计价依据极其重要的基础性工作，全面系统地积累和利用工程造价资料，对于我国加强工程造价管理，合理确定和有效控制工程造价具有十分重要的意义。

工程造价资料积累的工作量非常大，牵涉面也非常广，应当依靠各级政府有关部门和行业组织进行组织管理。经过多年的努力，目前各部门、各地方工程造价管理机构、中国工程造价管理协会和各地方协会陆续建设了自己的网站、期刊，为社会提供工程造价信息服务。

2）工程造价数据库的建立和网络化管理

积极推广使用计算机建立工程造价成果资料数据库，开发通用的工程造价成果处理程序，可以提高工程造价资料的适用性和可靠性。要建立工程造价资料数据库，首要的问题是工程的分类与编码。由于不同的工程在技术参数和工程造价组成方面有较大的差异，必须把同类型工程合并在一个数据库文件中，而把另一类型工程合并到另一数据库文件中去。为了便于进行数据的统一管理和信息交流，必须设计出一套科学、系统的编码体系。

近年来，工程造价信息标准的建设已经逐步引起重视，陆续发布了《建设工程人工材料设备机械数据标准》（GB/T 50851—2013）和《建设工程造价指标指数分类与测算标准》（GB/T 51290—2018）。

3）工程造价管理信息化建设

工程造价管理信息化是以工程造价成果资料为基础，以计算机技术、通信技术等现代信息技术在工程造价活动中的应用为主要内容，以信息技术为支撑来实现工程计价信息获取、加工、处理等，随着网络化、大数据、人工智能等数字信息技术的发展，工程造价信息平台化、标准化、资源化会越来越引起重视和应用。

12.1.3 工程造价资料的积累及应用

工程造价资料是指在建和已竣工的有关工程可行性研究估算、设计概算、施工图预算、招标投标价格、工程竣工结算、竣工决算、单位工程施工成本以及新材料、新结构、新设备、新施工工艺等建筑安装工程分部分项的单价分析等资料。

1)工程造价资料积累的内容

工程造价资料积累的内容应包括“量”(如主要工程量、人工工日量、材料量、机械台班量等)和“价”,还要包括对工程造价有重要影响的技术经济条件,如工程的概况、建设条件等。

(1)建设项目和单项工程造价资料

①对工程造价有主要影响的技术经济条件。如项目建设标准、建设工期、建设地点等。

②建设项目工程量清单等主要工程量、主要的材料用量和主要设备的名称、型号、规格、能力、数量等。

③投资估算、工程概算、施工图预算、最高投标限价、工程结算、竣工决算,以及各类工程造价指数等。

(2)单位工程造价资料

单位工程造价资料包括工程的内容、建筑结构特征、工程量清单、主要材料的用量和单价、人工工日用量和人工费、机械台班用量和施工机具使用费,以及相应的工程造价等。

(3)其他

其他主要包括有关新材料、新工艺、新设备、新技术分部分项工程的人工工日、主要材料用量、机械台班用量。建设项目的主要措施方案、工期及主要技术经济指标等。

2)工程造价资料的应用

经过积累的工程造价资料,主要用于:

(1)作为国家、地方、行业,以及企业编制固定资产投资计划、确定基本建设投资规模的参考依据

可以将典型工程数据库、类似工程造价资料直接或修正后用于企业编制建设项目的固定资产投资计划和确定投资基本建设投资规模,经汇总后即可用于国家、地方、行业的项目或投资总额的确定。

(2)用作编制建设项目投资估算的重要依据

我国的工程计价过于依赖国家发布的工程计价定额,通过工程造价资料的积累和典型工程数据库的建设,可以运用标杆管理法等编制投资估算。进行项目对比分析,提高决策阶段的科学管理水平。

(3)用作编制初步设计概算和审查施工图预算的重要依据

在编制初步设计概算时,有时要用类比法进行编制。这种类比比估算要细致深入,可以具体到单位工程甚至分部工程的程度。在限额设计和优化设计方案的过程中,设计人员可能要反复修改设计方案,每次修改都希望能得到相应的概算。具有较多的典型工程资料是十分有益的。多种工程组合的比较不仅有助于设计人员探索工程造价分配、分解的合理性,还可为设计人员优化设计方案提供指引。

施工图预算编制完成之后,需要有经验的工程造价专业人员来审查,以确定其正确性。可以通过类似工程造价资料将其工程造价与施工图预算进行比较,从中发现施工图预算是否有偏差和遗漏。由于设计变更、材料调价等因素所带来的造价变化,在施工图预算阶段往往无法事先估计到,此时参考以往类似工程的数据,有助于预见到这些因素发生的可能性。

(4)用作编制最高投标限价和投标报价的参考资料

在为建设单位制定最高投标限价(招标控制价)或施工单位投标报价的工作中,工程造价资料都可以发挥重要作用。它可以向甲、乙双方指明类似工程的实际工程造价及其变化规律,使得甲、乙双方都可以对未来将发生的工程造价进行预测和准备,从而避免最高投标限价和投标报价的盲目性,促进招标工作的顺利进行。

(5)用作编制和修订各类工程计价定额的基础资料

通过分析不同种类分部分项工程造价,了解各分部分项工程中各类实物量消耗,掌握各分部分项工程预算和结算的对比结果,工程造价管理机构可以发现原有预算定额是否符合实际情况,从而提出修改的方案。对于新工艺和新材料,也可以从积累的资料中获得编制新增定额的有用信息。同样,概算定额和估算指标的编制与修订,也可以从工程造价资料中得到参考依据。

(6)用以测定调价系数、编制造价指数

为了计算各种工程造价指数(如材料费价格指数、人工费价格指数、施工机具使用费价格指数、建筑安装工程价格指数、设备及工器具价格指数、工程造价指数、投资总量指数等),必须选取若干个典型工程的数据进行分析与综合,在此过程中,积累的工程造价资料将发挥关键作用。

(7)用作技术经济分析与研究的基础资料

对于积累的工程造价资料分析,可以获取单位生产能力投资、不同生产工艺投资差异、不同建设标准投资等各类工程经济指标,并为研究建设项目的同类工程造价变化规律提供基础。

12.2 工程造价指数

12.2.1 工程造价指数的概念

工程造价指数是反映一定时期由于价格变化对工程造价影响程度的一种指标,它是调整工程造价价差的依据。工程造价指数反映了报告期与基期相比的价格变动趋势,利用它来研究实际工作中的下列问题很有意义:

①可以利用工程造价指数分析价格变动趋势及其原因。

②可以利用工程造价指数估计工程造价变化对宏观经济的影响。

③工程造价指数是工程承发包双方进行工程估价和结算的重要依据。

12.2.2 工程造价指数的内容

工程造价指数的内容应该包括下述几种。

1)各种单项价格指数

各种单项价格指数包括反映各类工程的人工费、材料费、施工机械使用费报告期价格对基期价格的变化程度的指标。可利用它研究主要单项价格变化的情况及其发展变化的趋势。其计算过程可以简单表示为报告期价格与基期价格之比。以此类推,可以把各种费率指数也归于其中。例如,其他直接费指数、间接费指数,甚至工程建设其他费用指数等。这些费率指数的编制可以直接用报告期费率与基期费率之比求得。很明显,这些单项价格指数都属于个体指数,其编制过程相对比较简单。

2)设备、工器具价格指数

设备、工器具的种类、品种和规格很多。设备、工器具费用的变动通常是由两个因素引起的,即设备、工器具单件采购价格的变化和采购数量的变化,并且工程所采购的设备、工器具是由不同规格、不同品种组成的。因此,设备、工具价格指数属于总指数。由于采购价格与采购数量的数据无论是基期还是报告期都比较容易获得,因此,设备、工器具价格指数可以用综合指数的形式来表示。

3)建筑安装工程造价指数

建筑安装工程造价指数也是一种综合指数,其中包括人工费指数、材料费指数、施工机械使用费指数以及间接费指数等。

各项个体指数的综合影响。由于建筑安装工程造价指数相对比较复杂,涉及的方面较广,利用综合指数来进行计算分析难度较大。因此,可以通过对各项个体指数的加权平均,用平均数指数的形式来表示。

4)建设项目或单项工程造价指数

建设项目或单项工程造价指数是由设备、工器具价格指数、建筑安装工程造价指数、工程建设其他费用指数综合得到的。它也属于总指数,并且与建筑安装工程造价指数类似,一般也用平均数指数的形式来表示。

当然,根据造价资料的期限长短来分类,也可以把工程造价指数分为时点造价指数、月指数、季指数和年指数等。

12.2.3　各种单项价格指数的计算

1)人工费、材料费、施工机械使用费等价格指数的计算

这种价格指数的编制可以直接用报告期价格与基期价格相比后得到。计算公式为:

$$\text{人工费(材料费、施工机械使用费)价格指数} = P_n/P_0 \tag{12.1}$$

式中　P_0——基期人工日工资(材料费、施工机械使用)单价;

P_n——报告期人工日工资(材料费、施工机械使用)单价。

2)管理费、间接费和工程建设其他费费率指数的计算

计算公式为:

$$\text{管理费(间接费、工程建设其他费)费率指数} = P_n/P_0 \tag{12.2}$$

式中　P_0——基期管理费(间接费和工程建设其他费)费率;

P_n——报告期管理费(间接费和工程建设其他费)费率。

3)设备及工器具价格指数的计算

计算公式为:

$$设备及工器具价格指标=\frac{\sum(报告期设备及工器具单价\times报告期购置数量)}{\sum(基期设备及工器具单价\times基期购置数量)} \quad (12.3)$$

4)建筑安装工程价格指数的计算

计算公式为:

$$建安工程造价指数=\frac{报告期建安工程费}{\frac{报告期人工费}{人工费指数}+\frac{报告期材料费}{材料费指数}+\frac{报告期机械费}{机械费指数}+\frac{报告期建安工程其他费}{建安工程其他费综合指数}} \quad (12.4)$$

【例12.1】 某建设项目报告期建筑安装工程费为900万元,造价指数为106%;报告期设备、工器具单价为600万元,造价指数为104%;报告期工程建设其他费用为200万元,工程建设其他费指数为103%,问该建设项目的造价指数为多少?

【解】

建设项目的造价指数按下式计算:

$$\frac{900+600+200}{\frac{900}{106\%}+\frac{600}{104\%}+\frac{200}{103\%}}=1.05=105\%$$

12.3 BIM与工程造价管理

12.3.1 BIM技术的概念和特点

BIM的全称为Building Information Modeling,中文译为建筑信息模型。BIM是以三维数字技术为基础,集成了建筑工程项目各种相关信息的工程数据模型,对工程项目设施实体与功能特性的数字化表达。它通过参数模型整合各种项目的相关信息,在项目策划、项目建设、运行和维护的全生命周期过程中进行共享和传递,使工程技术人员对各种建筑信息做出正确理解和高效应对,为工程建设各参与主体提供协同工作的基础,在提高生产效率、节约成本和缩短工期方面发挥重要作用。

BIM概念的提出可以追溯到1974年美国Chuck Eastman博士发表的论文。2002年Au-todesk收购创立于1996年的Revit,并正式运用BIM一词,自此,BIM开始发生了巨大的变化,也随之席卷全球建筑行业。同时,BIM技术始终在不断发展,新领域和新的前沿因素也不断地扩充"BIM"的定义,衍生出像BIM+、CIM(City Information Modeling)等更广泛的概念及定义。国内目前的主流认识将BIM界定为"全生命期工程项目或其组成部分物理特征、功能特性及管理要素的共享数字化表达"。在《建筑工程信息模型应用统一标准》中进一步将BIM细化为建筑信息模型、模型应用及业务流程信息管理3个既独立又相互关联的部分,并指出基于我国现状,由单一模型来实现BIM是不切实际的,因而改为多任务信息模型,以达到"数据共享、互相衔接、数据在建筑生命全过程应用”的目的。

1)BIM 技术的特点

BIM 技术因使用三维全息信息技术，全过程地反映了工程实施过程中的重要要素信息，对于科学实施工程管理是革命性的技术突破。

(1)可视化

在 BIM 建筑信息模型中，整个实施过程都是可视化的。所以，可视化的结果不仅可以用于效果图的展示及报表的生成，更重要的是，项目设计、建造、运营过程中的沟通、讨论、决策都在可视化的状态下进行，极大地提升了项目管控的科学化水平。

(2)协调性

BIM 的协调性服务可以帮助解决项目从勘探设计到环境适应再到具体施工的全过程协调问题，也就是说，BIM 建筑信息模型可在建筑物建造前期对各专业的碰撞问题进行协调，生成协调数据，并在模型中生成解决方案，为提升管理效率提供了极大的便利。

(3)模拟性

模拟性并不是只能模拟设计出的建筑物模型，还可以模拟不能够在真实世界中进行操作的事物。在设计阶段，BIM 可以对一些设计上需要进行模拟的东西进行模拟实验，例如节能模拟、紧急疏散模拟、日照模拟、热能传导模拟等；在招标投标和施工阶段可以进行 4D 模拟(三维模型加项目的发展时间)，也就是根据施工的组织设计模拟实际施工，从而确定合理的施工方案来指导施工。同时还可以进行 5D 模拟(基于 4D 模型的造价控制)，从而实现成本控制等。

(4)互用性

应用 BIM 可以实现信息的互用性，充分保证了信息经过传输与交换以后前后的一致性。具体来说，实现互用性就是 B1M 模型中所有数据只需要一次性采集或输入，就可以在整个建筑物的全生命周期中实现信息的共享、交换与流动，使 BIM 模型能够自动演化，避免了信息不一致的错误。在建设项目不同阶段免除对数据的重复输入，大幅降低成本，节省时间，减少错误，提高效率。

(5)优化性

整个设计、施工、运营的过程就是一个不断优化的过程，在 BIM 的基础上可以进一步做更好的优化，包括项目方案优化、特殊项目的设计优化等。

2)BIM 在国内外的发展与应用

(1)BIM 在美国的发展与应用

经过多年的发展，美国在 BIM 技术研究和应用方面处于世界领先地位，目前美国大多数建筑项目都已应用 BIM 技术。首先是建筑师引领了早期的 BIM 实践，随后是拥有大量资金以及风险意识的施工企业。当前，美国建筑设计企业与施工企业在 BIM 技术的应用方面旗鼓相当且相对比较成熟，但是在其他工程领域的发展却比较缓慢。

(2)BIM 在国内建筑业领域的应用现状

BIM 应用的起步阶段(2001—2006 年)BIM 技术在国内的应用起步于 2001 年。在政策方面，2001 年国家科学技术部制定了《“十五”科技攻关计划》，开展课题为“基于 IFC 国际标准的建筑工程应用软件研究”，开始 BIM 技术相关研究。在 BIM 国家研究课题方面，设立了国家自然科学基金项目“面向建设项目生命周期的工程信息管理和工程性能预测”(2004. 1—

2006.12),国家"十五"重点科技攻关计划课题"基于国际标准IFC的建筑设计及施工管理系统研究"(2005.7—2006.12),并有三个相关的子课题:《工业基础类IFC 2×平台规范》研究、基于IFC标准的CAD软件原型系统研究与示范应用、基于IFC标准的4D施工管理原型系统研究与示范应用。以上述两个国家研究课题为契机,我国进入了BIM技术研究的起步阶段。在项目应用方面,典型案例有北京奥运会国家游泳中心(水立方)、万科金色里程、上海中心大厦、杭州西溪会馆等工程项目。BIM在这些项目中主要应用于设计阶段,如进行设计前期项目的功能分析、建筑综合设计等,计划在建设项目全生命周期中应用BIM。通过具体的项目应用,证明了BIM有助于推进项目设计的深化。

BIM应用的上升阶段(2007—2010年)在政策方面,2006年科技部发布了《"十一五"科技攻关计划》,对BIM技术的发展给予政策支持。在BIM研究课题方面,主要有国家"十一五"科技支撑项目课题"现代建筑设计与施工一体化平台关键技术研究",相关子课题"建筑设计与施工一体化信息共享技术研究",国家"十一五"科技支撑项目课题"基于BIM技术的下一代建筑工程应用软件研究",以及中国工程院和国家自然科学基金委联合课题"中国建筑信息化发展战略研究"。相关研究取得了可喜的成果,在标准研究成果方面主要有《工业基础类平台规范》;在基础研究成果方面主要体现在开发了面向设计和施工的BIM建模系统;在应用研究方面开发了基于BIM的工程项目4D施工管理系统。在项目应用方面,主要应用于上海世博会的德国国家馆、奥地利国家馆和上汽通用企业馆,苏州星海生活广场、中央音乐学院音乐厅以及银川火车站等工程项目。其应用阶段主要为设计阶段、深化设计阶段、模拟施工流程,实现了建设项目施工阶段工程进度、人力、设备、成本和场地布置的4D动态集成管理以及施工过程的4D可视化模拟。

BIM应用的快速发展阶段(2011年至今)在政策方面,2011年住建部发布了2011—2015年建筑业信息化发展纲要,界定了"十二五"规划期间建筑业信息化发展的总体目标。2012年中国BIM发展联盟成立,着力加强我国BIM软件开发、技术研究和标准制定。2013年成立了中国BIM标准委员会,对于加快我国BIM国家标准体系的建设步伐,促进管理制度改革具有重要的意义。2013年中国BIM标准委员会发布了《绿色建筑设计评价P-BIM软件功能与信息交换标准》,标志着中国BIM系统编制工作正式启动。在国家研究课题方面,主要的代表性课题有国家863课题"基于全生命周期的绿色住宅产品化数字开发技术研究与应用"(2013—2016),以及国家自然科学基金项目"基于云计算的建筑全生命周期BIM数据集成与应用关键技术研究"(2013.1—2016.12)。研究成果方面,在标准研究方面主要有《中国建筑信息模型标准框架研究》《建筑施工IFC数据描述标准的研究》。在基础研究方面开发了"基于IFC的BIM数据集成与管理平台",实现了BIM数据的读取、保存、提取、集成,子模型定义、提取与访问等功能,支持设计与施工BIM数据交换、集成共享。在应用性研究方面开发了"基于BIM技术的建筑设施管理系统""基于BIM技术的建筑成本预测系统""基于BIM技术的建筑节能设计系统""基于BIM技术的建筑施工优化系统""基于BIM技术的建筑工程安全分析系统""基于BIM技术的建筑工程耐久性评估系统""基于BIM技术的建筑工程信息资源利用系统"等。

在项目应用方面,主要案例有西部某高铁三维设计,BIM技术在线路、路基协同设计中应用,建立大量参数化桥梁结构族库,并定制了相关的视图样板和明细表模板。深圳平安金融中心项目部与计算机公司联合,搭建了BIM私有云平台,满足项目现场管理、BIM技术开发应用、信息化集成系统的应用,有效保证了各项先进技术在平安机电项目上的应用。首都机场地区标志性建筑"国门第一高"超高钢结构封顶中应用了 BIM 技术,通过 BIM 模型对工程空间、时间、成本等要素进行综合分析,模拟施工环节,开辟了垂直运输组织管理、大型构件预拼接等多个应用领域。

12.3.2　BIM 技术对工程造价管理的价值

1)现行工程造价管理的应用现状

现行工程造价管理的应用现状都是在建筑 CAD 图样的基础上,建立算量模型,然后,依据工程计量和计价相关的标准规范,计算出相应的工程量,然后直接进行计价,最终出具造价文件成果。所出具的造价文件成果能得到充分的应用和认可,有较高程度的应用基础和相应法律保障。

但是,现行工程造价管理工作之中,对于工程算量模型的建立占据了大量的时间,而动态的成本控制方法不是工作核心,因此难以提升工程造价管理的价值。而且,造价管理只是阶段式的工作模式,主要应用阶段停留在工程项目的实施阶段,如招投标阶段、施工阶段、竣工结算阶段等,而对于项目前期的投资决策阶段、设计阶段是薄弱环节。

另外,设计、施工、造价等项目建设参与各方处于阶段式分离状况,参与各方专注于各自行业范围内的工作。设计方着力于符合设计相关规范和要求,施工方着力于施工过程质量进度安全的管理控制,而造价方着力于项目造价控制,各方缺乏必要的沟通衔接与协同,参与各方分离严重。由于建设项目的独特性使得造价数据十分离散,工程造价行业的数据积累十分薄弱。在以往的工程造价管理工作中数据成果微乎其微,与国民经济建设的发展要求和建设行业的管理要求差距很大,造价数据成果的累积存在一定的行业技术壁垒。

2)BIM 技术在工程造价管理应用上的优势

BIM 技术在提升工程造价水平,提高工程造价效率,实现工程造价乃至整个工程生命周期信息化的过程中优势明显,BIM 技术对工程造价管理的价值主要有以下几点:

①BIM 技术将有效缩减算量工作时间,提高工程计量的准确度与效率,实现对整个工程造价的实时、动态、精确的成本分析。BIM 技术在工程造价管理中的应用,在一定程度上提高了工程量计算的准确度与效率,也直接缩减了算量工作时间。工程造价从业人员将从繁重的算量、对量、审核工作中解放出来,可以更加深入地对价格组成、成本管理等工作进行研究,可以实现实时、动态、精确的成本分析,协助建设方提高对建设成本的管控力度,展现出工程造价的价值所在。

②BIM 技术的应用有利于推进全过程、全生命周期造价管理模式的开展。BIM 模型将建设项目建设过程的各种相关信息,通过 BIM 三维模型的形式将各个阶段相互串联起来。BIM 模型为建设参与各方提供信息共享平台,实现远程信息传递和信息共享等服务,有效避免数据的重复录入,实现了项目各个方面的协同与融合。因此,BIM 技术的推广有利于全过程、全生命周期的工程造价管理模式的开展。

③BIM 信息化应用程度高。BIM 技术加强了建设工程参与各方的协同合作,提升了造价管理效率。BIM 技术作为一种信息化集成应用手段,将设计、采购、施工等各方协同进行统一管理,使阶段式分离的建设管理工作模式不复存在,直接加强了建设工程参与各方的协同合作。建设参与各方将以此捆绑在一起,联合集中处理和解决工程问题,有效优化工程设计质量,减少设计变更、工程索赔等,提升造价管理的工作效率。

④BIM 技术可以满足大体量、特殊异型项目的工程计量和计价要求。在 BIM 技术条件下，大体量、特殊异型构件等不再是工程计量的难题。它在适当修改工程造价管理规则的基础上（如 BIM 计量规则等），基于信息准确的 BIM 模型将迅速提供建设项目工程量信息，可以满足大体量、特殊异型项目的工程计量和计价要求。

⑤BIM 技术有助于工程造价数据的积累和共享。BIM 技术作为一种能追根溯源的信息技术，它带来了另外一种思维模式：采用统一标准建立的三维模型可以进行数据积累，且数据方便调用、对比和分析，可以直接协助进行工程计价，并提供相应的数据支持。同时，通过统一的数据接口，BIM 模型可以支持数据存储、传输以及移动应用，支持工程造价管理的信息化要求，是工程造价精细化管理的有力保障。

从现有阶段来看，虽然 BIM 技术在工程造价管理应用上尚处于萌芽阶段，其优势尚未得到一定程度的展现。但是，BIM 技术在工程造价管理应用上的优势远超原有工程造价管理的优势，作为一项新技术值得更进一步的探索和学习，找到新技术条件下的应对机制，充分体现 BIM 技术在工程造价管理应用的价值。

12.3.3 BIM 技术在工程造价管理中的应用

BIM 技术可以应用于从决策阶段的工程投资估算到设计阶段的初步概算、修正概算、施工图预算、招标投标的工程量清单、招标控制价及投标报价的编制，以及施工过程的工程计量、变更签证、施工索赔、进度款支付、资金计划安排及偏差分析，最后到工程竣工移交的资料整理和竣工结算办理等建设工程造价的全过程。

1）决策阶段的应用

决策阶段的主要工作是方案对比，对项目进行可行性研究。运用 BIM 技术对多个方案进行造价等各方面的对比，选择最经济、最合理的投资方案。决策阶段造价管理流程如图 12.2 所示。

图 12.2　决策阶段造价管理流程

2）设计阶段的应用

设计阶段的主要工作是施工方案设计、编制设计概算和施工图预算。设计初期造价人员的主要工作是结合初步设计图纸建立 BIM 模型，迅速获取工程量，通过计价软件准确地对接工程的基本信息。基于价格信息平台，造价人员可得到实际的人材机价格与经济指标，进而迅速编制设计概算。施工图设计阶段，BIM 技术能够自动增减 BIM 模型中的构件，造价人员主要进行工料机分析和材料价格询价，快速编制出施工图预算。

3）发承包阶段的应用

在发承包阶段，我国建设工程已基本实现了工程量清单招标投标模式，招标和投标各方都可以利用 BIM 模型进行工程址自动计算、统计分析，形成准确的工程址清单。有利于招标人控制造价和投标人报价的编制，提高招标投标工作的效率和准确性，并为后续的工程造价管理和控制提供基础数据。

4）施工阶段

BIM 在施工过程中为建设项目各参与方提供了施工计划与造价控制的所有数据。项目各参与方人员在正式开工前就可以通过模型确定不同时间节点和施工进度、施工成本以及资源计划配置，可以直观地按月、按周、按日观看到项目的具体实施情况并得到该时间节点的造价数据，方便项目的实时修改调整，实现限额领料施工，最大限度地体现造价控制的效果。

5）竣工阶段

竣工阶段管理工作的主要内容是确定建设工程项目最终的实际造价，即竣工结算价格和竣工决算价格，编制竣工决算文件，办理项目的资产移交。这也是确定工程项目最终造价、考核承包企业经济效益及编制竣工决算的依据，基于 BIM 的结算管理不但提高工程最计算的效率和准确性，对于结算资料的完备性和规范性还具有很大的作用。在造价管理过程中，BIM 数据库也不断修改完善，相关的合同、设计变更、现场签证、计量支付、材料管理等信息也不断录入与更新，到竣工结算时，其信息量已完全可以表达工程实体。BIM 的准确性和过程记录完备性有助于提高结算效率，同时可以随时查看变更前后的对比分析，避免结算时描述不清，从而加快结算和审核速度。

综上所述，BIM 技术能让各个阶段实现协同工作，解决了阶段割裂、专业割裂的问题，避免了设计与造价控制环节脱节、设计与施工脱节、频繁变更等问题。技术能够将大量的、重复的、机械的算量工作交给机器去做，这对工程全过程造价控制有着极大的推动作用。

本章总结框图

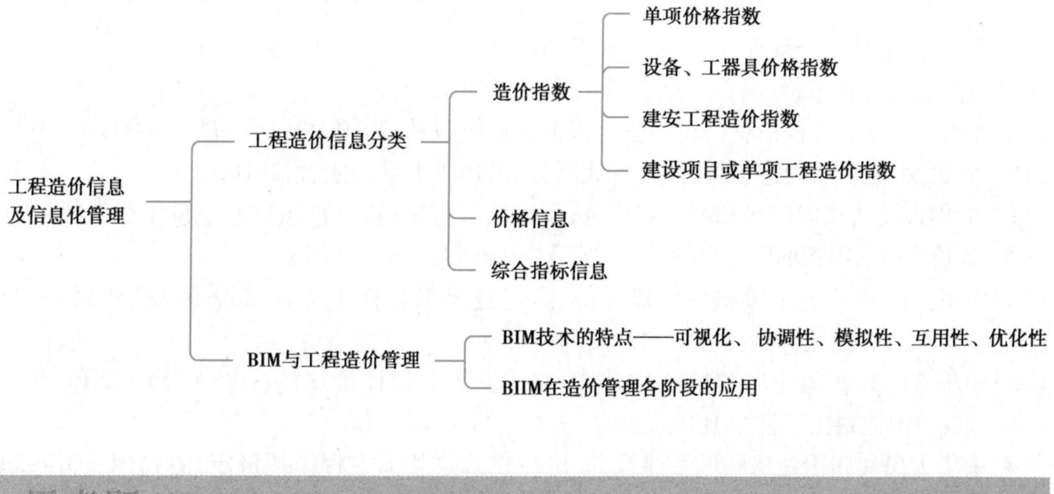

思考题

1. 简述建安工程价格指数的计算。
2. 简述 BIM 的定义及特点。
3. 简述基于 BIM 的全过程造价管理。

参考文献

[1] 尹志军,丁雪. 中国工程造价管理发展历史梳理[J]. 工程造价管理,2021(2):20-28.
[2] 李永红. 浅析工程造价管理改革与发展[J]. 工程与建设,2022,36(3):836-837.
[3] 聂振龙. 我国和英国建设工程造价管理的比较研究[J]. 建筑经济,2020,41(10):20-23.
[4] 严玲,尹贻林. 工程计价学[M]. 3 版. 北京:机械工业出版社,2017.
[5] 丰艳萍,邹坦,冯羽生. 工程造价管理[M]. 2 版. 北京:机械工业出版社,2015.
[6] 周文昉,高洁. 工程造价管理[M]. 武汉:武汉理工大学出版社,2017.
[7] 武育秦. 建设工程造价管理[M]. 武汉:武汉理工大学出版社,2014.
[8]李伟. 建筑工程造价[M]. 北京:机械工业出版社,2016.
[9] 肖跃军,王波. 工程估价[M]. 北京:机械工业出版社,2019.
[10] 周述发. 建设工程造价管理[M]. 武汉:武汉理工大学出版社,2010.
[11] 中华人民共和国住房和城乡建设部,国家质量监督检验检疫总局. 建设工程工程量清单计价规范:GB 50500—2013[S]. 北京:中国计划出版社,2013.
[12]中华人民共和国住房和城乡建设部. 房屋建筑与装饰工程计量规范:GB500854—2013[S]. 北京:中国计划出版社,2013.
[13]中华人民共和国住房和城乡建设部. 通用安装工程计量规范:GB500854—2013[S]. 北京:中国计划出版社,2013.
[14]中华人民共和国住房和城乡建设部. 房屋建筑与装饰工程消耗量定额:TY01—31—2015[S]. 北京:中国计划出版社,2015.
[15]中华人民共和国住房和城乡建设部. 通用安装工程消耗量定额:TY02—31—2015 [S]. 北京:中国计划出版社,2015.
[16] 中华人民共和国住房和城乡建设部. 建筑工程建筑面积计算规范:GB/T 50353—2013[S]. 北京:中国计划出版社,2014.
[17] 全国造价工程师职业资格考试培训教材编审委员会. 建设工程计价[M]. 2 版. 北京:中

国计划出版社,2021.
[18] 全国造价工程师职业资格考试培训教材编审委员会. 建设工程技术与计量—土木建筑工程[M].2 版. 北京:中国计划出版社,2021.
[19]贾宏俊,吴新华,等. 建筑工程计量与计价[M]. 北京:化学工业出版社,2014.
[20] 马楠,周和生,李宏颀. 建设工程造价管理[M].2 版. 北京:清华大学出版社,2012.
[21] 柯洪. 建设工程工程量清单与施工合同[M]. 北京:中国建材工业出版社,2014.
[22] 林君晓,冯羽生. 工程造价管理[M].3 版. 北京:机械工业出版社,2022.
[23]张静晓,严玲,冯东梅. 工程造价管理[M]. 北京:中国建筑工业出版社,2021.
[24] 任彦华,董自才. 工程造价管理[M]. 成都:西南交通大学出版社,2017.
[25] 全国造价工程师职业资格考试培训教材编审委员会. 建设工程计价[M].2 版. 北京:中国计划出版社,2021.
[26] 全国二级造价工程师(重庆地区)职业资格考试培训教材编审委员会. 建设工程计量与计价实务—土木建筑工程[M]. 北京:中国建筑工业出版社,2020.
[27]建设工程工程量清单计价标准(征求意见稿),2021.
[28]中华人民共和国自然资源部. 房产测量规范:GB/T 17986—2000[S]. 北京:中国计划出版社,2000.
[29]重庆市城乡建设委员会. 重庆市建设工程工程量计算规则:CQJLGZ—2013[S]. 北京:中国建材工业出版社,2013.
[30]重庆市城乡建设委员会. 重庆市建设工程费用定额:CQFYDE—2018[S]. 重庆:重庆大学出版社,2018.
[31]重庆市城乡建设委员会. 重庆市房屋建筑与装饰工程计算定额:CQJZZSDE—2018[S]. 重庆:重庆大学出版社,2018.
[32] 国家质量监督检验检疫总局,中国国家标准化管理委员会. 工业基础类平台规范:GB/T 25507—2010[S]. 北京:中国标准出版社,2011.
[33] 中华人民共和国住房和城乡建设部. 建设工程人工材料设备机械数据标准:GB/T 50851—2013[S]. 北京:中国建筑工业出版社,2013.
[34] 中华人民共和国住房和城乡建设部. 建筑信息模型应用统一标准:GB/T 51212—2016[S]. 北京:中国建筑工业出版社,2017.
[35]中国工程建设标准化协会,绿色建筑设计评价 P-BIM 软件功能与信息交换标准:T/CECS CECS-CBIMU 13—2017[S].